国防科技图书出版基金

超宽频带被动雷达寻的器测向技术

Direction - Finding Technology of Ultra - Wide Band Passive Radar Seeker

司伟建　陈涛　林晴晴　著

国防工业出版社

·北京·

图书在版编目(CIP)数据

超宽频带被动雷达寻的器测向技术/司伟建,陈涛,林晴晴著. —北京:国防工业出版社,2014.10
ISBN 978-7-118-09445-9

Ⅰ.①超… Ⅱ.①司… ②陈… ③林… Ⅲ.①超宽带雷达—测向系统—研究 Ⅳ.①TN953

中国版本图书馆 CIP 数据核字(2014)第 212122 号

※

国防工业出版社出版发行
(北京市海淀区紫竹院南路 23 号 邮政编码 100048)
北京嘉恒彩色印刷有限责任公司
新华书店经售

*

开本 710×1000 1/16 **印张** 16¾ **字数** 315 千字
2014 年 10 月第 1 版第 1 次印刷 **印数** 1—2500 册 **定价** 88.00 元

国防书店:(010)88540777 发行邮购:(010)88540776
发行传真:(010)88540755 发行业务:(010)88540717

致　读　者

本书由国防科技图书出版基金资助出版。

国防科技图书出版工作是国防科技事业的一个重要方面。优秀的国防科技图书既是国防科技成果的一部分，又是国防科技水平的重要标志。为了促进国防科技和武器装备建设事业的发展，加强社会主义物质文明和精神文明建设，培养优秀科技人才，确保国防科技优秀图书的出版，原国防科工委于1988年初决定每年拨出专款，设立国防科技图书出版基金，成立评审委员会，扶持、审定出版国防科技优秀图书。

国防科技图书出版基金资助的对象是：

1. 在国防科学技术领域中，学术水平高，内容有创见，在学科上居领先地位的基础科学理论图书；在工程技术理论方面有突破的应用科学专著。

2. 学术思想新颖，内容具体、实用，对国防科技和武器装备发展具有较大推动作用的专著；密切结合国防现代化和武器装备现代化需要的高新技术内容的专著。

3. 有重要发展前景和有重大开拓使用价值，密切结合国防现代化和武器装备现代化需要的新工艺、新材料内容的专著。

4. 填补目前我国科技领域空白并具有军事应用前景的薄弱学科和边缘学科的科技图书。

国防科技图书出版基金评审委员会在总装备部的领导下开展工作，负责掌握出版基金的使用方向，评审受理的图书选题，决定资助的图书选题和资助金额，以及决定中断或取消资助等。经评审给予资助的图书，由总装备部国防工业出版社列选出版。

国防科技事业已经取得了举世瞩目的成就。国防科技图书承担着记载和弘扬这些成就，积累和传播科技知识的使命。在改革开放的新形势下，原国防科工委率先设立出版基金，扶持出版科技图书，这是一项具有深远意义的创举。此举势必促使国防科技图书的出版随着国防科技事业的发展更加兴旺。

设立出版基金是一件新生事物，是对出版工作的一项改革。因而，评审工作需要不断地摸索、认真地总结和及时地改进，这样，才能使有限的基金发挥出巨大的效能。评审工作更需要国防科技和武器装备建设战线广大科技工作者、专家、教授、以及社会各界朋友的热情支持。

让我们携起手来，为祖国昌盛、科技腾飞、出版繁荣而共同奋斗！

国防科技图书出版基金
评审委员会

国防科技图书出版基金
第七届评审委员会组成人员

前　言

反辐射被动寻的器(导引头)测向技术是电子对抗重要分支之一。随着雷达技术的发展,雷达抗干扰性能越来越好,采用雷达关机、LPI 技术、脉间波形变换技术、配置雷达诱饵等,使装配传统的宽频带反辐射导引头的反辐射导弹失效,失去了原有的作用和威力。将反辐射被动寻的器作为远程导引模式,把反辐射导弹导引到红外成像、毫米波主动雷达等精确末制导的作用距离范围内、视角范围内,由精确末制导对目标进行攻击,是反辐射导弹发展方向之一。这对反辐射被动寻的器(导引头)测向技术提出了新的要求:测向精度高,保证把反辐射导弹导引到末制导视角范围内;天线位置摆放要灵活,满足复合制导条件下不同制导模式的天线或传感器天线盘孔径的共用;抗诱饵能力,在雷达加装诱饵情况下不被诱偏。传统的反辐射被动寻的器(导引头)测向方法有比幅测向、比相测向、比幅比相测向等,这些方法均难以满足天线位置灵活摆放的要求,且这些方法不具备抗诱饵能力。本书正是基于传统的反辐射被动寻的器(导引头)测向技术的应用缺陷,结合近些年的科研项目,针对反辐射被动寻的器(导引头)测向技术未来发展方向,提出了立体基线、阵列测向等新理论、新方法、新技术,从而实现新型的超宽频带反辐射被动寻的器(导引头)测向技术满足现代战争对反辐射导弹的技术要求。

本书共 4 章。第 1 章介绍测向的目的、测向技术分类,以及对测向系统的基本要求。第 2 章介绍多种反辐射被动寻的器(导引头)使用的宽频带天线、原理,给出了设计方法和参数。第 3 章论述了立体基线测向基本模型和原理,推导了立体基线测向误差公式,比较了非均匀圆阵和均匀圆阵的测向性能及立体阵列和平面阵列的测向性能,并给出了仿真分析。第 4 章论述了谱估计算法的基本原理,给出了数学模型,阐述了多种信源数估计方法,和阵列误差校正算法,并给出了仿真分析,论述了阵列基线旋转测向算法,推导了公式并给出仿真实验分析。

本书是国内专门论述反辐射被动寻的器(导引头)测向技术比较全面且新颖的一本专著,总结了在实际中遇到的技术问题时采取的解决途径与方法。本书可以作为工程技术人员的参考书,读者可根据需要选看有关部分内容。

由于作者水平有限,书中难免存在一些缺点或错误,我们殷切希望广大读者批评指正。

著 者

2013 年 10 月

目　录

Contents

第1章 绪 论

测向和测频是电子支援接收机的两大基本功能,为电子进攻和电子防御提供资源。测向则提供辐射源的准确方向。

1.1 对辐射源测向的目的

对辐射源测向是电子支援接收机的重要任务之一,其目的如下:

(1) 为电子进攻或电子防御实现方位引导。电子支援接收机测向为电子进攻或电子防御系统提供方向信息,为操纵员提供告警信息,以实现有效的进攻或防御。

(2) 用于信号分选。在脉冲辐射信号源的单个脉冲参数中,由于到达角是非瞬变参数且受环境影响较小,因此,它是最可靠的基本分选参数。在预处理机中,利用单个脉冲到达角信息来稀释信号流,以减轻主处理机的负担。

(3) 实现对辐射源的无源定位。对辐射源的定位是电子支援的另一个重要任务,要实现无源定位,必须提供到达角(即方向),为电子进攻和电子防御提供准确的位置信息。

1.2 测向技术分类

测向技术的分类如图 1.1 所示。

- 测向技术分类
  - 从时域上分类
    - 顺序测向法
    - 同时测向法
  - 按到达角信息形成分类
    - 振幅法
    - 相位法

图 1.1 测向技术的分类

1.2.1 从时域上分类

(1) 顺序测向法。该方法通过窄波束定向天线在给定的空域内连续搜索(扫描),或者通过开关控制波束转换,测量辐射源所在的方向,因此,顺序测向法也称为搜索法测向。这种测向方法的优点:设备简单、体积小、重量轻。但它存在严重的缺点:瞬时视野窄、截获时间长,即截获概率低,难以满足现代电子环境的要求。

(2) 同时测向法。该方法采用多个独立波束覆盖给定的空域,或者采用阵列天线同时产生多个波束覆盖给定的空域,因此,也称为非搜索法或多波束圆阵测向。这种方法瞬时视野宽、截获时间短、角度截获概率高。但设备复杂、技术复杂难度大,随着天线和波束形成网络技术的发展,这个缺点正在逐步克服。

1.2.2 按到达角信息形成分类

(1) 振幅法。它是根据侦收信号幅度相对大小来判明信号到达角方法,包括最大信号法、等信号法、比较信号法等。最大信号法测向用于搜索体制,它的优点是设备简单,信噪比高,侦收距离比较远;其主要缺点是测向精度差。比较信号法广泛用于非搜索体制,它是通过比较相邻波束侦收信号幅度的相对大小来确定辐射源所在的方位。这种方法虽然设备复杂一些,但测向精度高。等信号法只用于对辐射源跟踪,如反辐射导弹,对雷达实施被动跟踪等。此外,还有小信号法,但由于它的系统灵敏度低,在电子支援接收机中很少应用。

(2) 相位法。它是通过用两个相邻天线通道测量同一个信号的相位差来确定辐射源的到达角的,也可以用相位差作误差信号驱动天线对辐射源实施被动跟踪。它的优点是测向精度高,缺点是存在相位模糊间歇,且设备复杂。数字式相位干涉仪(相位单脉冲)已获得迅速发展,并广泛用于高精度测向和定位。

1.3 对测向系统的基本要求

对测向系统的技术指标的确定取决于整机的用途、性能要求、有效空间以及成本等因素。

(1) 测角精度和角度分辨力。测角精度用测角误差来度量,测角误差包括系统误差和随机误差。系统误差是由测向系统失调引起的,在给定的工作频率、功率电平以及环境温度条件下,它是一个固定偏差。随机误差主要是由测向系统内部噪声引起的,一般用标准差(1σ)表示。通过统计处理可以减小随机误差。因此,测角精度又分短期精度和长期精度。短期精度用实时测量误差表示;长期精度用经过积累处理和平均处理之后的误差表示。角度分辨力是指能被分开的两个辐射源最小的角度差。

为了精确地对雷达无源定位,对干扰机方位引导以及威胁告警,必须有较高的测向精度。为了有效地稀释高密度的信号流,必须有较高的角度分辨力。

(2) 瞬时视野、角度搜索概率、角度搜索时间。瞬时视野是指瞬时角度覆盖范围。对于单波束搜索天线,瞬时视野为一个波束宽度。圆形阵列天线的瞬时视野为360°全向覆盖。

角度搜索概率表示对于给定的雷达、侦察天线波束与雷达天线波束重合可能性的大小，又称为角度(方位)截获概率。对于普通的警戒搜索雷达，对其要求较低；对于火控雷达，特别是重点威胁，搜索概率必须为100%，即全概率搜索(也称可靠搜索)。

角度搜索时间是指对于给定的雷达，要获得一定的搜索概率所需要的时间，又称为角度截获时间。在一般情况下，对于电子情报侦察，可允许搜索时间长一些；对于电子支援侦察，则对搜索时间提出了严格要求，要求实时截获信号，甚至要求单个脉冲截获，其最大搜索时间为一个脉冲重复周期。此时，对于连续照射的雷达，单个脉冲的角度搜索概率为

$$P_{\mathrm{Ia}_1}=\theta_{\mathrm{I}}/360° \tag{1.1}$$

式中：θ_{I} 为瞬时视野。

由式(1.1)可见，侦察天线的瞬时视野越宽，则单个脉冲角度搜索概率越大。

(3) 测向系统灵敏度。它是用来度量整个测向系统(天线和接收机)探测微弱信号的能力，即

$$P_{\mathrm{smin}}=P_{\mathrm{rmin}}/G_{\mathrm{r}}$$

或

$$P_{\mathrm{smin}}(\mathrm{dBm})=P_{\mathrm{rmin}}(\mathrm{dBm})-G_{\mathrm{r}}(\mathrm{dB}) \tag{1.2}$$

式中：P_{rmin}为测向接收机灵敏度；G_{r} 为侦察天线增益。

例如，$P_{\mathrm{rmin}}=-60\mathrm{dBm}$，$G_{\mathrm{r}}=20\mathrm{dB}$，则 $P_{\mathrm{smin}}=-80\mathrm{dBm}$。而测向系统天线的增益又分为两类：低增益天线在0dB左右；高增益天线在20dB左右。

当测向系统灵敏度确定之后，对于给定的雷达而言，侦察作用距离也随之确定了。若要对远距离雷达测向，就得提高测向系统的灵敏度，再将任务需求合理地分配给侦察天线和接收机。

除了上述技术指标之外，还要考虑设备量和价格性能比。由于雷达系统波段多、视野宽，所以设备量往往很大。同时，电子战产品更新率很高，故又得考虑性价比。

最后还应指出，除了反辐射导弹引导和三维空间定位以外，通常只测量雷达的方位角，这样做不仅可以使设备简单，而且还能缩短搜索时间，有利于提高搜索概率。

第2章　超宽频带天线技术

雷达寻的器的超宽频带性能是依靠超宽频带天线、超宽频带高速扫频频综器混频器，以及超宽频带解测向模糊技术实现的。超宽频带天线，一般采用平面螺旋天线、螺旋锥天线、曲折臂天线、对数周期天线、槽线天线。超宽频带扫频频综器与超宽频带的混频器是将频率范围变窄，以提高系统的灵敏度，变频之后，成为具有一定带宽、中心频率固定的系统，既提高了系统的灵敏度，也为提高测角精度创造了良好的条件。超宽频带被动寻的器，常采用相位干涉仪测向，而超宽频带相位干涉仪测角必然存在多值模糊，因此，必须通过解模糊才能实现稳定、准确的测向，得以实现超宽频寻的器的性能与技术指标。

2.1　概　　述

天线作为一种换能器，能使得电磁波在空间与传输线或集总电路中进行电磁能量的转换。因此天线是超宽带寻的器的首要部件和关键技术，是寻的器覆盖的频带宽度的决定因素之一。

天线有效地接收自由空间中的电磁波信号，将其转换电信号输出给寻的器的接收机，同时需要向接收机提供具有适当极化特性、满足空间覆盖要求的辐射图形。寻的器天线与其他天线（如雷达和通信天线）的区别在于，它具有宽频带、宽角覆盖以及多种多样的波束和极化的要求。大多数反辐射武器寻的器采用固定的、超宽频带、宽波束天线来完成寻的器所要求的功能。

寻的器天线都采用固定波束天线，这种天线至少有七种不同类型的固定波束天线可供选择：①宽带偶极子；②宽带单极子；③螺旋（平面和锥形）；④喇叭天线；⑤对数周期（包括曲折臂天线）；⑥圆柱螺旋；⑦反射型的天线。

平面螺旋和锥形螺旋除了特别适用于干涉仪测向系统以外，还适用于单脉冲系统。这种螺旋天线因其尺寸小，波束宽度和圆极化性能恒定，所以大多数宽频带的被动雷达寻的器都采用它。

圆柱螺旋天线与平面螺旋天线的应用非常相似，都有固有的圆极化特性。但圆柱螺旋的耗散性损耗较低。在3GHz以下的频率范围内可设计承受125kW功率能力的天线。

对数周期偶极子阵具有低至20MHz的低频覆盖能力。低频天线（如20MHz～1GHz）的带宽比为50：1，而高频天线（如1～18GHz）的带宽比为30：1，功率的承受能力与频率成反比，在 20MHz 时约为 1000W，在 18GHz 时降到 10W。

通常，喇叭天线的带宽比较窄，不过，当采用标准的双脊波导时，带宽可达 2.4∶1 或 3.6∶1，且工作带宽内喇叭天线比其他天线功率承受能力大。

2.2 圆柱螺旋天线

圆柱螺旋天线最基本的样式是由一个类似于松开的手表弹簧那样的螺旋辐射器组成的。当圆柱螺旋的圆周名义上为中心频率上的一个波长 λ 时，天线以轴模沿着圆柱螺旋的轴向辐射。

最佳轴模特性出现在上升角约为 14°，圆周在 $3\lambda/4$ 和 $4\lambda/3$ 之间，螺旋圈数超过三圈时。能提供恒定的波束宽度，带宽比在 1.8∶1，且当圆周约为 0.7λ 时，出现低频截止。增益是圈数的函数，一个六圈的螺旋，增益为 10dB。两圈或三圈的短螺旋常常封装在圆形腔体中，提供一个齐平安装的圆极化天线。为了保持柱螺旋天线的低频截止特性，腔的直径应近似为圆柱螺旋直径的 2.4 倍。

直径恒定的典型圆柱螺旋带宽比限制在约为 1.5∶1。低于这个带宽，圆极化轴比迅速增加；高于这个频段，辐射图在轴的附近出现零值。腔体支撑的螺旋的带宽比约为 3∶1。

把螺旋绕在锥体表面上，可以明显增大圆柱螺旋天线的带宽，尤其是匝间的间隔，随匝圈直径而对数地增加时，其带宽更要增大很多。这类天线的带宽可达 10∶1，当最大匝圈直径为 0.5λ 时，才出现低频截止，波束宽度为 70°~90°。

在给定的口径尺寸下，圆柱螺旋能够提供高于平面螺旋的增益，而且圆柱螺旋相当低的耗散损耗也使其能承受比等效的平面螺旋更大的功率。但因圆柱螺旋天线的结构比平面螺旋大，使平面螺旋更有利于在空间受限的场合中应用。

2.2.1 圆柱螺旋天线的参数

圆柱螺旋天线的结构可用螺旋线的直径 D、相邻圈间的距离（或称螺距）δ，以及圈数 n 等参数来描述，而且，从图 2.1 和图 2.2 中还可以导出它们与其他几何参量之间的关系：

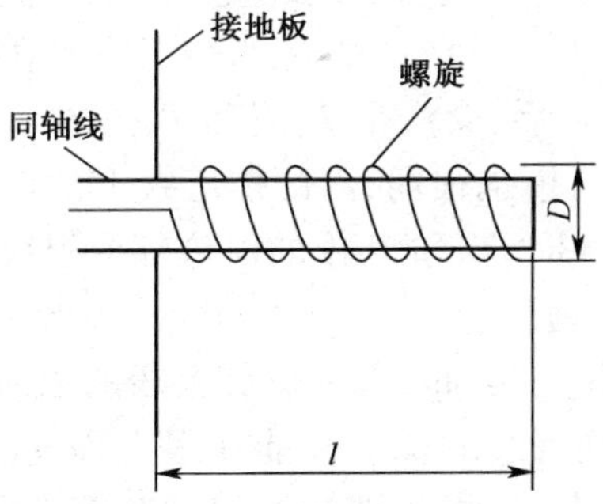

图 2.1 圆柱螺旋天线

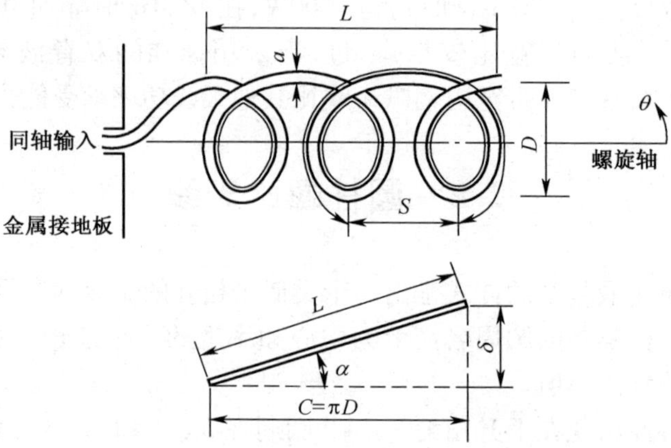

图 2.2　圆柱螺旋天线的几何结构及其参量

圈长(一圈的长度)　　$L^2=(\pi D)^2+\delta^2$

螺距角　　$\alpha=\arctan(\delta/\pi D)$

螺旋线的长度　　$l=n\delta$

可看出:当 $\delta=0(\alpha=0°)$ 时,圆柱螺旋天线将变成环形天线;当 $D=0(\alpha=90°)$ 时,圆柱螺旋天线将变为直线形天线。

圆柱螺旋天线的辐射特性也取决于天线上的电流分布。螺旋天线是一种周期性慢波结构。螺旋的每一圈被认为是周期结构中的一个基本元;两相邻基本元的距离是一个常数 δ。螺旋导线上的电流有两个作用:构成辐射单元同时又起连接基本元的传输线的作用,这里沿导线上电流的传播相速接近于光速。实际上,圆柱螺旋天线上的电流分布是相当复杂的。根据理论分析,该慢波结构中的电流有相速等于光速的分量,称它为基模分量,用 T_0 表示;还有相速小于光速的各分量,称它们为高次型模,当高次型模中的电流相位变化一个周期的长度约为螺旋线的圈长 L 时,称这种高次型模为 T_1 模,当高次型模中的电流相位变化一个周期的长度约为 1/2 个圈长时,称这种高次型模为 T_2 模。这些传输模在螺旋天线总电流中所占的比例与螺旋线的几何参量有关。当 $D/\lambda<0.18$ 或 $L/\lambda<0.5$ 时,基模 T_0 占主导地位。这种模的相位经若干圈螺线后才变化一个周期,该模在传输中的衰减也很小,当基模电流传至终端后,将产生反射,因此螺旋线上的电流形成驻波分布。当 $D/\lambda=(0.25\sim0.46)$ 或 $L/\lambda=(0.8\sim1.3)$ 时,基模 T_0 会很快地衰减下去,这时 T_1 模占主导地位。T_1 模的电流传至终端后,会产生 T_0 模和 T_1 模的反射波,由于 T_0 模会很快地衰减下去,以及反射后的 T_1 模也很弱,因此螺旋线上的电流分布接近于行波状态。当 $D/\lambda>0.45$ 或 $L/\lambda>1.25$ 时,T_0 和 T_1 模的电流都会很快地衰减下去,T_2 模取代 T_0 模和 T_1 模的电流而占支配地位。

根据上述的各种不同电流分布,圆柱螺旋天线的辐射状态可以分为法向、轴向和圆锥形。因此,圆柱螺旋天线的辐射性能在很大程度上是由螺旋的直径与波长之比来确定。法向辐射状态,是指与螺旋轴线相互垂直平面内的各方向上天线都有最强的辐射。因而，在此种辐射状态下，圆柱螺旋天线的波瓣图类似于在较低频率范围内所采用的环形天线的波瓣图，如图 2.3(a)所示。这种工作状态称为无方向性辐射状态。法向辐射状态的圆柱螺旋天线可以用来作为 VHF 频段的调频制广播和电视发射的天线。轴向辐射状态是指在螺旋天线的轴向方向上天线有最强的辐射。因而，在此种辐射状态下天线的波瓣图类似于圆阵天线的波瓣图，如图 2.3(b)所示。轴向辐射状态的圆柱螺旋天线，在宽频带的定向天线中得到了广泛的应用，它在微波天线中具有更大的实际意义。

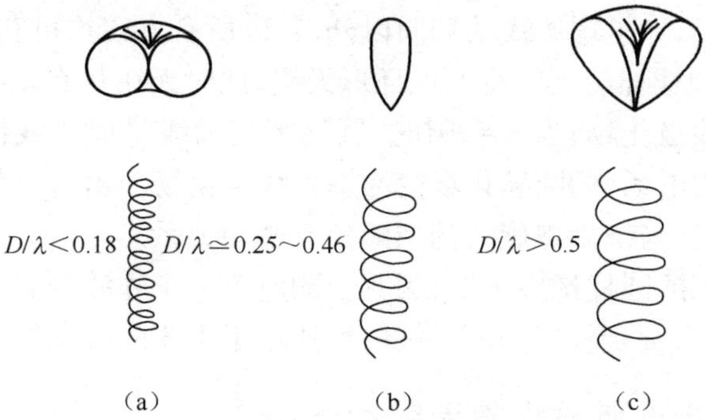

图 2.3　圆柱螺旋天线的三种辐射状态
(a)法向辐射状态；(b)轴向辐射状态；(c)圆锥形辐射状态。

2.2.2　法向辐射的圆柱螺旋天线

当圆柱螺旋天线的直径的电尺寸满足 $D/\lambda<0.18$ 时，由于螺旋线的直径较工作波长甚小，螺旋线中电流的基模 T_0 占主导地位，天线上的电流分布是驻波状态。因此，可近似地认为在每一圈内各点的电流幅度和相位都相同。这样，就可以把螺旋线的每一圈等效为电偶极子和小尺寸的电流环，如图 2.4 所示。

可以看出，在电流为 T_0 模的情况下，圆柱螺旋天线的远区辐射场与圈数 n 无关，主要取决于电偶极子和小尺寸的电流环的远区辐射场。电偶极子的远区辐射场为

$$E_{\mathrm{d}}=\hat{\theta}\mathrm{j}\omega\mu I\delta\frac{1}{4\pi r}\mathrm{e}^{-\mathrm{j}kr}\sin\theta \qquad (2.1)$$

式中：I 为螺旋天线中的电流幅度；δ 为电偶极子的长度。

小尺寸电流环的远区辐射场为

$$E_{\mathrm{l}}=\hat{\varphi}\left[-\mathrm{j}\frac{\omega\mu I}{4\pi r}\left(\mathrm{j}\frac{k\pi D^2}{4}\right)\right]\mathrm{e}^{-\mathrm{j}kr}\sin\theta \qquad (2.2)$$

式中：$(\pi D^2)/4$ 为小圆环的面积。

因此，圆柱螺旋天线的一圈在远区产生的总辐射场为

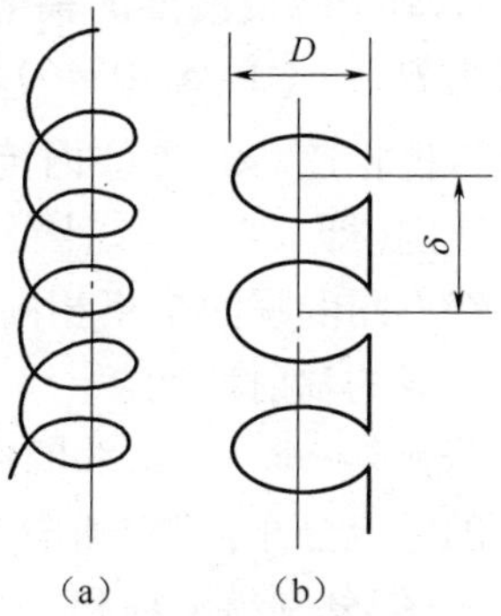

图 2.4　小尺寸的螺旋天线及其等效电路
(a)螺旋天线；(b)其等效电路。

$$E=E_{\mathrm{d}}+E_{\mathrm{l}}=\mathrm{j}\frac{\omega\mu I}{4\pi r}\mathrm{e}^{-\mathrm{j}kr}\sin\theta\left[\hat{\theta}\delta-\mathrm{j}\hat{\varphi}\frac{k\pi D^2}{4}\right] \tag{2.3}$$

从式(2.3)可以看出:①一圈螺旋天线的方向性函数为 $\sin\theta$;②总辐射场的两个分量在相位上相差 90°,从而形成一个椭圆极化场,椭圆的轴比为

$$|AR|=|E_\theta|/|E_\varphi|=(2\delta\lambda)/(\pi D)^2 \tag{2.4}$$

若使几何参量有下列关系:

$$D=\sqrt{2\delta\lambda}/\pi \tag{2.5}$$

便可获得圆极化场,除了螺旋线的轴向以外,其余所有方向均可获得圆极化场。当螺距角 $\alpha=0°$时,圆柱螺旋天线将变成环形天线,此时天线只有 φ 分量的电场,椭圆极化场变为水平线极化场;当 $\alpha=90°$时,圆柱螺旋天线将成为线性电偶极子,此时天线只有 θ 分量的电场,椭圆极化场变为垂直线极化场。由此可见,圆柱螺旋天线将产生何种极化场,与绕制螺旋时的螺距角有密切关系。

法向辐射状态的圆柱螺旋天线,因其上的电流属于驻波分布,它如同对称振子一样,天线的阻抗带宽是较窄的。天线驻波比小于 1.5 的带宽约为 5%。

2.2.3 轴向辐射的圆柱螺旋天线

当螺旋天线的周长 L 约为一个波长时,该天线犹如端射的行波天线一样,将在螺旋天线轴的正 z 方向上有最强的辐射。在轴的附近,天线辐射的场接近于圆极化场。另外,天线的主瓣宽度随圈数 n 的增加而减小。实际上,当 L 在$(0.8\sim1.3)\lambda$ 的范围内时,圆柱螺旋天线基本上有上述的辐射特性。这意味着,在$(0.8\sim1.3)\lambda$ 的频率范围内,圆柱螺旋天线的辐射特性基本保持不变或稍有变化。若 f_{u} 为此频率范围的上限频率,f_{l} 为其下限频率,则可得出轴向辐射的频带宽度为

$$f_{\mathrm{u}}/f_{\mathrm{l}}=1.3/0.8\approx1.63 \tag{2.6}$$

可看出,这种辐射状态的圆柱螺旋天线是一种有较宽频带的圆极化天线。

1. 单个螺旋线圈的辐射

当 $D/\lambda=(0.25\sim0.46)\lambda$ 时,由于圆柱螺旋天线中的 T_1模电流占主导地位,该电流传播相速 $v<c$,导线内传输的电流接近于行波状态。把单个螺旋圈看做是一个平面线圈(即 $\alpha=0$)。若圈长 L 等于波长,则沿线圈传播的是行波;线圈内的电流分布在不同的瞬间是不相同的。以下用 t_1 和 $t_1+T/4$ 两不同瞬间的电流分布说明螺旋天线的辐射性能。

若在某一瞬间 t_1,线圈内的电流分布如图 2.5(a)所示,左图为设想把线圈展开后的电流分布,图中的箭头表示电流方向。A、B、C、D 四点表示平面线圈中的四个点,它们分别与 x 轴和 y 轴相对称;在该四点上,各点的电流可分解成两个电流分量 I_z与 I_y,从图 2.5(a)中可以看出

$$I_{xA}=-I_{xB}\text{和 }I_{xC}=-I_{xD} \tag{2.7}$$

式(2.7)对任何两个对称于 y 轴的点都是正确的,而各点沿 y 轴的电流分量有

相同的方向。因此，在此瞬间，在 z 轴方向上的观测点处，由 A、B、C、D 四点上电流所产生的电磁场仅含有 E_y 分量。

既然电流沿线圈传播的形式为行波状态，那么，电流沿线圈的分布将随时间的增长而沿线圈移动。在 $t=t_1+T/4$ 的瞬间，电流沿线圈的分布如图 2.5(b) 所示。在此瞬间，有

$$I_{yA}=-I_{yB} \text{和} I_{yC}=-I_{yD} \tag{2.8}$$

式(2.8)对任何两个对称于 x 轴的点都是正确的，而各点沿 x 轴的电流分量又都有相同的方向，因此，在此瞬间，由 A、B、C、D 四点上的电流在 z 轴方向上观测点处产生的电磁场仅含有 E_x 分量。可以看出，在 $T/4$ 内，矢量 $\boldsymbol{E}$ 旋转了 90°的角度。由于线圈内的电流不断地以行波状态向前传播，所以电场矢量 $\boldsymbol{E}$ 的方向也就不断地绕 z 轴旋转而形成圆极化场，矢量旋转的方向是与电流在线圈内前进的方向一致的，它又取决线圈绕制的方向。

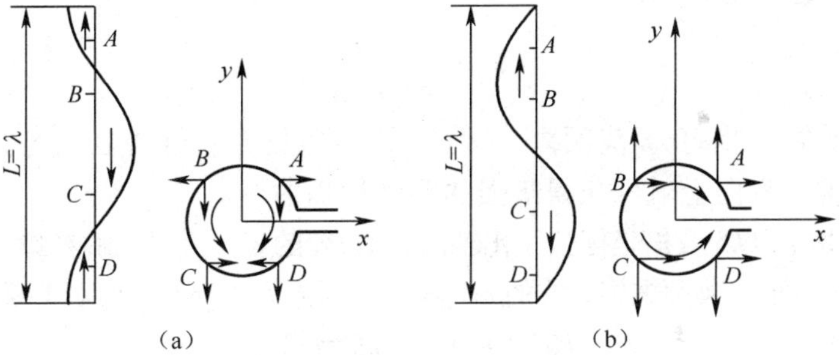

图 2.5　平面螺旋中的电流分布

(a) $t=t_1$；(b) $t=t_1+T/4$。

实际上，圆柱螺旋天线的每一圈并不是位于同一平面内，而是有一定的绕距 δ；因此，从线圈上的每一点到观测点的距离是不同的，这样，即使各点上的电流相位是相同的，但由于各点到观测点的波程差将使各点上电流在观测点产生的电磁场矢量出现相位差，如图 2.6 所示，两相邻线圈上对应点的电流，在观测点处产生的电场矢量的相位差应为

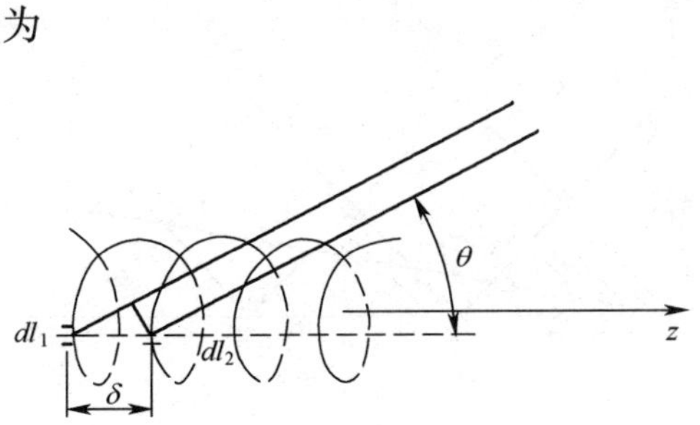

图 2.6　相邻线圈对应点上电流的辐射

$$k\delta\cos\theta-\psi_i \tag{2.9}$$

式中：ψ_i 为两对应点上的电流相位差，它取决于 T_1 模电流传播相速 v 和圈长 L，因为

$$\frac{v}{c}=\frac{\omega/c}{\omega/v}=\frac{k}{\beta} \tag{2.10}$$

式中：$k=2\pi/\lambda$；$\beta=k(c/v)$ 为 T_1 模电流的相移常数，将此关系代入 ψ_i，则得

$$\psi_i=\beta L=k(c/v)L \tag{2.11}$$

因 $c>v$，$L>\delta$，那么 $\psi_i>k\delta\cos\theta$，因之，式（2.9）一般写为

$$\phi=k(c/v)L-k\delta\cos\theta \tag{2.12}$$

为了使在 z 轴方向上（即 $\theta=0$）能获得最强的圆极化辐射场，两相邻线圈对应点的辐射元在观测点产生的电场矢量的相位差必须是 2π 的整数倍，即

$$k(c/v)L-k\delta=m2\pi \tag{2.13}$$

一般在 $m=1$ 的情况下，则可得

$$K_1=\frac{v}{c}=\frac{L}{\delta+\lambda} \tag{2.14}$$

式中：K_1 通常在 0.75～0.8 范围内。因此，只要圈长 L 和绕距 δ 满足式（2.14），螺旋天线在 z 轴正方向上就可获得最强的圆极化辐射场。

可用纵坐标为 $k\delta$ 及横坐标归一化轴向波数 $\beta\delta$ 的 $\omega-\beta$ 图来解释螺旋天线的一些特性。图 2.7 所示为典型螺旋天线的 $\omega-\beta$ 图。因为 $L=\delta/\sin\alpha$，所以式（2.13）可写为

$$k\delta(c/v\sin\alpha)-k\delta=m2\pi \tag{2.15}$$

令 $\beta_n=k(c/v\sin\alpha)$，则式（2.15）可写为

$$\beta_n\delta=k\delta+m2\pi \tag{2.16}$$

它表示在自由空间内，波相速为光速时的一组空间谐波，即当间距为 δ 给出波的相位时，空间谐波的相位可由再增加 2π 的倍数来确定。相当于 $m=1$ 的曲线Ⅱ对轴向辐射而言是特别有意义的。

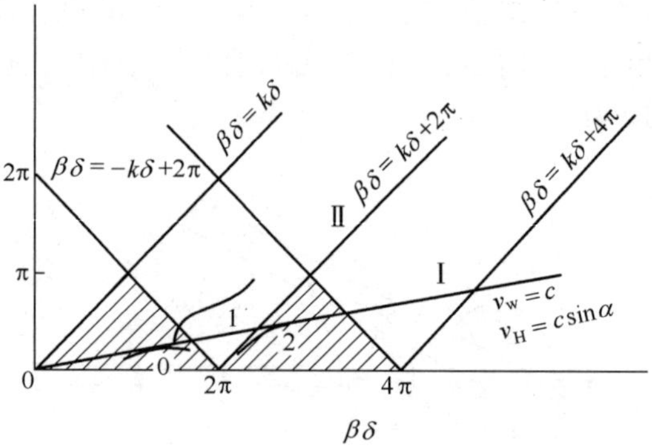

图 2.7　典型螺旋天线的 $\omega-\beta$ 图

曲线Ⅰ与前面提到的传输线作用有关，它相当于相速为光速的电流波，用 $v_w = c$ 表示，因之，轴向速度（或螺旋速度）$v_H = c\sin\alpha$，结合式（2.10），得

$$\beta\delta = k\delta/\sin\alpha \tag{2.17}$$

每当两种波形有相同的 β 时，即图中线的交叉点，由于它们以相同的速度彼此间跟随着而产生相互影响。这种相互影响也称为模耦合并具有分割曲线的作用，因而，曲线 0、1、2 给出了附有波 $\beta_H\delta$ 的复合波。耦合的强度由导线的尺寸来确定。

在第一个三角形内，曲线 0 对曲线 1 仅有较小的扰动，因而可获得一个非辐射的慢波，它以光速沿导线传播着。模 0 相当于 T_0 模电流波并产生法向辐射。第一个模耦合发生在第一个三角形：

$$\beta\delta = -k\delta + 2\pi \tag{2.18}$$

的边界处。式（2.18）表示的直线在减去 2π 后给出 $\beta = -k$ 的反方向辐射波。当频率增加时，模 1 可以传播，它是一个具有相应辐射衰减的辐射快波。这种模对于向前辐射的螺旋天线是没有意义的。

在曲线Ⅰ与曲线Ⅱ间出现相互影响的结果相当于轴向辐射的模 2，它相当于 T_1 模电流波。

2. *n* 圈螺旋天线的辐射

上面指出，式（2.13）或式（2.14）是保证 z 轴方向上两相邻线圈的辐射场同相叠加的条件，但并不能保证天线在 z 轴方向上有最大的增益。对于 $L \gg \lambda$ 的行波天线而言，若使该行波天线能有最大的增益，则它需满足这样的条件，即电波沿天线导线传播所滞后的相位与电波在自由空间向同一方向传播同一长度所滞后的相位间的相位差应为 π，这一条件称为汉森—伍德亚特条件（Hansen - Woodyard Condition）。根据这一条件，当螺旋天线中馈电端和终端的两个线圈，在 z 轴方向上产生的场矢量相位差还应附加 π 时，才能获得最大增益。既然式（2.13）是保证两相邻线圈在 z 轴方向上产生的场能同相叠加的条件，那么，当螺旋天线的圈数为 n 时，该天线的馈电端与终端两个线圈则需（$m=1$ 时）为

$$kn(c/v)L - kn\delta = 2n\pi \tag{2.19}$$

才能保证它们在 z 轴方向上产生的场同相叠加。根据汉森—伍德亚特条件，式（2.19）再加上 n 就可获得天线的最大增益，即

$$k(c/v)L - k\delta = 2\pi + \pi/n \tag{2.20}$$

$$K_1 = \frac{v}{c} = \frac{L}{(\delta + \lambda + \lambda/2n)} \tag{2.21}$$

在满足式（2.21）的情况下，在 z 轴方向上也可能得不到圆极化的辐射场，而是一个椭圆极化场；只有当圈数 n 很多时，式（2.14）和式（2.21）才接近，这样才可以使 z 轴方向出现近似圆极化辐射场。

为了更详细研究模 2，可将图 2.7 所示的 $\omega - \beta$ 图中的第二个三角形区由 $\beta\delta$ 中

减去 2π,重新绘图(图 2.8)。直线Ⅱ根据式(2.17)也可以说它是轴向速度 v_H 等于光速 c 的直线,直线Ⅱ以上的部分是 $v_H>c$ 的区域,直线Ⅱ以下的部分则是 $v_H<c$ 的区域。可以看出,轴向辐射模 2 的轴向速度 v_H 略小于光速 c,且随频率的增加,波的速度逐渐减慢。这里不要混淆的是,沿导线的传播速度是随频率的增加而逐渐加大并接近于光速。直线Ⅲ是当 $n=5$ 时,按式(2.21)绘出的曲线。直线 2 在有用的频率范围内通过曲线Ⅲ。

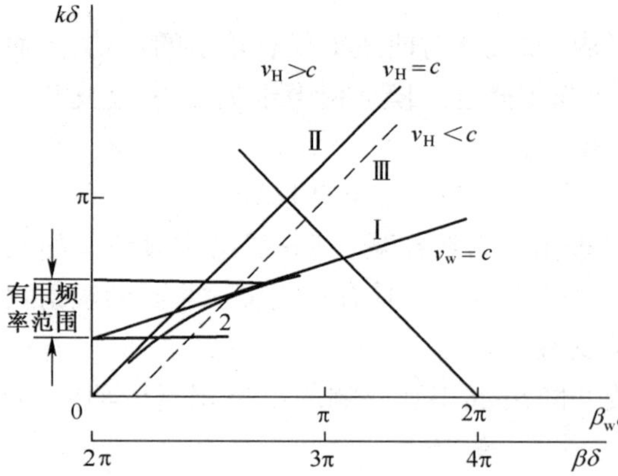

图 2.8　轴向辐射模移至第一个三角形区域的放大图形

从对这种周期结构的分析中可以得出一些设计准则。直线Ⅰ必须在第二个三角区内与直线Ⅱ相交,这意味着 $\sin\alpha<k\delta/(\beta\delta)=\dfrac{\pi}{3\pi}$,即 $\alpha<19.5°$。这与 Kraus 推荐的 $12°<\alpha<16°$ 基本相符。图 2.8 中所示,当 $0.3\pi<k\delta<0.6\pi$ 时,可确定为有用的频率范围,那么,

$$0.15<\delta/\lambda<0.3 \quad 或 \quad 0.71<C/\lambda<1.20 \tag{2.22}$$

这与 Kraus 提出的经验数据是非常接近的。

3. 辐射场的计算与波瓣图

轴向辐射状态的圆柱螺旋天线辐射场的计算是比较复杂的。这是因为螺旋天线的螺距角 $\alpha\neq0$,对单一线圈而言,除了沿圈上的电流 I_x、I_y 的分量以外,还有 I_x 分量,且产生的电场矢量含有 E_θ 和 E_φ 两个分量。当圈数为 n 时,E_θ 和 E_φ 在相位上相差 90°。A·з·弗拉金给出它的计算结果。因为轴向辐射状态的圆柱螺旋天线中的电流分布属于行波状态,因此,也可用行波天线的理论来计算。这种方法计算的结果与精确计算的结果是非常接近的。图 2.9 表示 $n=6$,$\alpha=14°$ $l=118$cm,$L=78$cm,反射盘直径为 0.77L 的圆柱螺旋天线轴向辐射状态的波瓣图。该天线是用直径 d 为 12.25mm 的铜管绕制而成的。图 2.9 中的实线表示 E_φ 分量,虚线表示 E_θ 分量。从图中可看出:在 $f=300\sim500$MHz 内,波瓣图的变化不大,且 E_φ 分量的波瓣图与 E_θ 分量的波瓣图基本一致。

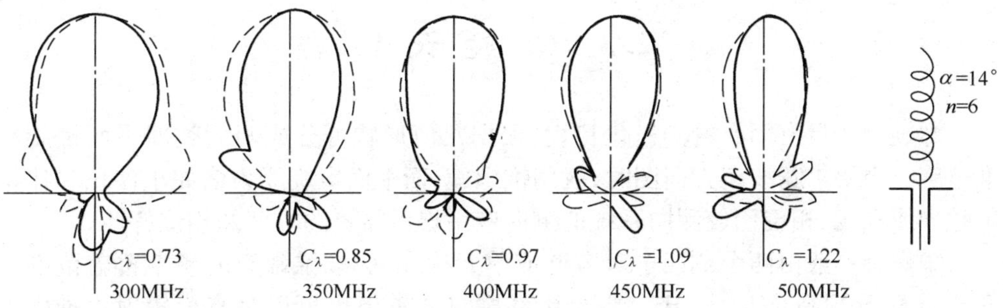

图 2.9　螺旋天线轴向辐射状态的波瓣图与频率的关系

4. 经验设计公式

根据给定的天线增益值或主瓣宽度来选择螺旋天线的几何尺寸时，可应用以下的经验公式来设计。这些经验公式是采用绕距角 $\alpha=12°\sim16°$，圈数 $n>3$，经多次测量而得到的圆柱螺旋天线的电参量。

（1）主瓣宽度为

$$2\theta_{0.5}=\frac{52°}{(l/\lambda)\sqrt{n\delta/\lambda}} \tag{2.23}$$

（2）增益为

$$G=15\,(L/\lambda)^2 n\delta/\lambda \tag{2.24}$$

式(2.23)和式(2.24)中的 L、δ 和 n 值的选择应满足式(2.21)的要求；若要获得圆极化辐射场，则需满足式(2.15)的要求；K_1 一般为 0.8。

（3）输入阻抗。因为螺旋导线上传播的电流是行波，用行波天线的输入阻抗应等于它的特性阻抗，所以可以将螺旋天线的输入阻抗近似地看成是纯电阻，其经验值约为

$$R_{in}=140(L/\lambda)(\Omega) \tag{2.25}$$

在 $12°<\alpha<15°$、$0.75\lambda<C<1.33\lambda$ 及 $n>3$ 的情况下，式(2.25)计算的结果误差在 ±20% 以内。另外，当螺旋天线的其他参数条件不变时，可以用加粗螺旋导线的方法来降低天线的输入阻抗值。

（4）天线的极化。上面指出，当尺寸选择满足式(2.21)以获得最佳增益要求时，螺旋天线将辐射椭圆极化波，在最大辐射的方向（即天线的轴向方向）上椭圆极化波的轴比为

$$AR=(2n+1)/2n \tag{2.26}$$

可看出，当 n 为较大值时，AR 趋近于 1 且电磁波接近于圆极化波。极化方向与螺旋的绕向是一致的，如右旋绕向螺旋产生右旋圆极化场。螺旋天线可以发射圆极化波，也可以接收圆极化波，但需注意极化的旋转方向，例如，右旋绕向的螺旋只能接收右旋圆极化波。

2.3 螺旋天线

螺旋天线具有固有的圆极化特性,根据几何形状可分成两大类即平面螺旋和锥螺旋。当要求宽波束方向图时,就用锥螺旋,而平面螺旋能为诸如干涉仪和比幅单脉冲或幅度、相位比较测向系统的测向应用提供需要的幅度及相位特性。

锥螺旋一般由两个或四个对数臂或单元构成,标准锥螺旋的频率覆盖范围从低至 10MHz 到高至 12.4GHz。螺旋天线既可以轴模也可以垂直模辐射。轴模大约在圆周为一个波长出现,向螺旋的轴线方向辐射。当天线尺寸小于一个波长时,则以垂直模辐射,且在垂直于螺旋轴线的方向上场最大。轴模螺旋典型的宽比为 4:1,垂直模螺旋为 10:1。两种模的增益都是 0dB。功率承受能力受到馈电网络的限制,功率范围从 10MHz 的 500W 到 12GHz 时的 10W。

在锥底板平面上,两种模的方向图形是全向性的。频率内的峰值增益变化低于±3dB,在某些点频上低至±1dB。在俯仰面,轴模的波束宽度近似为 180°,提供半球形覆盖;垂直模的俯仰面波束宽度为 55°。

垂直模圆锥螺旋,由于它的轴线过顶点,而提供一个全方位图形,在水平面上具有最大增益,因此很适于地基截获系统。轴模螺旋因其近似半球形方向图,而更适于用在地空或空地系统中。

把四个锥形对数螺旋用机械方法构成一个阵列,它们的有效相位中心间隔不随频率变化而保持恒定。这样的阵列天线能提供和差单脉冲波束而在宽频带范围内与频率无关。在实际设计中,天线单元间由角度视野、旁瓣电平和单脉冲误差斜率或斜度等因素综合权衡决定。

通常把平面螺旋设计在多倍频程频段,需要一个后腔体。在腔体中放置吸收材料以防增益降低,因为腔体深度为半波长的地方就会出现并联谐振。此外,螺旋臂必须端接耗损材料,以防止与主信号方向相反的二次圆极化信号的辐射。与腔体不加载的非加载平面螺旋相比,这些影响要使增益大约降低 3dB。

在 500MHz~40GHz 的频率范围内,都可以用平面螺旋天线,而典型的使用频段为 2~18GHz。在此带宽内,最新水平的天线的轴比将低至 1.5dB,且偏轴现象小到可以忽略不计。在多倍频程设计中,整个频段范围内的增益和波束宽度有较大的变化。从频率范围的低端到高端,增益从-6dB 变到 2dB(这相对于线性各向同性而言),在多倍频程内的波束宽度很明显从 110°减小到 60°,功率承受能力的一般水平是:在 10GHz 为 4W,18GHz 为 1W。

1 倍频程的非加载腔体平面螺旋天线,能提供高达 4dB 的高增益,波束宽度从 60°到 90°变化。目前的设计可将带宽稍微扩展到超过 1 倍频程(如 8~18GHz)。

螺旋天线可以绕制成各种螺旋样式,现在常用的是阿基米德螺旋、对数螺旋和等角螺旋。螺旋本身的参量只对螺旋天线的性能有次要的影响,而等间距阿基米德螺旋因为大量的设计资料可用，故常为人们采用。研究的一个方面是，设计能同时产生右旋或左旋圆极化的螺旋天线，以免威胁方把极化方向作为一种反对抗的措施来使用。

一个四臂腔反射平面螺旋天线，当其用一个波束来形成网络以模激励时，能同时产生单脉冲和差方向图。这些方向图是相对于天线瞄准轴旋转对称的。说明了进入接收机的相对输入功率与偏轴角的函数关系，此关系提供了两锥角测量的能力。然而，为了保证宽带工作，必须在输入中用一个标准信号以维持一个不随频率改变的恒定相位差。

在单脉冲测向系统内，腔反射的平面螺旋要求在齐平安装的场合占有优势。如无此要求，则锥螺旋在产生和差辐射方向图方面能提供更大的灵活性。

2.4 锥形四臂对数螺旋天线

模Ⅱ馈电的锥形四臂对数螺旋天线（以下称锥螺旋）在360°方位面内具有均匀的圆极化全向性辐射方向图。从基本原理看，该天线具有无限宽的频带宽度，但因实际结构限制，产生了截尾效应，加之随着工作频率的升高，电缆损耗引起效率降低，所以高频端达到12GHz以上是十分困难的。

2.4.1 锥螺旋宽频带性能

1. 麦克斯韦方程中的电学比例原理

用 λ 作为长度单位对 x、y、z 坐标中所有长度归一化，即

$$\begin{cases} x=\lambda x' \\ y=\lambda y' \\ z=\lambda z' \end{cases} \tag{2.27}$$

可由 $\nabla\times\boldsymbol{E}=-\mathrm{j}\omega u\boldsymbol{H}$ $\nabla\times\boldsymbol{H}=\mathrm{j}\omega\varepsilon\boldsymbol{E}$

导出

$$\nabla\times\boldsymbol{E}=-\mathrm{j}\frac{2\pi}{\lambda}\sqrt{u/\varepsilon}\boldsymbol{H} \tag{2.28}$$

$$\nabla\times\boldsymbol{H}=-\mathrm{j}\frac{2\pi}{\lambda}\sqrt{\frac{u}{\varepsilon}}\boldsymbol{E} \tag{2.29}$$

把它们扩大 λ 倍后，可得

$$\nabla'\times\boldsymbol{E}=-\mathrm{j}2\pi Z_0\boldsymbol{H} \tag{2.30}$$

$$\nabla'\times\boldsymbol{H}=\mathrm{j}2\pi Z_0\boldsymbol{E} \tag{2.31}$$

式中：$Z_0=\sqrt{\mu/\varepsilon}$，与频率无关。这说明任何满足于 $x'=x/\lambda$，$y'=y/\lambda$，$z'=z/\lambda$ 的（天线）结构，其辐射场与频率无关。换言之，当天线所有尺寸增加 n 倍时，只要工作波长也增加 n 倍，则天线辐射性能不变。在天线研制中，经常采用的缩尺模型试验都证明了这点。

2. 锥螺旋矢径方程

通常,设计一个比例固定的模型,即几何学中的相似问题,是较为容易的,但要使众多的相似模型能在一个天线上实现,就不是任何天线都能实现的。只有两类天线可以做到:一类是双锥天线,在锥角不变的情况下,其尺寸可按任意比例变化,这通常称为第一角条件。另一类就是以锥上几条曲线的相交点为起点,当按比例放大曲线时,仅相当于原天线绕轴旋转了一个角度,即

$$kT(\varphi)=T(\varphi+\Delta) \qquad (k<1) \tag{2.32}$$

式中:k 为与 φ 无关的比例常数;$T(\varphi)$ 为原天线辐射方向性函数;$T(\varphi+\Delta)$ 为原天线转了角度 Δ 后的辐射方向性函数。即按比例系数 k 变化时,仅相当于 Δ 的大小发生变化,称之为第二类角条件。

式(2.32)经下列变换,可导出平面螺旋参量方程,并进而导出锥螺旋参量方程:

$$T(\varphi)=\frac{1}{c_1}\mathrm{e}^{a(\varphi+\varphi_0)}=A\mathrm{e}^{a(\varphi+\varphi_0)}$$

这是以 e 为底的对数周期结构。在平面结构的螺旋中,常写成

$$\rho=\rho_0\mathrm{e}^{a\varphi} \tag{2.33}$$

根据平面螺旋与锥螺旋之间的投影关系,平面螺旋在锥体上的投影就是锥体对数螺旋天线,得到锥螺旋的矢径方程为

$$r=r_0\mathrm{e}^{a\varphi} \tag{2.34}$$

式中:$a=\sin\theta_0/\tan\alpha$,为螺旋伸展常数。

由于式(2.34)源于式(2.32),是第二类角度条件的另一种表达形式。这表明锥螺旋和平面螺旋一样,只要螺旋足够长,锥螺旋上就有许多随频率而变的相似形结构,此时锥形天线上有许多按一定规律排列的辐射区,故锥螺旋是按对数周期规律排列辐射区的宽频带天线,这种固有特性是不会随辐射带数目的变化而改变的,也不会随锥螺旋的安装方式而改变。然而,事实上,锥螺旋是有一定频带限制的,这就是下一节要讨论的问题。

2.4.2 影响锥螺旋频宽的主要因素

通常,宽频带工作都是相对于一定指标而言的,这里只是在一般意义上的讨论。

锥螺旋之所以不能用到 12GHz 以上,与馈电体制、馈电器性能以及辐射带的互补的近似程度有关,也由于截断效应(包括锥螺旋基部的截尾效应,也包括锥螺旋尖馈电处的截顶效应)破坏了上文所说的电学比例原理,限制了天线的工作带宽。

1. 变化的辐射中心和截尾效应

锥螺旋与平面螺旋一样,相位中心和辐射中心不同。已有资料给出了相对于 $\cos\theta$ 的辐射场的相位中心。在锥螺旋用作馈源时,一定要考虑相位中心。在单独作天线使用时,主要考虑辐射中心。

锥螺旋的辐射中心在主辐射区内锥轴的轴线上。对全向天线而言,kd 在

0.7π~1.7π 范围内，其中：$k=\frac{2\pi}{\lambda}$，d 为相邻臂间的间隙距离。根据 K. K. Mei 的 $k-\beta$ 图，近似认为：当 $d=\lambda/2$ 时，所对应的轴线上的一点为辐射中心，这时就可得到较好的垂模辐射。辐射中心随频率的变化而变化。频率降低时，辐射中心向锥的大端移动，反之，向锥尖移动。正是由于这种移动，才满足电学比例原理。

沿锥螺旋臂上的电流分布一般分成三个区域：输入区、过渡区和指数衰减区（即有效辐射区）。当四臂锥螺旋天线（$^4I_2$）螺旋线长度 $S=2\lambda$ 时，为工作频带的高频端辐射区开始，直到沿螺旋臂上的电流下降至-20dB 时，截断螺旋线后对电性能无明显影响。当电流还未衰减到-20dB 时，辐射带被截断，就会出现截尾效应。在试验中，由于截尾效应的影响，在 1GHz 频率点测试时，极化轴比由 1.5GHz 时的 3dB 下降到 10dB，增益也由-5dB 下降到-17dB。这都是由于过早地截断，较强的反射破坏了 $\boldsymbol{E}_\theta$ 和 $\boldsymbol{E}_\varphi$ 分量的幅度平衡，以及主辐射区移出锥体之外所引起。这也说明锥体大直径端取 $0.66\lambda_{\max}$（$\lambda_{\max}$是最低工作频率波长）的经典值偏小了，我们认为大端取大于或等于 $0.7\lambda_{\max}$较合适。

2. 截顶效应与互补结构

对锥尖部的截断效应称为截顶效应。截顶效应直接影响高频端特性。此时，并不是螺旋本身被截断，而是四条螺旋臂本身有一定宽度，又不允许相互短路，故它们均布在锥顶上时，一定起始于锥顶的某一截面上，这就不太符合自补偿结构“源于一点”的条件。

众所周知，自补偿结构可使输入阻抗在宽带范围内为一恒定值，理想的自补偿结构只有电阻分量。锥螺旋的自补偿结构由平面螺旋引申而来。在模Ⅱ馈电的情况下，当臂的展宽角 $\delta=45°$时，金属臂只要旋转 π/n 角（$n=2$）便与臂间间隔相重合。由于自补偿结构不真正源于一点，故有一定电抗分量存在，其大小是频率的函数。这样，当频率变化时，输入阻抗随之变化，这使得与宽带馈电器的匹配频带宽度受到限制。另外，由于输入区、过渡区和指数衰减区都集中在锥顶部，且频率越高越向锥顶集中，所以截顶还会直接影响工作频带高端的辐射性能。

为了保证最高工作频率上的匹配性能和辐射性能，我们认为要求锥形四臂螺旋馈电点所在截面的直径小于或等于 $0.17\lambda_{\max}$（$\lambda_{\max}$为最高工作频率波长）为好。

2.4.3 2~18GHz 锥螺旋

锥螺旋主要由辐射带和馈电器组成。辐射带由在锥体上四条旋转对称的镀银（或镀金）铜带构成；馈电器是专门研制的，取名为共面夹层馈电器。该馈电器由 SMA 微带座、屏蔽微带线、平衡窗口、倒相器、双芯悬置带线、共面夹层耦合带线等组成。馈电器和辐射器装配情况如图 2.10 所示。

这种结构利用了模Ⅱ馈电的$^4I_2$在选定某组参数情况下轴向辐射为零的特性，即其特征矢量为

$$^{n}I'_k=(1,e^{j2\pi k'/n},e^{j2\pi k'(2/n)},\cdots,e^{j2\pi k'(n-1)/n}) \tag{2.35}$$

当$n=4,k'=2$，即模Ⅱ馈电时，由于相邻臂之间相位相反，它满足能量守恒定律，即

$$\sum_{m-1}^{n} i_m = 0 \tag{2.36}$$

如果一种新型的馈电方案能满足以上条件，在四个旋转对称的单元上就同样有幅度相同、邻臂相位相反的输入电流。此时，它们在空间的辐射场可表达为

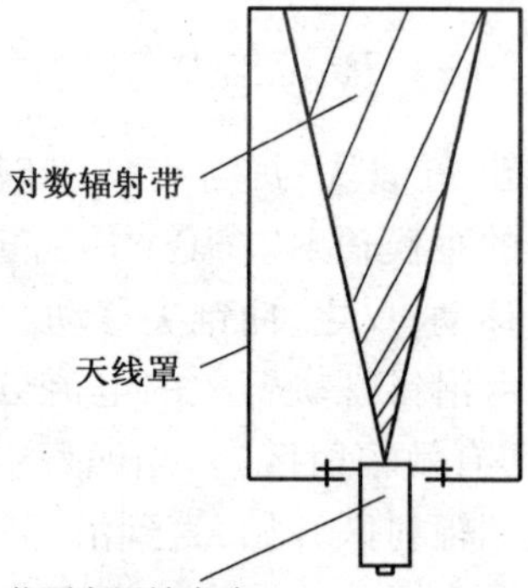

图 2.10　2~18GHz 锥螺旋

$$E_\theta(\bar{r})=-j\omega\mu\frac{\exp(-jkr)}{4\pi rQ}\int_0^L I(s')\exp\left[j\left(\frac{ks'}{Q}\right)\cos\theta\cos\theta_0\right]\times$$
$$\sum_{l=0}^{N-1}\exp(-jml\alpha)\exp\left[j\left(\frac{ks'}{Q}\right)\sin\theta\sin\theta_0\cos(\varphi'-\varphi+l\alpha)\right]\times\left\{\frac{\sin\theta_0\cos\theta}{2}\right.$$
$$\left.\left[\left(1+\frac{j}{a}\right)\exp[j(\varphi'-\varphi+l\alpha]+\left(1-\frac{j}{\alpha}\right)\times\exp[-j(\varphi'-\varphi+l\alpha)]\right]-\sin\theta\cos\theta_0\right\}ds' \tag{2.37}$$

$$E_\varphi(\bar{r})=\omega\mu\frac{\exp(-jkr)}{4\pi rQ}\int_0^L I(s')\exp\left[j\left(\frac{ks'}{Q}\right)\cos\theta\cos\theta_0\right]\times$$
$$\sum_{l=0}^{N-1}\exp(-jml\alpha)\exp\left[j\left(\frac{ks'}{Q}\right)\sin\theta\sin\theta_0\cos(\varphi'-\varphi+l\alpha)\right]\times$$
$$\left\{\exp[j(\varphi'-\varphi+l\alpha)]\left(1+\frac{j}{a}\right)-\left(1-\frac{j}{a}\right)\exp[-j(\varphi'-\varphi+l\alpha)]\right\}ds' \tag{2.38}$$

式中：$E_\theta(r)$为 xoz 面方向图，θ 极化分量；$E_\varphi(r)$为 xpz 面方向图，φ 极化分量；$Q=(1+\varepsilon^2\theta_0/a^2)$，为慢变因子；$N$ 为臂数，取 $N=4$；m 为模式，取为 2；$r=r_0e^{a\varphi}$为矢径方程；$k=\dfrac{2\pi}{\lambda}$为波数；$\alpha=2\pi/N$；s,s'分别为两臂上的点。

当$Q=1.79,\theta_0=10°$时，由式(2.37)、式(2.38)算得的 xOz 面方向图示于图 2.11。在$\theta=0°,\theta=180°$时，而且$m\neq1,m\neq N-1$的情况下，则得到一个十分有用的特性，即

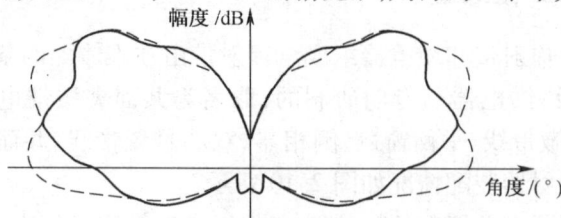

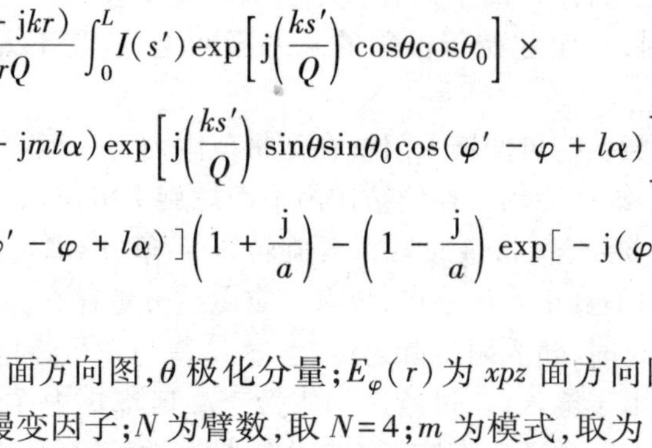

图 2.11　由式(2.37)和式(2.38)算出的 xOz 面上的方向图($\delta=20°$)

------E_φ ——E_θ。

$$E_{\varphi}(r,\pi,\varphi)=0$$
$$E_{\theta}(r,\pi,\varphi)=0$$

2~18GHz 锥螺旋就利用了$^4I_2$方式工作时轴向无辐射的特性,共面夹层馈电器可以从锥体外部直接馈电(结构如图 2.10 所示)。

为了得到全面辐射性能,可选择 $\alpha=45°$,$\theta_0=10°$。为了实现良好的互补,选$\delta=45°$。一条辐射带的内、外边缘矢径分别为

$$r_1=r_0\mathrm{e}^{a(\varphi-\delta/2)} \tag{2.39}$$

$$r_2=r_0\mathrm{e}^{a(\varphi+\delta/2)} \tag{2.40}$$

由 $Q=[1+\sin^2\theta_0/a^2]^{1/2}$算出慢变因子,其起始矢径为 $r_0=3.4555$。在以上各式中,θ_0 为圆锥顶角之半;δ 为角臂宽度;a 为螺旋常数,又称为螺旋伸展速率;$a=\sin\theta_0/\tan\alpha$;$\alpha$ 为螺旋上升角;Q 为慢变因子。

利用上述参数就可算出加工参数。

共面夹层无穷平衡馈电器方块图如图 2.12 所示,这是一种专门研制的无穷平衡馈电器。它比裂缝同轴线平衡—不平衡馈电器的高频性能好,尺寸小,重量轻得多,它也比屏蔽微带线平衡器的相位和幅度更易控制。它与具有仿真电缆的无穷平衡电缆馈电法相比,效率明显提高,使全向增益提高 6~8dB。

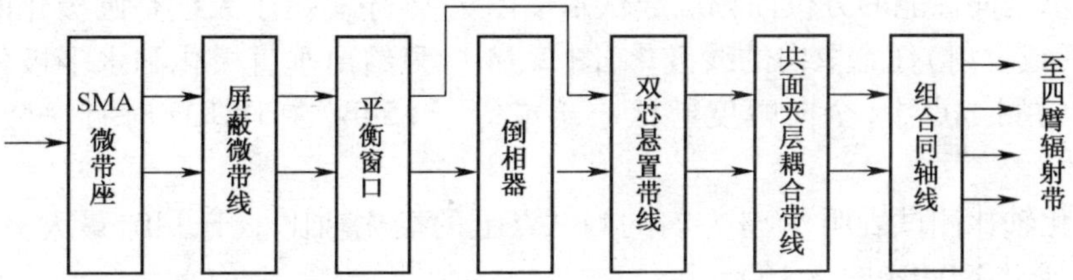

图 2.12　共面夹层无穷平衡馈电器

(用刻红膜技术照相蚀刻在聚四氟乙烯敷铜板上)

要把 SMA 微带座的 50Ω 输入阻抗变换成幅度(用功率 P 表示)、相位和阻抗值,首先将屏蔽微带线变成双路,再将每路悬置带线一分为二。将经倒相的左支路和未经倒相的右支路送入阻抗变换器,把每个微带对地的阻抗变换成 75Ω 后,四路带线同时纳入组合同轴线,并由四同轴线引出四条精心选择的四条引线接到四条螺旋辐射带的输入端,由于倒相器的作用,加之加工精度保证,就满足了$^4I_2$模式馈电的相位和幅度。

2.4.4　2~18GHz 的锥螺旋天线实测性能

用 8350B 扫频仪测得的反射损耗如图 2.13 所示,将反射损耗换算成 VSWR,则在约 97%的频率点上,VSWR≤2,其余小于或等于 2.32。这与式(2.41)所预测的值相接近,式(2.41)为

$$|\Gamma_{总}| = \Gamma_1 + \frac{|S_{12}S_{21}\Gamma_3|}{1+|\Gamma_2\Gamma_3|} \tag{2.41}$$

假设共面夹层馈电器共有三个反射点，把 SMA 微带座最大 VSWR 为 1.5，辐射带的最大 VSWR 为 1.5 和内部各反射点等效最大 VSWR 为 1.25 代入式(2.41)，算得 VSWR = 1.9。可见，理论值与实测结果较为吻合。

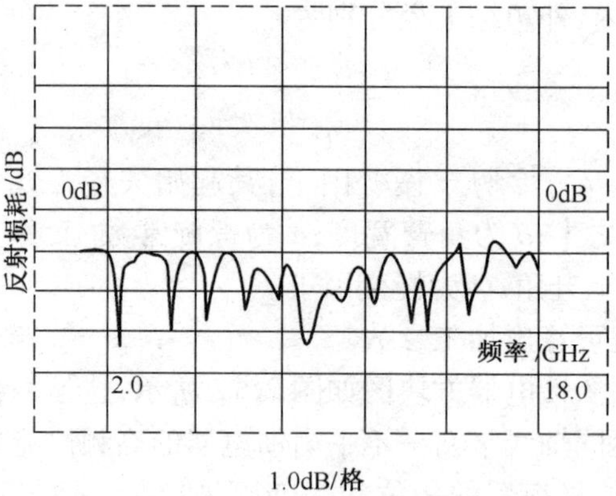

图 2.13 在 2~18GHz 测得的反射损耗

表示全向性能的方位面幅度起伏示于图 2.14 中。由于天线是圆极化的，天线可接收(或发射)任意取向的线极化，图 2.14 中只给出垂直极化和水平极化分量，在 96%的测试点中，全向幅度起伏小于或等于±5dB，在 18GHz 时有一个分量为±5.2dB。

极化轴比测试表明，90%左右的测试点上的极化轴比小于 3dB，最大极化轴比小于或等于 4.0dB(图 2.15)。

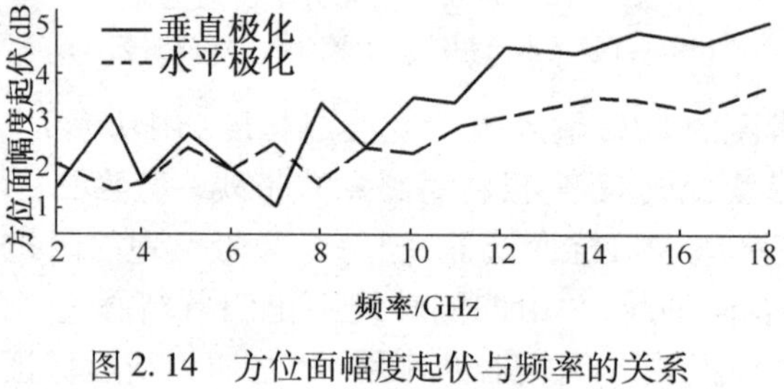

图 2.14 方位面幅度起伏与频率的关系

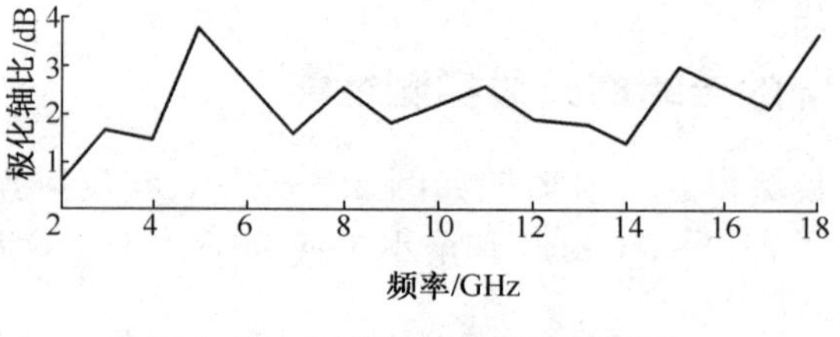

图 2.15 极化轴比与频率的关系

2.5 双模四臂螺旋天线

双模四臂螺旋天线包括一个四臂螺旋天线、吸收腔体、模形成网络，如图2.16所示。这种天线从理论上分析是与频率无关的天线，其频带可以做到5倍频程。

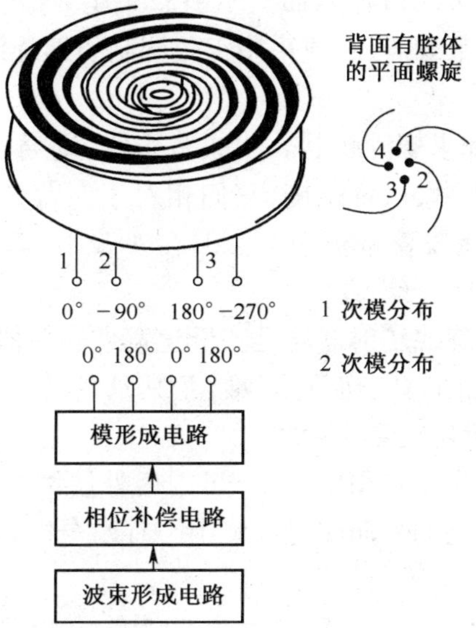

图 2.16 双模四臂螺旋天线

2.5.1 辐射器

对数螺旋线为频率辐射器，其线上的点用极坐标表示的数学表达式为

$$r=r_0\exp(a\varphi) \tag{2.42}$$

以波长为单位表示则有

$$r'=r/\lambda=r_0\exp[a(\varphi-\varphi_0)]$$
$$\varphi_0=(1/a)\ln\lambda \tag{2.43}$$

从式(2.43)可见，频率变化对应 φ_0 变化，相当于将原天线转了一个角度 $\Delta\varphi$，即辐射器方向图转了一个同样角度 $\Delta\varphi$。

$$\Delta\varphi=(1/a)\ln(f_2/f_1) \tag{2.44}$$

方向图是在半径为 R 的大球面上场的分布，即

$$E(\theta,\varphi,R)=\frac{e^{-jkr}}{R}[\hat{\boldsymbol{\theta}}P_\theta(\theta,\varphi)+\hat{\boldsymbol{\Psi}}P_\varphi(\theta,\varphi)] \tag{2.45}$$

式中：$\hat{\theta}$，$\hat{\varphi}$ 为坐标方向单位矢量。

即当频率变化时，P_θ、P_φ 均满足下列关系：

$$P(\theta,\varphi,f/\tau)=P(\theta,\varphi-\Delta\varphi,f)$$

理论上,无限尺寸的频率无关天线工作于无限的频段内。为了使频率无关天线得到实际应用,该天线必须满足电流截止原理,使有限尺寸天线在所要求频段内具有与无限结构一样的电气特性,其频率的高端由结构中心区尺寸决定,而其低端由结构外径决定,等角螺旋天线就属于这类天线。为达到所要求的低频覆盖,要求螺旋外径 r_2 足够大,否则截尾效应产生不需要的反射,使天线圆极化和波束宽度等性能下降。为适当减小天线口径 r_2 而又不引起截尾效应,可采用对数螺旋线尾端连接按反比例增长的对数螺旋线,或采用正弦调制的螺旋线,或采用电阻负载终止螺旋线。

根据辐射带理论,如果螺旋线是 3 线或者多线,则通过适当馈电就可获得 M_1 模和 M_2 模信息。对于六臂、八臂螺旋,它们相对于四臂的主要优点是 M_1 及 M_2 的抗高阶失真度好,从而能改善带宽潜力。但在实践中,馈电方面的复杂性大大增加。因此比较实用的是四臂螺旋。

平面形及圆锥形螺旋线辐射器均是圆极化宽带辐射器。由于圆锥形螺旋线辐射器相对而言体积大,加工复杂而且困难,尤其是它的 M_1 模与 M_2 模相位中心分隔,因此从未用于双信道定向系统中。

螺旋天线在宽带工作中采用中心馈电,因为外层馈电会在宽带工作中大大激励高阶辐射模。中心馈电的平面四臂螺旋中心有四个馈电点,有如图 2.17 所示的四种激励方式。

在图 2.17 中,$\boldsymbol{A}_n=(I_1、I_2、I_3、I_4)$表示在四个输入端上馈电网络对天线激励的电流矢量符号。假定电流传播方向是电输入端向螺旋线外端流动,用拇指指向辐

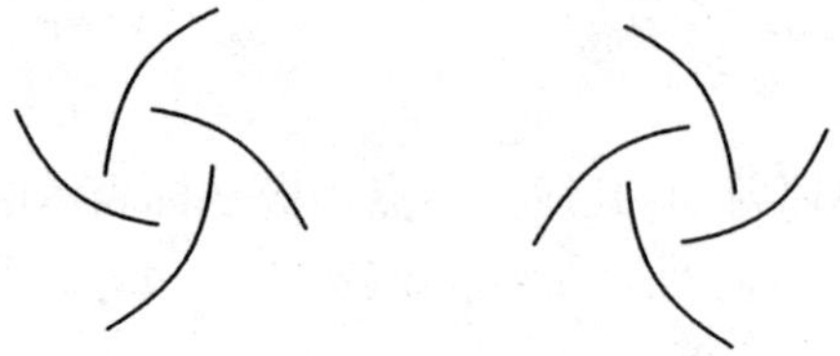

左旋	激励				右旋
	$\boldsymbol{A}_1$	$\boldsymbol{A}_2$	$\boldsymbol{A}_3$	$\boldsymbol{A}_4$	
m=1	1	i	−1	−i	m=3
m=2	1	−1	1	−1	m=2
m=3	1	−i	−1	i	m=1
m=4	1	1	1	1	m=4

图 2.17 中心馈电的平面四臂螺旋的四种激励方式

射场方向，四指指向螺旋臂电流方向，若在辐射空间伸出右手则为右旋螺旋天线，反之为左旋螺旋天线。

通过分析可以得知，四臂螺旋天线 M_1 模和 M_2 模的典型方向图如图 2.18(a) 所示。其 M_1 模和 M_2 模相位中心几乎是重合的，而“参考面”——M_1 和 M_2 同相的平面，随频率的变化而绕天线轴旋转。为消除“参考面”旋转，可在辐射器后端采取相位补偿技术，也可采用双曲线螺旋加上在 M_1 端口插入适当长度传输线。

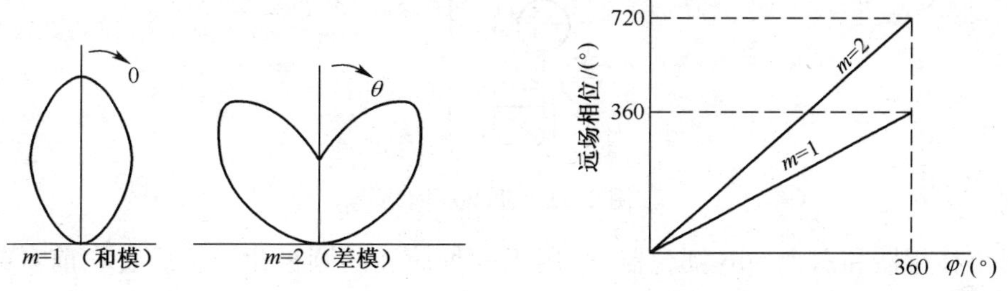

(a)　　(b)

图 2.18　四臂螺旋天线 M_1 模和 M_2 模的典型方向图

(a) 幅度方向图；(b) 相位关系图。

2.5.2　波束形成网络

波束形成网络包括模形成网络、相位补偿网络、四波束形成网络，如图 2.19 所示。

1. 模形成网络

常用的模形成网络有 Millican 网络（图 2.20）和 Shelton 网络（图 2.21）。前者

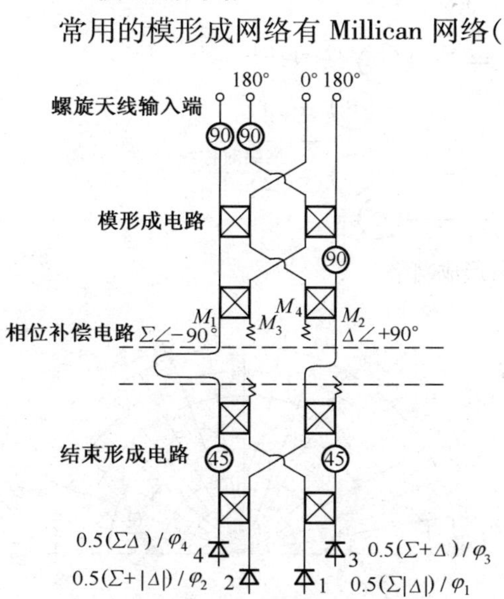

图 2.19　波束形成原理

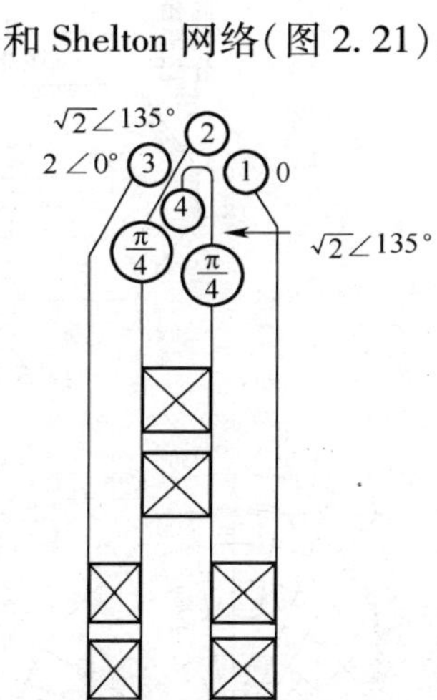

图 2.20　Millican 网络

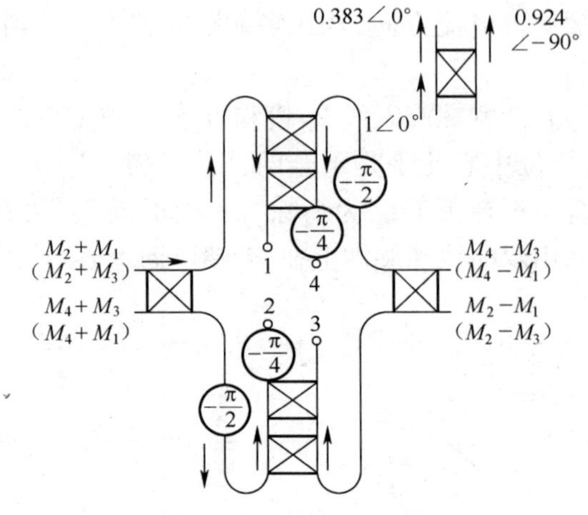

图 2.21 Shelton 网络

用两个移相器和六个 3dB 耦合器,适用于一种旋转的圆极化波。后者在前者的基础上增加两个移相器,可以适应左右旋圆极化波。

2. 波束形成网络

波束形成网络为零瞄准误差波束形成网络如图 2.22 所示,它与模形成网络配合,当模形成网络输出 $\Sigma\pm\Delta$ 时,使用三个完全一致的 3dB 正交耦合器组成的波束形成电路提供与原来波束正交的另一对倾斜波束,这样就得到单脉冲常用的四个斜交叉波束,即 $\Sigma+\Delta$、$\Sigma-\Delta$、$M+j\Delta$、$M-j\Delta$ 如图 2.23 所示。双臂平面螺旋天线辐射方向的 1 次模和 2 次模方向图如图 2.23 所示。跟踪用的四波束如图 2.24 所示。

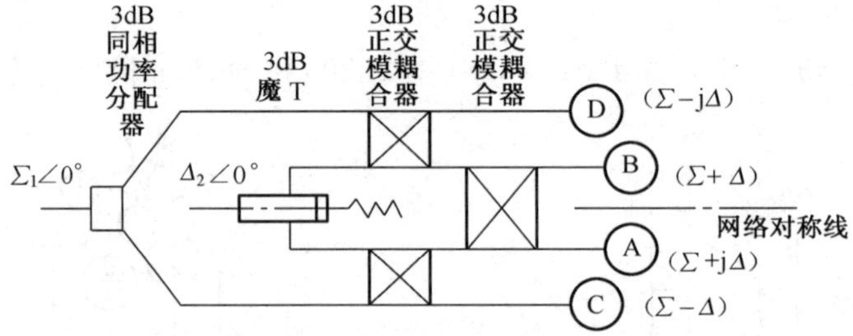

图 2.22 波束形成网络

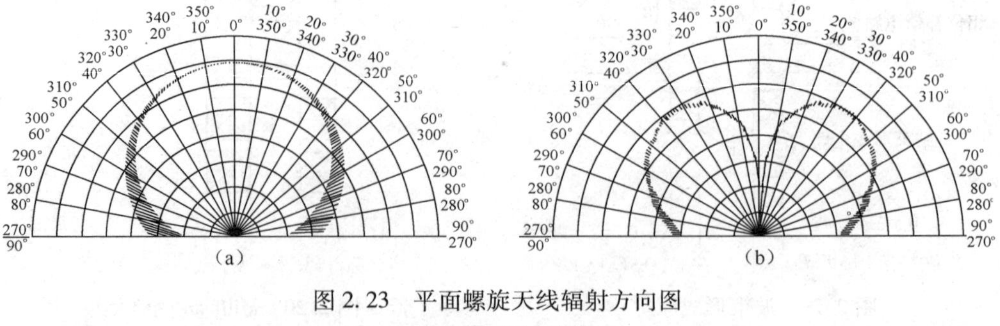

图 2.23 平面螺旋天线辐射方向图

(a)1 次模;(b)2 次模。

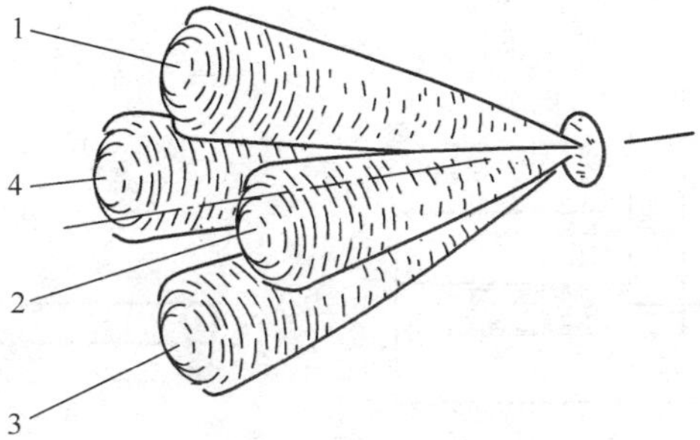

图 2.24　跟踪用的四波束

2.6　双臂平面螺旋天线

双臂平面螺旋天线主要由螺旋辐射器、反射腔及平衡器三个部分组成。这种天线在 2~18GHz 范围内可做到:波束宽度 110°~60°,增益±1dB,波束歪头要控制在±8°,两臂相位跟踪可控制在±10°,承载功率通常为几瓦。

螺旋辐射器用阿基米德螺旋或等角螺旋形式展开而形成,如图 2.25 所示。

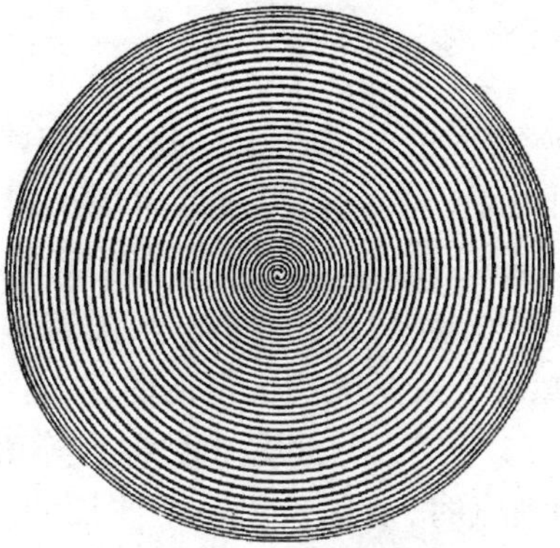

图 2.25　双臂平面螺旋天线辐射器

反射腔是为了得到单波束。腔体深度一般取作 1/4 波长。为了保持其宽频带特征,腔体内部填满吸收材料,将反向辐射的能量全部吸收掉,但这会导致天线增益下降。

螺旋辐射器是一个平衡器件,需要用平衡传输线馈电。2~18GHz 平面螺旋天线一般采用 Marchand 平衡器馈电,这种平衡器的结构示意图和等效电路如图 2.26 所示。

该平衡器的一个显著特点是输出输入阻抗具有相同值。若输入阻抗为 50Ω,输出阻抗也是 50Ω,而且具有非常好的幅相特性,带宽可做到 10 : 1 加补偿时频带可扩展到 13 : 1。

这种平衡器主要由在中心频率为 1/4 波长的并联短路和串联开路的短截线构

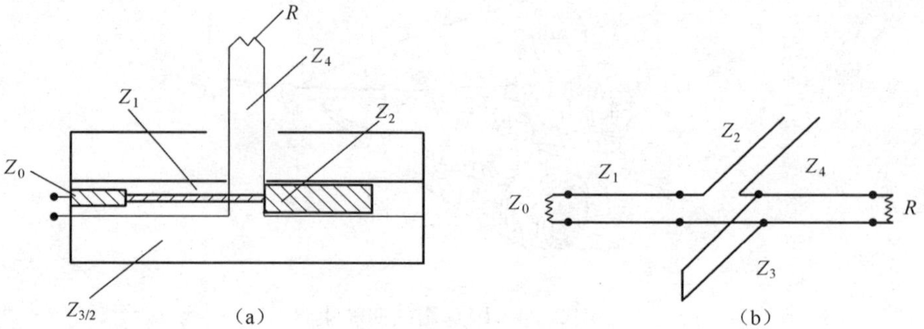

图 2.26　Marchand 平衡器
(a)结构示意图;(b)等效电路。

成。根据短截线节数的多少,一般分为二阶平衡器、三阶平衡器和四阶平衡器。

2.6.1　平面螺旋天线的工作原理

平面螺旋天线的基本型一般分为阿基米德螺旋天线和等角螺旋天线(对数螺旋)两种,其极坐标系中的方程分别为

阿基米德螺旋天线　　$\rho=a\psi+\rho_0$　　(2.46)

等角螺旋天线　　$\rho=\rho_0 e^{a\psi}$　　(2.47)

式中:ρ 为螺旋天线矢径;ψ 为辐角;a 为螺旋率;ρ_0 为初始矢径。

这些螺旋天线的共同点是,当 ψ 沿展开方向增加时,ρ 可以一直增加到无穷大,因此螺旋天线将向外无限延伸。此外,阿基米德螺旋天线的特点是螺旋天线的起始点恰是坐标的 ρ_0 点;等角螺旋天线的特点是,随着 ψ 的增加(或减小),ρ 以指数规律向极点逼近,整个螺旋天线是无头无尾的曲线,且线上各点的矢径和该点的夹角 θ 为一常量[$\theta=\arctan(1/a)$]。这也是它被称为等角螺旋天线的原因。

当螺旋臂在中心反相馈电时,从周长为一个波长的某一区域进行辐射。其辐射原理说明如下:假定一个双臂阿基米德螺旋(图 2.27),在螺旋中心反相辐射电

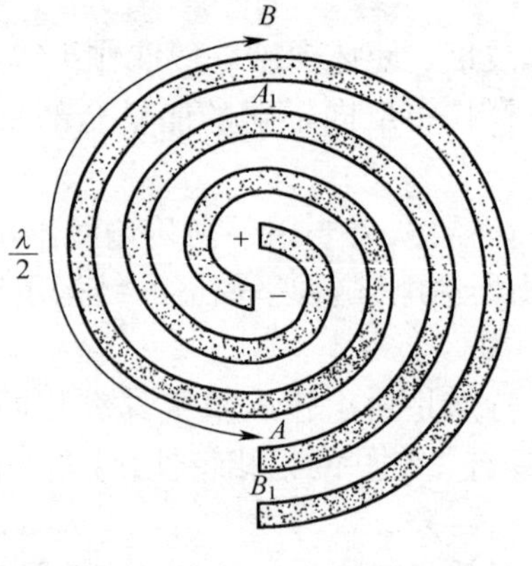

图 2.27　双臂阿基米德螺旋

流，则在 A 和 A_1 处电流仍然反相，因为沿着各臂只前进一个相同的数量。如果在一个给定频率上，A 至 B 通路长度为半波长，那么在 A_1 和 B 处，电流为同相。于是，两臂都从周长为一个波长的环形区域辐射能量。当波长大于螺旋里圈的圆周时，相邻臂上基本是反相电流，因而两臂的辐射抵消，如同一个双线传输线。于是在一个波长的圆周内，未被辐射的能量将沿着螺旋继续传播或在末端接上合适的吸收电阻，从而使末端的电流衰减到最小。

2.6.2 平面二次型螺旋天线

平面螺旋天线的基本形式是阿基米德螺旋天线和等角螺旋天线。但阿基米德螺旋天线的宽度始终不变，不能满足宽度随不同频率辐射区的直径 $D(D \approx \lambda/\pi)$ 而变。而等角螺旋天线的宽度虽然能随不同频率辐射区的直径而变，但是只有当它的增长率小到 0.03~0.05 时，其方向图才能与阿基米德螺旋天线的方向图相比，如此小的增长率，始端的几圈螺旋天线是很细的，制作相当困难。如果考虑到一种螺旋天线介于上述二者之间，其宽度增量随辐角按线性变化，这样就可以按设计要求，任意选择线宽变化的快慢。不仅制作简易，而且可以提高频率低端的增益。为了减小螺旋天线的终端反射，尾接一段反变化的螺旋天线（图 2.28）。

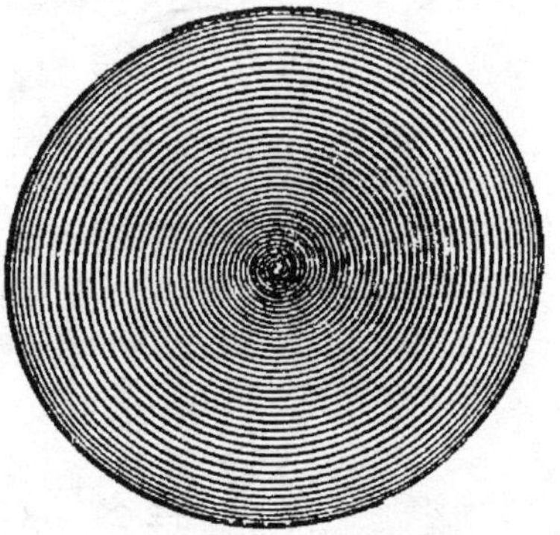

图 2.28　平面二次型螺旋天线

$$\rho_1=\rho_0+a\psi+b\psi^2 \qquad (0\leqslant\psi<\psi_0) \tag{2.48}$$

$$\rho_2=\rho_0+a(\psi+\pi/2)+b\,(\psi+\pi/2)^2 \qquad (0\leqslant\psi<\varphi_0) \tag{2.49}$$

$$\rho'_1=\rho'_0+a'(\varphi-\psi-\pi/2)-b'(\varphi-\psi+\pi/2)^2 \quad (\psi_0\leqslant\psi\leqslant\varphi) \tag{2.50}$$

$$\rho'_2=\rho'_0-a'(\varphi-\psi)-b'(\varphi-\psi)^2 \quad (\psi_0\leqslant\psi\leqslant\varphi) \tag{2.51}$$

式中：$\varphi=\psi_0+\psi'_0$

给定 b 及始端臂宽 ω_0 可求得

$$a=[2\omega_0-b(\pi^2/2)]/2 \tag{2.52}$$

再由给定的 ρ_0 及 λ_{max}，又得

$$b\psi_1^2+a\psi_1-[(\beta\lambda_{max/2\pi})-\rho_0]=0 \tag{2.53}$$

β 在 1.0~1.1 中取值，且在 ψ_1 附近选取 ψ_0 值。再给定 ρ'_0 及末端臂宽 ω'_0，则得

$$\psi'_0=\left[\frac{\rho'_0-(\rho_0+a\psi_0+b\psi_0^2}{2(\pi/2)+b\,(\pi/2)^2+b\pi\varphi_0+\omega'_0}-1/\pi\right]\pi \tag{2.54}$$

$$a'=\{(4\psi'_0/\pi+1)\omega'_0-[a(\pi/2)+b(\pi/2)^2+b\pi\psi_0]\}/2\psi'_0 \tag{2.55}$$

$$b'=2\omega'_0/\pi^2-2a'/\pi \tag{2.56}$$

第一条臂沿中心旋转 180°就得到第二条臂。

2.7 2~100GHz 平面螺旋天线

18~40GHz 平面螺旋天线的结构如图 2.29 所示,天线的直径为 14mm,螺旋辐射器是刻在 Duriod 基板上,采用双脊波导馈电,天线罩是用辐射交联聚乙烯加工成型。

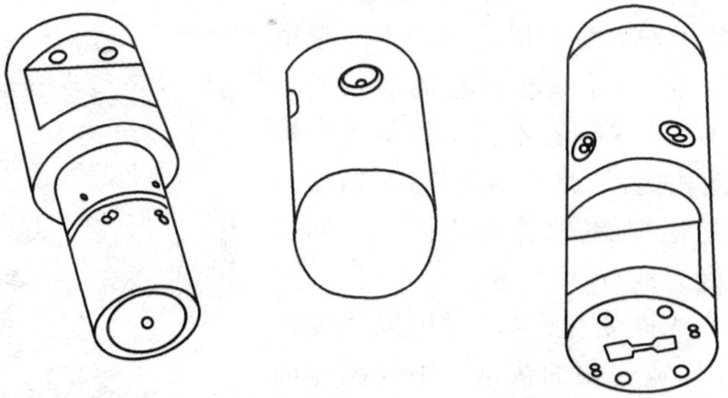

图 2.29 18~40GHz 平面螺旋天线结构示意图

2~100GHz 组合螺旋天线是在 2~18GHz 平面螺旋天线的基础上,在不改变原天线外形尺寸的条件下,利用组合法将天线的工作频带扩展至 100GHz,这样在现有的飞机或导弹上安装 2~18GHz 平面螺旋天线的地方,不作任何结构改变就可装入 2~100GHz 组合螺旋天线,从而为系统的性能扩展到毫米波波段提供了有利条件。

2~100GHz 组合螺旋天线的外形结构如图 2.30 所示。该天线主要由 2~18GHz

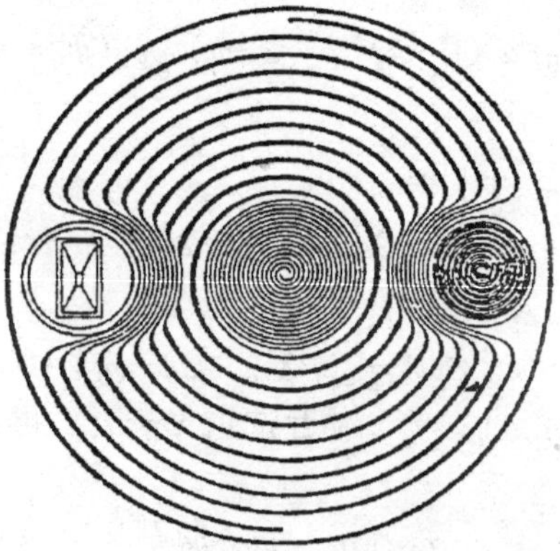

图 2.30 2~100GHz 组合螺旋天线

变形阿基米德螺旋天线、18~40GHz 平面螺旋天线和 40~100GHz 双脊喇叭天线集成在一个辐射面。该天线的物理尺寸和 2~18GHz 平面螺旋天线一样大(表 2.1),这样有利于老天线更新换代。

表 2.1 平面螺旋天线指标

指　　标	平面等角螺旋天线	平面阿基米德螺旋天线		平面二次型螺旋天线
工作频率/GHz	2~18	2~18	6~14	2~18
驻波系数	2.5	2.5	2.5	3
波束宽度/(°)	50~90	60~80	60~80	60~100
副瓣电平/dB	-14	-14	-13	-12
增益/dB	2	0	-1	0
尺寸/mm	100×110	70×75	37×50	60×70
重量/g	220	90	70	100

2.8 曲折臂天线

曲折臂天线具有平面、宽频带、全极化和单孔径特点,是具有全部这四个特点的第一种天线。腔体反射平面螺旋天线只有这四个特点中的三个。

曲折臂天线在单一口径中包含两个正交极化的线天线。此正交极化的线天线具有极宽的频带(如 2~18GHz)。它能同时接收垂直和水平极化信号,若增加合适的硬件,还可接收右旋圆极化(RHCP)和左旋圆极化(LHCP)信号。因此,这种天线是全极化的。它可以构成接收任意极化信号,即垂直、水平、右旋或左旋极化。通常情况下,能同时接收两种极化信号。从外形上看,曲折臂天线类似于平面螺旋天线,在工作频带相同的条件下,其直径和平面螺旋天线相同,并且可以互换。

2~18GHz 的曲折臂天线具有与腔反射螺旋天线相同的实体结构,但它有两个输出端口,一个用于右旋,一个用于左旋,也可同时利用。曲折臂天线方向图类似于平面螺旋天线,但可把波束宽度设计成随频率变化或不随频率变化的两种。就功能而言,曲折臂天线类似于对数周期天线,它可以看成是一个平面对数周期天线,并且可被弯曲,以便合并相邻的正交偶极子单元。2~18GHz 曲折臂天线结构如图 2.31 所示。它可以在很宽的工作频带内(10∶1 以上)具有稳定的波束宽度,并且 E 面和 H 面的波束宽度基本相等,这是平面对数周期天线无法相比的。

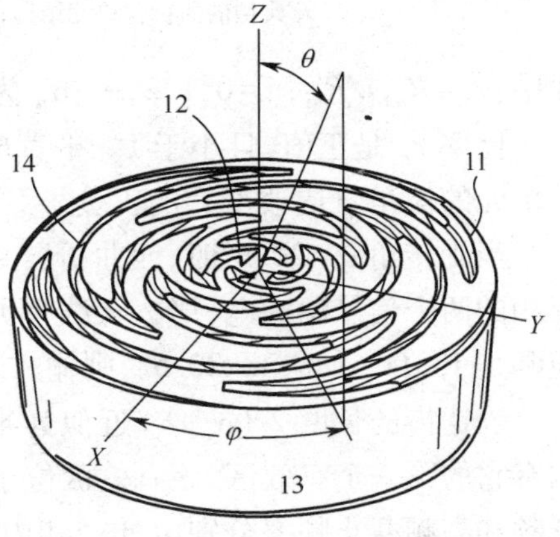

图 2.31 2~18GHz 曲折臂天线

2.8.1 曲折臂天线的原理

曲折臂辐射元是在一个平面上用两个或四个旋转对称的导体臂制成的(图2.32(a))。在规定的范围内,使用各臂交错隔开的一种特殊方法,使辐射元所占有的可得空间最佳化,而仍然保持与频率无关天线的特性。

各臂基本上容纳在两个相同的锯齿线的区域中。这一点可采用围绕原点顺时针和逆时针旋转单个锯齿 δ 度的方法来实现。锯齿线可以级联许多单元线构成,各单线由三个线段用极坐标来确定(图2.32(b)),在 n 个单元中,AB 线段定义为

$$\varphi=\frac{2\alpha_n\ (-1)^n\ln\left[\frac{r}{R_n}\right]}{(1-k_{\mathrm{R}})\ln\tau_n}\qquad \left(R_n\tau_n\left[\frac{1-k_{\mathrm{R}}}{2}\right]\leqslant \bar{r}\leqslant R_n\right)\tag{2.57}$$

(a)

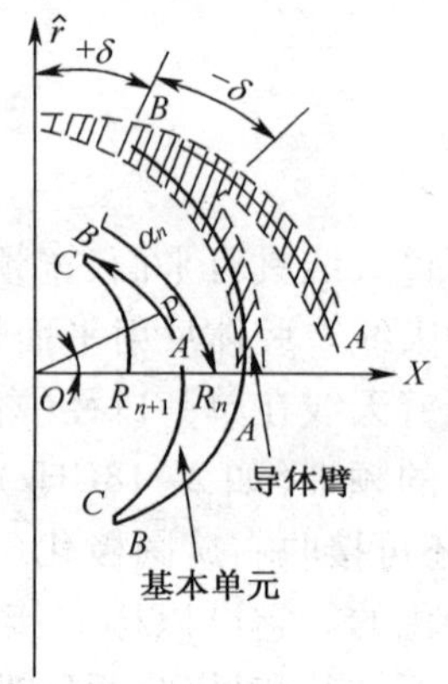

(b)

图2.32 曲折臂天线

(a)典型的曲折臂单元结构;(b)与单个锯齿的 AB 段有关的参数。

式中:$\tau_n=R_{n+1}/R_{nj}$;$n=0,1,2,\cdots$;α_n 为第 n 个单元的张角。

比率 τ_n 是正值,且小于1。平直部分 BC 宽度由参量 k_{R}控制。应当指出,各相继单元的极角 φ 应改变它的正负号。

当旋转角 $\alpha=22.5°$时,四曲折臂单元是自互补结构。如果四曲折臂由同相或反相的两个信号源馈电,那么天线单元辐射一个线极化场。各臂对地的输入阻抗通常是133Ω。如果 $\alpha<22.5°$,则输入阻抗超过133Ω;反之亦然。

当锯齿的长度 $2r(\alpha_n+\delta)$ 近似为半波长时,各锯齿变得有效。因此,自互补结构有它的第一个有效区,该有效区位于一个波长的圆周上。根据有效区域的概念,低频和高频截止频率分别由外径和内径决定。然而,高频端的方向图和阻抗对靠近馈电点位置的周围环境非常敏感。

当单元与腔体结合使用时，能实现恒定的相位中心和单方向性方向图，频带宽度由腔体加载吸收材料而大大展宽，甚至在加载吸收材料和锯齿采用近间距情况下，仍能达到 20dB 的最差隔离度。波束宽度与有效区域的半径成反比，半径由 $0.25\lambda/(\alpha_n+\delta)$ 确定。

与腔体加载平面螺旋不一样，曲折臂天线的轴与上述设计参数毫无关系。这一点通过把双线性曲折臂天线看做交叉偶极子，把双圆极化曲折臂天线视为交叉偶极子和一个 90°混合电路相结合的情况，是不难理解的。轴向轴比仅由混合电路的性能确定。

2.8.2 曲折臂天线的极化转换结构

当两个巴伦和四路馈线用来激励一个曲折臂单元时，这种情况就变成双线性曲折臂天线。而且，当双线性天线的输出在 90°混合电路中合成时，该天线就成了双圆极化曲折臂天线。适当添加一个单刀双掷开关，用以选择两个极化输出，信号就可以单路输出。图 2.33 的方框图示出了与曲折臂天线极化转换结构有关的各种方案。

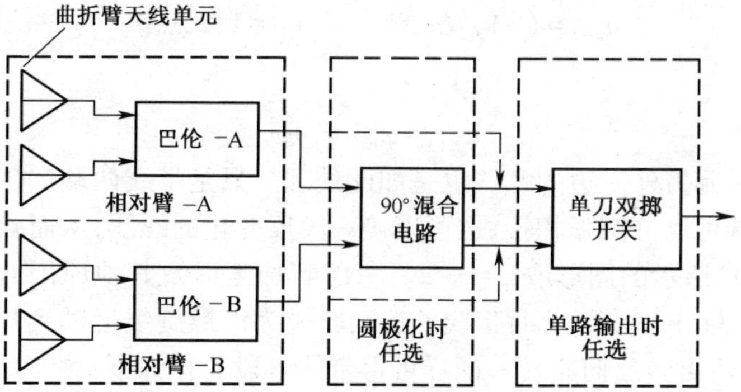

图 2.33 单线性、双线性/圆极化和开关转换结构的曲折臂天线

2.8.3 曲折臂天线的简化设计

天线口面的曲折形几何形状在数学上的详细推导可参阅文献。与平面螺旋天线一样，导体臂两边带线的初始方程分别为

$$\rho_l = a\mathrm{e}^{b\varphi_0} \tag{2.58}$$

$$\rho_0 = a\mathrm{e}^{b(\varphi_0+\delta)} \tag{2.59}$$

式中：a，b 为常数；φ_0 为相应的辐角；δ 为旋转角。

当 $\delta=\pi/4$ 时，四曲折形辐射臂是自互补结构，各臂对地的输入阻抗通常在 130Ω 左右。类似于平面螺旋天线，曲折形天线也有它的有效辐射区。其有效区位于一个波长左右的圆周上，波束宽度与有效区的半径（$\lambda/2\pi$）成反比，但可以把波束宽度设计成随频率变化或者不随频率变化两种形式。用得比较多的是后一种，通常在 10∶1 的带宽内,控制其波束宽度在 70°±10°的范围内变化。

根据有效区的概念,低频端和高频端的截止频率同样分别由辐射元的外径和内径决定。当采用典型的螺旋率 $b=0.11$ 时,馈电区的最小半径约为频带上限波长的 1/4。然而,高频端的方向图和阻抗对靠近馈电点位置的周围环境相当敏感,处理不当不仅达不到工作频段的要求,而且会由此出现高次模辐射带而使方向图畸变。实验表明,在采用典型螺旋率的情况下,转动 6π 左右时,天线有最佳工作状态,此时的矢径应在工作频率的低频端波长的 1/4 左右。设计时,为了获得较大的增益和避免终端反射,往往把外径取得大一些。

与平面螺旋天线最显著的区别在于曲折形天线的辐射臂矢径围绕原点顺时针和逆时针转动,并且保持一定的规律。各辐射臂互相交错,基本上是容纳在另外两个同样的"齿"之间的区域中。可以直观地把曲线形天线视为由两个不同旋向的相同平面螺旋天线辐射元叠加后,留下规定范围内的那些部分。因此在设计上就可以大为简化,只需控制辐射带线按对数螺线运行到规定角度,而后再返回并仍按此运动,直至预定长度。换句话说,也就是每段螺线只运动 φ,然后再向相反方向运动 φ。于是,带线的各段矢径如下:

$$\rho_{n+1}=(-1)^n\alpha e^{b\varphi_{n+1}} \qquad (n=1,2,\cdots) \tag{2.60}$$

其中

$$\varphi_{n+1}=\varphi_n\sim\varphi_n+\varphi \tag{2.61}$$

同理,辐射元另外一边的螺线也是如此处理。只是带线两端的位置、形状要做特殊处理:外端可以与圆弧相接,也可以接一段反变化的螺线,从而减少终端反射。

图 2.34(a)所示的图形取 $\varphi=\pi/2$。考虑到加工以及其他原因,也可把辐射元设计成如图 2.34(b)所示,此时带线的运动轨迹为沿螺旋线运动到规定角度,经延长一段矢径 ρ' 后再做反向旋转。同样可得带线各段矢径如下:

$$\rho_{n+1}=(-1)^n\ \alpha e^{b\varphi_{n+1}}\rho'_{n+1} \qquad (n=1,2,\cdots) \tag{2.62}$$

其中

$$\rho'_{n+1}=e^{b\varphi_c} \tag{2.63}$$

或者

$$\rho_{n+1}=(-1)^n\ \alpha e^{b(\varphi_{n+1}+\varphi_c)}=(-1)^n\ \alpha e^{b\varphi'_{n+1}} \tag{2.64}$$

其中

$$\varphi'_{n+1}=\varphi_n+\varphi_c\sim\varphi_n+\varphi_c+\varphi \tag{2.65}$$

图 2.34(b)所示图形取 $\varphi_c=\pi/4,\varphi=3\pi/4$。

2.8.4 巴伦设计

为了对各单元提供正确相位,要求馈线结构跨接。这里选用同轴电缆,而像平衡四线印制电路那样的,其他方法不能采用。在各巴伦中使用两个输出电缆可提

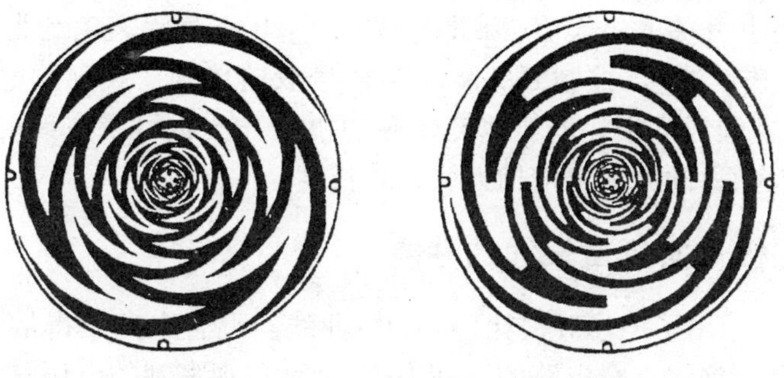

图 2. 34　两种不同形式的曲折臂天线

(a)曲折臂全极化天线;(b)改进型曲折臂全极化天线。

供大约 200Ω(与天线元并联时)到 50Ω 的阻抗变换(接在巴伦接头的中心时),结果得到一个 4 : 1 的阻抗变换器。一个宽带 Marchand 巴伦用来把不平衡的 50Ω 变换到平衡的 50Ω(图 2. 35)。设计 Marchand 巴伦变换器的方法是十分简捷的,这方面的资料比较多。

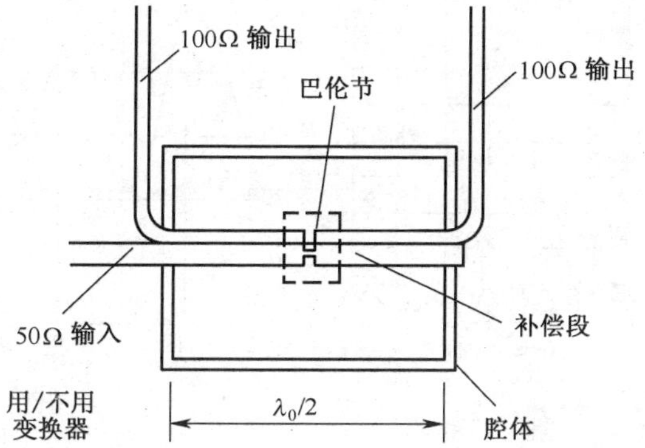

图 2. 35　典型的 Marchand 巴伦结构

2. 8. 5　90°混合电路的设计

采用基于零点位置的一种方法,首先设计出一个宽频带-8. 34dB 的直接耦合器,然后将测量结果与预测的响应做比较。根据比较得到的差别,重算且做出修正的设计。重复此过程,一直达到特定的设计目标为止。把-8. 34dB 直接耦合器变换成弯曲耦合器,重复新的设计过程,直到设计目标再次满足。用串接两个-8. 34dB弯曲耦合器来获得一个-3dB 弯曲的混合电路。

2. 8. 6　单刀双掷开关方案

电的或机械的开关可装在双线性或双圆极化曲折臂天线中。先去掉两个输出连接头,为沉入型固态开关形成一个矩形区,用这种方法来装入一个单刀双掷(SPDT)开关。这种结构给用户提供单一输出和高速获得任一极化的方案。在 2~

18GHz 频率范围，开关的最大值（VSWR）仅有 2：1，标称隔离度约为 30dB，最大输入功率为 1W（连续波）。控制开关将两路信号双向传到一路射频电缆上，以便为改装系统而用此天线。损耗低但速度较慢的机械开关也可装在天线上，但由于机械开关尺寸较大，故此方案将增加天线的总长度。

2.8.7 双圆极化曲折臂天线的性能

图 2.36(a)示出了电压驻波比（VSWR）曲线。混合电路使得从各个曲折臂单元/巴伦子电路到绝缘混合电路的平衡失配。所以，观察到的电压驻波比优于部件失配的线性组合。图 2.36(b)画出了两个输出端口间的隔离度。请注意，由于缺乏纯圆极化激励源，接收天线的隔离度实际上是很难测的。为了得到图 2.36(b)曲线，首先测到达天线两个输出端的入射的水平和垂直极化分量，隔离度就可以由这两个测得的线性分量计算得到。对这种双圆极化曲折臂天线，在 2~18GHz 频段内，波束宽度可从 110°变到 60°。

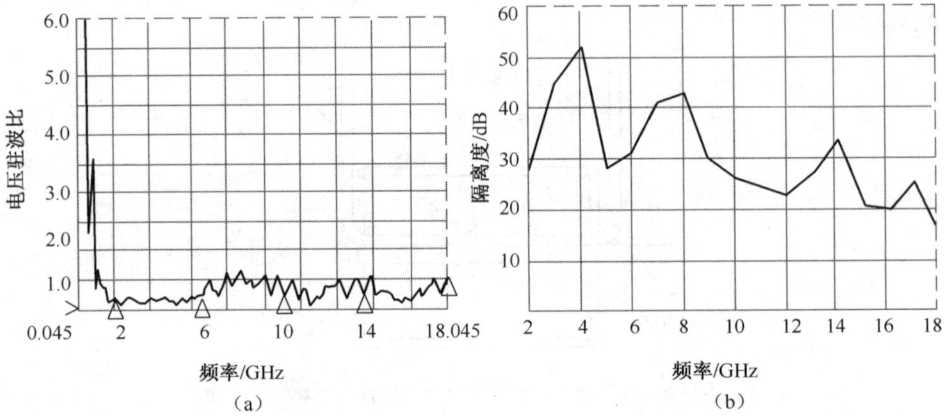

图 2.36 双圆极化曲折臂天线的测量结果

(a)测得的电压驻波比响应；(b)算得的两个输出端间的隔离度。

由以上的分析可明显看出双圆极化曲折臂天线比双模平面螺旋天线优越，它可以代替平面螺旋天线。

2.9 N 臂（大于四臂）的曲折臂天线

曲折臂天线可用一个或多个垂直模式特征矢量激励产生有用的方向图。激励垂直模的电压为

$$V_{nm}=A_m\exp(\mathrm{j}360mn/N) \tag{2.66}$$

式中：$n=1,2,\cdots,N$，为臂数；$m=+1,+2,\cdots$，为模数；A_m 为模 m 的激励幅值，并可能是复数。

为了便于介绍混合模，引入标志 M_m，它表示是 m 模激励所有的 N 臂。通常不用 M_N 模，因为相对于所附加的臂，它需同相激励。天线的信息激励可表示为由式(2.66)给出的垂直模的累加。很明显，模 $M_{-m}=M_{N-m}$，所有模态图形都有一个旋转对称的方向图。除了 M_1 和 M_{-1}之处，其他模态图形在旋转轴上都有一个零点。可以设计用于单模或混合模分离馈电的网络。为了提供具有正交极化的两个方向图，N 必须大于 2。用 M_1 模和 M_{-1}模提供正交方向极化的和方向图。

要得到正交方向极化的旋转对称的两个差方向图，N 必须大于 4。使用模 M_2 和模 M_{-2}产生反向圆极化的差方向图。模 1 和模 2 可为一个旋向的圆极化提供单脉冲测向，而模 M_{-1}和模 M_{-2}则用于另一旋向圆极化，M_2+M_{-2}和 M_2-M_{-2}的组合可产生正交方向线极化的差方向图。但对于测向和寻的系统，线极化方向图不是很有用，因为有极化误差。

测向和寻的系统常常需要四个正交斜波束天线，采用和差模组合就可以获得。用于一个旋向的圆极化时，使用 M_1+M_2、M_1-M_2、$M_1+\mathrm{j}M_2$，以及 $M_1-\mathrm{j}M_2$ 的组合，就可产生四个正交的斜波束。改变模的符号就可获得另一旋向圆极化的四个正交斜波束。在馈电网络中，经 3dB 损耗就可只从四个垂直模得到八个波束。

N 臂曲折臂天线的自互补条件为

$$\delta=180/2N \tag{2.67}$$

在自由空间的无穷平面上，N 臂的自互补结构极具重要意义，一个重要的特性是，$N\times N$ 阻抗矩阵单元为实数，并与频率无关。用 M_m 电压激励时，各臂对地的输入阻抗为

$$Z_m=\frac{30\pi}{\sin\left[\dfrac{180\mathrm{m}}{N}\right]} \tag{2.68}$$

由于采用了自互补结构，在急拐弯处没有反射，或在频率无关的频带内所有弯曲处的反射总计为 0，此时主要的辐射已在第一个有效区完成，可达 10~20dB，从结构边缘的反射或从有效区外的反射就相当小，此时天线呈现近似的频率无关特性。

锥面上 r 向 XY 平面的投影关系为 $r\sin\theta$。天线的主要设计参数为 $\sigma=20°$，$\delta=15°$，$a_{\mathrm{p}}=45°\sim60°$，$\tau_{\mathrm{p}}=0.7\sim0.9$。天线用模 M_1、模 M_{-1}、模 M_2 和模 M_{-2}激励，产生具有双向圆极化的和、差方向图。与锥螺旋天线一样，图 2.37 所示的天线在顶点方向产生单向方向图，其前后比随 σ 的减小而增加。当 $\sigma\leqslant30°$时，前后比大于 10dB。吸收腔体 23 装在锥的底部，以减小由馈电网络和支撑结构反射所产生的方向图扰动。锥结构的增益比平面结构大数分贝，具有尖拱形结构的锥形曲折臂天线可用于导弹和高速飞机。锥形结构的有效辐射区类似于平面结构方式，它发生在该频带宽度：

$$r(a_p+\delta)\sin\theta_0\approx\lambda/4 \tag{2.69}$$

由等式 $F_{\mathrm{R}}=\dfrac{\lambda_{\mathrm{H}}}{\lambda_{\mathrm{L}}}=\dfrac{R_1(a_1+\delta)}{2R_p(a_p+\delta)}$(式中：$R_1(a_1+\delta)=\lambda_{\mathrm{L}}/4$，$R_{\mathrm{p}}(a_{\mathrm{p}}+\delta)=\lambda_{\mathrm{H}}/4$)给出。当$\sigma=90°$

时，六臂曲折臂天线变成平面结构，采用吸收腔便可在宽频带范围获得单向方向图。

曲折臂天线和螺旋天线在差方向图上存在重要差别。螺旋天线的第一个差模的辐射发生在圆周为 2λ 的环上。指数形式的行波电流产生轴上为零辐射的旋转对称的圆极化差方向图。而曲折臂天线，如同前面讨论过的那样，行波电流可用曲折臂上特殊分布的电流逼近，用累进相位 720°/N 对这些臂馈电。事实上，曲折臂天线的差波瓣的峰值要比螺旋天线的差波瓣峰值偏离和波束的最大值更远。

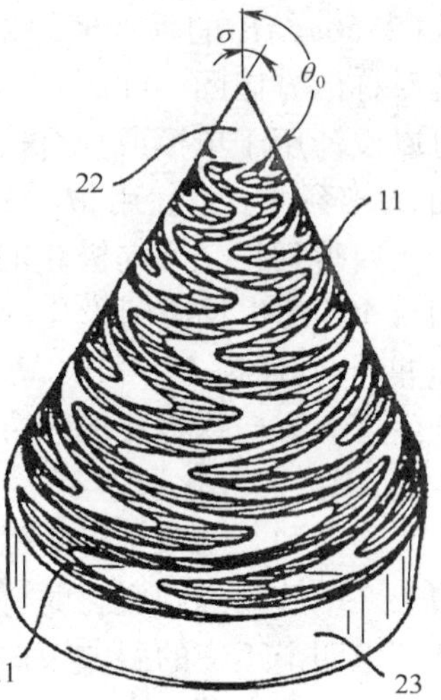

图 2.37　周期曲折臂天线六臂对数

图 2.38 为线性—对数型单元构成的准对数周期曲折臂天线，图 2.38(a)可用于确定 N 臂准对数周期曲折臂天线的臂，由曲线 26、曲线 27 和直线 28 组成。第 p 个小单元第一段的等式为

$$\phi=\frac{2a_p(-1)^p\ln\left[\frac{r}{p}\right]}{(1-k)\ln\tau_p}\quad(R_p\tau_p^{\frac{1-k}{2}}R_p\leqslant r\leqslant R_p)\tag{2.70}$$

式中：k 为定义平顶宽度的参数。直线段也即平顶部分的方程为

$$\phi=a_p(-1)p\quad(R_p\tau_p^{\frac{1+k}{2}}\leqslant r\leqslant R_p\tau_p^{\frac{1-k}{2}})\tag{2.71}$$

最后的弯曲段方程为

$$\phi=2a_p(-1)^p\frac{(\ln\tau_p-\ln(\frac{r}{R_p}))}{(1-k)\ln\tau_p}\quad(R_p\tau_p\leqslant r\leqslant R_p\tau_p^{\frac{1+k}{2}})\tag{2.72}$$

式(2.71)和式(2.72)分别对应于第一个小单元的 BC 线段和 CD 线段(图 2.38)。

图 2.38(b)是四臂 11 的自互补线性——对数曲折天线的顶视图。设计参数 a_p 由内向外分别从 50°变到 70°，参数 τ_p 也相应从 0.6 变到 0.8。

图 2.38(c)为半锥角为 25°，$\delta=22.5°$的四臂锥形线性—对数曲折天线。设计参数 a_p 和 τ_p 分别从 55°变到 70°，从 0.7 变到 0.9。

式(2.70)~式(2.72)的天线结构称为线性—对数曲折臂天线，如果此曲线描绘在一个横坐标为 ϕ、纵坐标为 $\ln r$ 的矩形测绘板上，就可看到线性—对数曲线是一个对正弦对数曲线的逐段线性近似。平顶宽度 k 近似为小单元段的径向宽度，在 0.1~0.2 范围内调整以降低小单元急剧弯曲处的公差问题。线性—对数曲线的臂间最小间隔比正弦—对数曲线增加了 30%。线性—对数曲线简化了天线口径上金属和间隔的分布，这是非常重要的，因为在微波应用中，臂的宽度和间隔的制造公差只允许千分之几英寸。

正弦—对数和线性—对数曲折天线类似于普通的对数周期锯齿形天线。但曲

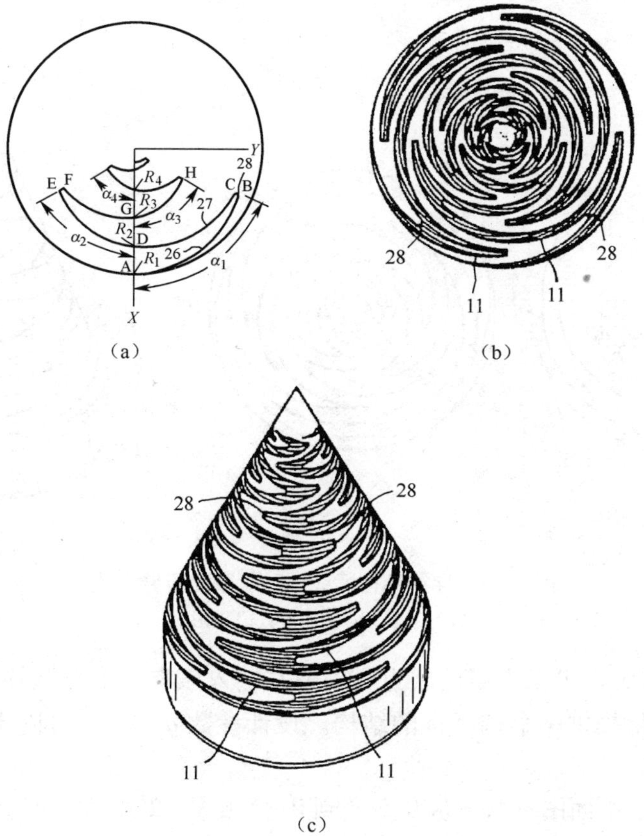

图 2.38　准对数周期曲折臂天线:线性—对数型单元

(a)单臂;(b)平面形;(c)锥形。

折臂和锯齿形臂之间存在重要差别,锯齿形相邻臂不宜互相交织,所以辐射方向图不能旋转对称,天线直径比螺旋天线和曲折臂天线都大,另外,直线锯齿对数周期天线很难实现自互补。

图 2.39 示出的导线结构的线性—对数曲折臂天线由图 2.39(a)曲线加上由角度 δ_p 规定的弯曲短线 31 所定义,这样,有效区域的半径就与 $a_p+\delta_p$ 有关。一个新的参数并没有定义短线长度,而是附在第 p 个小单元的 $\sqrt{\tau_p}R_p$ 半径上,因此第 p 个短线曲线的方程为

$$r=\sqrt{\tau_p}R_p \quad (a_p \leqslant |\phi| \leqslant a_p+\delta_p) \tag{2.73}$$

式中:p 为偶数时,ϕ 为正;p 为奇数时,ϕ 为负;δ_p 为正数。

在急拐弯处,短线 31 产生的反射有助于抵消由弯曲产生的反射。该臂可以是导线、棒、管或带线结构。在理想情况下,臂的横截面尺寸应与矢径成比例,但实际恒定的横截面尺寸可以用来实现宽频带。此方法的优点是可以更简便地为天线印制电路设备配置网络,其不足之处在于特性阻抗也许太大。如果导线直径或带线

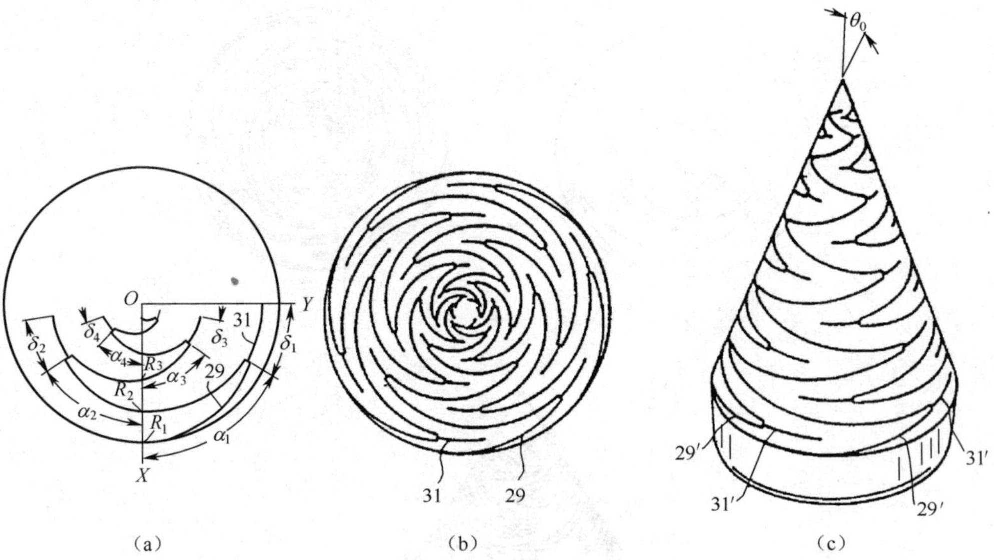

图 2.39　导线结构的线性—对数曲折臂天线

(a)单臂;(b)平面形;(c)锥形。

宽度足够大,那么就可以克服此缺点。类似在输入区有一个自互补结构或在锥削臂的截面尺寸能提供一个低阻抗的结构。设计参数 a_p 和 τ_p 可随半径渐变,以控制波束的变化。

图 2.39(b)平面图参数 τ 从 0.5 变到 0.82,α 从 42°变到 50°,短柱 δ 从 16°变到 20°,它们分别是从结构内部向外部变化的值。

图 2.39(c)是锥形四臂线性—对数曲折臂天线,其中 29′是臂,31′为短柱。θ 从 0.5 变到 0.92,α 从 50°变到 70°,δ 从 20°变到 30°。半锥角为 20°。弯曲导线的曲折臂与对数—周期导线锯齿形天线在急转弯处加的短线(柱)不同。

为了在 UHF 或低频范围应用,使用直导线或杆结构排在平面或锥面上要比利用印制板更容易实现其弯曲,更为实际也更为符合需要。但问题是每一个小单元要分多少段才能达到类似于弯曲结构的特性。图 2.40 给出了直线段构成曲折线的实例。

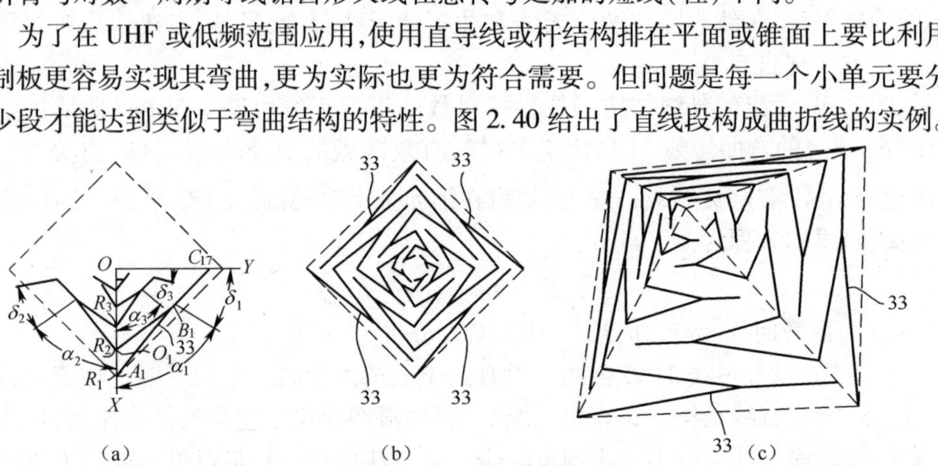

图 2.40　由直线段构成类似弯曲结构的曲折臂天线

(a)单臂;(b)平面形;(c)角锥形。

在图 2.41(a)中,用 A_1、B_1、C_1、D_1 四个点定义一个小单元。点 A_p 的极坐标 r 和 ϕ 用 $A_p(r,p)$ 及 B_p、C_p 与 D_p 类似的符号表示。

$$
\begin{cases}
A_p(R_p,0)\\
B_p\left(\dfrac{R_p\tau_p^{\frac{1}{2}}}{\sqrt{2}\sin(135-a_p)},a_p^{\ (-1)^p}\right)\\
C_p\left(\dfrac{R_p\tau_p^{\frac{1}{2}}}{\sqrt{2}\sin(135-a_p-\delta_p)},(-1)_p(a_p+\delta)\right)\\
D_p(R_p\tau_p,0)
\end{cases}
\tag{2.74}
$$

第 p 个小单元由这些点间直线构成,a_p、τ_p 和 δ_p 随小单元数的不同而不同,这样才能控制波束宽度和截止频率。

在图 2.40(b)中,τ 从 0.5 变到 0.82,α 从 40°变到 60°,δ 从 20°变到 30°,可从平面天线或一个角锥天线的角度去解释。虚线表示天线周围假设的正方形。在 HF 频率范围使用时,可用安装在方块中心的四个支杆把平的导线支撑在地板上。波束从顶点辐射,并产生两个相互垂直的极化。一个平面结构的天线,在俯仰面上方向图是与频率相关的,主要由于地板的影响。如果用图 2.40(c)所示的角锥形直线曲折天线就可以克服此缺点。图 2.40(c)的设计参数同图 2.40(b),只是此结构投影在一个半角为 45°的方形角锥体上。如果此结构被倒转,顶点在地板上,这样,仰面方向图就基本上与频率无关了。

对于高频段,虚线可代表后腔的轮廓线。乍一看在方腔中使用线性导线不如在圆腔中用弯曲导线,但是方形辐射器为双极化天线一维和两维阵列提供了可更为紧凑安装的结构。

图 2.40 所示的线性曲折臂与普通用直导线接到急转弯处的普通对数周期导线锯齿臂之间存在一些差别:①小单元用特殊方法向顶点弯曲,一臂插入到邻臂中,这样使单元保持在共同表面上,而现在直线则交替在拐弯处连接;②短线加在急转弯处,这样就不会碰到邻臂;③采用角锥形结构,锯齿形在两维上弯曲以密接角锥体,并达到所希望的交织。

在 VHF 或更高的频率范围内,通常需要使用棒材或管材构成辐射单元。图 2.41(a)示出线性曲折天线的单臂(34)。如果认为一个小单元为 ABC 线,那么每单元仅有两个线性部分。这样 α 角定为 45°,所以该天线没有前面天线的多方面的适应性。这些点的极坐标为

$$
A_p\left[\frac{R_p}{T_2\sin(135-\delta_p)},(-1)^p(45+\delta_p)\right];B_p(R_p,(-1)^p45);C_p(\tau_pR_p,-(-1)^p45)
$$

图 2.41(b)示出有臂 34 的平台或角锥结构的顶视图,参数 τ 从 0.6 变到 0.9,δ 从 20°变到 40°。

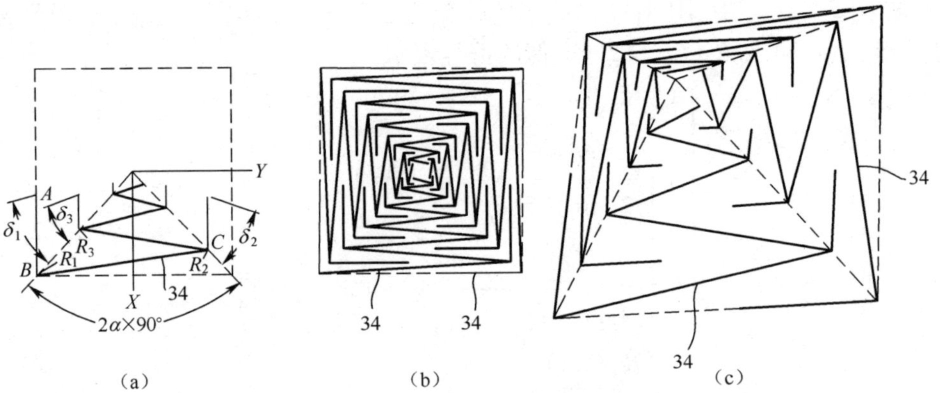

(a) (b) (c)

图 2.41 每个小单元只具有两个线性段的四臂线性曲折线天线

(a)单臂;(b)顶视图;(c)角锥形。

图 2.41(c)为线性曲折臂天线透视图。角锥的半角为 45°,τ 从 0.5 变到 0.82,δ 从 18°变到 30°。该结构用介质线或介质管在角锥拐弯处支撑。该结构比图 2.41(a)结构更为简单,更结实,也更易装配,因为三个导线或管子在拐角处,而不是在角锥体正面相连。

图 2.41 的线性曲折线天线在急转弯处加短线的方式与导线锯齿天线不同,它是以特殊方法加短线。这样它们位于公共表面上,并近似等间距地插入临臂的小单元中。

设计有 $N>4$,并且每个小单元有最小数目的图 2.41 所示的天线,在 $N=8$ 的范围内必须避免选用 N 为 5 和 7。优选 $N=6$ 可设计成 60°旋转对称,角锥结构有一个六角形横截面,在拐角处弯曲的天线。

对所述所有结构,单元的角宽度等于$(\alpha+\delta)$,其中 α 和/或 δ 可能是小单元数目 p 的函数。相邻臂间插入的数目取决于相邻臂间的 $360°/N$ 角度。可以定义插入比为 ILR,ILR 是插入的角范围与臂间角范围之比,它表达为

$$\mathrm{ILR}=\frac{N(a+\delta)}{180}-1$$

如果 $a+\delta=180°/N$,则 ILR 为 0。例如,$N=4$,$(\alpha+\delta)\leqslant 45°$,则 $\mathrm{ILR}\leqslant 0$。为了 $\mathrm{ILR}=1$,小单元的顶部被延伸到相邻臂的中心线上。如果 α 和/或 δ 随单元数改变,那么,ILR 给出了在一臂到小单元$(p+1)$和相邻臂$(p-1)$单元的近似平均的插入比。

1. 单元的近似平均的插入比

为了方向图的旋转对称,也为了尽可能缩小螺旋天线的尺寸,必须 $\mathrm{ILR}>0.2$。如果 $\mathrm{ILR}<0.2$,则认为是小插入,但也应避免 $\mathrm{ILR}>1$,因为这样有效区的直径变得太小,不能充分辐射。

从图 2.41(a)可见,如果 a_p 与 p 无关并且规定 $\delta_p=0$,那么此结构变成一个普通的 $\alpha=45°$的金属线的对数—周期锯齿形元件。从图 2.41(b)容易看到,在相邻的锯齿形相互接触之前,α 仅有小量的增加,如 $\tau=0.7$ 允许的最大 ILR 为 0.17。

ILR 随 τ 的增加而降低。如果是平面结构被投射到锥上，可应用这个结果。然而这些结果是空谈的，因为在没有短线的情况下，对数周期锯齿天线是不能工作的，除非 α 为 15°或更小。在满足下式时，相邻齿将会相碰：

$$\alpha-\frac{180\sin\delta}{N}=\arctan^{-1}\left(\frac{1-\tau}{1+\tau}\cot\alpha\right) \tag{2.75}$$

α 随 τ 的增加而减小，因此 ILR 下降。必须选择设计参数以使得径向小单元长度小于 0.08λ，以确保锯齿单元工作良好。求出条件为

$$\tau\geqslant1-0.32\tan\alpha \tag{2.76}$$

如果 α 角限制为 15°，则锥的半角必须小于 20°，这样才能有较好的插入。$\delta=15°$ 时，$\alpha=19°$，$\tau=0.91$ 时，则 ILR=0.64，可实现的 ILR 会明显低于此数。这样需要减小 α，以防相碰接。另外还要考虑到加工误差。如果 $\sigma=10°$，$\tau=0.95$，$\alpha=14°$，则 ILR=0.76。这进一步说明了 ILR 明显低于此值。因此直线（或条带）锯齿形可在 10°或更小的锥角上工作，但还是曲线锯齿好。因为它能在臂间低耦合插入区域中依次提供近似相等的臂间距离。此外，10°或更低的锥角是不大实用的，因为太长。

图 2.42 示出四臂曲折臂天线馈电网络的原理。巴伦 36 和巴伦 37 接到天线相对臂 1、3 和 2、4 上，为天线提供相反相位。3dB90°混合电路 38 有输入端口 A 和 B，用以产生两个方向圆极化所需的±90°累积相位。

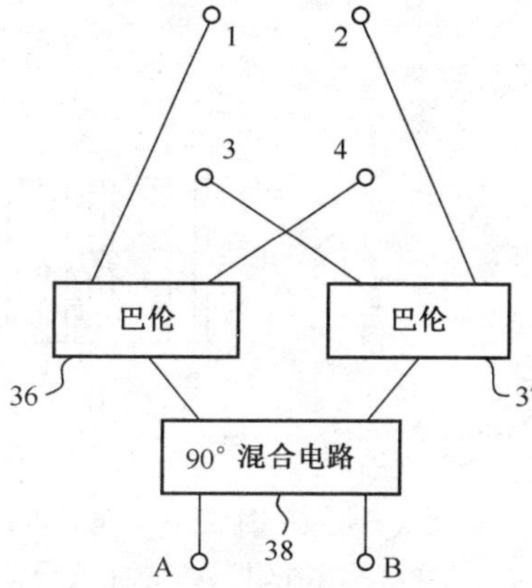

图 2.42　四臂曲折臂天线馈电网络原理

图 2.43 示出后腔反射的四曲折臂平面天线和馈电结构示意图。图 2.43(a)为天线剖面图，41 为刻蚀在平面印制电路板上的曲折天线。圆柱腔在天线下面，并支撑天线面。腔体的内直径约为低频截止频率的 $\lambda/3$。蜂窝式吸收材料 43 安放在腔体内。巴伦和 90°混合电路装在金属外壳 44 中。四根同轴线 46（在横截面图上只示出两根）从天线面接到巴伦腔 47 上。同轴线内导体接到天线臂上。90°混合电路蚀刻在中心介质层 48 的两边。附加的印制电路板安装在中心层的上面和下面。两个同轴接头在结构底部（仅示出其中的一个）。

图 2.43(b)为中心介质层 48 的顶视图，图中示出了构成混合电路和巴伦馈源的带线 49。实线和虚线分别表示该层上面和下面的带线。混合电路由两个 8.3dB 的混合电路 51 和 52 串联，组成一个 3dB 混合器。混合电路可采用分级或连续锥削的形式。虚线示出两个巴伦腔体体的轮廓。尽可能提高对称性可减小波束轴偏和降低轴比。56 和 57 为侧面输入端口。带线巴伦馈源利用 58 端处 $\lambda/4$ 的开路微带线实现。

在图 2.43(c)、(d)中示出巴伦的顶视和侧视图。巴伦腔由图 2.43(d)中三层带线组件激励。蚀刻在带线 61 上的窗口 62 由上层和底层构成,用探针 63 进行电气连接。在中心层 66 上用带线激励此窗口。同轴线 66 和 67 伸出腔体侧面,并与带线 61 并联穿过窗口,提供了巴伦输出同轴线和输入带线之间 4 : 1 的阻抗变换。用 100Ω 同轴线为天线提供 200Ω 巴伦的馈电阻抗(接近自互补结构的输入阻抗)和 50Ω 巴伦的输入阻抗。

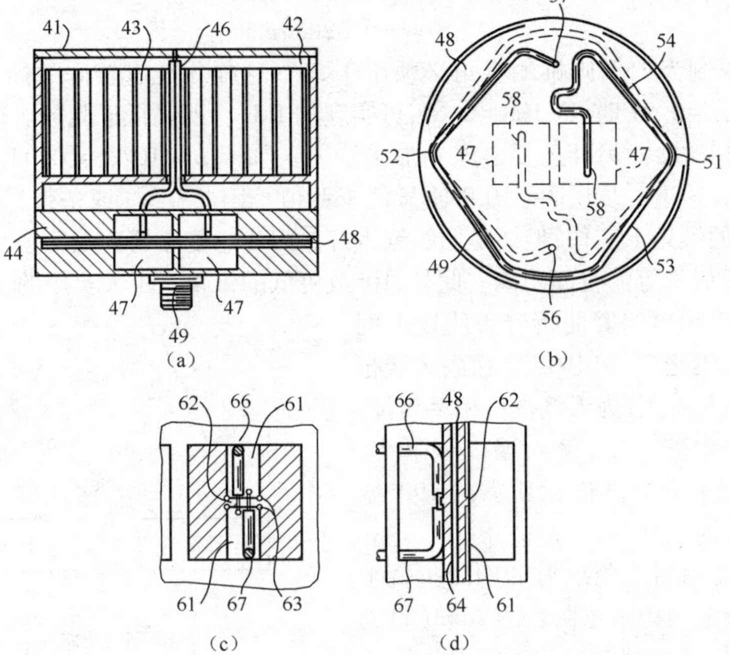

图 2.43 四曲折臂平面天线和馈电结构示意图

(a)天线剖面图;(b)中心介质层 48 的顶视图;(c)、(d)巴伦的顶视和侧视图。

图 2.44 所测的天线,其腔体直径为 2.25 英寸(1 英寸 = 25.4mm)。用线极化源测量方向图,测得的峰值和零包络之差为轴比,在半球范围内,轴比在 0.5 ~ 3dB 范围内变化。3dB 波束宽度为 78°。除了在频段的低端以外,在 9 : 1 带宽范围的

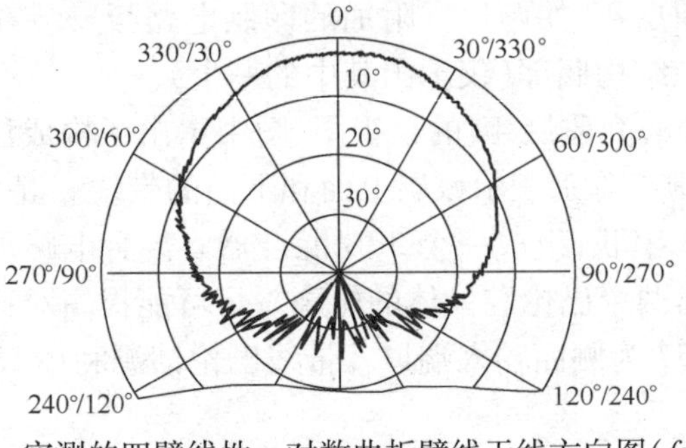

图 2.44 实测的四臂线性—对数曲折臂线天线方向图(f = 5GHz)

测量表明，该天线波束宽度变化约为10°。波束宽度随方位角的变化非常缓慢，这说明过了有效区很少有能量传输。这种变化比螺旋天线小得多，从而能产生更好的测向精度。

为了得到两个方向圆极化的和差方向图，需要使用五个或更多臂的曲折天线。通常应避免使用奇数臂，因为馈电网络太复杂。六臂结构比八臂结构好，八臂结构中心太拥挤，馈电网络也更复杂。

图2.45(a)中示出产生和差方向图的六臂馈电网络，图2.45(b)中示出90°混合电路71(H)，魔T72a，72b，72c，72b的输出功能。

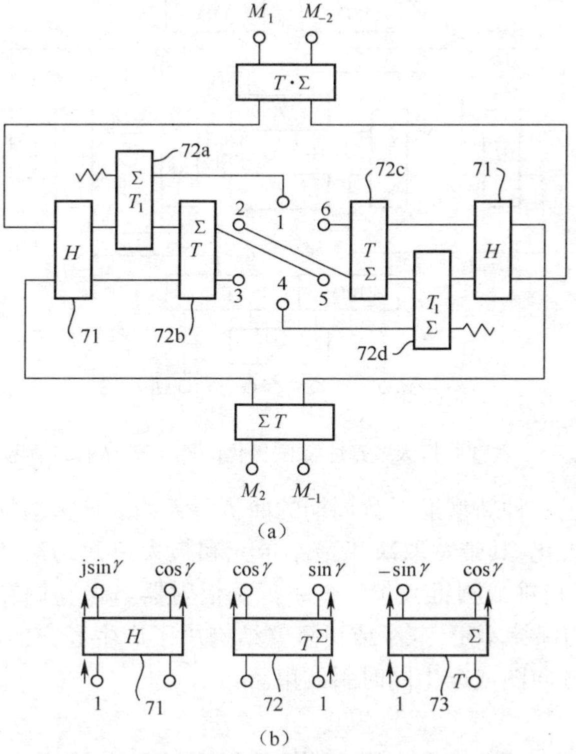

图2.45　六臂曲折臂天线产生双向圆极化的和差方向图的馈电网络
(a)馈电网络；(b)H.T网络输入输出示意图。

如果混合电路H或魔Y没有相移，那么$r=45°$，并且耦合器有相等的功率输出。图2.45(a)中T_1耦合器$r=35.2°$，它给出了2∶1功率分配。天线终端编成1~6号，输入终端用模数M_m标记，在天线终端的魔T外，馈电电路有180°的旋转对称性。因此，如果类似的部件是相同的但不完善，那么差方向图M_2和M_{-2}的瞄准误差与在输入端上的魔T的质量有关。根据宽频带需要，要求图2.45(a)中的各部件由有$r/2$耦合的两个耦合器相串联组成。这样，该网络需要16个耦合器，对于大多数微波应用而言，宁可面临困难的互连问题，也要采用层叠部件。

图 2.46 示出产生四个斜波束的六臂曲折天线用的更为完善的馈电网络，以提供两种旋转方向的圆极化和更高的测向精度。图中 IPD 是具有隔离功能的功率分配器，通常选用 Wilkenson 型，在 M_1+M_2 和 M_1-M_2 端口，在反方向上产生成一定角度的两个和差波束。$M_1-\mathrm{j}M_2$ 和 $M_1+\mathrm{j}M_2$ 则在与上述波束平面相垂直的平面上产生两个方向相反的斜波束。同样，在图 2.46 上方标有反向极化的四个波束端口。

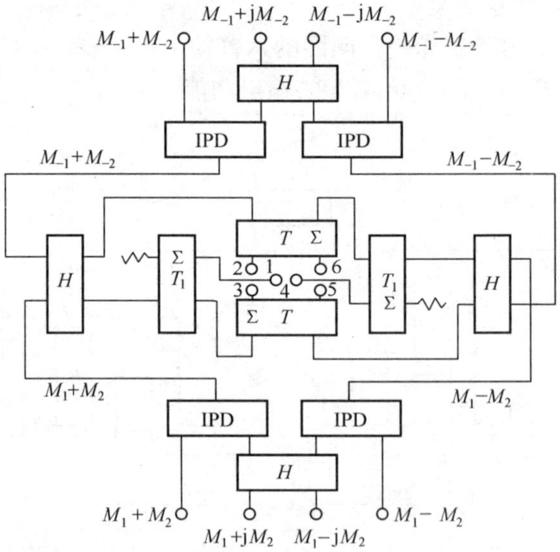

图 2.46　六臂曲折天线产生双圆极化的四个斜波束的馈电网络

这里已介绍了一种新型准对数周期的曲折臂天线。该天线能在宽频带内提供两个正交方向的极化，其带宽取决于最小单元和最大单元的尺寸。这些天线可以是平面形或锥形（角锥或圆锥）的 N 个曲折臂辐射器。当它们在围绕中心轴旋转 $360°/N$ 时，其结构保持不定，三个或更多臂结构用于产生和方向图，五个或更多臂用于产生和与差方向图或产生同时斜波束。

2.10　超宽带对数周期天线

对称振子的工作频带较窄。用若干个对称振子构成一般的振子阵，由于振子间的耦合作用，阵的宽带比单振子还要窄。但是，用一系列长度不等的对称振子按不同间距排列起来组成一个特殊的长振子阵，如图 2.47 所示，则可得到宽频带特性。

在低频端，长振子阵中仅仅是末端附近的那几个长度大的振子处于或邻近谐振状态，真正得到了馈电，其余振子由于电长度很短，在其输入端呈现的容抗很大，振子上电流很小，所以它们的辐射很弱；在高频端，则仅仅是长振子阵始端的那几个长度短的振子真正得到了馈电。当工作频率由低向高变动时，真正起辐射作用的那几个振子的位置，从末端逐步向始端移动。通常，把真正起辐射作用的那几个

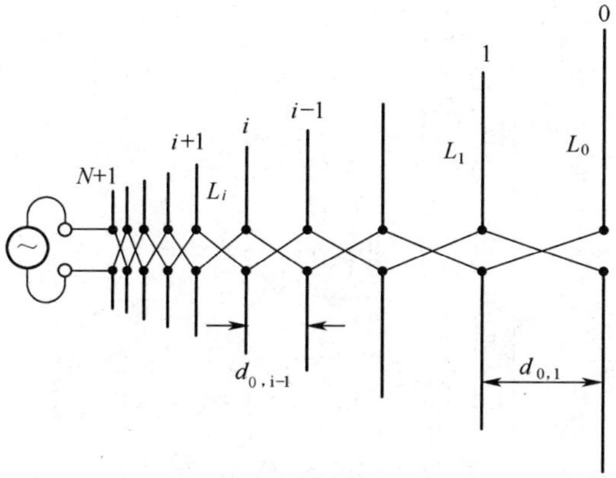

图 2.47　对数周期振子阵

振子所在的区域称为有效辐射区,则当工作频率变化时,仅仅是阵的有效辐射区沿阵轴移动而已,从而获得了宽频带性能。

如果各对称振子臂长满足

$$\begin{cases} L_1 = \tau L_0 \\ L_2 = \tau L_1 = \tau^2 L_0 \\ \vdots \\ L_{N+1} = \tau L_N = \tau^2 L_{N+1} = \cdots \tau^{N+1} L_0 \end{cases} \tag{2.77}$$

式中:$\tau<1$,τ 为比例系数。

并设各波长值满足

$$\begin{cases} \lambda_2 = \tau\lambda_1 \\ \lambda_3 = \tau\lambda_2 \tau^2\lambda_1 \\ \vdots \\ \lambda_N = \tau\lambda_{N-1} = \tau^2\lambda_{N-1} = \cdots = \tau^{N+1}\lambda_1 \end{cases} \tag{2.78}$$

式中:λ_1 为振子“1”谐振时的工作波长;λ_2 为振子“2”谐振时的工作波长;……;λ_N 为振子 N 谐振时的工作波长。

它们所对应的工作频率依次为 $f_1, f_2, \cdots, f_N$。那么,可以发现,工作频率从 f_1 开始,依次为 $f_1, f_2, \cdots$,一直到工作频率 f_N 为止,阵的有效辐射区沿阵轴从长振子端依次向短振子端步进,在这些频率点上,阵的辐射特性相同。根据式(2.78),频率 $f_2, f_3, \cdots, f_N$ 有

$$\begin{cases} f_2 = \dfrac{1}{\tau} f_1 \\ f_3 = \dfrac{1}{\tau} f_2 = \dfrac{1}{\tau^2} f_1 \\ \vdots \\ f_N = \dfrac{1}{\tau} f_{N-1} = \dfrac{1}{\tau^2} f_{N-2} = \dfrac{1}{\tau^{N-1}} f_1 \end{cases} \tag{2.79}$$

取式(2.79)的对数,并记 $Q=\ln\left(\frac{1}{\tau}\right)$,得

$$\begin{cases}\ln\left(\frac{f_2}{f_1}\right)=\ln\left(\frac{1}{\tau}\right)=Q\\ \ln\left(\frac{f_3}{f_1}\right)=\ln\left(\frac{1}{\tau^2}\right)=2Q\\ \vdots\\ \ln\left(\frac{f_{N-1}}{f_1}\right)=\ln\left(\frac{1}{\tau^{N-1}}\right)=(N-1)Q\end{cases} \tag{2.80}$$

可见,工作频率的对数做周期性变化时,天线性能不变,周期就是 $Q\left[=\ln\left(\frac{1}{\tau}\right)\right]$。因此而得名为对数周期天线。

当频率在一个对数周期内变动时,如果在 f_2 与 f_3 之间的频率范围内变动时,天线性能当然要发生变化。但如果 τ 取得很接近于1,则在一个对数周期的频率范围内,天线性能变化就很小,从而在整个频率范围($f_1\sim f_N$)内,天线性能变化都很小。试验表明,即使 τ 不是很接近1,如 $\tau=0.5$,对数周期天线在整个频率范围 $f_1\sim f_N$ 内,其性能变化也不大。对数周期天线的宽带在理论上几乎没有限制。在实际上要达到10∶1的带宽是不困难的。

不言而喻,相邻振子的间距应满足

$$\begin{cases}d_{2,1}=\tau d_{1,0}\\ d_{3,2}=d_{2,1}=\tau^2 d_{1,0}\\ \vdots\\ d_{N+1,N}=\tau d_{N,N-1}=\tau^N d_{1,0}\end{cases} \tag{2.81}$$

下面,讨论对数周期天线的方向性。

既然整个对数周期天线真正起辐射作用的位置只是处于与邻近谐振状态的那几个振子所构成的有效辐射区,则对数周期天线的方向性肯定由有效辐射区内的这几个振子组成的阵所决定。为了简化问题,假设辐射区由三个振子构成,参看图2.47,设第 i 个振子的长度正好为谐振长度,则第 $i-1$ 个振子的长度长一些,第 $i+1$ 个振子的长度短一些。

在讨论由这种三个振子组成的三元阵的方向图之前,先研究如图2.48所示的等幅三元阵的方向性。设阵中各元的电流等幅但相位自右至左依次滞后90°,相邻元的间距为 $\lambda/4$。

按场强叠加方法,可得该三元阵的阵因子为

$$|f_\alpha(\alpha)|=|1+2\cos[90°(1+\cos\alpha)]| \tag{2.82}$$

由此画得该三元阵的阵因子图如图2.49所示。可见,电流滞后90°,间距为 $\lambda/4$ 的等幅三元阵是端射阵,其最大辐射方向在振子电流依次滞后的方向上。

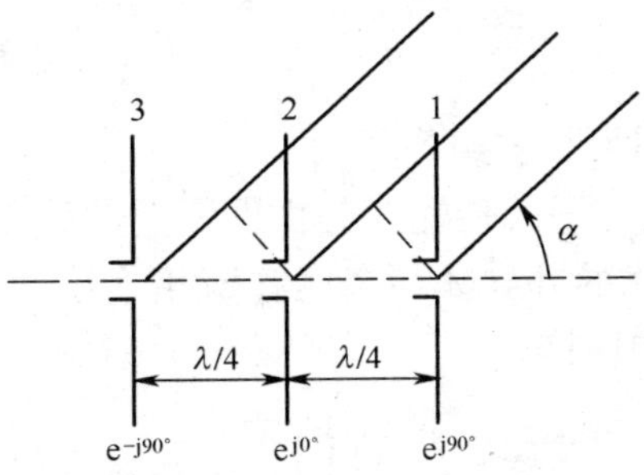

图 2.48　等幅三元阵

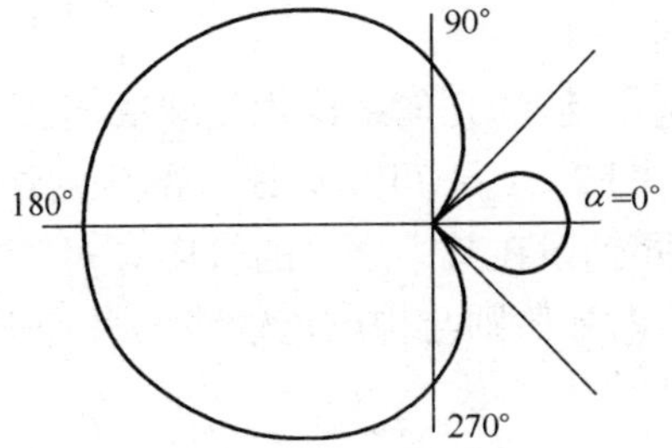

图 2.49　图 2.48 的阵因子图

其实,为获得上述阵因子图,振子间的电流相位并非一定要严格相差 90°,间距也并非一定是严格的 $\lambda/4$。

现讨论有效辐射区的方向性。由于 L_{i+1} 小于谐振长度而 L_{i-1} 大于谐振长度,第 $i+1$ 个振子输入端呈容性而第 $i-1$ 个振子输入端呈感性,故 I_{i+1} 超前于 U_{i+1} 约 90°,I_{i-1} 滞后于 U_{i-1} 约 90°。由于各振子交叉馈电,加到振子上的电压 U_{i+1} 和 U_{i-1} 皆与 U_i 相反,所以 I_{i+1} 滞后于 I_i 约 90°,I_{i-1} 超前于 I_i 约 90°。有效辐射区中诸元的电流相位情况,正好与图 2.48 中三元阵的情况相似,故其最大辐射方向是从长振子指向短振子的方向。然而,由于第 $i+1$ 与第 $i-1$ 个振子在其输入端并非呈纯电抗性,I_{i+1} 与 U_{i+1} 以及 I_{i-1} 与 U_{i-1} 之间并非差 90°相位;由于两相邻振子间的馈线有一定的长度,U_{i+1} 与 U_{i-1} 不会正好与 U_i 反相,所以,有效辐射区中这三个振子的电流相位关系不可能那么理想。事实上,各振子的馈电是通过两个途径进行的:一是经由馈线;二是各振子的耦合。显然,这两种馈电是相互影响的。然而实践证明,各振子上的电流相位关系基本上还是比较理想的。

2.11　对数周期振子天线

对数周期振子天线,或称对数周期偶极子阵天线(Log－periodic dipole,LPD),也是目前应用最广泛的一种对数周期天线。

对数周期振子天线是由若干个平行对称振子组成的线阵,振子的长度依次连续地加长,限制振子长度的渐近线形成如图 2.50 中虚线所示的尖劈,尖劈的顶角为 α;振子的馈电点在靠近尖劈的顶点处,振子间的馈电方式是采用顺次分路馈电的方式,即相邻振子的两臂领域传输线相接时,传输线两导体左右交叉一下,再与振子臂相接。

若劈状对数周期天线的劈顶角 $\varphi=0$,则它与 LPD 天线就很相似,那么,金属片的两条中心臂就形成了平行传输线,由中心臂向其两边交替地伸出的齿片,就相当于传输线上接出的振子。这样,如同其他的对数周期天线一样,LPD 天线的结构周期参量为

$$\tau=\frac{R_{n+1}}{R_n}<1 \tag{2.83}$$

因此,天线的几何结构主要取决于顶角 α 和周期结构参量 τ。

图 2. 51 是 LPD 天线一部分的结构示意图。平行传输线是由两根金属管制成的,同轴线在其中之一的管内穿过,并使同轴线的外导体与金属管壁相连接,同轴线的内导体则与构成传输线的另一根金属管相连接。

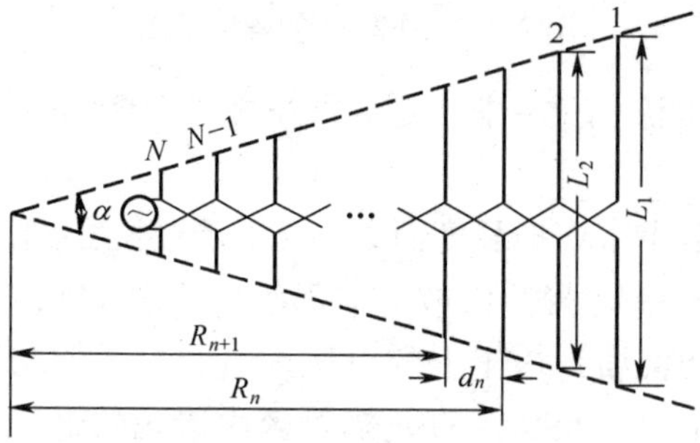

图 2. 50　对数周期振子天线图

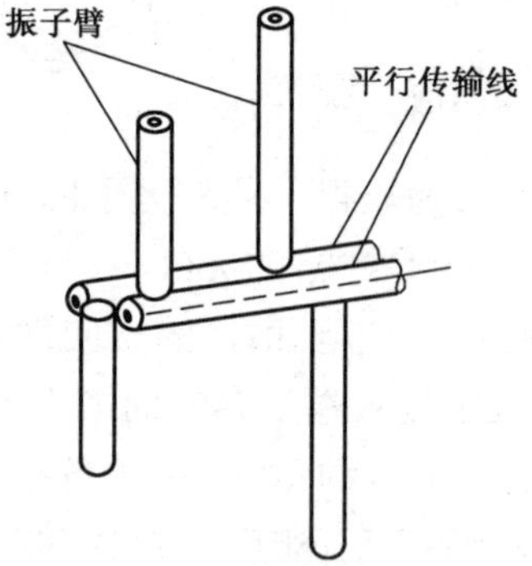

图 2. 51　LPD 天线的结构示意图

由图 2. 50 可以看出

$$\tan\left(\frac{\alpha}{2}\right)=\frac{L_n/2}{R_n}=\frac{L_{n+1}/2}{R_{n+1}} \tag{2.84}$$

那么

$$\frac{L_1}{R_1}=\frac{L_2}{R_2}=\cdots=\frac{L_n}{R_n}=\frac{L_{n+1}}{R_{n+1}}=\cdots=\frac{L_N}{R_N} \tag{2.85}$$

将上述结果用于式(2. 83),则得

$$\tau=\frac{R_{n+1}}{R_n}=\frac{L_{n+1}}{L_n} \tag{2.86}$$

可见,相邻振子的位置比就等于相邻对称振子的长度比。若 d_n 为振子 n 与振子 $n+1$ 之间的距离,则把 LPD 天线的距离因子参量定义为

$$\sigma=d_n/2L_n \tag{2.87}$$

如图 2. 50 所示,相邻振子间的距离为

$$d_n=R_n-R_{n+1} \tag{2.88}$$

因 $R_{n+1}=\tau R_n$,则

$$d_n=(1-\tau)R_n \tag{2.89}$$

由式(2. 84)得 $R_n=(L_n/2)\tan(\alpha/2)$,将此结果代入式(2. 89),则得

$$d_n=(1-\tau)\frac{L_n}{2\tan(\alpha/2)} \tag{2.90}$$

将式(2. 90)的结果代入式(2. 87),则得

$$\sigma=\frac{1-\tau}{4\tan(\alpha/2)} \tag{2.91}$$

或

$$\alpha=2\arctan\left(\frac{1-\tau}{4\sigma}\right) \tag{2.92}$$

将式(2.87)并入式(2.86),则可得

$$\tau=\frac{R_{n+1}}{R_n}=\frac{L_{n+1}}{L_n}=\frac{d_{n+1}}{d_n} \tag{2.93}$$

LPD 天线的工作原理与八木天线相似,因在与工作频率相对应的波长下,LPD 天线中某一振子的长度接近于波长的 1/2,该振子此时相当于八木天线的有源振子,在它后面较长的对称振子则相当于八木天线的反射器,在它前面的对称振子则相当于引向器。这样,半波对称振子与它两边相邻的几个对称振子构成了 LPD 天线中的电流有效区。从馈电端到有效区的那些振子所占有的区域则称为传输区;有效区以后的部分则为衰减器。当工作频率改变时,天线的有效区将由 LPD 天线的某一部分沿轴线左右移向其他部分,换言之,对于每一工作频率,都有相对应的一组振子构成的电流有效区。这一事实可由下面的计算例子来证实(图 2.52)。工作频率的带宽可以粗略地由最长和最短振子达到半波谐振时来确定,即

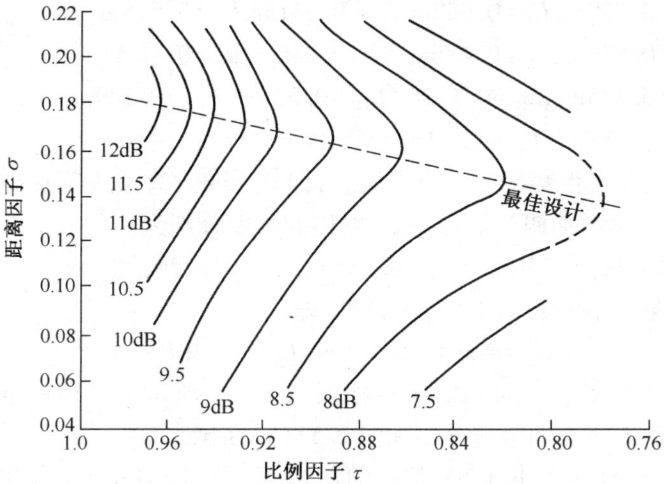

图 2.52 对数周期振子天线的增益

$$L_1\approx\lambda_1/2 \text{ 及 } L_N\approx\lambda_u/2 \tag{2.94}$$

式中:λ_1,λ_u 为相应于工作频带最低及最高频率时的波长。因为电流的有效区不是仅包含一个振子的区域,所以,在 LPD 天线的两端常增加一些振子,以确保天线在工作频带上限及下限有良好的辐射性能。需要增加的振子数则与 τ 和 σ 有关。

LPD 天线的波瓣图、增益和输入阻抗取决于参量 τ 和 σ。图 2.52 为 LPD 天线在 $Z_0=100\Omega$ 和 $l/\rho=125$ 时,增益与参量 τ 和 σ 的关系曲线。由图 2.52 中可以看出,高增益的天线需要较大的 τ 值,这意味着天线中振子长度的渐近线是缓慢张开

的，也就是 LPD 天线的总长比较长。图 2.52 中所示的虚线，是指天线的结构周期参数 τ 为一定值时的最佳增益；另外，也可以根据该虚线由已知的增益值求出所需要的最小参量 τ。振子的粗细对增益的影响甚小，振子加粗 1 倍约使增益提高 0.2dB。

例 设计一工作于 200~600MHz 的 LPD 天线，它的增益应接近于 10dB 并具有最佳的性能。由图 2.52 可求得 LPD 天线具有最佳性能的参量为

$$\tau=0.917 \text{ 及 } \sigma=0.169 \tag{2.95}$$

那么，由式(2.92)求得

$$\alpha=2\arctan\left[\frac{1-0.917}{4\times0.169}\right]=14(°) \tag{2.96}$$

相应于最低工作频率的波长 $\lambda_1=1.5\text{m}$，第一个对称振子的长度为

$$L_1=\lambda_1/2=0.75(\text{m}) \tag{2.97}$$

最短对称振子的长度大约是相应于 600MHz LPD 天线的波长的 1/2，即 $\lambda_u/2=0.5/2=0.25(\text{m})$。LPD 天线中所有对称子的长度为

$$L_{n+1}=\tau L_n \tag{2.98}$$

由 L_1 依次计算它们的数值，直到其中最后的长度接近于 0.25m，它们的值分别为

$L_1=0.750\text{m}, L_2=0.688\text{m}, L_3=0.631\text{m}, L_4=0.578\text{m}$

$L_5=0.530\text{m}, L_6=0.486\text{m}, L_7=0.446\text{m}, L_8=0.409\text{m}$

$L_9=0.375\text{m}, L_{10}=0.343\text{m}, L_{11}=0.315\text{m}, L_{12}=0.289\text{m}$

$L_{13}=0.265\text{m}, L_{14}=0.243\text{m}$

L_{14}的长度小于最高工作频率的相应半波长，即 0.25m。为了改善在高端频率工作时的天线性能，可再增加四个对称振子，它们的长度分别为

$L_{15}=0.223\text{m}, L_{16}=0.205\text{m}, L_{17}=0.188\text{m}, L_{18}=0.172\text{m}$

两相邻振子间的距离可按式(2.87)来计算，即

$$d_n=2\sigma L_n=2(0.169)L_n=0.338L_n \tag{2.99}$$

由 18 个对称振子组成的 LPD 天线如图 2.53(a)所示。应用矩量法可计算出不同频率下 LPD 天线上的电流分布如图 2.53(b)所示。

图 2.54 是不同频率下 LPD 天线的波瓣图。可以看出，工作频率在 200~600MHz 的范围内的波瓣图基本上是保持不变的；在低频段，当 $f=150\text{MHz}$ 时，则有一个较大的尾瓣，这是因为在此频率下的对称振子的电长度不够长，以致不能维持电流的有效区；但在高频段，当 $f=650\text{MHz}$ 时，由于增加了四个振子，因此该频率下的波瓣图与 $f=600\text{MHz}$ 下的波瓣基本上是相同的。上述 18 个振子 LPD 天线在不同频率下的增益和输入阻抗值列入表 2.2 内。当工作频率为 150MHz 时，由于波瓣图中有较大的尾瓣，天线的增益值明显低于 10dB，且输入阻抗值有较大的电抗部分。但工作频率在 200~600MHz 的范围内，由于天线传输线的终端接的是等于传输线特性阻抗 Z_0 的负载，而不是电抗性负载，因此，天线的增益均接近于 10dB

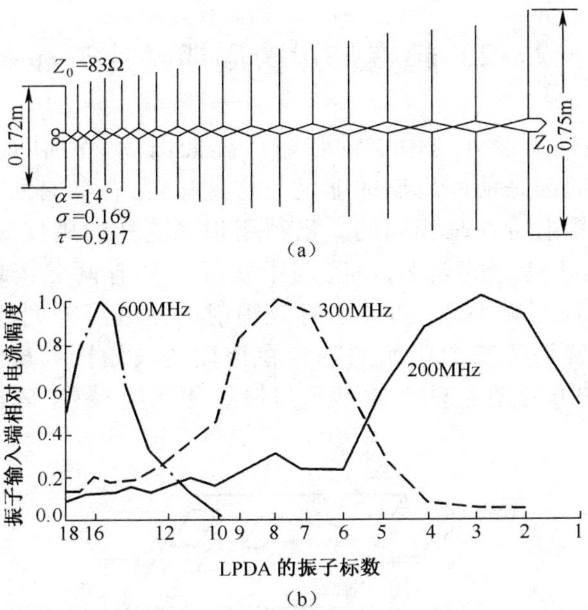

图 2.53　工作在 200～600MHz 频段及有最佳状态的 LPD 天线

(a)几何结构;(b)电流分布。

的设计门限;这是因为电抗性负载能在有效区的终点至天线终端的区域间反射能量,导致 LPD 天线上出现不需要的谐振。在工作频率为 650MHz 时,增益值仍接近于 10dB,但输入阻抗值有较大的电抗部分。

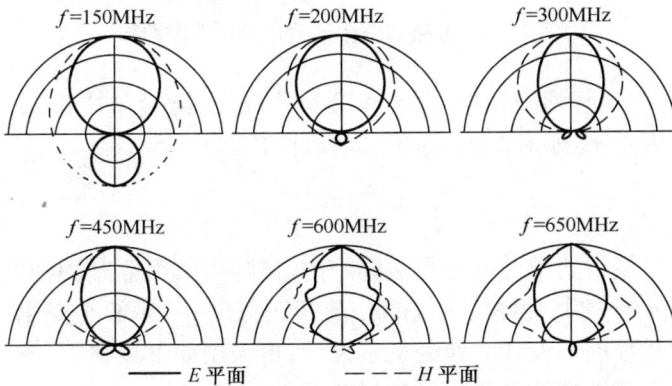

图 2.54　不同频率下 LPD 天线的波瓣图

表 2.2　不同频率下 LPD 天线的增益和输入阻抗

f/MHz	150	200	300	450	600	650
G/dB	5.54	8.75	9.43	9.51	9.37	8.98
Z_{in}/Ω	89+j 20	69−j 7	72−j 4	76−j 6	78−j 11	71−j 27

2.12 超宽带对数周期贴片天线

一种按对数周期设计的串馈微带贴片阵如图 2.55 所示。这种阵的关键特征是，每个周期都是前面周期的缩尺。这意味着，在各自所对应的工作频率上，每个周期的辐射特性是相同的。当利用很多这样的周期时，便能获得很宽的工作频带。对于特定的频率，该阵列中实际上只有两三个单元能有效地辐射（称为有效区）；当频率改变时，该有效辐射的区域沿阵列移动。因此，在 H 面上，阵的波瓣就是两三个单元的阵列在该面的波瓣图。E 面方向图就是单一单元在 E 面的方向图。只要各单元与馈线相匹配，整个阵的输入驻波比特性是很好的。

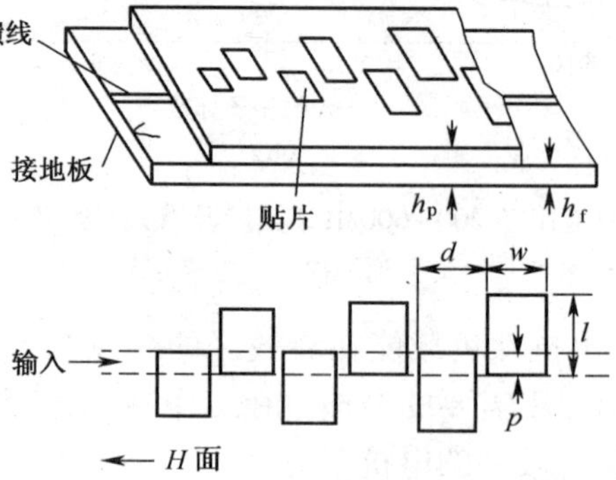

图 2.55 电磁耦合微带贴片的对数周期阵

在图 2.55 所示阵列中，对于第 n 和第 $n+1$ 周期，微带贴片长度 l、宽度 w 和间距 d 都按同一因子 τ（称为缩比）缩尺，即设计公式为

$$\frac{l_{n+1}}{l_n}=\frac{w_{n+1}}{w_n}=\frac{d_{n+1}}{d_n}=\tau \tag{2.100}$$

为使贴片与馈线的耦合电路是宽频带的，该阵列采用电磁耦合型馈电。但是，贴片横向偏移 p、介质基片厚度 h_f 和 h_p 及馈线宽度 w_f 都未能变化。因此这个阵还不是完全的对数周期设计。作为初步设计，可采用如下步骤：

（1）按频段高端来计算最小贴片尺寸；

（2）选择贴片间距 d，使阵列波束倾斜 10°~20°，以保证输入驻波比特性好；

（3）根据频带中心频率选择基片厚度 h_f 和 h_p；

（4）将要求的总带宽除以每贴片的平均带宽来得出贴片数，并得出缩比 τ。

基片厚度 h 和贴片位移 p 决定着馈线及贴片间的耦合程度，这不但影响贴片带宽，而且控制有效区的范围，因而影响阵的波束宽度。若耦合小，则有效区长而波束窄；若耦合强，则有效区短而波束宽且输入驻波比差。对于九元对数周期阵，通过改变厚度 h_p 来改变耦合程度，计算的波束宽度和输入反射系数 S_n（以 dB 计，即反射损失）的变化如图 2.56 所示。由图 2.56看出，$h_p>1.5$mm，耦合很弱，使有限区比阵列更长，因而继续增大 h_p，并不能使波束变得更窄。其波束宽度由阵长决定，此时增大阵长能获得更窄的波束。

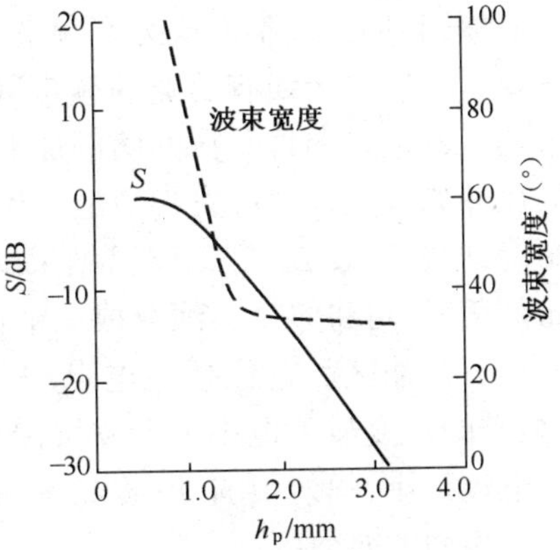

图 2.56 九元对数周期阵的波束宽度和反射损失

（最小单元 $l=6.8$mm，$w=5.4$mm，$s=6.97$mm，$h_f=0.793$mm，$h_p=1.586$mm，$p=1.25$mm，$\varepsilon_r=2.32$）

实际的 36 元对数周期阵的最大和最小贴片是分别对 4GHz 和 22GHz 工作来设计的。p 值取得使馈线对贴片的耦合最大，从而使有效区短而波束宽。表 2.3 给出 36 元电磁耦合贴片对数周期阵特性。

表 2.3 36 元电磁耦合贴片对数周期阵特性

频带/GHz	4~16	反射损失/dB	>7
增益/dB	>8	波束宽度(°)	40×92(4GHz)；30×84(16GHz)
效率/%	>79		

2.13 平面对数周期天线

通常，频率无关天线的设计原则都有无限尺寸的要求，但实际情况总存在着边频的终端效应。而对数周期天线的特性是频率对数的周期函数，使其在一个周期内的性能变化尽可能小，从而达到宽频带工作的要求。

对数周期天线结构如图 2.57（b）所示，这种天线实际是从蝶形天线（图 2.57（a））演变过来的。

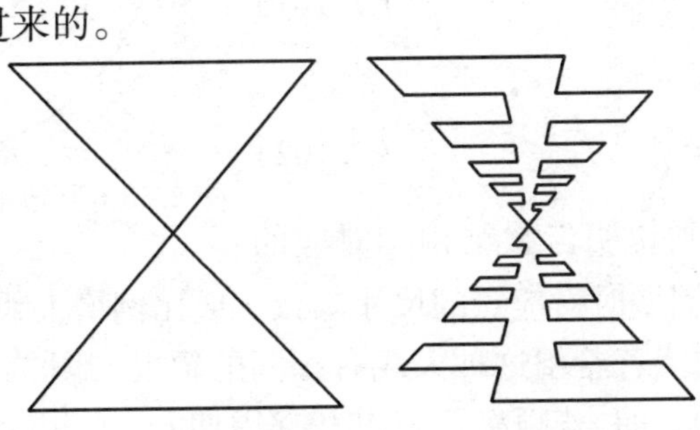

（a）　（b）

图 2.57 蝶形天线（a）与对数周期天线（b）

显然，蝶形天线不能成为宽频带天线，主要因为它仅仅满足了角度不变这个条件。要想使这类天线有更宽的频带甚至成为宽频带天线，就必须解决好较强的终端影响。若把蝶形每一翼的两侧加上周期性排列的齿状结构，其条件是：①所有相似的尺寸如 $R_1, R_2, \cdots, R_n$ 必须是公比为 τ 的几何级数；②天线的主要部分必须有一角度结构，如 α，β（图 2.58），结果就引起蝶形天线中流动电流的骚动。根据电流分布的情况；可将整个天线分成三个作用不同的区域：

（1）传输区。它包括馈电点和前面几个电流振幅较小的振子。在这个区域内，振子的长度显著地小于半波长，振子的输入阻抗很大，主要是电抗部分，所以振子上电流很小，辐射很弱，电磁能量在这一区域的衰减很小，绝大部分通过传输线传输到后面的有效区。

（2）有效区（工作区）。它由几个长度在半波长附近的对称振子组成。当天线的顶端馈电后，天线上的电流除了有径向分量以外，在所允许的工作频段内，还有横向分量，且横向分量较强。天线上的部分电流都集中在径向长度约为 $\lambda/4$ 的区域内。在此区域内，对称振子的输入阻抗不大，但电阻部分加大了，所以振子上电流振幅比较大，有强的辐射，电磁能量在这一区域有大的衰减，此时天线的方向图和方向性系数均取决于有效区内振子上的电流分布。

（3）终端区。它包括有效区之后直到天线末端的部分。此区内的对称振子的长度显著地大于半波长。电磁能量在有效区内已基本上辐射出去了，这里仅剩下很少的能量，振子处于末激励状态，从而保证天线满足“终端效应弱”的条件。

平面对数周期天线与其他形式的对数周期天线的设计原则一样，基于以下的相似概念，当天线按某特定比例因子 τ 变换后，仍等于它原来的结构，则天线在频率为 τf 和 f 时，性能相同（如方向图、阻抗、极化等）。

如图 2.58 所示，若相邻齿的外缘半径分别用 $R_n, R_{n+1}, \cdots$ 表示，内缘半径分别用 r_n，$r_{n+1}, \cdots$ 表示，并令

$$\tau=\frac{R_{n+1}}{R_n}=\frac{r_{n+1}}{r_n}<1 \quad (n=1,2,\cdots) \tag{2.101}$$

则齿的相对宽度为

$$\sigma=\frac{r_n}{R_n}=\sqrt{\tau} \tag{2.102}$$

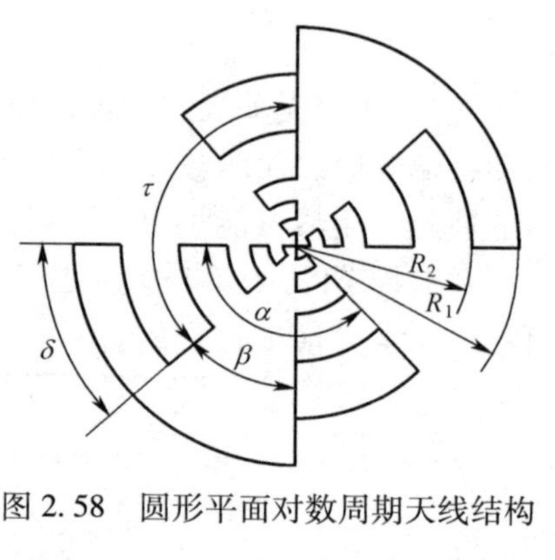

图 2.58　圆形平面对数周期天线结构

如果 τ 是常数，则说明齿状结构相对应的尺寸（即每变化一个周期时对应点的尺寸），按 τ 成比例增大或减小，这样天线形成了一个自相似的结构。若希望这种天线有相同的辐射与阻抗性能，则此时的频率也需要有同样的周期。即，若频率 f_n 和其相邻周期 f_{n+1} 有相同的辐射及阻抗特性，应有

$$f_n/f_{n+1}=\tau \qquad (f_n>f_{n+1}) \tag{2.103}$$

即

$$\ln f_n-\ln f_{n+1}=\ln\tau \tag{2.104}$$

这就是说,有相同的辐射特性时的频率需要有相同的对数周期。特别要指出的是,当 M_1-M_2 且齿宽与相邻间的槽宽相同时,天线为自补偿结构,且有宽频带的特性。

对数周期天线的齿片最小半径和最大半径分别由工作频率的上限值和下限值来确定。由于齿片是阶梯变化的,因此在频率 τf 到 f 的对数周期内,随着频率的变化,天线的辐射和阻抗性能会有某些变化,这些变化只要不超过所规定的值,就可以认为在整个周期内是适用的。适当地设计对数周期天线可以满足这一要求。

2.14 对数周期振子天线

2.14.1 天线的主要参数

1. 天线方向图

波束宽度与 τ 的关系及计算远区的坐标系如图 2.59 所示。

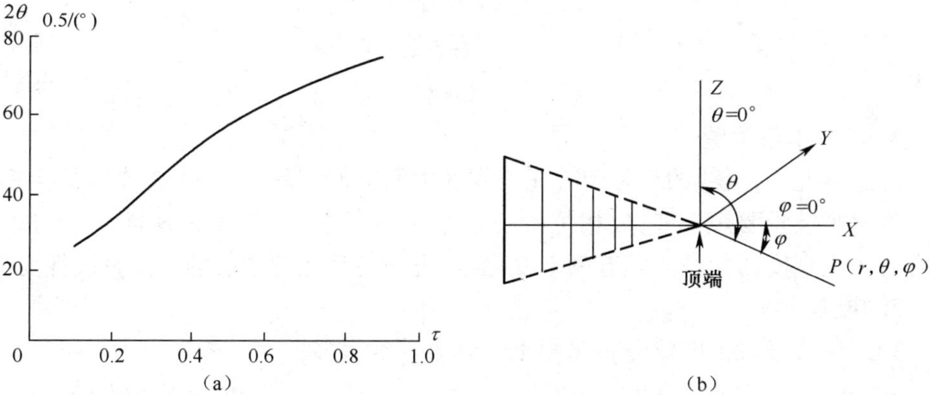

图 2.59 波束宽度与 τ 的关系(a)及计算远区场的坐标系(b)

$$|P_H(\varphi)|=\left|\sum_{n=1}^{N}\frac{I_{An}(1-\cos\beta hn)}{\sin\beta hn}\exp(\mathrm{j}\beta X_n\cos\varphi+\varphi_n)\right| \tag{2.105}$$

$$|P_E(\theta,\varphi)|=\left|\frac{1}{\sin\theta}\sum_{n=1}^{N}I_{An}\frac{\cos(\beta hn\cos\theta)-\cos\beta hn}{\sin\beta hn}\exp(\mathrm{j}\beta X_n\sin\theta\cos\varphi+\varphi_n)\right| \tag{2.106}$$

式中:I_{An}为第 n 个振子的基点电流;β 为相移常数;$X_n\sin\theta\cos\varphi$ 为 $P(r,\theta,\varphi)$点对坐标原点和第 n 个振子中心的程差。

式(2.106)对传统的 E 面方向图做了更正,更符合实测结果。

2. 增益

用半功率点的波束宽度可以得到近似的增益,实测结果略低于计算值:

$$G \approx 10\lg \frac{41253}{2\theta_{0.5E} 2\theta_{0.5H}} \tag{2.107}$$

式中:$2\theta_{0.5E}$,$2\theta_{0.5H}$分别为 E 面、H 面半功率点波束宽度。

3. 特性阻抗

(1)振子平均特性阻抗为

$$Z' = 120\left[\ln\left(\frac{L_n}{2r_n} - 2.25\right)\right] \tag{2.108}$$

式中:L_n 为第 n 个振子的长度;r_n为第 n 个振子的半径。

(2)集合线加载的特性阻抗。如果振子的长度和直径的比不变,则 R_0 沿天线也是常数,即

$$R_0 = \frac{Z_0}{\sqrt{1+(\sqrt{\tau} Z_0 / 4Z'\sigma)}} \tag{2.109}$$

式中:τ 为比例系数;σ 为间隔因子;Z_0 为馈线特性阻抗。

(3)馈线特性阻抗为

$$Z_0 = R_0(F + \sqrt{F^2+1}) \tag{2.110}$$

其中

$$F = \frac{\sqrt{\tau} R_0}{8\sigma Z'} \tag{2.111}$$

4. 相位中心位置

理想情况下,天线的相位中心在工作区中间。但实际上,由于工作区的大多数振子都比半波长要短一些,故相位中心在半波振子之前,天线的 H 面相心与 E 面相心有一定程度的像散。随着频率变化,从虚顶角到相位中心的距离将线性变化。

5. 电流分布

用三项式来表征电流分布比用正弦分布精确得多:

$$I_n(Z) = I_{An}\sin[\beta(l - |Z|)] + I_{Bn}[\cos(\beta l_n)] + I_{Cn}\left[\cos\left(\frac{\beta Z}{2}\right) - \cos\left(\frac{\beta l_n}{2}\right)\right] \tag{2.112}$$

式中:I_{An},I_{Bn},I_{Cn}为定常数;l_n 为单振子长度。

2.14.2 天线的设计

早期的 LPDA 设计是依据早期的理论分析方法,尽管有相应的图表供查用,但这样的设计结果往往有较大的偏差。20 世纪 70 年代后有了更新的理论方法,能够比较精确地进行设计;仍可以在设计中沿用早期的方法及图表而再做适量的修正。

1. 比例系数

对数周期天线结构具有一个基本比例系数，并使整个天线的各个基本尺寸都服从它：

$$\tau=\frac{f_n}{f_{n+1}}<1 \tag{2.113}$$

显然，天线将在一系列频率点 f_n 上成比例

$$f_n=\frac{f_0}{\tau^n} \tag{2.114}$$

式中：f_0 为起始频率。

那么，相应的结构尺寸，如振子长度 L、距离 R、半径 r 等，都满足

$$\tau=\frac{L_{n+1}}{L_n}=\frac{R_{n+1}}{R_n}=\frac{r_{n+1}}{r_n} \tag{2.115}$$

τ 的取值范围视增益及尺寸限制而定，通常在 0.80～0.95 之间，最大值趋于 1，最小值为

$$\tau_{\min}=1-2.6\tan\frac{\alpha}{2} \tag{2.116}$$

2. 振子长度

当工作频率改变时，天线的有效区将由天线的某一部分沿轴线前后移动，对每个工作频点总有相应的一组振子构成电流有效区。工作频带可以粗略地由最长及最短振子达到半波谐振时来确定：

$$\lambda_{\max}=2L_{\max},\lambda_{\min}=2L_{\min} \tag{2.117}$$

式中：$\lambda_{\max}$，$\lambda_{\min}$ 分别为 $f_{\min}$，$f_{\max}$ 的波长。

实际上，天线的带宽并非无限大。天线不可能无限向外延伸，它的有限长度限制了天线工作频率的低频端；另外，由于天线中心要接馈线，不可能把天线顶端延伸到顶点，结果又限制了天线的高频端。为此，引入截止常数 K_1、K_2 来精确地确定振子长度。

（1）最长振子为

$$L_{\max}=K_1\lambda_{\max} \tag{2.118}$$

$$K_1=1.01-0.519\tau \tag{2.119}$$

（2）最短振子为

$$L_{\min}=K_2\lambda_{\min} \tag{2.120}$$

$$K_2=7.01\tau^3-2.13\tau^2+21.98\tau-7.30 \tag{2.121}$$

实验证明，由式(2.118)、式(2.120)得到的振子长度比式(2.117)求得的精确得多。

3. 振子数

（1）振子总数为

$$N=1+\frac{\lg(K_2/K_1)+\lg(f_{\max}/f_{\min})}{\lg\tau} \tag{2.122}$$

(2) 有效区内的振子数。对于给定频率,即$f_{max}=f_{min}$时,有效区内振子为

$$N'=1+\frac{\lg(K_2/K_1)}{\lg\tau} \tag{2.123}$$

(3) 短于半波长的振子为

$$N_1=\frac{\lg 2K_1}{\lg(1/\tau)} \tag{2.124}$$

(4) 长于半波长的振子为

$$N_2=\frac{\lg(1/2K_2)}{\lg(1/\tau)} \tag{2.125}$$

实验表明,增加有效区内的振子数,增益将有所增加。

4. 间隔因子

间隔因子为

$$\sigma=\frac{1-\tau}{4\tan(\alpha/2)} \tag{2.126}$$

一般取值为0.08~0.51。

5. 天线宽度

(1) 工作带宽为

$$B=\frac{f_{max}}{f_{min}}=\frac{L_{min}}{L_{max}}=\frac{1}{\tau^{N-1}} \tag{2.127}$$

(2) 有效区带宽为

$$B'=1.1+30.7\sigma(1-\tau) \tag{2.128}$$

当$\tau\geqslant 0.875$时,B'一般在1.5~2.5之间取值。

(3) 结构带宽为

$$B_S=BB' \tag{2.129}$$

6. 天线长度

(1)振子到虚顶点的距离为

$$R_n=\frac{L_n}{2}\cot\left(\frac{\alpha}{2}\right)=\frac{2L_n\sigma}{1-\tau} \tag{2.130}$$

(2) 天线轴线长度为

$$\begin{aligned}R_0&=R_{max}-R_{min}=R_{max}(1-\tau^{N-1})\\&=\frac{2L_{max\sigma}(1-\tau^{N-1})}{1-\tau}=\frac{\lambda_{max}}{4}\left[1-\frac{1}{B_S\cot\left(\frac{\alpha}{2}\right)}\right]\end{aligned} \tag{2.131}$$

可见,天线轴长以适当的方式依赖于N,且对天线的成本有一定的影响。考虑到需减小因集合线短路终端引起的“反常”,应在天线轴线终端附加短路支节,其长度为$0.185\sim0.250\lambda_{max}$。

7. 集合线尺寸

双管平行线的特性阻抗为

$$Z_0 = 120\ln\left[\frac{D}{d}+\sqrt{\left(\frac{D}{d}\right)^2-1}\right] \qquad (2.132)$$

式中:D 为双管线间距;d 为单合直径。由给定的 Z_0 及选定的 d,即可确定 D。

8. 振子直径

理论上,振子直径的分布也应满足比例系数 τ。从实验中可得出振子的粗细对增益影响不甚明显。当振子截面加倍时,增益增加约 0.2dB;只是在 τ 值较大时,振子直径增大方对增益有大的改善。

2.14.3 对数周期振子天线的特点

(1) 宽频带对称。将长度、粗细不同的一些振子按一定的规律并接在主馈线(集合线)上,振子长度及粗细与工作频率有关。虽然振子是离散的具有不连续性,但总有若干个振子接近频带内某点频率的谐振波长,因而具有宽带性能。

(2) 电长度不变。由于宽带性能是以大部分振子不辐射为代价的,当天线工作于某一频率时,只有一部分相邻的振子参与辐射,以此构成有效区。理论上,有效区的中心点即为天线的相位中心。随着工作频率的升降,有效区的形状不变,只是相心随之移动。这是因为随着频率周期变化,以波长计的天线结构不变,故有一个适当的位移。利用这一特点,可以满足一些特殊体制的测向要求。

以上的分析与设计方法也可以推广于其他形式的对数周期天线。特别是通过对振子的优化设计,得到曲线形振子,或将集合线构成一定的夹角,都将能获得更好的宽带性能。

2.15 隙缝天线

隙缝天线也称为槽线天线。槽线天线顾名思义是由槽线传输线扩展而形成,是一种端射(endfire)天线,现有三种形式,如图 2.60 所示。此三种形式的槽线天线,形式上有相同之处,都是通过对“槽”的激励,形成端射形式的辐射波,它们的主要差别在于基体不同。其中:

图 2.60(a)用微带线馈电激励槽线,由槽线张开构成辐射。

图 2.60(b)用金属基体,由同轴线激励类似于平行带状线张开而辐射。

图 2.60(c)用对称带状线激励,由被激励的槽逐渐张开而形成端射。

可见,分析上述三种天线时不能用同一方法。因为图 2.60(a)、(c)属非 TEM 波。图 2.60(b)为 TEM 波。从激励来看,图 2.60(b)由于是 TEM 波,因此能达到宽带,传输特性可达几倍频程,图 2.60(a)、(c)属非 TEM 波,但因槽线的特性参数随频率变化量很小,因此同样可以用在宽带的场合,至少可达 1 倍频程。下面着重介绍由微带线激励的槽线天线。常用的槽线天线有下列几种形式,如图 2.61 所示。

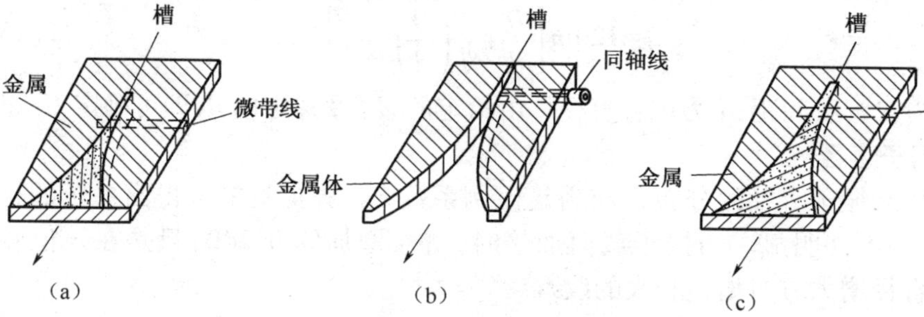

图 2.60　各种“槽”端射辐射器

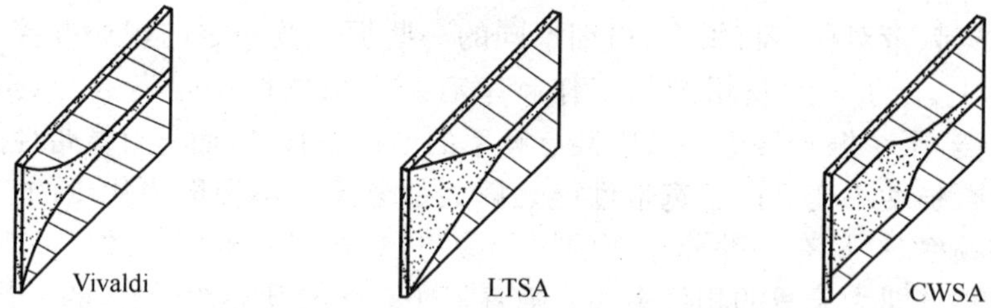

图 2.61　各种槽线天线形式

槽似指数渐变张开的称为 Vivaldi；以线性张开的称为 LTSA（Linearly Tapered Slot Antenna）；局部等宽度的称为 CWSA（Constant Width Slot Antenna）。严格地分析此类天线是困难的，目前使用的是简化模型，用均匀槽线。先在馈线及天线之间选择变换段，然后确定此简化模型的有效范围。为了便于分析先讨论一下如图 2.62槽线传输线。

槽线传输线及坐标系如图 2.62 所示，它的电场分布也表示于图中。由于介质基体的存在，电场的大部分集中在槽周围的介质内，其集中的程度取决于相对介电常数 ε_r 的大小。

图 2.62　槽线传输线及坐标系

分析表明，槽线中的波属于非 TEM 波，但与波导不同。它没有截止频率，可以传输零频率，虽然它的特性阻抗和相速随频率变化，但变化很缓慢，至少可达 1 倍频程。

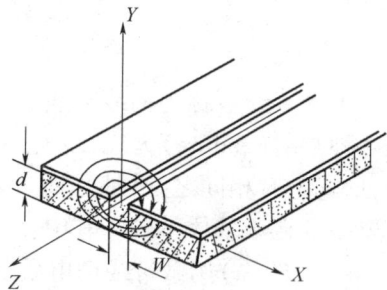

1969 年，Seymour. B. Cohn 最先提出了较完善的槽线问题的理论解，求出了槽线的波长、相速、群速、特性阻抗等参数。他是选择适当的电壁和磁壁，将槽线天线等效地看成矩形波导壁问题来解，但他假设 TE_{10}模和所有高次模在空气区域是截止的，不能传播，槽波发生横向谐振时，从 $Z=0$ 向 $+z$、$-z$ 方向看的 TE_{10}模和所有高次模的电纳等于零。可知这些假设对于槽宽 W 很狭的、高介电常数的基体材料的槽线计算精度是较高的。所以他所得出的公式都指 $\varepsilon_r \geqslant 15$ 的情况，这些解称为 2 阶解。

除此以外，精度较差的零阶解是 J. Galejs 在 1962 年在测量波导壁上用一层介质材料覆盖的槽的谐振长度和辐射导纳时，用解积分方程的方法得到的裂缝天线的一些参数，如 $\lambda'/\lambda=\sqrt{\dfrac{2}{\varepsilon_r+1}}$，此称为零阶解，它有 10%的误差。

此外，1971 年，Illinois 大学的 T. ITOH 将槽线天线的结构(图 2.62)，分成三个区域，将三个区域中的混合场分布用比例于 E 和 H 场的标量势函数来表示，然后将伽略金(Galerkin)方法用于此频谱域中，求得传输常数的限定性方程，因此原则上它是对任何数值的介电常数均合适，该谱域技术具有较高精度，但他们只算了较高介电常数($\varepsilon_r=9.7$)的导内波长。

1976 年，Garg 和 Gupta 提出了简便的近似表达式，对于 $\varepsilon_r=9.7\sim20$ 范围的槽线的导内波长和特性阻抗有 20%的精度。

对 $0.02<W/d<0.2$：

$$\lambda'/\lambda=0.923-0.448\lg\varepsilon_r+0.2W/d-(0.29W/d+0.0147)\lg(d/\lambda\times10^2)$$

$$Z_0=72.62-35.19\lg\varepsilon_r+50\times\frac{(W/d-0.02)(W/d-0.1)}{W/d}+\lg(W/d\times10^2)[44.28-19.58\lg\varepsilon_r]-$$
$$[0.32\lg\varepsilon_r-0.11+W/d(1.07\lg\varepsilon_r+1.44)](11.4-6.07\lg\varepsilon_r-d/\lambda\times10^2)^2$$

对 $0.2<W/d<1.0$：

$$\lambda'/\lambda=0.987-0.483g\varepsilon_r+W/d(0.111-0.0022\varepsilon_r)-$$
$$(0.121+0.094W/d-0.0032\varepsilon_r)\lg(d/\lambda\times10^2)$$

$$Z_0=113.19-53.55\lg\varepsilon_r+1.25W/d(114.59-51.88\lg\varepsilon_r)+20(W/d-0.2)(1-W/d)-$$
$$[0.15+0.23\lg\varepsilon_r+W/d(-0.79+2.07\lg\varepsilon_r)]$$
$$[(10.25-5\lg\varepsilon_r+W/d(2.1-1.42\lg\varepsilon_r)-d/\lambda\times10^2)^2]$$

Knorr 和 Kuchler 推广了 Itoh 的方法，计算了槽线的特性阻抗。

所有以上作者和著作都只是研究了对 $\varepsilon_r>9.7$、$2>W/d>0.02$ 的情况。

1984 年底，麻省理工大学电子和计算机工程系的 R. Janawamy 和 D. H. Achaubert 提出了低介电常数基体和宽槽线的离散特性问题。他们是利用 Itohn 提出的谱域阻纳近似法得到公式，并获得两维并矢格林函数的表达式。此函数与槽平面内的表面电流和槽电场有关。将未知的横向和径向槽场展成一系列基本函数。再用 Galerkin 方法和 Parseval 定理使得使用在展开式中的未知系数的高阶方程获得很好的解。在这些系数上，矩阵运算的单元是沿着槽线的传播常数 K_2 的权函数。在这中间假设 E_x 和 E_z 分别是在槽区域内的横向和径向场，并将它们近似地展开一系列基本函数的集合。

$$\boldsymbol{E}_X=\sum_{1}^{M_Z}a_n\mathrm{e}_n^x,\boldsymbol{E}_Z=\sum_{1}^{m_z}b_n\mathrm{e}_n^x \tag{2.133}$$

径向分量是 φ 的奇函数，而横向分量是 X 的偶函数，它是在槽线上基膜的场分布，且径向分量的幅度比横向分量小一个量级。

文中使用的基本函数为

$$e_1^3=V_1\left(\frac{2X}{W}\right)\sqrt{1-\left(\frac{2X}{W}\right)^2}$$

式中：V_1 为2类一阶切比雪夫多项式。

$$e_n^x=T_{2n1}\left(\frac{2X}{W}\right)\Big/\sqrt{1-\left(\frac{2X}{W}\right)^2}$$

式中：$T_{2n(1)}$为1类偶阶切比雪夫多项式。

基本函数的选择对渐近表达式的求解和数值积分的收敛快慢大有影响。

1987年，原西北电讯工程学院，以原始的波动方程出发，这样就不受结构和电参数的影响，同样用谱域法将亥姆霍茨方程中的微分运算化为简单的代数运算，以简化理论计算，先对均匀槽线的传输常数进行计算，同样，计算中极需注意对基函数的选择，其结果与Cohn的横向谐振法极为接近。图2.63表示了低介电常数的槽线导内波长、特性阻抗与频率的关系。至于特性阻抗的计算是使用 $Z_0=\frac{V^2}{ZP_{\mathrm{are}}}$ 的定义来进行的。式中：V 为槽间电压的振幅；P_{are} 为通过传输线横截面的平均功率。上面在求解传输常数时已求出了在三个区域内的较精确的场分布函数。因此，原理上特性阻抗完全可解。

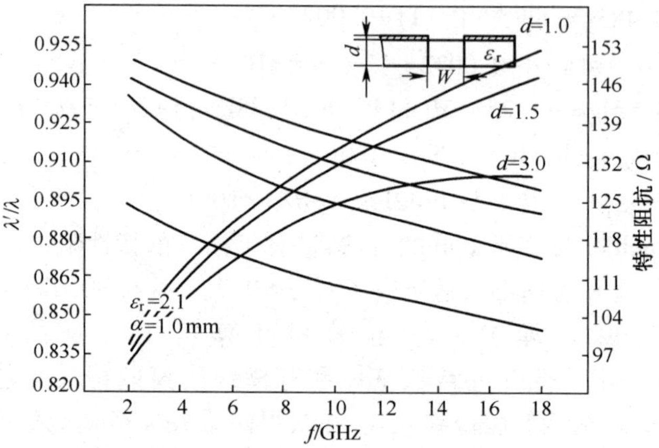

图2.63　槽线的导内波长、特性阻抗与频率的关系

跨槽电压为

$$V=\int_{-\frac{W}{2}}^{+\frac{W}{2}}\boldsymbol{E}(X,O)\boldsymbol{X}\mathrm{d}x \tag{2.134}$$

$$P_{\mathrm{are}}=\frac{1}{2}R\left\{\int_{-\infty}^{+\infty}\mathrm{d}y\int_{-\infty}^{+\infty}[\boldsymbol{E}(x,y)]\times\boldsymbol{H}(x,y)z\right\}\mathrm{d}x \tag{2.135}$$

但在计算时会遇到困难，因为式(2.135)积分不易收敛。利用Parseval定理，使对 x 的积分可以直接在复氏变换域中进行。

到此，各种介电常数的槽线天线的特性阻抗，波导波长均有较满意的理论计算，奠定了槽线天线的设计基础。

2.15.1 辐射特性

关于槽线天线如图 2.60、图 2.61 所示各种类型的天线辐射特性，未见有严格的推导计算，至今有两种方法，其一是将槽线天线看做行波天线或表面波天线来解，其二是从惠更斯原理出发，从槽线天线辐射部分的场分布求出远场辐射图。前者的计算往往对较长的槽线天线适用，一般至少大于 2λ。此时计算与实验较为吻合。

槽线天线，图 2.60 的(a)、(c)及图 2.61 的(a)、(b)、(c)，各种形式均是非 TEM 波传输的端射天线形式，分别属于微带(单边形式)或对称带状线形式(双边)，而图 2.60 的(b)显然是属 TEM 波形式的激励辐射形式，在分析其辐射特性时，可分激励区、传输区、辐射区。在不同区域的相位常数，特性阻抗虽是变化的，但分析时，仍按离散的均匀传输线处理，然后考虑联级效果，求出在辐射区内的电场分布，根据电场分布便可求出其辐射特性，可见槽线天线有一个"有效"口径。若槽宽 W 以相应的传输特性阻抗 $Z_C(W_A)$ 和终端辐射阻抗 $Z_T(W_S)$ 来定义，如果 W 大于 W_A，则 $Z_C(\omega)>Z_T(\omega)$，那么，此区域的槽线辐射现象大于传输现象，反之，如果 W 小于 W_A，则 $Z_C(\omega)<Z_T(\omega)$，那么，传输现象大于辐射现象。在传输区域 $W_B<W<W_A$；在辐射区 $W_A<W<W_S$，槽宽 W_A 定义为槽线天线的辐射有效面积，它是随频率而变化的。Prasad. S. N 证明，W_S 只要维持 $\lambda'/\lambda\gg 0.6$ 时就产生辐射，因此槽线天线的相位中心是随频率变化的，但实验表明，它变化范围较小，远不如对数周期天线，根据 $W<W_A$ 的槽宽部分的电场分布再用各段均匀槽线的叠加求得远场方向图。

上面的分析表明，按经典的行波天线理论来计算的槽线天线必须较长，长于 4λ 后计算的精度就高了。

对于短槽线天线($L<2\lambda$)，我们认为如果长度小于 λ，且基本厚度又很薄($d<0.05\lambda$)，则图 2.60 中各种类型的槽线天线均可近似看做张开传输线的辐射器。计算时再考虑相位中心的漂移及金属体的反射，并假设张开部分上的电流分布呈正弦分布，则

$$F(\theta_s\varphi)=\int_v J(l,y,z)\,\mathrm{e}^{-k(x\sin\sigma\cos\varphi+2\cos\theta)}\,\mathrm{d}x\mathrm{d}y\mathrm{d}z \tag{2.136}$$

图 2.64 为某短槽线天线的实测和近似估算结果，该天线单元的尺寸为 $W_S=21.6\mathrm{mm}$；长度 $L=38\mathrm{mm}$；$z_r=2.55$；厚度 $d=1\mathrm{mm}$。可见两者一致性较好。

由于槽线传输线，特别是低介电常数基体的槽线存在辐射，此处，由于槽线激励机构存在着电流分布的不完全对称，在金属部分存在着电流(图 2.64)，故在大角度范围导致主瓣发生变形、位移(图 2.65)。图 2.65 中表示不同切割形状的槽线天线的结构及 E 面波瓣图。

总之，槽线天线本身并不是宽带天线(与其他频率无关天线相比)。因为它的辐射口径对不同波长而言是不同的。因此波瓣特性是随频率而变化的。但槽线传

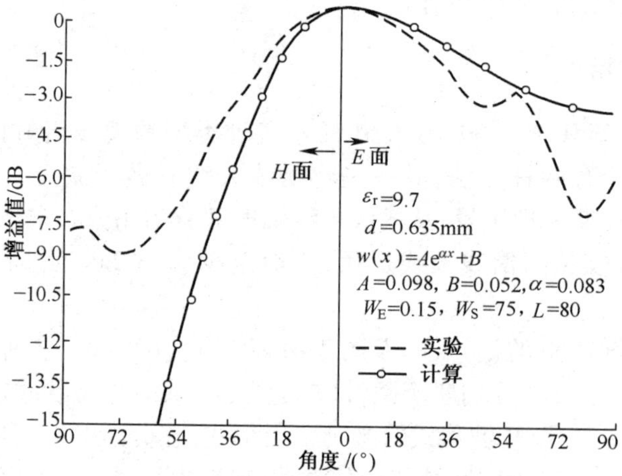

图 2.64　短槽线天线计算及实验波瓣

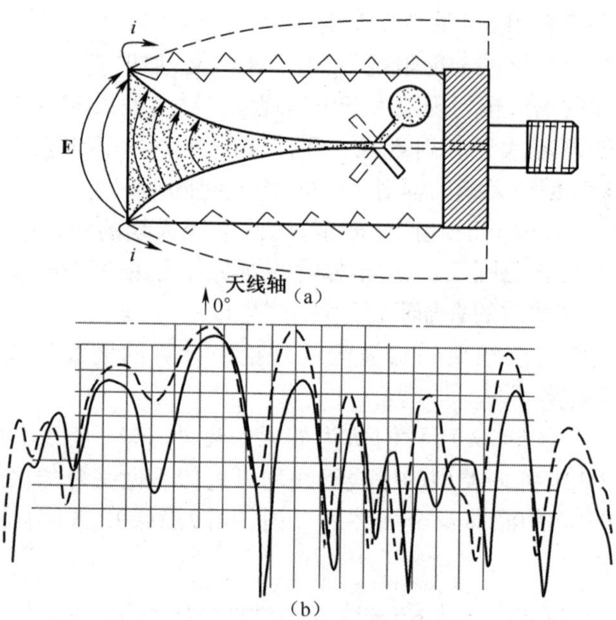

图 2.65　不同切割形状的槽线天线的结构及 E 面波瓣

输线是宽带的，因而作为馈电系统可以做宽带用。

2.15.2　槽线的激励

槽线要激励，必须有过渡，例如，同轴—槽线，微带—槽线或带线—槽线，关于过渡接头的模式转换的匹配问题的分析是复杂的，另一个复杂的原因是过渡计算中特性阻抗的正确定义是困难的。因此往往是用实验来确定过渡的尺寸，各种实用的过渡形式的工作原理和设计原则详见文献[15]。

槽线天线是一种端射性质的天线,它具有频带宽、结构简单、便于印刷等优点,从它的机理而言,它不是裂缝天线,也有别于微带天线,至今,槽线天线不论用何种介电常数的基体,均能设计计算,因此它将越来越引起人们的注意。由于有印制的特点,因此在作阵列单元时,有突出的优点。特别在频率较高的毫米波波段,更有其优越性。

如图 2.66 所示,如将槽线单元排列成圆形,则以等相激励时单元间的互耦为很小,因为每一个金属体有两边反相的电流,中间有一条零电位线。对槽线天线的分析认识,将随着实验的不断深入而提高。

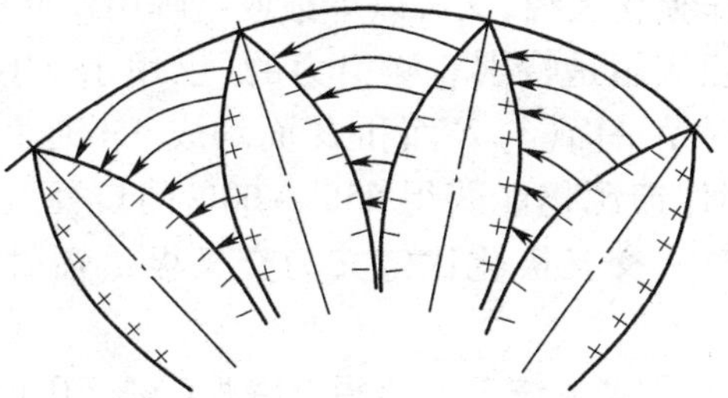

图 2.66　槽线天线组成的圆形阵

2.16　渐变式微带隙缝天线

渐变式微带隙缝天线最早的形式在 1797 年由吉布森(P. J. Gibson)提出,称为维瓦尔迪(Vivaldi)天线。它由槽线按指数式张开而成,如图 2.67 所示。对它们馈电的槽线可由鳍线波导激励,也可利用基片另一侧上的微带线或其他馈电结构来馈电。它们的辐射情况与微带贴片、微带振子不同,属于端射式行波天线,因此它们可获得中等高的增益(10~17dB),并具有宽的带宽。

K. S. Yngvesson 等人已做了大量实验研究,得出某些经验设计规律。引入的重要设计参数为有效厚度 $h_e/\lambda=(\sqrt{\varepsilon_r}-1)h/\lambda$;发现对长度 $L/\lambda=4\sim10$ 量级的渐变式微带隙缝天线,若 $h_e/\lambda=0.005\sim0.03$,其波瓣宽度与端射式行波天线(高增益阵或低旁瓣/宽频带阵,与表 2.4 所列相近。而对于维瓦尔迪天线还可有另一种设计,其波瓣宽度比上述典型特性宽,可在大约 3∶1 的频率范围上近于不变(如30°~45°)。

表 2.4　端射行波天线的典型特性

项　目	高增益阵	低旁瓣/宽频带阵
方向性系数	$10L/\lambda$	$4L/\lambda$
半功率波瓣宽度	$55°\sqrt{L/\lambda}$	$77°\sqrt{L/\lambda}$
最佳相速比	$c/v_p=1+\dfrac{1}{2L/\lambda}$	
(汉森—伍德亚德条件)		

对渐变式微带隙缝天线的一种数值分析是采用两步算法:第一步确定隙缝的切向电场分布;第二步根据等效性原则,由隙缝上的等效磁流分布求外场。在第一步计算中,把渐变式微带隙缝看做许多窄缝隙条产生的电场切向分量叠加在一起。

值得指出,上面的讨论主要是对长度较长、开口宽度($2H$)大于 $\lambda/2$ 左右的渐变式微带隙缝天线而言的。对长度较短的情况,如约 1λ 长,开口宽度为 $\lambda/4$,则不属于端射式行波天线,而属于非行波类,但仍能获得良好的端射特性,因而已作为阵元用于测向设备的圆阵天线中,它也适合作相控阵的辐射单元。行波类渐变式微带隙缝天线既可用作独立天线,又可以单独或组阵用作反射面天线的印制馈源,对毫米波和亚毫米波段应用是特别有吸引力的(已用于 94GHz 成像系统中)。已发现,对某些结构,其对角平面(与 E 面和 H 面均成 45°夹角)交叉极化电平较高,不过,用这类天线阵列作馈源仍能获得 55%~60%的口径效率。表 2.5 列出一组 LTSA 天线的特性。其中,交叉极化比定义为交叉极化辐射功率与总辐射功率之比,为 20%~30%。

表 2.5 直线渐变式隙缝天线的辐射特性($h/x=0.015$,$f=35$GHz)

天线序号	天线参数	实测增益/dB	方向性系数/dB	对角平面交叉极化电平/dB	交叉极化/%
1	$\varepsilon_r=2.2$;$2\delta=11.2°$;$L/\lambda=10$	16.7	17.1	-4.9	33
2	$\varepsilon_r=3.5$;$2\delta=5.6°$;$L/\lambda=10$	14.2	15.3	-9.4	21.2
3	$\varepsilon_r=3.5$;$2\delta=11.2°$;$L/\lambda=6$	13.6	14.9	-5.7	27.1

2.17 锥形隙缝天线

锥形隙缝天线是完全平面的,能获得端射方向图以及高的方向性和/或频带宽度。建议用在毫米波成像、功率合成和有源集成天线单元。TSA 在介质基片的一边上成金属化蚀刻。介质基片的介电常数比较低。在图 2.67 中示出三种通用形式:Vivaldi(指数锥)、线性 TSA(LTSA)和恒定宽度的缝隙天线(CWSA)。特定频率的辐射出现在缝隙为某一确定直径处。要实现有效的辐射,缝隙宽度至少要达到 1/2 波长,所以最大和最小宽度粗略地决定了该结构的频带宽度。如果要获得好的辐射方向图,并保持好的辐射效率,TSA 应制造在较薄的低介电常数基片上,这样就可降低 TMO 表面波衰减。由于采用贴片天线,所以可采用显微机械加工以降低有效介电常数。该结构也能用于较厚的基片上,实际上,厚度的选择应能确保可支撑毫米波设备。除此之外,当用作集成天线时,必须使用所挑选的传输线转换器(通常为微带或 CPW)。转化器的频带宽度可能会约束该结构的频带宽度。在图 2.68 中示出了有指数锥的 CPW 馈电的 TSA 缝隙。该天线采用介电常数为 10.2,厚度为 25mil 的基片。宽带 CPW 开槽线变换可实现宽频相应。图 2.69 示出中心频率为 13GHz 时实测的 CPW 馈电的 Vivaldi 天线的输入回波损耗。

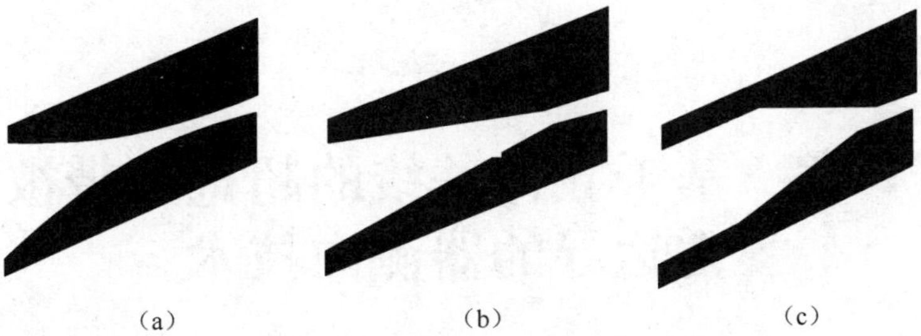

图 2.67　几种锥形缝隙的几何图形

(a)指数锥;(b)线性 TSA;(c)恒定宽度。

图 2.68　指数锥的 CPW 馈电的 TSA 缝隙

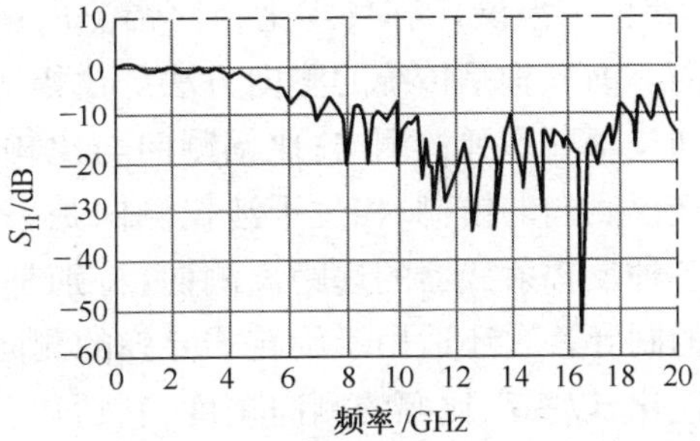

图 2.69　实测的 CPW 馈电的 Vivaldi 天线的输入回波损耗

2.18　宽带圆极化平面螺旋与螺旋线天线

如图 2.70 所示的(AS-48611)天线具有以下特点:①大带宽(0.5~18GHz);②尺寸小;③重量轻;④既可以左旋极化,也可以右旋极化。

图 2.70　AS-48611 天线

第3章 基于立体基线的超宽频带被动雷达寻的器测向技术

被动雷达寻的器通过对辐射的测向与跟踪达到寻的的目的。因此,寻的器对辐射源的测向是最主要的任务。适合于寻的器测向的方法:①比幅测向;②比相(相位干涉仪)测向;③比相比幅测向;④立体基线测向;⑤阵列高分辨、高精度测向。前三种是传统的测向方法。比幅测向可用于低成本、近距离上的反辐射武器,如反辐射炮弹的测向;比幅测向与比相联合,可以解宽频带,甚至超宽频带相位干涉仪测向的模糊;相位干涉仪测向是一种用途最普遍的重要测向方法。它适合于各种反辐射武器的远距离测向,特别是多模复合精确末制导寻的器的中远程的寻的制导。它还适用于旋转式导弹的测向。比相比幅是利用相位干涉仪将天线波束锐化,以提高比幅的测向精度,它适用于低成本、近距离的反辐射武器的测向。适合于被动寻的器对辐射源测向的传统方法有比幅测向、比相测向、比相比幅测向,对这些方法已在《超宽频带被动雷达寻的技术》一书中进行了详尽的介绍,在此不再列出。

传统的反辐射武器的宽频带甚至超宽频带被动寻的器,采用比幅、相位干涉仪或比相比幅对单个目标测向与跟踪。自从出现了雷达诱饵系统以及雷达组网,被动雷达寻的器必须对多个目标测向与识别。

相位干涉仪测向,在宽频带特别是超宽频带时,存在着测向模糊问题,传统的解模糊方式为比幅、多基线、虚拟基线。这些方法要求天线布放成一定的形式,而解模糊的宽带受到限制。当采用多模交合制导时,超宽频带天线与精确末制导的传感器争夺口面面积,既影响被动雷达寻的器的性能指标,也使精确末制导的性能与技术指标下降。更困难的是难以布放成解测向模糊的形式。

当采用超宽频带被动雷达寻的器与其他精确末制导组成多模复合制导时,有三大瓶颈技术:超宽频带被动寻的器,限于摆放成解超宽带测向模糊的形式,而且宽度受到限制;兼顾超宽频带与被动雷达寻的器与精确末制导传感器的弹头的透波率过低;最大的困难是兼顾超宽带弹头头罩的瞄准误差过大。

针对以上问题,需要阵列超分辨、高精度对多个目标测向来实现抗诱饵、雷达组网的诱骗(偏);以任意阵列流型的立体基线测向解超宽频带测向模糊,实现超宽频带正确测向。

3.1 立体基线测向技术

3.1.1 立体基线测向原理

上述相位干涉仪测向实现的是一维测向，所测的角度不是空间角，为实现空间角测量，依据上述相位差测向原理建立立体阵列的立体基线测向模型。建立空间直角坐标系 $Oxyz$，如图 3.1 所示，其中 x 轴代表垂直向上，y 轴代表水平向右，z 轴代表天线视轴方向。射线$\overrightarrow{SO}$为目标辐射信号，将$\overrightarrow{SO}$投影到 xOy 平面，$\angle xOS'$定义为方位角，记为 α；$\overrightarrow{SO}$与 xOy 面的夹角$\angle SOS'$定义为仰角，记为 β；将$\overrightarrow{SO}$投影到 yOz 平面，$\angle zOS''$定义为航向角，记为 θ；将$\overrightarrow{SO}$投影到 xOz 平面，$\angle zOS'''$定义为俯仰角，记为 φ。方位角 α、仰角 β 与航向角 θ、俯仰角 φ 关系为

$$\tan\theta = \cot\beta\sin\alpha \tag{3.1}$$

$$\tan\varphi = \cot\beta\cos\alpha \tag{3.2}$$

根据空间直角坐标系的定义，建立空间天线工作模型，如图 3.2 所示。

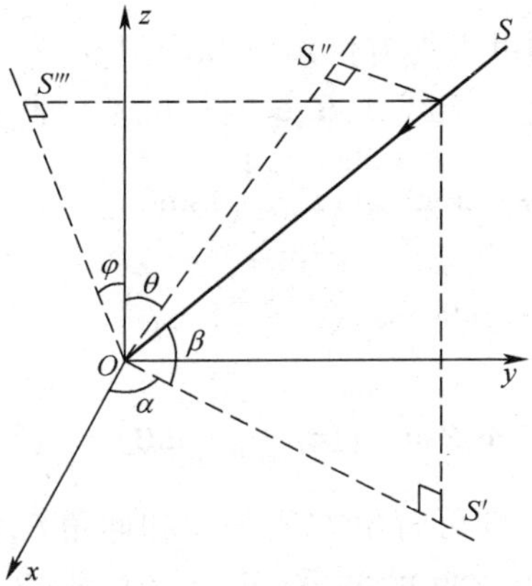

图 3.1 空间直角坐标系

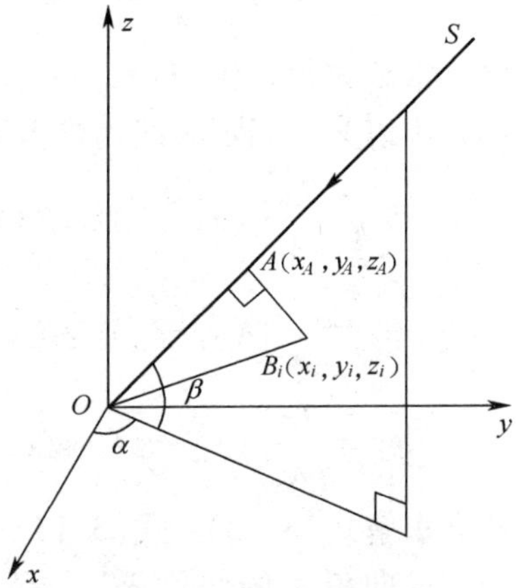

图 3.2 空间天线工作模型

设$\overrightarrow{SO}$为目标方向，α、β 分别为其方位角、仰角，原点 O 为参考天线位置，点 $B_i(x_i, y_i, z_i)$为第 i 个天线的空间位置。过 B_i 点作直线 B_iA 垂直于$\overrightarrow{SO}$且与$\overrightarrow{SO}$交于点 $A(x_A, y_A, z_A)$，OA 即为 O、B_i 两天线的波程差，由相位法测向原理可得两天线相位差 ϕ_{OB_i}与波程差 OA 之间关系为

$$\phi_{OB_i} = \frac{2\pi}{\lambda}OA \tag{3.3}$$

而在三角形 AOB_i 中

$$OB_i^2 = OA^2 + AB_i^2 \tag{3.4}$$

其中

$$OB_i^2 = x_i^2 + y_i^2 + z_i^2 \tag{3.5}$$

$$AB_i^2 = (x_i - x_A)^2 + (y_i - y_A)^2 + (z_i - z_A)^2 \tag{3.6}$$

点 A 坐标表示为

$$x_A = OA\cos\beta\cos\alpha \tag{3.7}$$

$$y_A = OA\cos\beta\sin\alpha \tag{3.8}$$

$$z_A = OA\sin\beta \tag{3.9}$$

将式(3.5)~式(3.9)代入式(3.4),经化简,得

$$OA = x_i\cos\beta\cos\alpha + y_i\cos\beta\sin\alpha + z_i\sin\beta \tag{3.10}$$

将 OA 表达式代入式(3.3),可得

$$\phi_{OB_i} = \frac{2\pi}{\lambda}(x_i\cos\beta\cos\alpha + y_i\cos\beta\sin\alpha + z_i\sin\beta) \tag{3.11}$$

方程中有两个未知数 α、β,需两个方程求解未知数,设第 j 个天线空间位置为 $B_j(x_j, y_j, z_j)$,与 B_i 天线类似,可得

$$\phi_{OB_j} = \frac{2\pi}{\lambda}(x_j\cos\beta\cos\alpha + y_j\cos\beta\sin\alpha + z_j\sin\beta)\ (i \neq j) \tag{3.12}$$

联立求解方程式(3.11)、方程式(3.12),即可求得方位角 α 和仰角 β。

如果不以某个固定天线为参考天线,则到达三天线 A、B、C 的相位差可表示为

$$\phi_{AB} = \frac{2\pi}{\lambda}[(x_B - x_A)\cos\beta\cos\alpha + (y_B - y_A)\cos\beta\sin\alpha + (z_B - z_A)\sin\beta] \tag{3.13}$$

$$\phi_{AC} = \frac{2\pi}{\lambda}[(x_C - x_A)\cos\beta\cos\alpha + (y_C - y_A)\cos\beta\sin\alpha + (z_C - z_A)\sin\beta] \tag{3.14}$$

$$\phi_{BC} = \frac{2\pi}{\lambda}[(x_C - x_B)\cos\beta\cos\alpha + (y_C - y_B)\cos\beta\sin\alpha + (z_C - z_B)\sin\beta] \tag{3.15}$$

联立求解式(3.13)~式(3.15)中任意两个,即可解出方位角 α 和仰角 β,进而可以根据航向角 θ、俯仰角 φ 与方位角 α、仰角 β 之间的关系(式(3.1)、式(3.2))求解出航向角 θ、俯仰角 φ。

3.1.2 多值模糊问题及解决方法

实际测向过程中给出两天线的相位差范围为$(-\pi, \pi)$,而当天线间距大于辐射信号半波长时,实际相位差与给出相位差之差会存在 2π 的 $k(k=0, \pm1, \pm2, \cdots)$ 倍关系,而 k 是未知量,如果保留所有可能出现的 k 值,进行求解时就会存在解的多值模糊问题,下面对多值模糊问题进行分析。

将 A、B、C 三天线摆于空间直角坐标系任意位置,如图 3.3 所示,依据方程式(3.13)~式(3.15)可得方程组:

$$\phi_{AB}+2k_1\pi=\frac{2\pi}{\lambda}[(x_B-x_A)\cos\beta\cos\alpha+(y_B-y_A)\cos\beta\sin\alpha+(z_B-z_A)\sin\beta] \quad (3.16)$$

$$\phi_{AC}+2k_2\pi=\frac{2\pi}{\lambda}[(x_C-x_A)\cos\beta\cos\alpha+(y_C-y_A)\cos\beta\sin\alpha+(z_C-z_A)\sin\beta] \quad (3.17)$$

$$\phi_{BC}+2k_3\pi=\frac{2\pi}{\lambda}[(x_C-x_B)\cos\beta\cos\alpha+(y_C-y_B)\cos\beta\sin\alpha+(z_C-z_B)\sin\beta] \quad (3.18)$$

式中：ϕ_{AB}，ϕ_{AC}，ϕ_{BC}为测得相位差；k_1，k_2，$k_3=0,\pm1,\pm2,\cdots$。

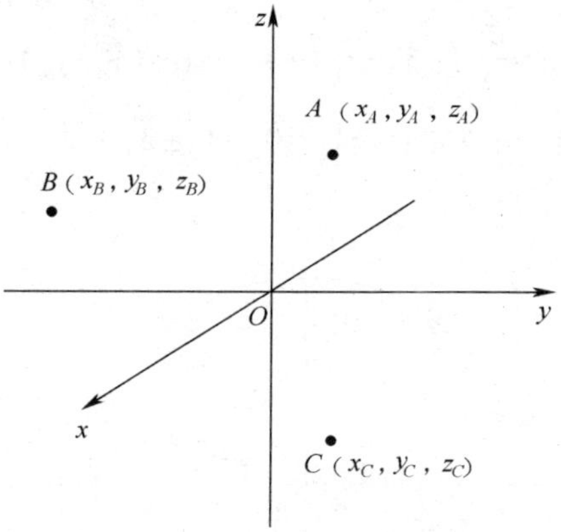

图 3.3　三天线位置示意图

联立式(3.16)~式(3.18)中任意两个方程求解可得到一组包含模糊多值的解 α、β。要想通过控制天线间距使其小于辐射信号波长的方法来消除多值模糊问题，即通过减小天线间距使式(3.16)~(3.18)中 k_1，k_2，k_3 都只能取 0，但在辐射信号频率较高时，实际天线物理尺寸无法做到小于辐射信号的波长，所以控制天线间距的方法不仅不能满足高频率端辐射信号的测向，而且也难以满足宽频带低频率端辐射信号的测向精度。在天线间距大于辐射信号波长的情况下，用一组天线求解会得到多值，但是如果用多组天线测向，由于相位差的测量相互独立，各组天线的模糊多值之间相差较大，而真值是每组天线共有的，且其误差应该在一定范围之内，所以这里采用的方法是用多组天线进行测向，保留由各组天线得到的模糊多值，通过比较各组天线所求多值找出在一定误差范围内各组天线都有的那一组值即为真值。

3.2　天线阵列模型及测向角度求解方法

下面分别在平面天线阵列模型和空间立体阵列天线模型下讨论测向角度的求解方法。

3.2.1　平面阵列天线模型

为方便计算仅将天线摆放于 xOy 平面，如图 3.4 所示。将天线均匀摆放于天

线盘周边,给出各天线位置的极坐标表示形式如下:

$$1:re^{j90°};2:re^{j162°};3:re^{-j126°};4:re^{-j54°};5:re^{j18°}$$

选用天线1、天线3、天线4;天线1、天线2、天线4;天线1、天线3、天线5三组天线进行求解。

由天线1、天线3、天线4联立可列方程组如下:

$$\phi_{13}+2k_1\pi=\frac{2\pi}{\lambda}[(x_3-x_1)\cos\beta\cos\alpha+(y_3-y_1)\cos\beta\sin\alpha] \tag{3.19}$$

$$\phi_{14}+2k_2\pi=\frac{2\pi}{\lambda}[(x_4-x_1)\cos\beta\cos\alpha+(y_4-y_1)\cos\beta\sin\alpha] \tag{3.20}$$

式中:ϕ_{13},ϕ_{14}分别为测得相位差;k_1,$k_2=0,\pm1,\pm2,\cdots$。

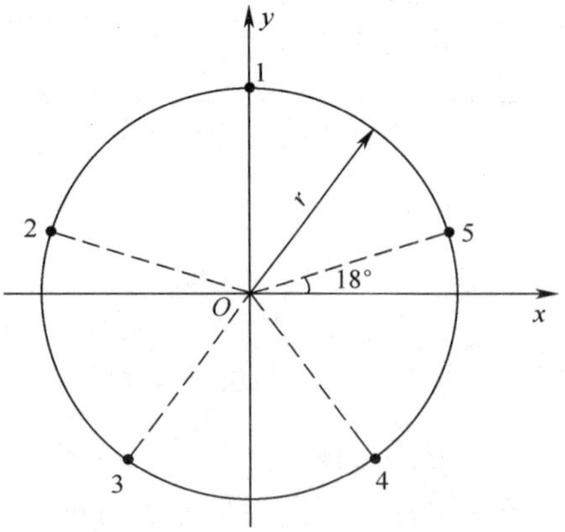

图3.4 天线位置示意图

根据镜像模糊分析中求解α的方法,可以得到一组无镜像模糊的α的解。

由式(3.19)可得

$$\beta=\arccos\frac{(\phi_{13}+2k_1\pi)\lambda}{2\pi[(x_3-x_1)\cos\alpha+(y_3-y_1)\sin\alpha]} \tag{3.21}$$

于是由求得的一组α可得到一组对应的β值,实际β的范围一般为(50°,90°),除去在范围外的β值和由多值引入的无意义的β值及其对应的α值,得到一组包含模糊多值的解(α,β),根据空间天线测向原理中给出的θ、φ和α、β之间的关系(式(3.1)、式(3.2))可得到一组包含模糊多值的θ、φ的解(θ_1,φ_1)。

同理,由天线1、天线2、天线4和天线1、天线3、天线5分别可得到包含模糊多值的θ、φ的解(θ_2,φ_2]、(θ_3,φ_3)。将得到的三组解进行比较,在一定误差允许范围内,三组解中都有的那一组解即为真值。

3.2.2 立体阵列天线模型

由式(3.16)~式(3.18)中任意两个方程构成的方程组来求解来波方向方位角α和仰角β是可行的,但是在实际求解过程中,由于方程组是较为复杂的非线性方程组,求解出来的角度是虚数,这显然不是想要的结果;用矩阵的方法进行求解时,因为式(3.18)是前面两个式子的冗余项,无法求解,故求解上述复杂的非线性方程组要使用数值逼近迭代的方法来求得实数解。

上述任意两个方程构成的非线性方程组可写成如下形式(其中 $x_1=\alpha, x_2=\beta$):

$$\begin{cases} f_1(x_1,x_2)=0 \\ f_2(x_1,x_2)=0 \end{cases} \tag{3.22}$$

在给定的初始解附近有且仅有一个根,将式(3.22)等价变换成初始值附近映射形式的同解方程组:

$$x_i=F_i(x_1,x_2)\ (i=1,2) \tag{3.23}$$

作为迭代格式:

$$x_i^{k+1}=F_i(x_1^k,x_2^k)\ (i=1,2) \tag{3.24}$$

选取初始矢量 $\boldsymbol{x}^0=(x_1^0,x_2^0)^{\mathrm{T}}$,令 $k=0,1,\cdots$,可以得到矢量序列 $\{\boldsymbol{x}^k\}$ 且 $F_i(x_1^k,x_2^k)$ 连续,若 $\boldsymbol{x}^k\to\boldsymbol{x}^*$,则可以认为 $\boldsymbol{x}^*$ 为式(3.22)的解,这样就可以用迭代的方法求得来波方向 α 和 β。

将求得的方位角和仰角代入式(3.1)和式(3.2)中,就可得到航向角和俯仰角,此时定义的方位角 α、仰角 β、航向角 θ 和俯仰角 φ 都可以完成测向任务。

现假设立体阵列天线模型如图3.5所示,为方便计算,将天线2、天线3、天线4、天线5摆放在 xOy 平面。

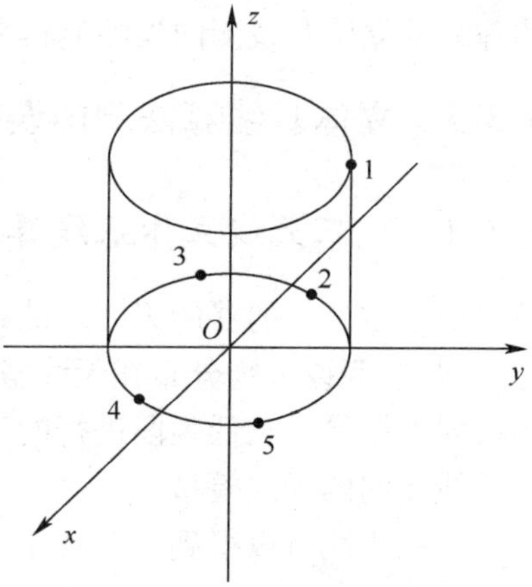

图3.5　立体阵列天线模型

选用如下两组天线进行求解:

天线1、天线3、天线5;天线1、天线2、天线4。

由天线1、天线3、天线5联立可列方程组如下:

$$\phi_{13}+2k_1\pi=\frac{2\pi}{\lambda}[(x_3-x_1)\cos\beta\cos\alpha+(y_3-y_1)\cos\beta\sin\alpha+(z_3-z_1)\sin\beta] \tag{3.25}$$

$$\phi_{15}+2k_2\pi=\frac{2\pi}{\lambda}[(x_5-x_1)\cos\beta\cos\alpha+(y_5-y_1)\cos\beta\sin\alpha+(z_5-z_1)\sin\beta] \tag{3.26}$$

式中:ϕ_{13},ϕ_{15} 为测得的相位差;$k_1,k_2=0,\pm1,\pm2,\cdots$。

根据前面的分析可知,采用数值逼近迭代的方法来求解上述方程组,得到一组方位角 α 值和一组仰角 β 值。实际 β 的范围一般为(60°,90°),除去在范围外的 β 值和由多值引入的无意义的 β 值及其对应的 α 值,得到一组包含模糊多值的解 (α,β),根据空间天线测向原理中给出的 θ、φ 和 α、β 之间的关系(式(3.1)、式(3.2))可得到一组包含模糊多值的 θ、φ 的解 (θ_1,φ_1)。

同理,由天线1、天线2、天线4可得到包含模糊多值的 θ、φ 的解 (θ_2,φ_2)。将得

到的两组解进行比较,在一定误差允许范围内,两组解中都有的那一组解即为真值。

3.3 平面天线阵列的测向误差

在测向系统中,立体基线的测向方法是基于相位干涉仪的原理来进行被动测向的,不仅解决了相位干涉仪测向时无模糊视角范围和测向精度之间的矛盾,而且测向精度高。基于平面阵列的立体基线测向要求天线摆放在同一平面内,但在ARM中,特别是在多模制导时,由于体积受限无法实现天线共面,其在实际工程应用中具有局限性。基于立体阵列的立体基线不要求天线共面,天线摆放形式更加灵活,测向精度更高,从而使立体基线法在实际中真正得到了广泛的应用。

测向误差的存在对整个系统测向性能影响较大,因此它是一个重要的技术指标。如果测向误差偏大,ARM不能准确击中目标,杀伤力大大减小,故分析基于立体阵列的立体基线测向误差显得尤为重要。

3.3.1 立体基线算法测向误差理论分析

3.3.1.1 三天线立体基线算法理论测向误差推导

被动雷达寻的器的天线阵的设计都是基于有限体积的,为了方便分析算法的理论误差,假设天线分布在天线盘平面上,并且在一个圆上,如图3.6所示。同时假设误差推导是在低频段进行的,不存在测向模糊的情况,这样可以建立简化的立体基线测向的天线模型。

三根天线可以得到三个关于相位差的方程:

$$\phi_{12}=\frac{2\pi}{\lambda}[(x_2-x_1)\cos\beta\cos\alpha+(y_2-y_1)\cos\beta\sin\alpha] \tag{3.27}$$

$$\phi_{13}=\frac{2\pi}{\lambda}[(x_3-x_1)\cos\beta\cos\alpha+(y_3-y_1)\cos\beta\sin\alpha] \tag{3.28}$$

$$\phi_{23}=\frac{2\pi}{\lambda}[(x_3-x_2)\cos\beta\cos\alpha+(y_3-y_2)\cos\beta\sin\alpha] \tag{3.29}$$

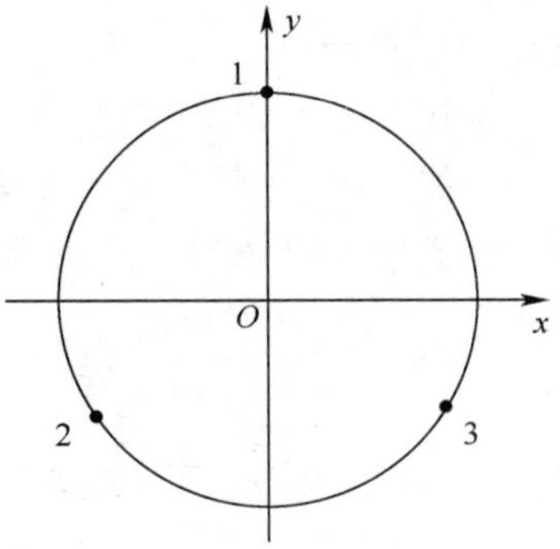

图3.6 三天线位置示意图

对天线1、天线2、天线3的测向误差进行分析,分别对式(3.27)、式(3.28)两边进行求导,整理可得

$$\begin{aligned}\mathrm{d}\phi_{12}=&\frac{2\pi}{\lambda}[-(x_2-x_1)\sin\alpha+(y_2-y_1)\cos\alpha]\cos\beta\mathrm{d}\alpha-\\&\frac{2\pi}{\lambda}[(x_2-x_1)\cos\alpha+(y_2-y_1)\sin\alpha]\sin\beta\mathrm{d}\beta\end{aligned} \tag{3.30}$$

$$d\phi_{13}=\frac{2\pi}{\lambda}[-(x_3-x_1)\sin\alpha+(y_3-y_1)\cos\alpha]\cos\beta d\alpha-\frac{2\pi}{\lambda}[(x_3-x_1)\cos\alpha+(y_3-y_1)\sin\alpha]\sin\beta d\beta \tag{3.31}$$

求解式(3.30)、式(3.31),得

$$d\alpha_{12,13}=\frac{[(x_3-x_1)\cos\alpha+(y_3-y_1)\sin\alpha]d\phi_{12}-[(x_2-x_1)\cos\alpha+(y_2-y_1)\sin\alpha]d\phi_{13}}{\frac{2\pi}{\lambda}[(x_3-x_1)(y_2-y_1)-(x_2-x_1)(y_3-y_1)]\cos\beta} \tag{3.32}$$

$$d\beta_{12,13}=\frac{[(y_2-y_1)\cos\alpha-(x_2-x_1)\sin\alpha]d\phi_{13}-[(y_3-y_1)\cos\alpha-(x_3-x_1)\sin\alpha]d\phi_{12}}{\frac{2\pi}{\lambda}[(x_3-x_1)(y_2-y_1)-(x_2-x_1)(y_3-y_1)]\sin\beta} \tag{3.33}$$

则 α、β 的测向误差可表示为

$$\Delta\alpha_{12,13}=\frac{[(x_3-x_1)\cos\alpha+(y_3-y_1)\sin\alpha]\Delta\phi_{12}-[(x_2-x_1)\cos\alpha+(y_2-y_1)\sin\alpha]\Delta\phi_{13}}{\frac{2\pi}{\lambda}[(x_3-x_1)(y_2-y_1)-(x_2-x_1)(y_3-y_1)]\cos\beta} \tag{3.34}$$

$$\Delta\beta_{12,13}=\frac{[(y_2-y_1)\cos\alpha-(x_2-x_1)\sin\alpha]\Delta\phi_{13}-[(y_3-y_1)\cos\alpha-(x_3-x_1)\sin\alpha]\Delta\phi_{12}}{\frac{2\pi}{\lambda}[(x_3-x_1)(y_2-y_1)-(x_2-x_1)(y_3-y_1)]\sin\beta} \tag{3.35}$$

取 $\Delta\phi_{12}=\Delta\phi_{13}=1/\sqrt{S/N}$,整理式(3.34)、式(3.35),则有

$$\Delta\alpha_{12,13}=\frac{(x_3-x_2)\cos\alpha+(y_3-y_2)\sin\alpha}{\frac{2\pi}{\lambda}[(x_3-x_1)(y_2-y_1)-(x_2-x_1)(y_3-y_1)]\cos\beta\sqrt{S/N}} \tag{3.36}$$

$$\Delta\beta_{12,13}=\frac{(x_3-x_2)\sin\alpha-(y_3-y_2)\cos\alpha}{\frac{2\pi}{\lambda}[(x_3-x_1)(y_2-y_1)-(x_2-x_1)(y_3-y_1)]\sin\beta\sqrt{S/N}} \tag{3.37}$$

由式(3.36)、式(3.37)可以看出,仰角 β 增大,方位角 α 的测向误差增大,而仰角 β 的测向误差减小。结合式(3.1)、式(3.2)可以看出,当方位角 α 不变时,仰角 β 增大,航向角 θ 和俯仰角 φ 的测向误差减小。

若对相位差取 N 次平均,$\Delta\phi_{12}=\Delta\phi_{13}=1/\sqrt{N\times S/N}$,测向误差表达(式(3.36)、式(3.37))中,$\sqrt{S/N}$ 项变为 $\sqrt{N\times S/N}$,可以看出,对相位差取 N 次平均然后再求解,所得测向误差将减小。

$$\Delta\alpha_{12,13}=\frac{(x_3-x_2)\cos\alpha+(y_3-y_2)\sin\alpha}{\frac{2\pi}{\lambda}[(x_3-x_1)(y_2-y_1)-(x_2-x_1)(y_3-y_1)]\cos\beta\sqrt{N\times S/N}} \tag{3.38}$$

$$\Delta\beta_{12,13}=\frac{(x_4-x_3)\sin\alpha-(y_4-y_3)\cos\alpha}{\frac{2\pi}{\lambda}[(x_4-x_1)(y_3-y_1)-(x_3-x_1)(y_4-y_1)]\sin\beta\sqrt{N\times S/N}} \tag{3.39}$$

由于天线1、天线2、天线3排列在圆盘上，所以可以用极坐标来代替直角坐标，使公式简化。由 $x_i=r\cos\gamma_i, y_i=r\sin\gamma_i(i=1,2,3)$，其中 r 为天线盘半径；γ_i 为天线与原点连线和 Ox 轴之间的夹角。

$$\Delta\alpha_{12,13}=\frac{\cos(\gamma_3-\alpha)-\cos(\gamma_2-\alpha)}{\frac{2\pi r}{\lambda}[\sin(\gamma_2-\gamma_3)+\sin(\gamma_3-\gamma_1)+\sin(\gamma_1-\gamma_2)]\cos\beta\sqrt{N\times S/N}} \tag{3.40}$$

$$\Delta\beta_{12,13}=\frac{\sin(\gamma_2-\alpha)-\sin(\gamma_3-\alpha)}{\frac{2\pi r}{\lambda}[\sin(\gamma_2-\gamma_3)+\sin(\gamma_3-\gamma_1)+\sin(\gamma_1-\gamma_2)]\sin\beta\sqrt{N\times S/N}} \tag{3.41}$$

对式(3.1)两边求导，得

$$\frac{1}{\cos^2\theta}\mathrm{d}\theta=-\frac{\sin\alpha}{\sin^2\beta}\mathrm{d}\beta+\cot\beta\cos\alpha\mathrm{d}\alpha \tag{3.42}$$

整理可得

$$\mathrm{d}\theta=\frac{-\sin\alpha\mathrm{d}\beta+\sin\beta\cos\beta\cos\alpha\mathrm{d}\alpha}{1-\cos^2\beta\cos^2\alpha} \tag{3.43}$$

则 θ 测向误差可表示为

$$\Delta\theta_{12,13}=\frac{-\sin\alpha\Delta\beta_{12,13}+\sin\beta\cos\beta\cos\alpha\Delta\alpha_{12,13}}{1-\cos^2\beta\cos^2\alpha} \tag{3.44}$$

由式(3.40)、式(3.41)算得的 $\Delta\alpha,\Delta\beta$ 代入式(3.44)，可得到 θ 角的测向误差。同理可得 φ 角的测向误差为

$$\Delta\varphi_{12,13}=\frac{\cos\alpha\Delta\beta_{12,13}+\sin\beta\cos\beta\sin\alpha\Delta\alpha_{12,13}}{\sin^2\alpha\cos^2\beta-1} \tag{3.45}$$

由于是三根天线测向，理论上，基线选取的方法有三种，除了选取上述基线12、基线13进行测向之外，同样可能选取基线21、基线23或基线31、基线32进行测向。所以在推导天线1、天线2、天线3产生的测向误差时，只选取由基线12、基线13产生的误差作为衡量三根天线总体测向误差是不全面的，在推导过程中，要把三种情况进行综合考虑。

通过同样的推导，可以得到基线21、基线23产生的测向误差：

$$\Delta\alpha_{21,23}=\frac{\cos(\gamma_1-\alpha)-\cos(\gamma_3-\alpha)}{\frac{2\pi r}{\lambda}[\sin(\gamma_2-\gamma_3)+\sin(\gamma_3-\gamma_1)+\sin(\gamma_1-\gamma_2)]\cos\beta\sqrt{N\times S/N}} \tag{3.46}$$

$$\Delta\beta_{21,23}=\frac{\sin(\gamma_3-\alpha)-\sin(\gamma_1-\alpha)}{\frac{2\pi r}{\lambda}[\sin(\gamma_2-\gamma_3)+\sin(\gamma_3-\gamma_1)+\sin(\gamma_1-\gamma_2)]\sin\beta\sqrt{N\times S/N}} \tag{3.47}$$

$$\Delta\theta_{21,23}=\frac{-\sin\alpha\Delta\beta_{21,23}+\sin\beta\cos\beta\cos\alpha\Delta\alpha_{21,23}}{1-\cos^2\beta\cos^2\alpha} \tag{3.48}$$

$$\Delta\varphi_{21,23}=\frac{\cos\alpha\Delta\beta_{21,23}+\sin\beta\cos\beta\sin\alpha\Delta\alpha_{21,23}}{\sin^2\alpha\cos^2\beta-1} \tag{3.49}$$

由基线 31、基线 32 产生的误差为

$$\Delta\alpha_{31,32}=\frac{\cos(\gamma_2-\alpha)-\cos(\gamma_1-\alpha)}{\frac{2\pi r}{\lambda}[\sin(\gamma_2-\gamma_3)+\sin(\gamma_3-\gamma_1)+\sin(\gamma_1-\gamma_2)]\cos\beta\sqrt{N\times S/N}} \tag{3.50}$$

$$\Delta\beta_{31,32}=\frac{\sin(\gamma_1-\alpha)-\sin(\gamma_2-\alpha)}{\frac{2\pi r}{\lambda}[\sin(\gamma_2-\gamma_3)+\sin(\gamma_3-\gamma_1)+\sin(\gamma_1-\gamma_2)]\sin\beta\sqrt{N\times S/N}} \tag{3.51}$$

$$\Delta\theta_{31,32}=\frac{-\sin\alpha\Delta\beta_{31,32}+\sin\beta\cos\beta\cos\alpha\Delta\alpha_{31,32}}{1-\cos^2\beta\cos^2\alpha} \tag{3.52}$$

$$\Delta\varphi_{31,32}=\frac{\cos\alpha\Delta\beta_{31,32}+\sin\beta\cos\beta\sin\alpha\Delta\alpha_{31,32}}{\sin^2\alpha\cos^2\beta-1} \tag{3.53}$$

在选取每一种基线时，为了便于分析，把仰角 β 设成定值，一般 β 的取值范围为 60°~90°，所以 β 可以设定为 80°。同时，方位角的取值为 0°~360°，把步长设为 1°，用全方位角的均方根误差来衡量在这种基线选取法下的测向性能。这样，就可以用式（3.54）来定义在这种基线选取原则下的测向误差。

$$\Delta\alpha_{11}=\sqrt{\sum_{i=1}^{360}\left(\frac{\cos(\gamma_2-\alpha_i)-\cos(\gamma_1-\alpha_i)}{\frac{2\pi r}{\lambda}[\sin(\gamma_2-\gamma_3)+\sin(\gamma_3-\gamma_1)+\sin(\gamma_1-\gamma_2)]\cos\beta\sqrt{N\times S/N}}\right)^2} \tag{3.54}$$

同理，可以定义仰角 β_{11}、航向角 θ_{11} 和俯仰角 φ_{11} 的测向误差。

基线 21、基线 23 产生的测向误差为

$$\Delta\alpha_{22}=\sqrt{\sum_{i=1}^{360}\left(\frac{\cos(\gamma_1-\alpha_i)-\cos(\gamma_3-\alpha_i)}{\frac{2\pi r}{\lambda}[\sin(\gamma_2-\gamma_3)+\sin(\gamma_3-\gamma_1)+\sin(\gamma_1-\gamma_2)]\cos\beta\sqrt{N\times S/N}}\right)^2} \tag{3.55}$$

由基线 31、基线 32 产生的测向误差为

$$\Delta\alpha_{33}=\sqrt{\sum_{i=1}^{360}\left(\frac{\cos(\gamma_2-\alpha_i)-\cos(\gamma_1-\alpha_i)}{\frac{2\pi r}{\lambda}[\sin(\gamma_2-\gamma_3)+\sin(\gamma_3-\gamma_1)+\sin(\gamma_1-\gamma_2)]\cos\beta\sqrt{N\times S/N}}\right)^2} \tag{3.56}$$

所以由天线 1、天线 2、天线 3 所产生的平均测向误差可以定义为 $\Delta\alpha_{11}$、$\Delta\alpha_{22}$、

$\Delta\alpha_{33}$ 均方根误差，即

$$\Delta\alpha=\sqrt{\frac{\Delta^2\alpha_{11}+\Delta^2\alpha_{22}+\Delta^2\alpha_{33}}{3}} \tag{3.57}$$

化简 $\Delta\alpha$，得

$$\Delta\alpha=\frac{\lambda}{2\pi r}\sqrt{\frac{1}{3N\times S/N\times\cos^2\beta}}\times$$
$$\sqrt{\sum_{i=1}^{360}\frac{[\cos(\gamma_2-\alpha_i)-\cos(\gamma_1-\alpha_i)]^2+[\cos(\gamma_1-\alpha_i)-\cos(\gamma_3-\alpha_i)]^2+[\cos(\gamma_2-\alpha_i)-\cos(\gamma_1-\alpha_i)]^2}{[\sin(\gamma_2-\gamma_3)+\sin(\gamma_3-\gamma_1)+\sin(\gamma_1-\gamma_2)]^2}} \tag{3.58}$$

通过计算式(3.58)，比较出不同阵列摆放形式的误差，选出误差最小的阵列形式来测向。在粗略估计出来波方向后，通过分别计算 $\Delta\alpha_{11}$、$\Delta\alpha_{22}$、$\Delta\alpha_{33}$，选取误差值最小的两组基线来进行测向。

同理，可以得到 $\Delta\beta$ 为

$$\Delta\beta=\frac{\lambda}{2\pi r}\sqrt{\frac{1}{3N\times S/N\times\cos^2\beta}}\times$$
$$\sqrt{\sum_{i=1}^{360}\frac{[\sin(\gamma_2-\alpha_i)-\sin(\gamma_3-\alpha_i)]^2+[\sin(\gamma_3-\alpha_i)-\sin(\gamma_1-\alpha_i)]^2+[\sin(\gamma_1-\alpha_i)-\cos(\gamma_2-\alpha_i)]^2}{[\sin(\gamma_2-\gamma_3)+\sin(\gamma_3-\gamma_1)+\sin(\gamma_1-\gamma_2)]^2}} \tag{3.59}$$

由于在同一时刻，方位角 α 和仰角 β 是同时得到，它们的精度都是需要关心的，所以可用式(3.60)来定义方位角与仰角的联合测向误差，即

$$M=\sqrt{\Delta^2\alpha+\Delta^2\beta} \tag{3.60}$$

类似地，可以定义航向角 θ、俯仰角 φ 的测向误差为

$$\Delta\theta=\sqrt{\frac{\Delta^2\theta_{11}+\Delta^2\theta_{22}+\Delta^2\theta_{33}}{3}} \tag{3.61}$$

$$\Delta\varphi=\sqrt{\frac{\Delta^2\varphi_{11}+\Delta^2\varphi_{22}+\Delta^2\varphi_{33}}{3}} \tag{3.62}$$

同理，可以定义航向角和俯仰角的联合测向误差为

$$N=\sqrt{\Delta^2\theta+\Delta^2\varphi} \tag{3.63}$$

3.3.1.2 五天线立体基线算法理论测向误差推导

在不存在模糊的情况下，三根天线就可以完成测向，而在高频段有测角模糊的存在，三根天线根本无法正确测向，这时就需要额外的天线用来解模糊。由于立体基线法在高频段是通过将两组测向结果进行比较从而得到正确的波达方向，所以在解模糊的时候，要保证测向精度只需要其中一组的测角误差较小就可以。当用五根天线来测向时，就需要选择具体用哪三根天线来测向，其余天线用来解模糊。若再增加阵元数，将会产生测向冗余，即在测向过程中，有的天线得不到使用，而且

测向通道增加,通道一致性的问题影响严重。下面就通过图 3.7 的五元圆阵来具体说明用哪三根天线来保证测向精度。

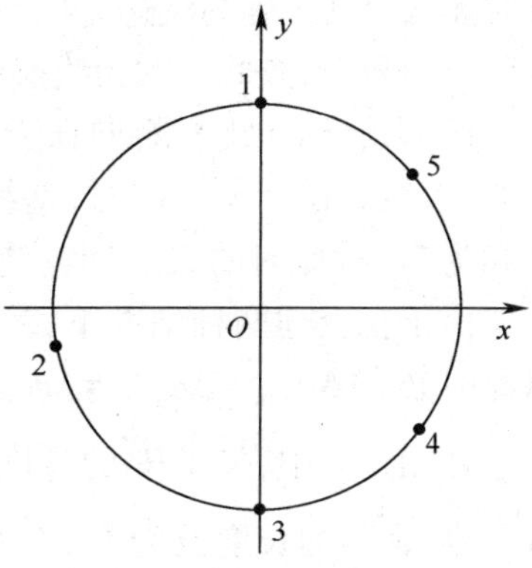

图 3.7 五根天线位置示意图

由于三根天线就可以完成测向,而实际有五根天线,那么就有 $C_5^3=10$ 种天线选择方法,而在三根天线中又有 $C_3^2=3$ 种基线选择方法,所以最终的基线选取方法共有 $C_5^3C_3^2=30$ 种。由于三根天线测向误差前面已经推导过,这时五根天线的平均测向误差就可以定义为 10 种天线选法的均方根误差,方位角 α 的测向误差 $\Delta\alpha$ 如式(3.64)所示。$\Delta\alpha_i(i=1,2,\cdots,10)$ 代表 10 种不同天线选法的测向误差。

$$\Delta\alpha=\sqrt{\frac{\Delta^2\alpha_1+\Delta^2\alpha_2+\cdots+\Delta^2\alpha_{10}}{10}} \tag{3.64}$$

类似地,可以定义仰角 β 的平均测向误差为

$$\Delta\beta=\sqrt{\frac{\Delta^2\beta_1+\Delta^2\beta_2+\cdots+\Delta^2\beta_{10}}{10}} \tag{3.65}$$

航向角 θ 的测向误差 $\Delta\theta$、俯仰角 φ 的测向误差 $\Delta\varphi$ 的定义与上述两式类似,不再赘述。所以,在不同阵列形式的五元圆阵选取过程中,可以通过比较不同阵列形式的平均测向误差来选取相对较好的阵列形式,然后通过比较 10 种不同天线摆放方法的平均测向误差选取较好的天线摆放方法(确定具体使用的三根天线),再通过前面提到的比较不同基线选择的最小测向误差来最终确定用哪两个基线来测向。

3.3.1.3 航向角和俯仰角测向误差的定量推导

前面关于误差的分析都是平均测向误差的分析,下面主要分析在基线选择确定的情况下,航向角和俯仰角的误差变换情况,定量地给出衡量测向误差大小的方法,给实际工程设计提供参考。图 3.8 为误差分析原理。

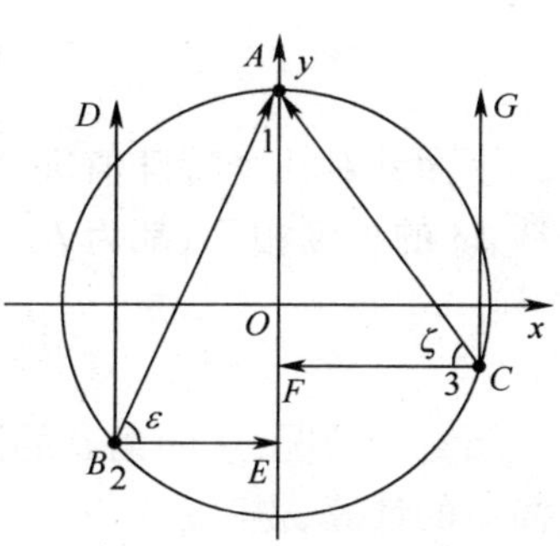

图 3.8 误差分析原理

从图 3.1 中可以看出,基线在 Ox 轴的等效长度决定航向角 θ 的测向精度,基线在 Oy 轴的等效长度决定俯仰角 φ 的测向精度。下面定义航向角 θ 和俯仰角 φ 的最小测向误差。

航向角 θ 的最小测向误差 $\Delta\theta_{\min}$:当天线 1 位于 $\gamma_1=90°$,天线 2、天线 3 位于 $\gamma_2=\gamma_3=270°$时,为理想状态(实际由于天线 2、天线 3 重合,相位差方程由两个变成一个,

此时无法得到正确的波达方向），基线 12、基线 13 在 Oy 轴的投影长度最长，两基线长度总和为 $4r$，故此时的天线摆放使航向角的测向误差达到最小值 $\Delta\theta_{\min}$。

俯仰角 φ 的最小测向误差 $\Delta\varphi_{\min}$：当天线 1 位于 $\gamma_1=90°$，天线 2 位于 $\gamma_2=180°$，天线 3 位于 $\gamma_3=0°$时，基线 12，基线 13 在 Ox 轴的投影长度最长，两基线长度总和为 $2r$，故此时的天线摆放使航向角的测向误差达到最小值 $\Delta\varphi_{\min}$。

由于在上述两种情况下，基线已经得到最充分的利用，达到最大有效长度，所以此时必有 $\Delta\theta_{\min}=\Delta\varphi_{\min}=\Delta\phi$。

在图 3.8 中，矢量$\overrightarrow{BA}$的长度设为 L_1，它在 Oy 轴的分量为$\overrightarrow{BD}$，在 Ox 轴的分量为$\overrightarrow{BE}$。矢量$\overrightarrow{CA}$的长度设为 L_2，在 Oy 轴的分量为$\overrightarrow{CG}$，在 Ox 轴的分量为$\overrightarrow{CF}$。其中 ε 为矢量$\overrightarrow{BA}$与 Ox 轴夹角，ξ 为矢量$\overrightarrow{CA}$与 Ox 轴夹角。基线 12、基线 13 等效在 Oy 轴的长度可写为

$$L_\theta=L_1\sin\varepsilon+L_2\sin\xi \tag{3.66}$$

基线 12、基线 13 等效在 Ox 轴的长度为

$$L_\varphi=L_1\cos\varepsilon+L_2\cos\xi \tag{3.67}$$

由于基线长度和测向误差成反比，即

$$\frac{1}{4r}\propto\Delta\theta_{\min},\frac{1}{L_\theta}\propto\Delta\theta \tag{3.68}$$

所以，可以得到航向角 θ 的测向误差为

$$\Delta\theta=\frac{4r}{L_1\sin\varepsilon+L_2\sin\xi}\Delta\theta_{\min} \tag{3.69}$$

同理，由于

$$\frac{1}{2r}\propto\Delta\varphi_{\min},\frac{1}{L_\varphi}\propto\Delta\varphi \tag{3.70}$$

所以，可以得到俯仰角 φ 的测向误差为

$$\Delta\varphi=\frac{2r}{L_1\cos\varepsilon+L_2\cos\xi}\Delta\varphi_{\min} \tag{3.71}$$

下面针对几个特殊值进行简要的分析计算，为了简化分析，这里假设基线 12、基线 13 的长度相等，都为 L，所以式（3.69）、式（3.71）可以化简为

$$\Delta\theta=\frac{2r}{L\sin\varepsilon}\Delta\theta_{\min},\Delta\varphi=\frac{r}{L\cos\varepsilon}\Delta\varphi_{\min} \tag{3.72}$$

第一种情况：航向角 θ 的测向误差与俯仰角 φ 的测向误差相等，即 $\Delta\theta=\Delta\varphi$，通过简单的计算，得

$$\tan\varepsilon=2,\ |BE|=\frac{4}{5}r \tag{3.73}$$

第二种情况：航向角 θ 的测向误差是俯仰角 φ 的测向误差的 2 倍，$\Delta\theta=2\Delta\varphi$，计算后可得

$$\tan\theta = 1, |BE| = r \tag{3.74}$$

这样,通过简单的计算就可以确定天线的大致摆放位置,后面的仿真验证也主要针对上述两种情况。

3.3.2 影响立体基线算法测向误差的因素

在理论仿真过程中,只针对三天线立体基线算法的测向误差进行说明。天线盘半径 $r = 100\text{mm}$,相位差平均次数 $N = 10$,频率 $f = 1\text{GHz}$,信噪比 $S/N = 10\text{dB}$,方位角 α 范围为 0°~360°,每 10°采一个点,共采 36 个点,仰角 $\beta = 80°$。其中 Ox 轴定为 0°,天线与原点连线绕 Ox 轴逆时针转动夹角为正,顺时针转动夹角为负。天线 1 的位置定在 $\gamma_1 = 90°$处,天线 2 的位置变化范围 $\gamma_2 \in (90° \sim 270°)$,天线 3 的位置变化范围 $\gamma_3 \in (90° \sim -90°)$,搜索步长设为 1°。

3.3.2.1 天线位置变化及通道不一致性对测向误差影响理论分析

在相位干涉仪测向系统中,相位误差的存在对整个测向系统的测向效果影响较大。接收信号在设备中传播所经过的天线、信道、比相器、终端处理器等各个环节都会引入附加相移,所以在实际的工程应用中,通道不一致问题对测向精度的影响不可避免。因此,在仿真过程中,可模拟实际工程应用情况,对各个天线通道加入附加相位,使各通道之间产生附加相位差。下面只在通道不一致性 10°,即在三根天线通道之间,人为加入附加相位之差最大为 10°。在仿真中,保证有两根天线最大附加相位差为 10°,然后在各个天线通道中,随机任意加入了附加相位,分别为,天线 1:0°,天线 2:-6°,天线 3:4°。在进行立体基线计算时,需要使用天线之间的相位差进行计算,则此时参与计算的各天线之间,存在了附加相位差,即天线 1 与天线 2 附加相位差为 6°,天线 1 与天线 3 附加相位差为-4°。

图 3.9 为天线 2、天线 3 位置移动时,方位角 α 测向误差 $\Delta\alpha$ 的变化情况,

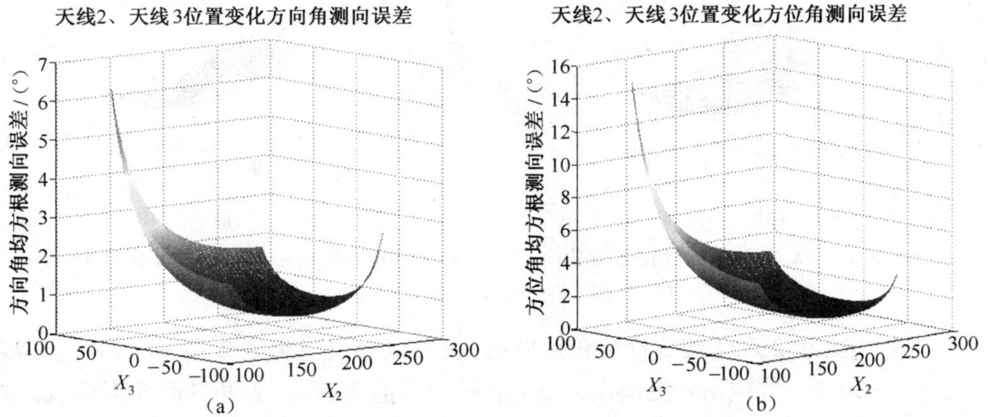

(a) (b)

图 3.9 天线 2、天线 3 位置变化时,方位角 α 测向误差 $\Delta\alpha$ 的变化情况

(a)无通道不一致;(b)通道不一致 10°。

图 3.10 为天线 2、天线 3 位置移动时，仰角 β 测向误差 $\Delta\beta$ 的变化情况。图 3.11 天线 2、天线 3 位置变化时，方位角 α 和仰角 β 联合测向误差的变化情况。图 3.12 为天线 2、天线 3 位置移动时，航向角 θ 测向误差 $\Delta\theta$ 的变化情况。图 3.13 为天线 2、天线 3 位置移动时，俯仰角 φ 测向误差 $\Delta\varphi$ 的变化情况。图 3.14 为天线 2、天线 3 位置变化时，航向角 θ 和俯仰角 φ 联合测向误差的变化情况。

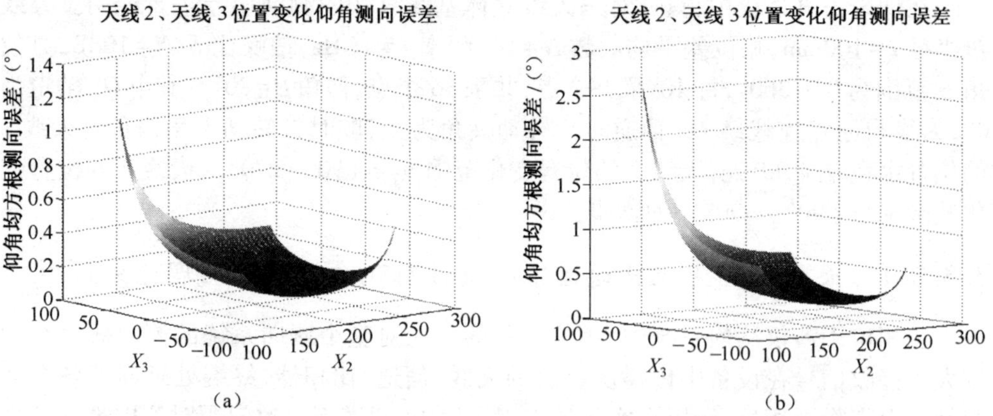

图 3.10　天线 2、天线 3 变化时，仰角 β 测向误差 $\Delta\beta$ 的变化情况

(a)无通道不一致；(b)通道不一致 10°。

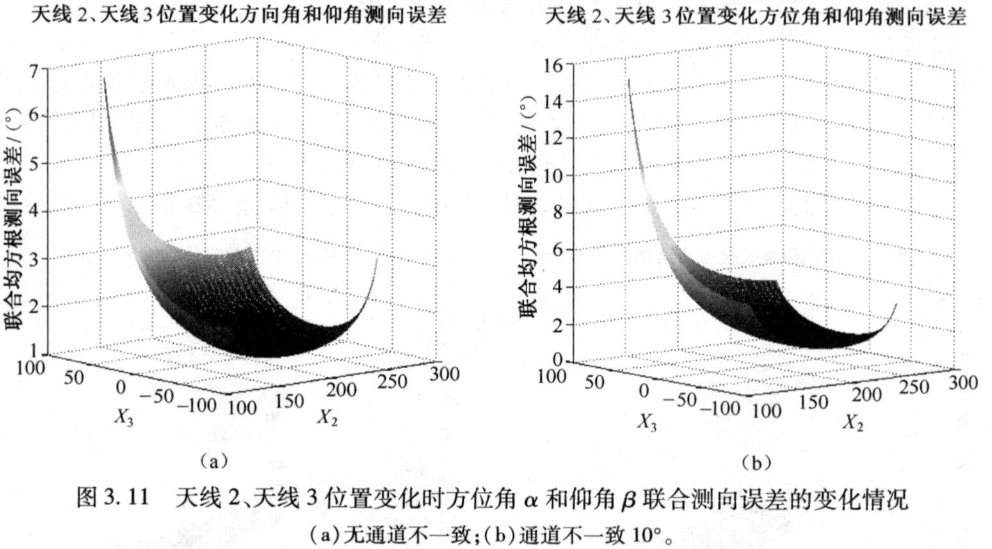

图 3.11　天线 2、天线 3 位置变化时方位角 α 和仰角 β 联合测向误差的变化情况

(a)无通道不一致；(b)通道不一致 10°。

通过对天线 2 和天线 3 摆放角度的搜索，可以得出当天线 2 在 $\gamma_2=210°$，天线 3 在 $\gamma_3=-30°$时，方位角 α 测向误差 $\Delta\alpha$ 取得最小值 2.4627，仰角 β 测向误差 $\Delta\beta$ 取得最小值 0.4342，方位角 α 和仰角 β 联合测向误差最小值为 2.5007。从图 3.9、图 3.10中可以得出，当三根天线摆放成正三角形时，方位角 α 测向误差 $\Delta\alpha$ 、仰角 β

测向误差 $\Delta\beta$ 、方位角 α 和仰角 β 联合测向误差都达到最小值，而在其他情况下，测向误差都要比这种摆放形式大。当天线 2、天线 3 同时接近天线 1 时，误差变大的趋势加快，同时，当天线 2、天线 3 接近 $\gamma=270°$时，误差变大趋势有所加快，但是相对前者要小很多。同时可以看到，由于通道不一致性的影响，测向误差比没有通道不一致性时要大许多，所以要尽量减少通道不一致性来保证测向精度。

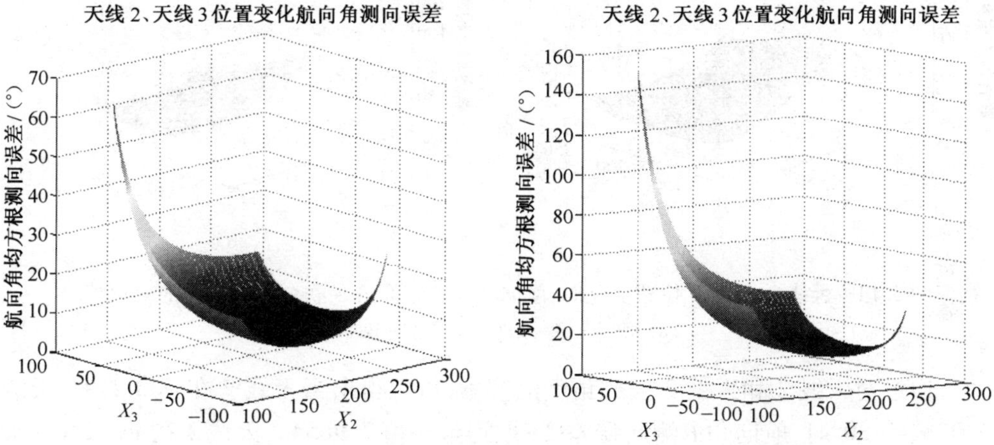

(a) (b)

图 3.12　天线 2、天线 3 位置变化时，航向角 θ 测向误差 $\Delta\theta$ 的变化情况

(a)无通道不一致；(b)通道不一致 10°。

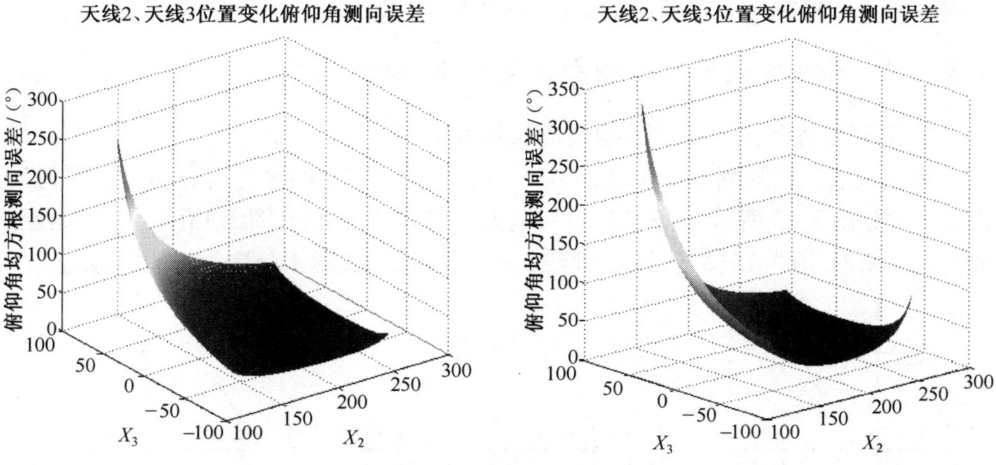

(a) (b)

图 3.13　天线 2、天线 3 位置变化时，俯仰角 φ 测向误差 $\Delta\varphi$ 的变化情况

(a)无通道不一致；(b)通道不一致 10°。

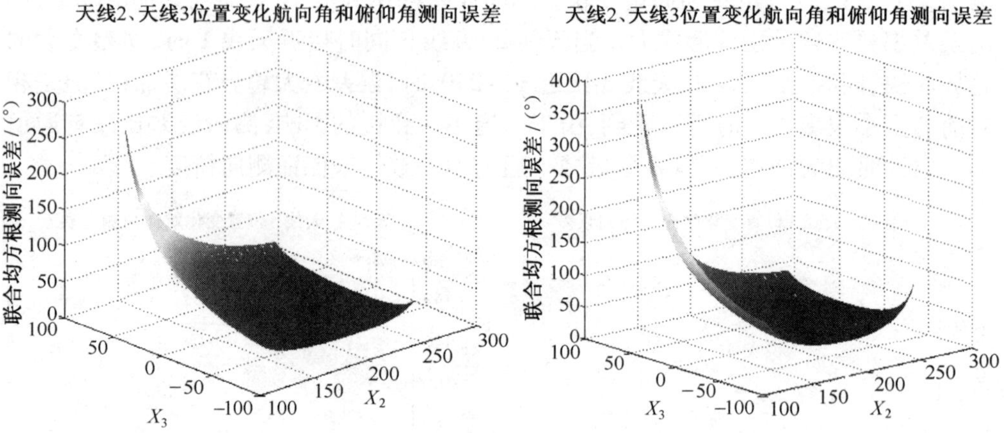

(a) (b)

图 3.14 天线 2、天线 3 位置变化时,航向角 θ 和俯仰角 φ 联合测向误差的变化情况

(a)无通道不一致;(b)通道不一致 10°。

通过对天线 2 和天线 3 摆放角度的搜索,可以得出当天线 2 在 $\gamma_2=210°$,天线 3 在 $\gamma_3=-30°$时,航向角 θ 测向误差 $\Delta\theta$ 取得最小值 7.9654。天线 2 在 $\gamma_2=260°$,天线 3 在 $\gamma_3=-30°$ 时,俯仰角 φ 测向误差 $\Delta\varphi$ 取得最小值 21.1896。从图 3.12、图 3.13中可以得出,当天线 2、天线 3 同时接近天线 1 时,误差变大的趋势加快。同时,当天线 2、天线 3 接近 $\gamma=270°$时,误差变大趋势有所加快,但是相对前者要小很多。可以看出,由于通道不一致性的存在,航向角与俯仰角的测向误差都要比没有通道不一致性时大许多,所以要想办法减小通道不一致性的影响。

3.3.2.2 阵列摆放形式对测向误差理论分析

1. 阵列摆放形式与天线所围成周长的关系

现在选取三种阵列摆放形式对其立体基线算法测向误差进行分析。三种阵列摆放形式如图 3.15 所示,图 3.15(a)三根天线摆成正三角形,图 3.15(b)三根天线摆成直角三角形,图 3.15(c)天线 2、天线 3 对称分布,与天线 1 分别位于圆盘两端。

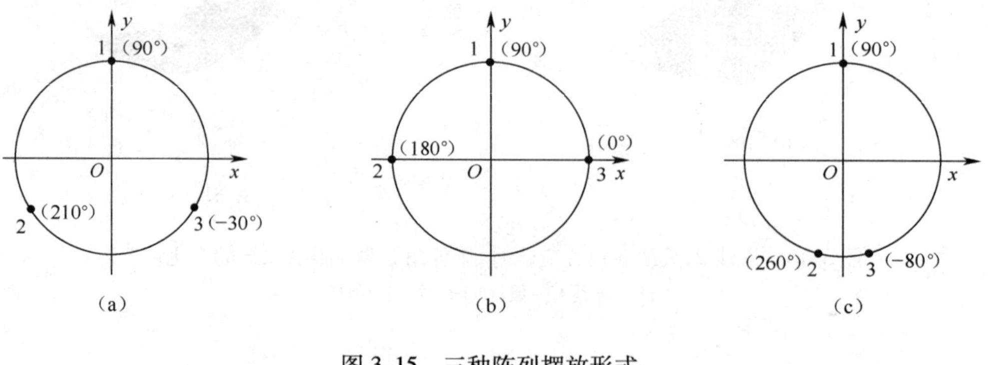

(a) (b) (c)

图 3.15 三种阵列摆放形式

通过理论仿真,可以得到三种阵列摆放形式的测向误差,只考虑方位角 α 的测向误差 $\Delta\alpha$ 和仰角 β 的测向误差 $\Delta\beta$,可得到表 3.1。

表 3.1　图 3.15 中三种阵列摆放形式测向理论误差

阵列摆放形式	(a)	(b)	(c)
方位角 α 测向误差 $\Delta\alpha$/(°)	0.7884	0.9591	2.7756
仰角 β 测向误差 $\Delta\beta$/(°)	0.1390	0.1714	0.5022
阵列周长/mm	5.2r	4.8r	4.33r

从表 3.1 中可以看出,阵列(a)的测向误差最小,阵列(b)次之,阵列(c)的测向误差最大。在计算阵列周长之后,发现阵列周长和方向角 α 的测向误差 $\Delta\alpha$、仰角 β 的测向误差 $\Delta\beta$ 成反比关系,即阵列周长越长,测向误差越小。但是具体定量的关系无法得出。在实际应用中,可以利用这条原则来摆放天线,让阵列周长尽可能大,以提高测向精度。

2. 测向时基线选择方法

当选定阵列的摆放形式之后,由于在实际测向中,只需选定两个基线来测向,所以可以粗略地测出来波方向,然后通过定义的方位角和仰角联合测向误差来确定最终的基线选择,下面用图 3.16 来说明选取方法。

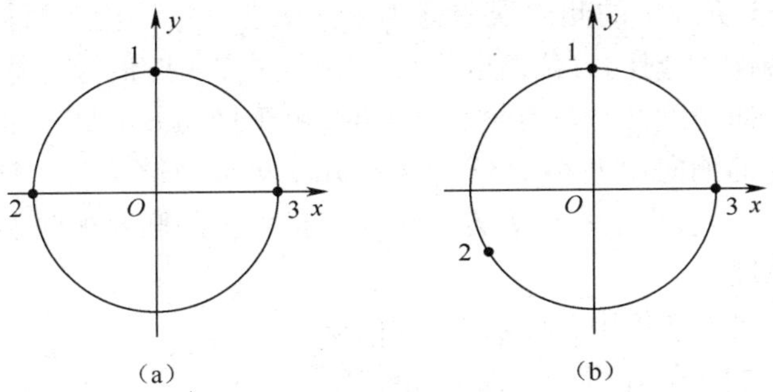

图 3.16　三根天线位置示意图

在对不同基线的理论仿真过程中,图 3.16(a)中假设来波方向为方位角 $\alpha=45°$,仰角 $\beta=80°$,仿真结果见表 3.2。图 3.16(b)中假设来波方向为方位角 $\alpha=60°$,仰角 $\beta=80°$,仿真结果见表 3.3。

表 3.2　图 3.16(a)中不同基线选择误差统计

基线选择 / 测向误差/(°)	1-2、1-3	1-2、2-3	1-3、2-3
方位角 α 和仰角 β 的联合测向误差 M	0.1947	0.0343	0.1944
航向角 θ 和俯仰角 φ 的联合测向误差 N	8.2389	1.9943	1.9342

表 3.3　图 3.16(b)中不同基线选择误差统计

测向误差/(°)　基线选择	1-2、1-3	1-2、2-3	1-3、2-3
方位角 α 和仰角 β 的联合测向误差 M	0.1612	0.0509	0.2013
航向角 θ 和俯仰角 φ 的联合测向误差 N	4.8961	1.6715	2.0102

从表 3.2 中可以看出,当用基线 1-2、基线 2-3 测向时,方位角 α 和仰角 β 的联合测向误差 M 取得最小值。在实际要求中,如果要保证方位角 α 和仰角 β 的测向误差较小,就选用基线 1-2、基线 2-3 来测向。当用基线 1-3、基线 2-3 测向时,航向角 θ 和俯仰角 φ 的联合测向误差 N 最小。在实际要求中,如果要保证方位角 α 和仰角 β 的测向误差较小,就选用基线 1-3、基线 2-3 来测向。从表 3.3 中可以知道,当用基线 1-2、基线 2-3 测向时,方位角 α 和仰角 β 的联合测向误差 M 取得最小值,当用基线 1-2、基线 2-3 测向时,航向角 θ 和俯仰角 φ 的联合测向误差 N 最小。从上述结果可知,方位角、仰角和航向角、俯仰角可能在同一基线选择下同时达到最小值,也可能不是,所以它们的取值关系之间没有必然的联系。

3. 测向误差结论的简要分析

下面对基线 1-2、基线 1-3 和基线 1-3、基线 2-3 产生的测向误差相近,而基线 1-2、基线 2-3 所产生的测向误差远小于前两者这一结论进行简要的分析。为了便于分析,辐射源入射的方位角取为 $\alpha = 45°$,这样入射信号与基线 1-3 垂直,它对方位角 α 的测向精度几乎没有贡献。同时,由于仰角 $\beta = 80°$,仰角 β 的测向误差相对方位角 α 的测向误差小 75%~80%,几乎可以忽略不计。所以下面只讨论方位角 α 的测向误差,它基本代表方位角 α 和仰角 β 的联合测向误差。图 3.17 为测向误差分析原理。

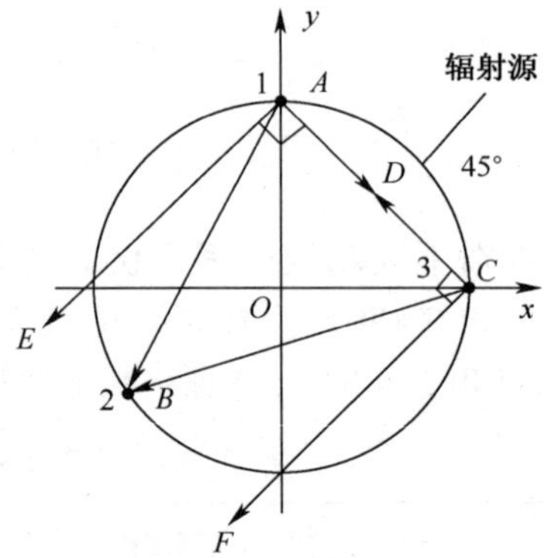

图 3.17　测向误差分析原理

在一维单基线干涉仪中,基线越长测向误差越小,这个结论同样适用于二维干涉仪测向。基线矢量 $\overrightarrow{AB}$ 可分解为平行于信号方向的基线矢量 $\overrightarrow{AE}$ 和垂直于信号方向的基线矢量 $\overrightarrow{AD}$。同理,基线矢量 $\overrightarrow{CB}$ 可分解为平行于信号方向的基线矢量 $\overrightarrow{CF}$ 和垂直于信号方向的基线矢量 $\overrightarrow{CD}$。在用基线 AB、基线 AC 测向时,基线 AC 垂直于信号方向,基线矢量 $\overrightarrow{AB}$ 的分量 $\overrightarrow{AD}$ 也垂直于信号方向,两者对测向误差的贡献可忽略不计。平行于信号方向的基线矢量 $\overrightarrow{AB}$ 的分量 $\overrightarrow{AE}$ 在测向误差中起决定性作用,它的长度决定了方位角 α 的测向精度。

同理,在用基线 CA、基线 CB 测向时,起决定性作用的是分矢量 $\overrightarrow{CF}$,而用基线 BA、基线 BC 时,平行于信号方向起决定性作用的基线长度是基线分量 AE、基线 CF 长度的和。由于基线 AE 的长度与基线 CF 的长度相同,所以基线 AB、基线 AC 和基线 CA、基线 CB 产生的方位角 α 的测向误差也基本相同,而用基线 BA、基线 BC 测向时,平行于信号方向的基线长度是其他两者的 2 倍,所以用基线 BA、基线 BC 测向的精度要比其他两者高出许多。这与前面得到的结论一致。

3.3.2.3 半径波长比对测向误差理论分析

为了说明半径波长比与测向误差之间的关系,分别取信噪比 $S/N = 13$ dB, 15 dB,18dB,21dB,30dB;分别取 $r/\lambda = 1,2,4,8$。图 3.18 给出了 $\beta = 80°$ 时,航向角与俯仰角联合测向误差的情况。

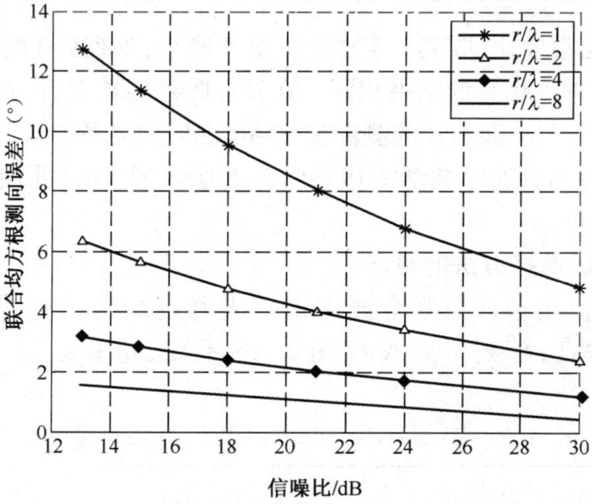

图 3.18 $\beta=80°$时,航向角与俯仰角联合测向误差的情况

从图 3.18 中可以看出,随着波长半径比的增大,测向误差也逐渐减小。同时,随着信噪比的增大,测向误差逐渐较小。这就说明,如果天线盘体积不变,那么波长越短,测向误差越小。同时,如果想减小测向误差,也可以采取适当增大天线盘体积的办法。

3.3.3 立体基线算法测向误差仿真验证

3.3.3.1 阵列摆放形式对测向误差仿真验证

在实际仿真过程中,天线盘半径 $r = 100$mm,相位差平均次数 $N = 10$,频率 $f =$ 3GHz,信噪比 $S/N = 20$dB,仰角 $\beta = 80°$。为了不失一般性,一共进行 100 次测向统计,把得到的误差数据从小到大排列,选取排在第 68 位的误差作为仿真验证的测向误差。

1. 阵列形式与天线所围周长关系的验证

由于在实际测向时，有镜像模糊的存在，并不是每种基线选择都能解镜像模糊，所以这里为了验证理论的正确性，方位角 α 变化范围取为 60°~300°，每 10°采一个点，共采 25 个点。阵列摆放形式如图 3.15 所示，仿真结果如表 3.4 所列。

表 3.4　图 3.15 中三种阵列摆放形式测向仿真误差

阵列摆放形式	(a)	(b)	(c)
方位角 α 测向误差 $\Delta\alpha$ (°/σ)	1.2543	1.4633	5.1011
仰角 β 测向误差 $\Delta\beta$ (°/σ)	0.2245	0.2947	0.7224
阵列周长/mm	5.2r	4.8r	4.33r

从表 3.4 中可以看出，阵列(a)的测向误差最小，阵列(b)次之，阵列(c)的测向误差最大，这与理论仿真的结果相同。在计算阵列周长之后，发现阵列周长和方向角 α 的测向误差 $\Delta\alpha$ 、仰角 β 的测向误差 $\Delta\beta$ 成反比关系，即阵列周长越长，测向误差越小。所以以后在实际被动雷达导引头上摆放天线时，要使天线的周长尽量大，以提高测角精度。

2. 测向时基线选择方法的验证

针对使用方位角和仰角联合测向误差来确定最终的基线选择这种方法，进行了实际的仿真，阵列形式保持图 3.16 不变，仿真结果如表 3.5、表 3.6 所列。

表 3.5　图 3.16(a) 中不同基线选择误差统计

基线选择 / 测向误差/(°)	1-2,1-3	1-2,2-3	1-3,2-3
方位角 α 和仰角 β 的联合测向误差 M	2.8440	1.1862	1.5873
航向角 θ 和俯仰角 φ 联合测向误差 N	4.7695	4.5642	4.2820

表 3.6　图 3.16(b) 中不同基线选择误差统计

基线选择 / 测向误差/(°)	1-2,1-3	1-2,2-3	1-3,2-3
方位角 α 和仰角 β 的联合测向误差 M	2.6889	2.0549	2.7278
航向角 θ 和俯仰角 φ 联合测向误差 N	6.4380	5.0752	5.4649

在实际仿真结果中，从表 3.5 中可以看出，当用基线 1-2、基线 2-3 测向时，方位角 α 和仰角 β 的联合测向误差 M 取得最小值；当用基线1-3、基线 2-3 测向时，航向角 θ 和俯仰角 φ 的联合测向误差 N 最小。从表 3.6 中可以看出，当用基线 1-

2、基线 2-3 测向时，方位角 α 和仰角 β 的联合测向误差 M 取得最小值；当用基线 1-2、基线 2-3 测向时，航向角 θ 和俯仰角 φ 的联合测向误差 N 最小。实际仿真结果与理论计算结果基本一致。通过理论计算，可以大致了解实际测向中的误差大小关系，对实际基线的选择有一定的指导意义。但是在基线选取时，一定要考虑到选取的基线是否可以解来波方向的镜像模糊，如果解不了，就用其他基线来解镜像模糊，用测向精度最高的基线来保证测向精度，以保证反辐射导弹准确击中目标。

3.3.3.2 航向角和俯仰角测向误差定量分析的仿真验证

这里的仿真条件与 3.3.3.1 节中的相同，为了保证理论的正确性，下面首先验证航向角 θ 的测向误差最小值 $\Delta\theta_{min}$ 与俯仰角 φ 的测向误差最小值 $\Delta\varphi_{min}$ 相等。由于天线 2、天线 3 无法同时摆放在 $\gamma = 270°$ 的位置，所以仿真时，以天线 2 的位置在 $\gamma_2 = 260°$，天线 3 的位置在 $\gamma_3 = -80°$ 来近似。仿真结果如图 3.19 所示。

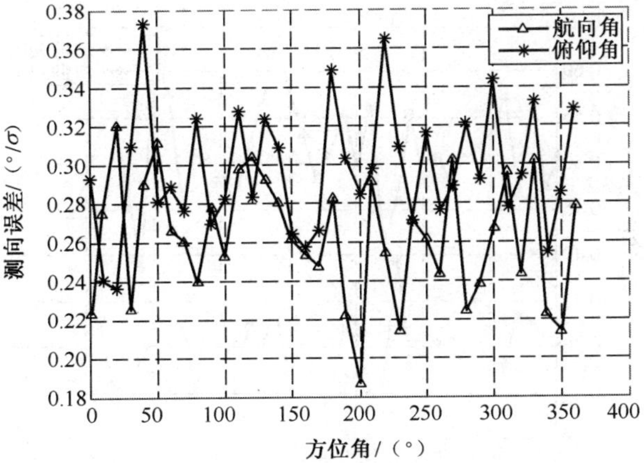

图 3.19 航向角与俯仰角最小测向误差比较

从图 3.19 中可以看到，在全方位测向上，航向角 θ 的测向误差最小值 $\Delta\theta_{min}$ 与俯仰角 φ 的测向误差最小值 $\Delta\varphi_{min}$ 是可以认为基本相等的。可以验证理论假设的正确性。

下面验证第一种情况，航向角 θ 的测向误差与俯仰角 φ 的测向误差相等，即 $\Delta\theta = \Delta\varphi$ 时的天线摆放是否正确。天线 2 的位置在 $\gamma_2 = 216°$，天线 3 的位置在 $\gamma_3 = -36°$。仿真结果如图 3.20 所示。

从图 3.20 中可以看到，在全方位测向上，航向角 θ 的测向误差 $\Delta\theta$ 与俯仰角 φ 的测向误差 $\Delta\varphi$ 是基本相等的。

接下来验证第二种情况，航向角 θ 的测向误差是俯仰角 φ 的测向误差的 2 倍，$\Delta\theta = 2\Delta\varphi$。此时天线 2 的位置在 $\gamma_2 = 180°$，天线 3 的位置在 $\gamma_3 = 0°$，仿真结果如图 3.21 所示。

从图 3.21 中可以看到，在全方位测向上，航向角 θ 的测向误差 $\Delta\theta$ 与俯仰角 φ

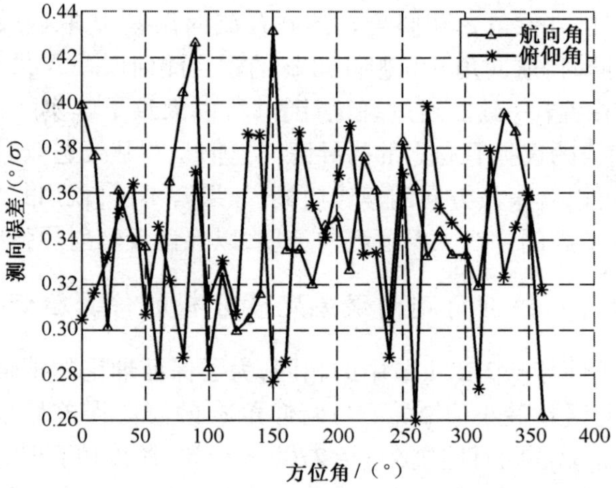

图 3.20　航向角与俯仰角误差对比

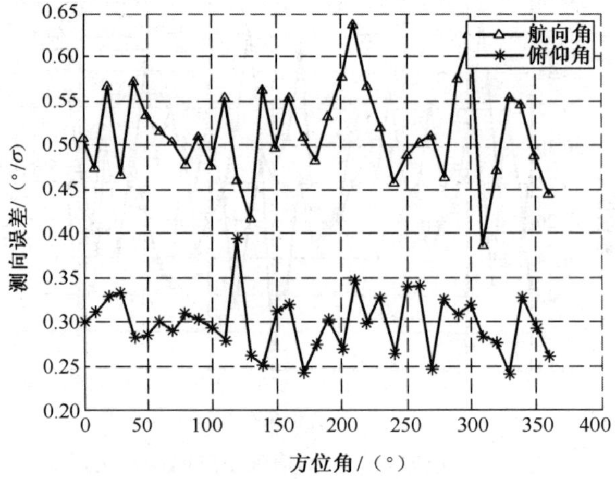

图 3.21　航向角与俯仰角误差对比

的测向误差 $\Delta\varphi$ 基本满足 2 倍关系。

从仿真结果可以看到，基线选择确定后，航向角和俯仰角的理论测向误差定量分析与仿真结果基本一致。如果给出相应的技术指标（如航向角误差 1°/ σ ，俯仰角测向误差 0.5°/ σ ），通过简单的计算就可以大致确定天线的摆放位置，为实际工程应用提供参考。

3.3.3.3　半径波长比对测向误差仿真验证

在实际仿真过程中，相位差平均次数 $N=50$，方位角 $\alpha = 45°$ ，仰角 $\beta = 80°$ ，信噪比 $S/N=$ 18dB，21dB，22dB，24dB，27dB。仿真结果如图 3.22 所示。

从图 3.22 中可以看出：随着波长半径比的增大，测向误差逐渐减小；随着信噪比的增大，测向误差也逐渐减小，这证明了理论的正确性。

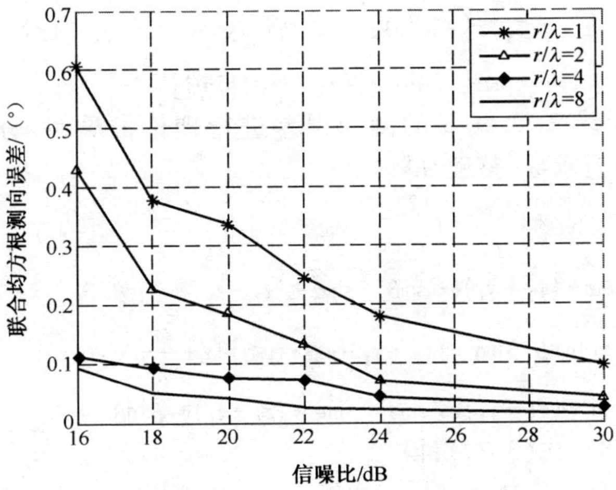

图 3.22　实际不同波长半径比下测向误差

3.4　立体天线阵列的测向误差

3.4.1　测向误差理论推导

3.4.1.1　低频段立体阵列三天线立体基线算法测向误差理论推导

PRS 的天线盘的设计都是在有限空间范围内进行的，为了尽可能地有效利用空间，假设天线不在同一个平面内，且天线位置构成一个圆柱体；为了分析问题简化起见，同时假设整个推导过程是在低频段进行的，即无测向模糊的情况，这样就可以构建简单的基于立体阵列的立体基线测向天线模型。

由第 2 章的知识可得，对辐射源来波方向进行测向时，在低频段使用三根天线就可以完成测向任务，立体阵列三天线摆放位置如图 3.23所示。此三根天线可以得到三个关于相位差的方程：

$$\phi_{12} = \frac{2\pi}{\lambda}[(x_2 - x_1)\cdot\cos\beta\cdot\cos\alpha + (y_2 - y_1)\cdot\cos\beta\cdot\sin\alpha + (z_2 - z_1)\sin\beta] \quad (3.75)$$

$$\phi_{13} = \frac{2\pi}{\lambda}[(x_3 - x_1)\cdot\cos\beta\cdot\cos\alpha + (y_3 - y_1)\cdot\cos\beta\cdot\sin\alpha + (z_3 - z_1)\sin\beta] \quad (3.76)$$

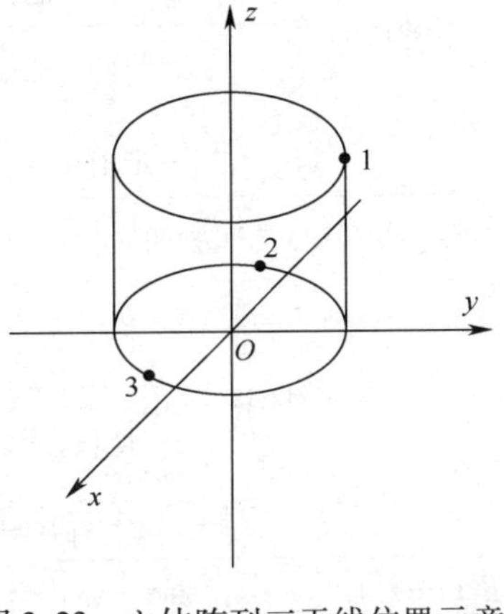

图 3.23　立体阵列三天线位置示意图

$$\phi_{23}=\frac{2\pi}{\lambda}[(x_3-x_2)\cdot\cos\beta\cdot\cos\alpha+(y_3-y_2)\cdot\cos\beta\cdot\sin\alpha+(z_3-z_2)\sin\beta] \tag{3.77}$$

对天线1、天线2、天线3的测向误差进行理论推导时，分别对式(3.75)、式(3.76)两边进行求导，整理，得

$$d\phi_{12}=\frac{2\pi}{\lambda}[-(x_2-x_1)\cos\beta\cdot\sin\alpha+(y_2-y_1)\cos\beta\cdot\cos\alpha]d\alpha+\frac{2\pi}{\lambda}[(x_2-x_1)\cdot(-\sin\beta)\cdot\cos\alpha+(y_2-y_1)(-\sin\beta)\cdot\sin\alpha+(z_2-z_1)\cos\beta]d\beta \tag{3.78}$$

$$d\phi_{13}=\frac{2\pi}{\lambda}[-(x_3-x_1)\cos\beta\cdot\sin\alpha+(y_3-y_1)\cos\beta\cdot\cos\alpha]d\alpha+\frac{2\pi}{\lambda}[(x_3-x_1)\cdot(-\sin\beta)\cdot\cos\alpha+(y_3-y_1)(-\sin\beta)\cdot\sin\alpha+(z_3-z_1)\cos\beta]d\beta \tag{3.79}$$

求解式(3.78)、式(3.79)，得

$$d\alpha_{12,13}=\frac{\dfrac{[(x_3-x_1)(-\sin\beta)\cos\alpha+(y_3-y_1)(-\sin\beta)\sin\alpha+(z_3-z_1)\cos\beta]d\phi_{12}-[(x_2-x_1)(-\sin\beta)\cos\alpha+(y_2-y_1)(-\sin\beta)\sin\alpha+(z_2-z_1)\cos\beta]d\phi_{13}}{\frac{2\pi}{\lambda}\{[(x_2-x_1)(y_3-y_1)-(x_3-x_1)(y_2-y_1)]\cos\beta\cdot\sin\beta+}}{\cos^2\beta(z_2-z_1)[(x_3-x_1)\sin\alpha-(y_3-y_1)\cos\alpha]-\cos^2\beta(z_3-z_1)[(x_2-x_1)\sin\alpha-(y_2-y_1)\cos\alpha]\}} \tag{3.80}$$

$$d\beta_{12,13}=\frac{\dfrac{[-(x_2-x_1)\cos\beta\cdot\sin\alpha+(y_2-y_1)\cos\beta\cos\alpha]d\phi_{13}-[-(x_3-x_1)\cos\beta\sin\alpha+(y_3-y_1)\cos\beta\cos\alpha]d\phi_{12}}{\frac{2\pi}{\lambda}\{[(x_2-x_1)(y_3-y_1)-(x_3-x_1)(y_2-y_1)]\cos\beta\sin\beta+}}{\cos^2\beta(z_2-z_1)[(x_3-x_1)\sin\alpha-(y_3-y_1)\cos\alpha]-\cos^2\beta(z_3-z_1)[(x_2-x_1)\sin\alpha-(y_2-y_1)\cos\alpha]\}} \tag{3.81}$$

则 α、β 的测向误差可表示为

$$\Delta\alpha_{12,13}=\frac{\dfrac{[(x_3-x_1)(-\sin\beta)\cos\alpha+(y_3-y_1)(-\sin\beta)\sin\alpha+(z_3-z_1)\cos\beta]\Delta\phi_{12}-[(x_2-x_1)(-\sin\beta)\cos\alpha+(y_2-y_1)(-\sin\beta)\sin\alpha+(z_2-z_1)\cos\beta]\Delta\phi_{13}}{\frac{2\pi}{\lambda}\{[(x_2-x_1)(y_3-y_1)-(x_3-x_1)(y_2-y_1)]\cos\beta\sin\beta+}}{\cos^2\beta(z_2-z_1)[(x_3-x_1)\sin\alpha-(y_3-y_1)\cos\alpha]-\cos^2\beta(z_3-z_1)[(x_2-x_1)\sin\alpha-(y_2-y_1)\cos\alpha]\}} \tag{3.82}$$

$$\Delta\beta_{12,13}=\frac{\dfrac{[-(x_2-x_1)\cos\beta\cdot\sin\alpha+(y_2-y_1)\cos\beta\cos\alpha]\Delta\phi_{13}-[-(x_3-x_1)\cos\beta\cdot\sin\alpha+(y_3-y_1)\cos\beta\cdot\cos\alpha]\Delta\phi_{12}}{\frac{2\pi}{\lambda}\{[(x_2-x_1)(y_3-y_1)-(x_3-x_1)(y_2-y_1)]\cos\beta\sin\beta+}}{\cos^2\beta(z_2-z_1)[(x_3-x_1)\sin\alpha-(y_3-y_1)\cos\alpha]-\cos^2\beta(z_3-z_1)[(x_2-x_1)\sin\alpha-(y_2-y_1)\cos\alpha]\}} \tag{3.83}$$

取 $\Delta\phi_{12} = \Delta\phi_{13} = 1/\sqrt{S/N}$，根据天线摆放形式可得 $z_2 = z_3 = 0$，进一步整理化简式(3.82)、式(3.83)，得

$$\Delta\alpha_{12,13} = \frac{(x_3 - x_1 - x_2 + x_1)\cos\alpha + (y_3 - y_1 - y_2 + y_1)\sin\alpha}{\frac{2\pi}{\lambda}\cos\beta\sqrt{S/N}\{\cot\beta\cdot z_1[(x_3 - x_2)\sin\alpha - (y_3 - y_2)\cos\alpha] + [-(x_2 - x_1)(y_3 - y_1) + (x_3 - x_1)(y_2 - y_1)]\}} \tag{3.84}$$

$$\Delta\beta_{12,13} = \frac{(x_3 - x_1 - x_2 + x_1)\sin\alpha - (y_3 - y_1 - y_2 + y_1)\cos\alpha}{-\frac{2\pi}{\lambda}\sin\beta\sqrt{S/N}\{\cot\beta\cdot z_1[(x_3 - x_2)\sin\alpha - (y_3 - y_2)\cos\alpha] + [-(x_2 - x_1)(y_3 - y_1) + (x_3 - x_1)(y_2 - y_1)]\}} \tag{3.85}$$

由式(3.84)、式(3.85)可以看出，误差公式中由于立体阵列 z 值的存在，立体阵列的测向误差小于平面阵列；当仰角 β 越接近于 90° 时，立体阵列 z 值变化对测向误差影响越小，当 $\beta = 90°$ 时立体阵列的测向误差可等效天线 1 在 xOy 平面投影天线与其他天线构成的平面阵列的测向误差。仰角 β 增大，方位角 α 的测向误差增大，而仰角 β 的测向误差减小。结合式(2.10)、式(2.11)可以看出，当方位角 α 不变时，仰角 β 增大，航向角 θ 和俯仰角 φ 的测向误差减小。

若对相位差取 N 次平均，则有 $\Delta\phi_{12} = \Delta\phi_{13} = 1/\sqrt{N\times S/N}$，得到测向误差公式(式(3.86)、式(3.87))，可以看出，对相位差取 N 次平均然后再求解所得测向误差将减小。

$$\Delta\alpha_{12,13} = \frac{(x_3 - x_1 - x_2 + x_1)\cos\alpha + (y_3 - y_1 - y_2 + y_1)\sin\alpha}{\frac{2\pi}{\lambda}\cos\beta\sqrt{N\times S/N}\{\cot\beta\cdot z_1[(x_3 - x_2)\sin\alpha - (y_3 - y_2)\cos\alpha] + [-(x_2 - x_1)(y_3 - y_1) + (x_3 - x_1)(y_2 - y_1)]\}} \tag{3.86}$$

$$\Delta\beta_{12,13} = \frac{(x_3 - x_1 - x_2 + x_1)\sin\alpha - (y_3 - y_1 - y_2 + y_1)\cos\alpha}{-\frac{2\pi}{\lambda}\sin\beta\sqrt{N\times S/N}\{\cot\beta\cdot z_1[(x_3 - x_2)\sin\alpha - (y_3 - y_2)\cos\alpha] + [-(x_2 - x_1)(y_3 - y_1) + (x_3 - x_1)(y_2 - y_1)]\}} \tag{3.87}$$

由于天线 1、天线 2、天线 3 摆放在圆柱体上，为了简化误差公式，可以用柱坐标来代替直角坐标。令 $x_i = r\cos\psi_i$，$y_i = r\sin\psi_i$，$z_i = z_i(i = 1,2,3)$，其中 r 为天线盘半径，ψ_i 为天线与原点连线在 XOY 平面与 X 轴正方向之间的夹角逆时针为正，则式(3.86)、式(3.87)可以简化为

$$\Delta\alpha_{12,13} = \frac{\cos(\psi_3 - \alpha) - \cos(\psi_1 - \alpha) - \cos(\psi_2 - \alpha) + \cos(\psi_1 - \alpha)}{\frac{2\pi}{\lambda}\cos\beta\sqrt{N\times S/N}\{z_1\cot\beta[\sin(\psi_2 - \alpha) - \sin(\psi_3 - \alpha)] + r[\sin(\psi_2 - \psi_3) + \sin(\psi_3 - \psi_1) + \sin(\psi_1 - \psi_2)]\}} \tag{3.88}$$

$$\Delta\beta_{12,13} = \frac{\sin(\psi_3-\alpha)-\sin(\psi_1-\alpha)-\sin(\psi_2-\alpha)+\sin(\psi_1-\alpha)}{\frac{2\pi}{\lambda}\sin\beta\sqrt{N\times S/N}\{z_1\cot\beta[\sin(\psi_2-\alpha)-\sin(\psi_3-\alpha)]+r[\sin(\psi_2-\psi_3)+\sin(\psi_3-\psi_1)+\sin(\psi_1-\psi_2)]\}} \tag{3.89}$$

对式(3.1)求导,得

$$\frac{1}{\cos^2\theta}\mathrm{d}\theta = -\frac{\sin\alpha}{\sin^2\beta}\mathrm{d}\beta + \cot\beta\cos\alpha\mathrm{d}\alpha \tag{3.90}$$

整理,得

$$\mathrm{d}\theta = \frac{-\sin\alpha\mathrm{d}\beta + \sin\beta\cos\beta\cos\alpha\mathrm{d}\alpha}{1-\cos^2\beta\cos^2\alpha} \tag{3.91}$$

则航向角 θ 测向误差可表示为

$$\Delta\theta_{12,13} = \frac{-\sin\alpha\Delta\beta_{12,13} + \sin\beta\cos\beta\cos\alpha\Delta\alpha_{12,13}}{1-\cos^2\beta\cos^2\alpha} \tag{3.92}$$

同理对式(3.2)求导,整理得俯仰角 φ 测向误差为

$$\Delta\varphi_{12,13} = \frac{\cos\alpha\Delta\beta_{12,13} + \sin\beta\cos\beta\sin\alpha\Delta\alpha_{12,13}}{\sin^2\alpha\cos^2\beta - 1} \tag{3.93}$$

将式(3.88)、式(3.89)代入式(3.92)、式(3.93),即可得到航向角和俯仰角的测向误差。

由于对三根天线进行测向,理论上选取基线组合方法有三种,分别为12,13、21,23、31,32。在推导天线1、天线2、天线3的测向误差时,只单一考虑基线12,13测向误差作为衡量三根天线总体误差是不全面的,其他基线组合同理也会产生测向误差,故要把三种基线组合产生的测向误差算数平均值作为总体测向误差才是全面的。

通过同样的推导,可以得到基线21,23的测向误差为

$$\Delta\alpha_{21,23} = \frac{\frac{z_1\cot\beta}{r}+\cos(\psi_3-\alpha)-\cos(\psi_2-\alpha)-\cos(\psi_1-\alpha)+\cos(\psi_2-\alpha)}{\frac{2\pi}{\lambda}\cos\beta\sqrt{N\times S/N}\{z_1\cot\beta[\sin(\psi_3-\alpha)-\sin(\psi_2-\alpha)]+r[\sin(\psi_1-\psi_3)+\sin(\psi_2-\psi_1)+\sin(\psi_3-\psi_2)]\}} \tag{3.94}$$

$$\Delta\beta_{21,23} = \frac{\sin(\psi_3-\alpha)-\sin(\psi_2-\alpha)-\sin(\psi_1-\alpha)+\sin(\psi_2-\alpha)}{\frac{2\pi}{\lambda}\sin\beta\sqrt{N\times S/N}\{z_1\cot\beta[\sin(\psi_3-\alpha)-\sin(\psi_2-\alpha)]+r[\sin(\psi_1-\psi_3)+\sin(\psi_2-\psi_1)+\sin(\psi_3-\psi_2)]\}} \tag{3.95}$$

$$\Delta\theta_{21,23} = \frac{-\sin\alpha\Delta\beta_{21,23} + \sin\beta\cos\beta\cos\alpha\Delta\alpha_{21,23}}{1-\cos^2\beta\cos^2\alpha} \tag{3.96}$$

$$\Delta\varphi_{21,23} = \frac{\cos\alpha\Delta\beta_{21,23} + \sin\beta\cos\beta\sin\alpha\Delta\alpha_{21,23}}{\sin^2\alpha\cos^2\beta - 1} \tag{3.97}$$

由基线组合 31-32 产生的测向误差为

$$\Delta\alpha_{31,32} = \frac{\frac{z_1\cot\beta}{r} + \cos(\psi_2 - \alpha) - \cos(\psi_3 - \alpha) - \cos(\psi_1 - \alpha) + \cos(\psi_3 - \alpha)}{\frac{2\pi}{\lambda}\cos\beta\sqrt{N \times S/N}\{z_1\cot\beta[\sin(\psi_2 - \alpha) - \sin(\psi_3 - \alpha)] + r[\sin(\psi_1 - \psi_2) + \sin(\psi_3 - \psi_1) + \sin(\psi_2 - \psi_3)]\}} \tag{3.98}$$

$$\Delta\beta_{31,32} = \frac{\sin(\psi_2 - \alpha) - \sin(\psi_3 - \alpha) - \sin(\psi_1 - \alpha) + \sin(\psi_3 - \alpha)}{\frac{2\pi}{\lambda}\sin\beta\sqrt{N \times S/N}\{z_1\cot\beta[\sin(\psi_2 - \alpha) - \sin(\psi_3 - \alpha)] + r[\sin(\psi_1 - \psi_2) + \sin(\psi_3 - \psi_1) + \sin(\psi_2 - \psi_3)]\}} \tag{3.99}$$

$$\Delta\theta_{31,32} = \frac{-\sin\alpha\Delta\beta_{31,32} + \sin\beta\cos\beta\cos\alpha\Delta\alpha_{31,32}}{1 - \cos^2\beta\cos^2\alpha} \tag{3.100}$$

$$\Delta\varphi_{31,32} = \frac{\cos\alpha\Delta\beta_{31,32} + \sin\beta\cos\beta\sin\alpha\Delta\alpha_{31,32}}{\sin^2\alpha\cos^2\beta - 1} \tag{3.101}$$

在每一种基线选取中,由于接收到的目标雷达(或其他辐射源)的信号方向具有随机性,为了便于分析简化计算,故可以把方位角 α 看成在[0°,360°]均匀分布的随机变量,仰角 β 看成在[0°,90°]均匀分布的随机变量,且 α、β 相互独立,其中 α 的概率密度函数 $f_\alpha(\alpha) = 1/360$,β 的概率密度函数 $f_\beta(\beta) = 1/90$,故可以用随机变量方位角 α、仰角 β 的数学期望的模值来定义某种基线组合下的测向误差。这样就可以用式(3.102)来定义基线 12-13 方位角的测向误差:

$$\left| E(\Delta\alpha_{12,13}) \right| = \left| \iint \Delta\alpha_{12,13}(\alpha,\beta) f_\alpha(\alpha) f_\beta(\beta)\,\mathrm{d}\alpha\mathrm{d}\beta \right| = \iint \left| \Delta\alpha_{12,13}(\alpha,\beta) \right| f_\alpha(\alpha) f_\beta(\beta)\,\mathrm{d}\alpha\mathrm{d}\beta \tag{3.102}$$

在计算机运算过程中,积分运算较为复杂,运算时间较长,由于积分的实质就是连加取极限,故可以根据二重积分的定义式来计算式(3.102)以达到简化计算复杂度、减少运算时间的目的。不妨把区间(0°,360°)和区间[0°,90°]分成 n 等份,则分点为 $\alpha_i = i360/n$,$\beta_i = i90/n$ $(i = 1,2,\cdots,n-1)$,每一个小闭区间长度分别为 $\Delta\alpha = 360/n$、$\Delta\beta = 90/n$,这样,第 i 个小闭区间的面积为 $\Delta\sigma_i = 360 \times 90/n^2$,于是得和式:

$$\sum_{i=1}^{n} \left| \Delta\alpha_{12,13}(\alpha_i,\beta_i) \right| f_\alpha(\alpha) f_\beta(\beta) \Delta\sigma_i = \sum_{i=1}^{n} \left| \Delta\alpha_{12,13}(\alpha_i,\beta_i) \right| /n^2 \tag{3.103}$$

当各小闭区间内直径中的最大值趋于零即 $n \to \infty$ 时,对式(3.103)取极限,得

$$\lim_{n\to\infty}\sum_{i=1}^{n} \left| \frac{\cos\left(\psi_3 - \frac{i360}{n}\right) - \cos\left(\psi_2 - \frac{i360}{n}\right)}{\frac{2\pi}{\lambda}\cos\frac{i90}{n}\sqrt{N \times S/N}\left\{z_1\cot\frac{i90}{n}\left[\sin\left(\psi_2 - \frac{i360}{n}\right) - \sin\left(\psi_4 - \frac{i360}{n}\right)\right] + r[\sin(\psi_2 - \psi_3) + \sin(\psi_1 - \psi_2) + \sin(\psi_3 - \psi_1)]\right\}} \right| \frac{1}{n^2} \tag{3.104}$$

其中,令

$$u_n = \left| \frac{\cos\left(\psi_3 - \frac{i360}{n}\right) - \cos\left(\psi_2 - \frac{i360}{n}\right)}{\frac{2\pi}{\lambda}\cos\frac{i90}{n}\sqrt{N \times S/N}\left\{z_1\cot\frac{i90}{n}\left[\sin\left(\psi_2 - \frac{i360}{n}\right) - \sin\left(\psi_3 - \frac{i360}{n}\right)\right] + r[\sin(\psi_2 - \psi_3) + \sin(\psi_3 - \psi_1) + \sin(\psi_1 - \psi_2)]\right\}} \right| \frac{1}{n^2} \tag{3.105}$$

如果这和的极限总存在,则称此极限为函数 $\Delta\alpha_{12,13}(\alpha,\beta)$ 在闭区间内的二重积分。若要证明式(3.105)中极限总存在,就要证明级数 $\sum u_n$ 收敛,其中 u_n 为正向级数。根据极限审敛法可知,级数 $\sum u_n$ 总是收敛的,则式(3.102)可以完全等效于式(3.105)。由于式(3.105)具有收敛性, n 不用趋于无穷,只需趋于某一固定值时得到的近似解就能充分接近理论解,这样就可以很大程度上简化计算复杂度节省运算时间。同理,可以定义基线 12,13 的仰角测向误差 $|E(\Delta\beta_{12,13})|$ 、航向角的测向误差 $|E(\Delta\theta_{12,13})|$ 、俯仰角的测向误差 $|E(\Delta\varphi_{12,13})|$ 。基线 21,23 和基线 31,32 的测向误差同理可推,这里不再赘述。

由于三根天线进行测向时共有三种基线组合方式可选取,故天线 1、天线 2、天线 3 测向所产生的方位角平均测向误差可定义为三种基线组合所产生的方位角测向误差的平均值,即

$$\Delta\alpha_{1,2,3} = \frac{|E(\Delta\alpha_{12,13})| + |E(\Delta\alpha_{21,23})| + |E(\Delta\alpha_{31,32})|}{3} \tag{3.106}$$

类似地,可以定义天线 1、天线 2、天线 3 测向时,仰角、航向角、俯仰角的平均测向误差 $\Delta\beta_{1,2,3}$ 、$\Delta\theta_{1,2,3}$ 、$\Delta\varphi_{1,2,3}$ 。

通过计算式(3.106),来比较不同三元阵列形式的测向误差,选取误差最小的阵列形式进行测向;天线阵列确定后,通过计算式(3.104)来比较不同基线组合的测向误差,从而确定具体使用哪两个基线进行测向。

由于在同一时刻,方位角和仰角同时得到,有时可能关注方位角和仰角联合测向误差,所以用式(3.107)来定义方位角和仰角的联合测向误差:

$$M_{1,2,3} = \Delta\alpha_{1,2,3} + \Delta\beta_{1,2,3} \tag{3.107}$$

类似地,可以定义航向角和俯仰角的联合测向误差:

$$N_{1,2,3} = \Delta\theta_{1,2,3} + \Delta\varphi_{1,2,3} \tag{3.108}$$

3.4.1.2 高频段立体阵列五天线立体基线算法测向误差理论推导

在低频段不存在模糊的情况下,三根天线就能完成测向任务,但在高频段有测向模糊的存在,三根天线无法完成测向,这时就需要额外的天线来进行解模糊。立体基线法在高频段解模糊的方法是通过将两组测向结果进行比较从而得到正确的波达方向,在进行每组测向时,测向过程与低频段是一样的,不同的只是由于模糊会解出很多值,故在低频段的误差推导同样适用于高频段。在解模糊的过程中,要

选用一组测向误差最小的基线组合来保证测向精度而另一组来完成解模糊任务。当用立体阵列五天线测向时，就需要选择具体哪三根天线来完成，其余天线来完成解模糊。若再增加阵元数，将会产生测向冗余，即在测向工程中有的天线得不到使用，而且测向通道增加，通道不一致性的问题影响严重。立体阵列五天线示意图如图 3.24 所示，根据图 3.24 来说明用哪三根天线来保证测向精度方法。

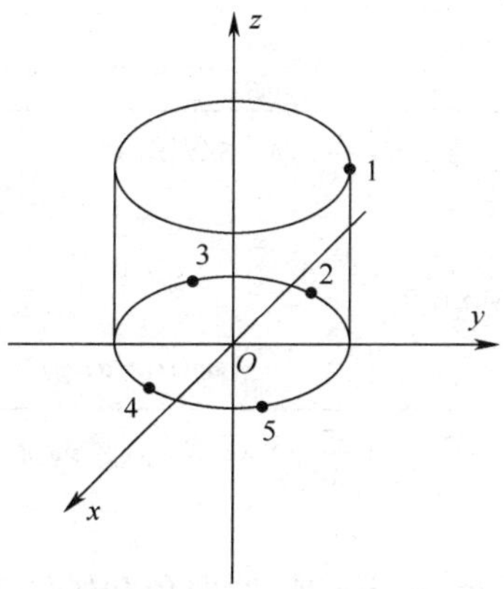

图 3.24　立体阵列五天线位置示意图

由于三根天线就可以完成测向，而实际测向时有五根天线且必须使用天线 1 进行测向，故天线的选择方式就有 $C_1^1C_4^2 = 6$ 种，分别为天线 1,2,3、天线 1,2,4、天线 1,2,5、天线 1,3,4、天线 1,3,5、天线 1,4,5，所以最终的基线组合方法为 $C_1^1C_4^2C_3^2 = 18$ 种。由于三天线测向理论前面已经推导过，故五天线的测向误差可以定义为 6 种天线选择方式的测向误差平均值。五根天线的方位角的测向误差记为 $\Delta\alpha$：

$$\Delta\alpha = \frac{1}{6}(\Delta\alpha_{1,2,3} + \Delta\alpha_{1,2,4} + \Delta\alpha_{1,2,5} + \Delta\alpha_{1,3,4} + \Delta\alpha_{1,3,5} + \Delta\alpha_{1,4,5}) \tag{3.109}$$

类似地，可以定义仰角、航向角、俯仰角的测向误差，分别记为 $\Delta\beta$ 、$\Delta\theta$ 、$\Delta\varphi$ 。所以在五元立体阵列摆放形式选取过程中，可以通过计算式(3.109)来比较不同摆放形式测向误差，最终确定误差最小的阵列形式；在阵元位置确定后，通过式(3.106)比较 6 种天线选择方式的测向误差来确定天线选择方式，最后通过前面推导的基线组合测向误差公式来确定用哪两个基线来测向。

3.4.1.3　航向角和俯仰角测向误差相互比较方法

前面的误差分析都是讨论平均测向误差，下面主要分析在阵元摆放位置确定的情况下，低频段的航向角和俯仰角测向误差。通过对航向角和俯仰角的测向误差公式推导，总结出一种航向角和俯仰角误差相互比较的简便方法，使复杂的问题简单化，给工程实践提供参考。图 3.25 为误差分析原理，其中天线 2，是天线 1 在 xoy 平面的投影天线。

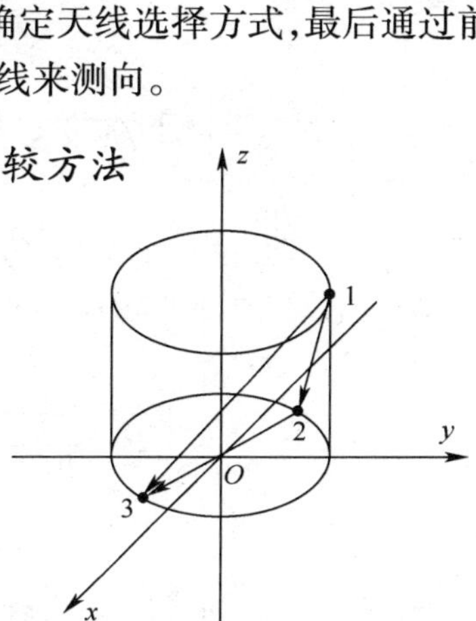

图 3.25　误差分析原理

将式(3.88)、式(3.89)代入式(3.92)、式(3.93)展开，得

$$\Delta\theta_{12,13}=\frac{\frac{-\sin\alpha}{\sin\beta}[\sin(\psi_3-\alpha)-\sin(\psi_2-\alpha)]+\sin\beta\cos\alpha[\cos(\psi_3-\alpha)-\cos(\psi_2-\alpha)]}{(1-\cos^2\beta\cos^2\alpha)\frac{2\pi}{\lambda}\sqrt{N\times S/N}\{z_1\cot\beta[\sin(\psi_2-\alpha)-\sin(\psi_3-\alpha)]+r[\sin(\psi_2-\psi_3)+\sin(\psi_3-\psi_1)+\sin(\psi_1-\psi_2)]\}} \quad (3.110)$$

$$\Delta\varphi_{12,13}=\frac{\frac{\cos\alpha}{\sin\beta}[\sin(\psi_3-\alpha)-\sin(\psi_2-\alpha)]+\sin\beta\sin\alpha[\cos(\psi_3-\alpha)-\cos(\psi_2-\alpha)]}{(\cos^2\beta\sin^2\alpha-1)\frac{2\pi}{\lambda}\sqrt{N\times S/N}\{z_1\cot\beta[\sin(\psi_2-\alpha)-\sin(\psi_3-\alpha)]+r[\sin(\psi_2-\psi_3)+\sin(\psi_3-\psi_1)+\sin(\psi_1-\psi_2)]\}} \quad (3.111)$$

处于近轴时，航向角和俯仰角的测向误差公式可以进一步化简为

$$\Delta\theta_{12,13}=\frac{\cos\psi_3-\cos\psi_2}{\frac{2\pi}{\lambda}\sqrt{N\times S/N}r[\sin(\psi_2-\psi_3)+\sin(\psi_3-\psi_1)+\sin(\psi_1-\psi_2)]} \quad (3.112)$$

$$\Delta\varphi_{12,13}=\frac{\sin\psi_3-\sin\psi_2}{-\frac{2\pi}{\lambda}\sqrt{N\times S/N}r[\sin(\psi_2-\psi_3)+\sin(\psi_3-\psi_1)+\sin(\psi_1-\psi_2)]} \quad (3.113)$$

将式(3.110)、式(3.111)分子和分母同乘以天线盘半径 r，并用随机变量数学期望的模值来表示测向误差：

$$\begin{aligned}|E(\Delta\theta_{12,13})| &= \left|\iint\Delta\theta_{12,13}(\alpha,\beta)f_\alpha(\alpha)f_\beta(\beta)\,\mathrm{d}\alpha\mathrm{d}\beta\right| \\ &= \left|\frac{x_3-x_2}{\frac{2\pi}{\lambda}\sqrt{N\times S/N}[(x_3-x_1)(y_2-y_1)-(x_2-x_1)(y_3-y_1)]}\right|\end{aligned} \quad (3.114)$$

$$\begin{aligned}|E(\Delta\varphi_{12,13})| &= \left|\iint\Delta\varphi_{12,13}(\alpha,\beta)f_\alpha(\alpha)f_\beta(\beta)\,\mathrm{d}\alpha\mathrm{d}\beta\right| \\ &= \left|-\frac{y_3-y_2}{\frac{2\pi}{\lambda}\sqrt{N\times S/N}[(x_3-x_1)(y_2-y_1)-(x_2-x_1)(y_3-y_1)]}\right|\end{aligned} \quad (3.115)$$

将式(3.114)和式(3.115)相除，得

$$\frac{|E(\Delta\theta_{12,13})|}{|E(\Delta\varphi_{12,13})|}=\frac{|x_3-x_2|}{|y_3-y_2|} \quad (3.116)$$

由式(3.116)，得

$$|E(\Delta\theta_{12,13})| \propto |x_3 - x_2|, \quad |E(\Delta\varphi_{12,13})| \propto |y_3 - y_2| \tag{3.117}$$

同理可推

$$|E(\Delta\theta_{21,23})| \propto |x_3 - x_1|, \quad |E(\Delta\varphi_{21,23})| \propto |y_3 - y_1| \tag{3.118}$$

$$|E(\Delta\theta_{31,32})| \propto |x_2 - x_1|, \quad |E(\Delta\varphi_{31,32})| \propto |y_2 - y_1| \tag{3.119}$$

其中，$|x_3 - x_2|$ 可以看成天线 2 和天线 3 所构成的天线矢量 $\overrightarrow{23}$ 在 x 轴的等效长度；$|y_3 - y_2|$ 可以看成天线 2 和天线 3 所构成的天线矢量 $\overrightarrow{23}$ 在 y 轴的等效长度，故用基线 12-13 测向时，航向角的测向误差正比于天线矢量 $\overrightarrow{23}$ 在 x 轴的等效长度，俯仰角的测向误差正比于天线矢量 $\overrightarrow{23}$ 在 y 轴的等效长度。由式(3.118)和式(3.119)可知：用基线 21-23 测向时，航向角的测向误差正比于天线矢量 $\overrightarrow{13}$ 在 x 轴的等效长度，俯仰角的测向误差正比于天线矢量 $\overrightarrow{13}$ 在 y 轴的等效长度；用基线 31-32 测向时，航向角的测向误差正比于天线矢量 $\overrightarrow{12}$ 在 x 轴的等效长度，俯仰角的测向误差正比于天线矢量 $\overrightarrow{12}$ 在 y 轴的等效长度。

通过上述分析，可以得到一种简单的比较航向角和俯仰角测向误差的新方法：当天线阵列摆放形式确定后，通过简单计算，比较天线矢量在 x 轴和 y 轴的等效长度之和，就可以知道此阵列形式下，航向角和俯仰角的测向误差之间的关系。

下面针对两种阵列形式确定的情况，应用上述方法比较这两种阵列形式的航向角和俯仰角测向误差之间的关系。第一种阵列形式各天线位置的柱坐标表示为(单位(m))

1($r\cos 90°$, $r\sin 90°$, 0.01)　2($r\cos 180°$, $r\sin 180°$, 0)　3($r\cos 0°$, $r\sin 0°$, 0)

第二种阵列形式各天线位置的柱坐标表示为(单位：m)。

1($r\cos 90°$, $r\sin 90°$, 0.01)　2($r\cos 225°$, $r\sin 225°$, 0)　3($r\cos 315°$, $r\sin 315°$, 0)

第一种阵列形式中，天线矢量 $\overrightarrow{23}$、天线矢量 $\overrightarrow{13}$、天线矢量 $\overrightarrow{12}$ 在 x 轴的等效长度之和为 4，而在 y 轴的等效长度之和为 2，故在第一种阵列形式下，航向角的测向误差是俯仰角测向误差的 2 倍。第二种阵列形式中，天线矢量 $\overrightarrow{23}$、天线矢量 $\overrightarrow{13}$、天线矢量 $\overrightarrow{12}$ 在 x 轴的等效长度之和为 2.8284，而在 y 轴的等效长度之和为 3.4142，故在第二种阵列形式下，俯仰角的测向误差是航向角测向误差的 1.21 倍。

按照上述航向角和俯仰角误差比较方法，就能在阵元摆放位置确定后比较航向角和俯仰角测向误差之间的关系，后面的仿真会针对上述两种阵列形式验证此方法的正确性和可行性。

3.4.2 测向误差的影响因素

3.4.2.1 通道不一致性与 z 值变化对测向误差影响分析

在相位干涉仪测向系统中，相位误差的存在对整个测向系统的测向效果影响较大,因此分析通道不一致性对测向性能的影响对整个测向系统尤为重要。接收信号在设备中经过的天线、信道、比相器、终端处理器等各个环节都会引入附加相移,所以在实际的工程应用中,通道不一致性对整个测向系统中的测向性能的影响不可避免。立体基线进行测向是根据各通道之间的相位差来确定来波方向的,但通道间附加相移的存在会使得各通道之间相位差存在误差,从而导致测向误差变大。通道不一致性严重时,可能无法正确测向,所以要尽量减小通道不一致性来保证测向误差。

在立体阵列测向时,通过对测向误差的理论推导公式可知,当阵元形式确定后,z 值变化会对测向误差产生一定的影响,同时,z 值的变化也会影响到天线所占空间,故分析 z 值对测向误差的影响来恰当地选取 z 值保证测向误差的同时又要使天线有效地利用空间就显得尤为重要。假设天线摆放形式确定,由此可知各天线柱坐标角度分别为 $\psi_1 = 90°$,$\psi_2 = 190°$,$\psi_3 = -50°$,来波方向方位角 $\alpha = 60°$,仰角 $\beta = 80°$,频率 $f = 700\text{MHz}$,z 值从 0.01~0.04m 之间变化,在 z 值不同下,航向角和俯仰角的理论联合测向误差理论仿真结果如图 3.26 所示。

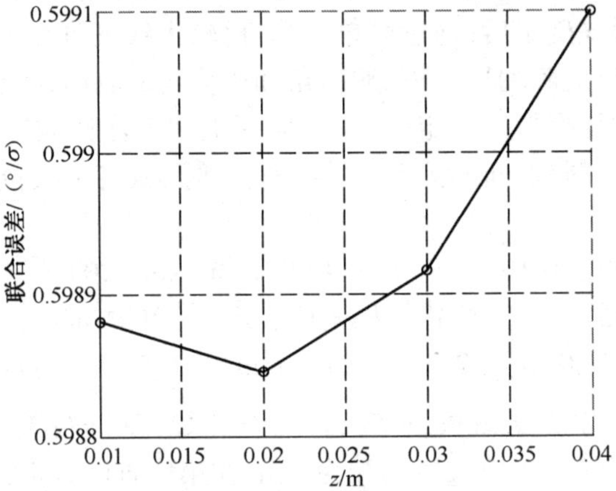

图 3.26 不同 z 值下,航向角和俯仰角理论联合测向误差

由图 3.26 可知,在此阵列形式下,当 z 值逐渐变大时,联合测向误差先变小后变大。由式(3.84)、式(3.85)可知,来波方向 β 越接近于 90°,z 值的变化对测向误差影响越小。在理想情况下即来波方向 $\beta = 90°$ 时,z 值的变化对测向误差没有影响。

3.4.2.2 天线位置变化对测向误差影响分析

通过对基于立体阵列的立体基线测向误差公式推导可知,天线位置的变化对测向误差影响较大,故选择最佳的阵元位置在实际工程应用中意义重大。在分析天线位置变化对测向误差的影响时,只针对低频段基于立体阵列的三天线进行说明。在理论分析过程中,假设天线盘半径 $r = 0.1\text{m}$,频率 $f = 0.7\text{GHz}$,方位角 α 的范围为 0~360°,每20°采一个点,共采 18 个点,仰角 β 的范围为 1~89°,每 1°采一个点,共采 89 个点。天线 1 的位置固定为柱坐标角度 $\psi_1 = 90°$,天线 2 的位置柱坐标角度 ψ_2 变化为90~270°,天线 3 的位置柱坐标角度 ψ_3 变化为270~450°,搜索步长为 1°。当天线 2、天线 3 进行角度搜索时,可以得到天线 2 和天线 3 不同位置下的理论测向误差。对测向误差进行比较可知,当天线 2 位置 $\psi_2 = 210°$ 、天线 3 位置 $\psi_3 = 330°$ 时,系统的方位角的测向误差为 0. 2130、仰角误差为 0. 2591、航向角误差为 0. 3941、俯仰角误差为 0. 4790,并且同时达到最小值。

对其进行仿真分析时,进行 100 次蒙特卡罗(Monte - Carlo)仿真,为了不失一般性,将测向误差从小到大排列取第 68 个测向误差作为最终结果,由于天线 2 和天线 3 位置变化时相邻角度的整个系统测向误差相差不大,故对测向误差取对数运算使图像具有一定的区分度。

图 3. 27、图 3. 28、图 3. 29 所示为当天线 2、天线 3 位置变化时,方位角测向误差、仰角测向误差及其联合测向误差变化情况。图 3. 30、图 3. 31、图 3. 32 分别为当天线 2、天线 3 位置变化时,航向角测向误差、俯仰角测向误差及其联合测向误差变化情况。

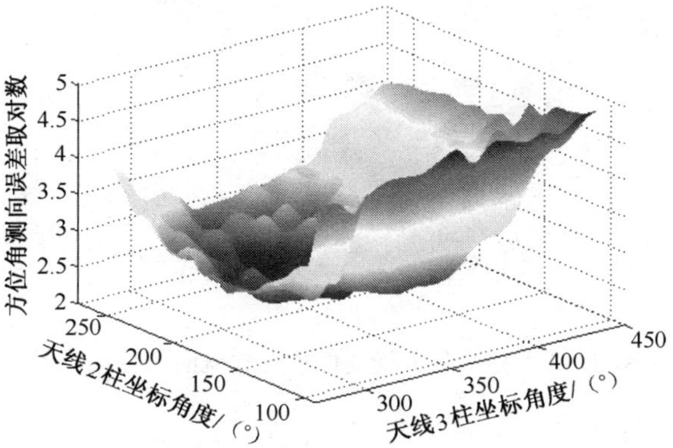

图 3. 27　天线 2、天线 3 位置变化方位角测向误差

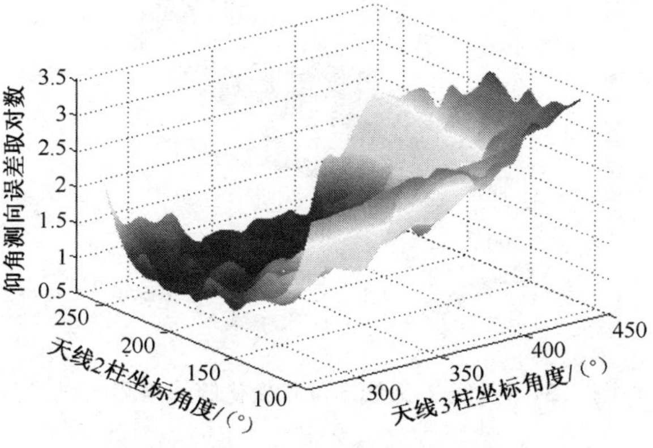

图 3. 28　天线 2、天线 3 位置变化仰角测向误差

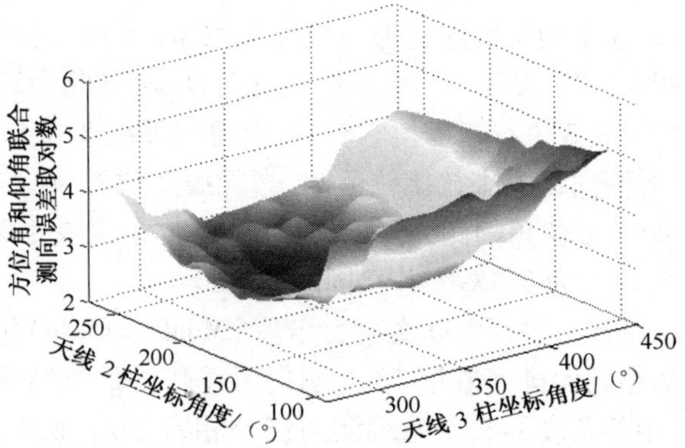

图 3.29　天线 2、天线 3 位置变化方位角和仰角联合测向误差

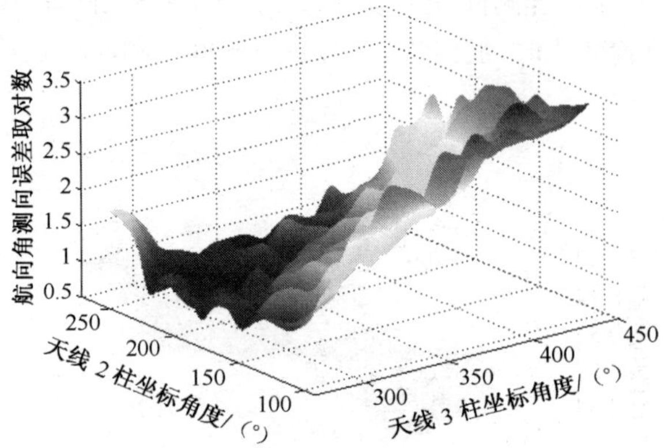

图 3.30　天线 2、天线 3 位置变化航向角测向误差

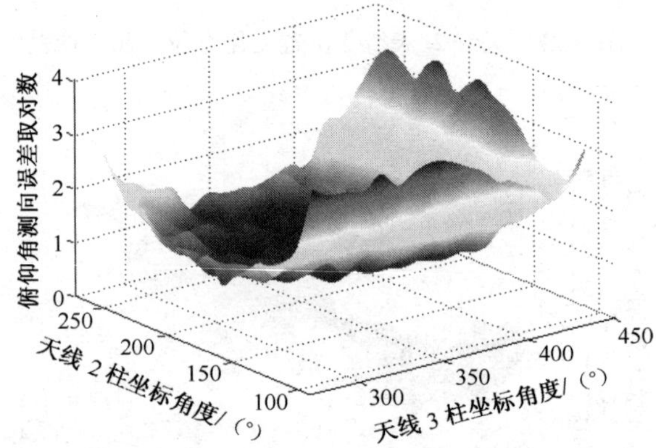

图 3.31　天线 2、天线 3 位置变化俯仰角测向误差

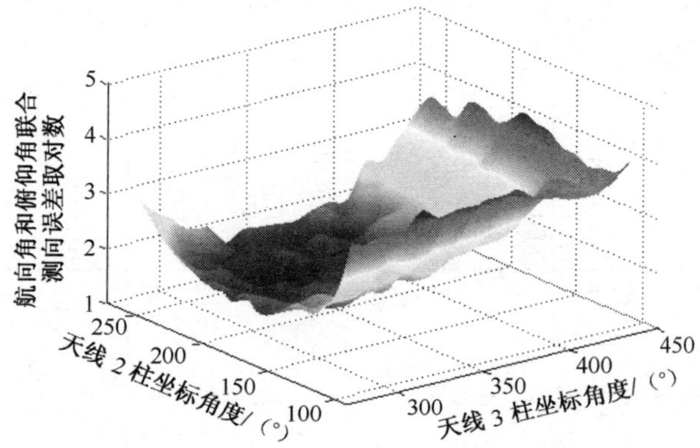

图 3.32　天线 2、天线 3 位置变化航向角和俯仰角联合测向误差

通过对天线 2、天线 3 位置角度搜索，可以从图 3.27～图 3.30 看出，当天线 2 的柱坐标角度 $\psi_2 = 210°$ 、天线 3 的柱坐标角度 $\psi_3 = 330°$ 时，方位角的测向误差取得最小值 8.7684，仰角的测向误差取得最小值 1.8874，方位角和仰角联合测向误差取得最小值 10.6558；航向角的测向误差取得最小值 1.8231，俯仰角的测向误差取得最小值 2.0065，航向角和俯仰角联合测向误差取得最小值 3.8296。由此可知，当三根天线摆放位置在 xOy 平面投影成正三角形时，系统的方位角测向误差、仰角测向误差、航向角测向误差、俯仰角测向误差都同时取得最小值，而在其他位置，测向误差都要偏大。从图 3.27～图 3.32 可以看出，当天线 2、天线 3 同时靠近天线 1 时，测向误差变大且变大幅度较大，而当天线 2、天线 3 同时接近 $\psi = 270°$ 时，测向误差也变大但变大幅度较小。

3.4.2.3　阵列在 xOy 平面投影面积对测向误差影响分析

随着阵元位置发生变化，其在 xOy 平面的投影面积也将发生变化。现对下列四种立体阵列形式进行测向误差分析。图 3.33 为四种阵列的摆放形式，其中各天线柱坐标角度如图所示。

理论仿真天线盘半径 $r = 0.1\text{m}$，频率 $f = 1\text{GHz}$，四种阵列形式在全方位角、全仰角下的理论测向误差如表 3.7 所列。

从表 3.7 可以看出，阵列(a)的测向误差最小投影面积最大，而阵列(d)的测向误差最大投影面积最小，故可以总结出阵元形式在 xOy 的投影面积与测向误差成反比关系，即投影面积越大，测向误差越小。在实际工程应用中，摆放天线时可以有意地使其投影面积尽可能大，以降低测向误差。

3.4.2.4　基线组合的选择对测向误差影响分析

阵列形式确定之后，天线 1、天线 2、天线 3 共有三种基线组合方式，由于在实际测向过程中，只需选定一种基线组合来测向，所以可以通过各个角度的测向误差最小值来确定最终的基线组合方式。下面选用如图 3.34 所示的两种阵列形式来对基线组合的选择进行说明。

$\Psi_1 = 90°$, $\Psi_2 = 210°$, $\Psi_3 = 330°$

（a）

$\Psi_1 = 90°$, $\Psi_2 = 180°$, $\Psi_3 = 0°$

（b）

$\Psi_1 = 90°$, $\Psi_2 = 150°$, $\Psi_3 = 30°$

（c）

$\Psi_1 = 90°$, $\Psi_2 = 260°$, $\Psi_3 = 280°$

（d）

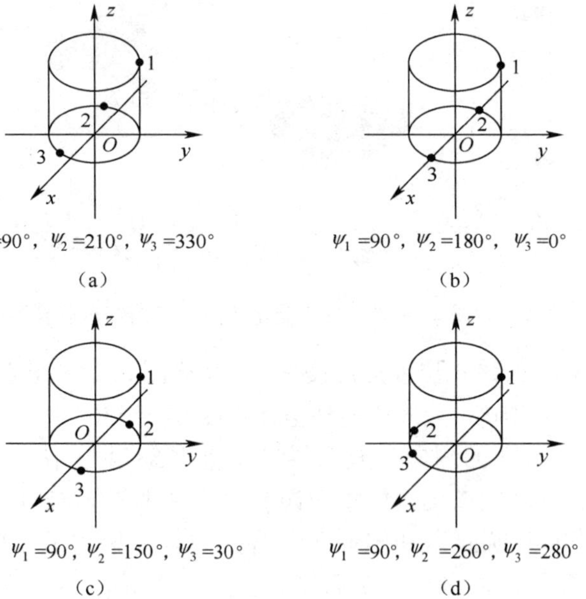

图 3.33　四种阵列摆放形式

表 3.7　四种阵列理论测向误差

阵列形式	（a）	（b）	（c）	（d）
方位角误差/(°)	0.2130	0.2728	0.4909	0.7346
仰角误差/(°)	0.2591	0.5034	0.6964	2.2862
航向角误差/(°)	0.3941	0.8672	1.1316	5.3970
俯仰角误差/(°)	0.4790	0.8544	1.0962	2.9412
投影面积	$1.299r^2$	r^2	$0.4330r^2$	$0.3447r^2$

$\Psi_1 = 90°$, $\Psi_2 = 190°$, $\Psi_3 = -50°$

（a）

$\Psi_1 = 90°$, $\Psi_2 = 130°$, $\Psi_3 = -45°$

（b）

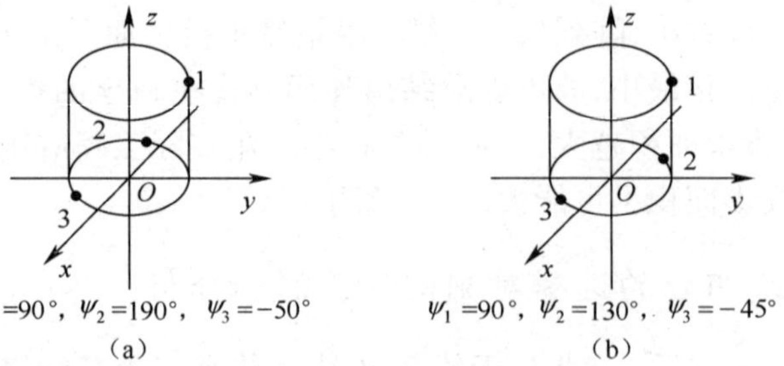

图 3.34　两种阵列摆放形式

在对基线组合选择的理论仿真过程中，假设来波方向 $\alpha=60°$，$\beta=80°$，两种阵列形式的测向误差如表3.8和表3.9所列。当来波方向变化为 $\alpha=30°$，$\beta=85°$ 时，两种阵列形式的测向误差如表3.10和表3.11所列。

表3.8　图3.34(a)不同基线组合的理论测向误差

测向误差/(°) \ 基线组合	12-13	21-23	31-32
方位角误差	0.1601	0.3575	0.5215
仰角误差	0.1054	0.0916	0.0164
航向角误差	0.1057	0.0491	0.0593
俯仰角误差	0.0296	0.1010	0.0706

表3.9　图3.34(b)不同基线组合的理论测向误差

测向误差/(°) \ 基线组合	12-13	21-23	31-32
方位角误差	0.4030	0.7833	0.3582
仰角误差	0.2254	0.1829	0.0548
航向角误差	0.1619	0.0921	0.0787
俯仰角误差	0.1764	0.2122	0.0262

表3.10　来波方向变化时，图3.34(a)不同基线组合的理论测向误差

测向误差/(°) \ 基线组合	12-13	21-23	31-32
方位角误差	0.7699	0.2217	0.9988
仰角误差	0.0803	0.1130	0.0320
航向角误差	0.0986	0.0401	0.0594
俯仰角误差	0.0362	0.1077	0.0712

表3.11　来波方向变化时，图3.34(b)不同基线组合的理论测向误差

测向误差/(°) \ 基线组合	12-13	21-23	31-32
方位角误差	0.5854	0.3232	0.9247
仰角误差	0.2310	0.2229	0.0145
航向角误差	0.1604	0.0876	0.0772
俯仰角误差	0.1750	0.2075	0.0277

从表3.8中可以看出，用基线12-13测向时，方位角和俯仰角的测向误差最小；用基线21-23测向时，航向角的误差最小；用基线31-32测向时，仰角的测向误

差最小。从表3.9中可以看出,用基线31-32测向时,方位角、仰角、航向角、俯仰角同时达到最小值。

从表3.8和表3.9可知,天线位置的变化会影响基线组合的选择情况;在同一基线组合上,方位角、仰角、航向角、俯仰角的测向误差可能同时达到最小值,也可能不在同一基线组合,故在实际工程应用中,基线组合的选择都要对其进行仿真验证来提供参考,没有必然的规律可循。从表3.10和表3.11可以看出,当来波方向发生变化时,对于方位角的测向误差,基线选择会发生变化,而对于仰角、航向角、俯仰角测向误差,基线选择不会发生变化。

3.4.3 测向误差仿真验证

3.4.3.1 通道不一致性和 z 值变化对测向误差影响仿真验证

对通道不一致性进行仿真验证时,阵列形式与理论分析一样,如图3.34(a)所示,相位差平均次数 $N=10$,在低频段进行仿真 $f=1\text{GHz}$,信号的来波方向 $\alpha=60°$ $\beta=80°$,信噪比 $S/N=15\sim25\text{dB}$。为了不失一般性,进行100次测向统计,将测向误差从小到大排列,取第68次的误差作为最终的测向误差。若系统存在通道不一致性10°,即在三通道之间人为地加入附加相位之差最大值为10°。在仿真中,保证有两个天线通道附加相位差为10°,然后在其他天线通道中随机加入附加相位,分别为天线1:-5°、天线2:0°、天线3:+5°。立体基线进行测向时,参与计算的各天线之间存在着附加相位差。按照此情况,对通道不一致性10°时,航向角误差进行仿真,如图3.35所示。从图3.35可知,若系统存在通道不一致性,测向误差会明显增大,严重时甚至无法正确测向,故要想办法尽可能地减小通道不一致性对测向性能的影响。

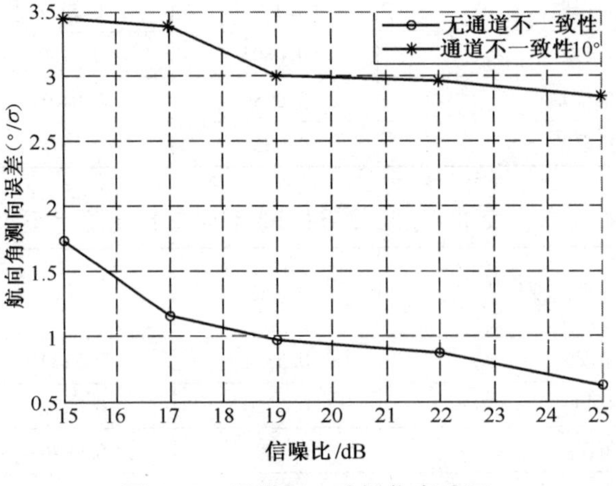

图3.35 通道不一致性仿真验证

对 z 值变化对测向误差影响进行仿真验证时,阵列形式与理论分析一样,如图3.34(a)所示,信噪比 $S/N=20\text{dB}$,z 值变化对航向角和俯仰角联合测向误差仿真如图3.36所示。从图3.36中可以看出，z值对测向误差的影响趋势与理论分析基本保持一致。在误差允许范围内，恰当地选取z值，既能保证测向误差，又能使天线盘有效利用空间，为工程应用提供了参考。

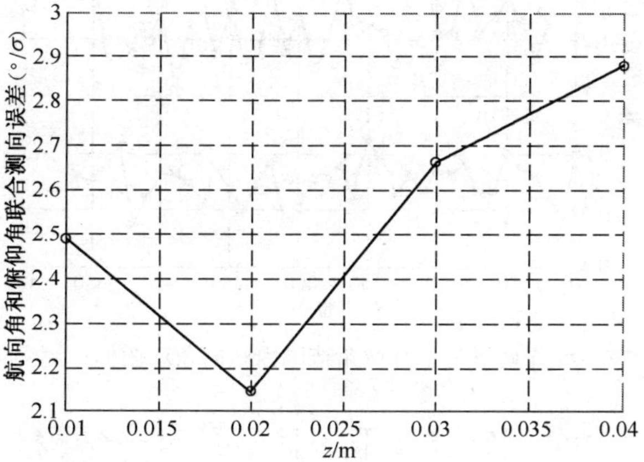

图3.36　不同z值下的测向误差

假设在理想情况下，即来波方向仰角$\beta=90°$时，对z值变化对测向误差影响进行仿真，其中航向角和俯仰角的测向误差仿真结果如表3.12所列。从表3.12可知，当仰角$\beta=90°$时，其测向误差几乎不变，即z值变化对测向误差没有影响，此时的立体阵列可等效为平面阵列。

表3.12　仰角$\beta=90°$时z值对测向误差的影响

z值/m 测向误差/(°)	0.01	0.02	0.03	0.04
航向角误差	1.0992	1.0642	1.1444	1.1159
俯仰角误差	1.1568	1.1902	1.1221	1.1003

3.4.3.2　航向角和俯仰角误差比较方法仿真验证

在实际仿真过程中，天线盘半径$r=0.1$m，频率$f=1$GHz，相位平均次数$N=20$，信噪比$S/N=20$dB，仰角$\beta=80°$，针对3.1.3节提到的两种阵列形式进行全方位角0°~360°的测向误差仿真，来验证航向角和俯仰角误差相互比较方法的正确性及可行性。图3.37为第一种阵列形式全方位角范围内航向角和俯仰角测向误差比较示意图。图3.38为第二种阵列形式全方位角范围内航向角和俯仰角测向误差比较示意图。

从图3.37中可以看出，在全方位角测向中，航向角的测向误差基本满足为俯仰角测向误差的2倍关系，这与理论分析保持一致。

从图3.38中可以看出，在全方位角测向中，俯仰角的测向误差基本满足为航

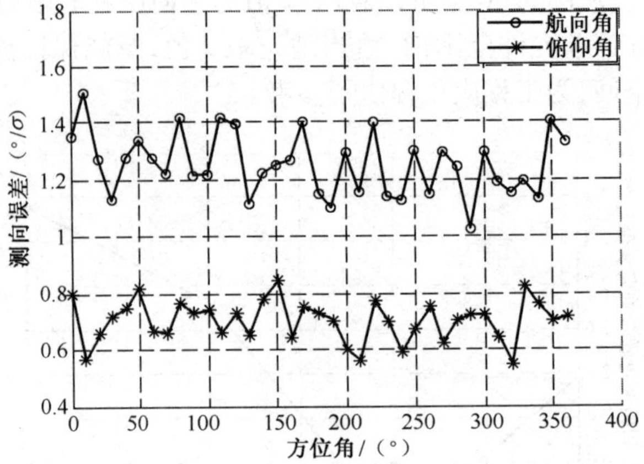

图 3.37　第一种阵列形式全方位角范围内航向角和俯仰角测向误差比较

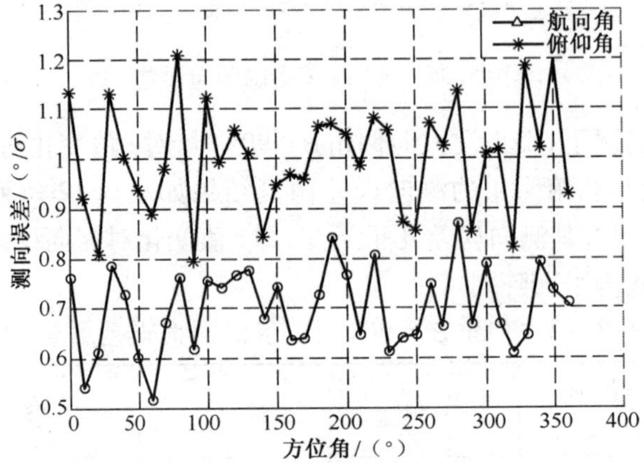

图 3.38　第二种阵列形式全方位角范围内航向角和俯仰角测向误差比较

向角测向误差的 1.21 倍的关系,这与理论分析保持一致。

从仿真结果可以看出,这种航向角和俯仰角测向误差相互比较的方法是具有可行性的。在实际工程中,若某种阵列形式确定后,可以根据上述比较方法求得测向误差之间的关系,再与技术指标进行对比来快速判断此种阵列形式是否满足工程要求,通过简单的计算使复杂问题简单化,故此种方法具有广泛的应用价值。

3.4.3.3　阵列在 xOy 平面投影面积对测向误差影响仿真验证

针对阵列在 xOy 平面投影面积对测向误差的影响,进行了实际仿真验证。阵列形式如图 3.33 所示,仿真条件与理论分析一样。由于在实际测向时会存在镜像模糊,并不是每种基线组合都能在全方位角、全仰角上完成无模糊测向,为了验证理论分析的正确性,将仰角 β 的取值范围缩小为40~80°。四种阵列形式下的测向误差结果如表 3.13 所列。

表 3.13　四种阵列仿真测向误差

阵列形式	(a)	(b)	(c)	(d)
方位角误差/(°)	1.9046	2.3294	4.0601	6.9565
仰角误差/(°)	0.9535	1.1545	2.0124	4.7986
航向角误差/(°)	0.9472	1.4212	1.9023	2.0083
俯仰角误差/(°)	0.9192	0.9369	1.0676	5.4826
投影面积	$1.299r^2$	r^2	$0.4330r^2$	$0.3447r^2$

从表 3.13 中可以看出,阵列(a)仿真测向误差最小,而阵列(d)仿真测向误差最大,即投影面积与测向误差成反比关系,这与理论分析相一致。在实际工程中,可以根据此原则来摆放天线位置,以提高天线测向性能。

3.4.3.4　基线组合的选择对测向误差影响仿真验证

在实际的仿真过程中,阵列形式如图 3.34 所示,仿真条件与理论分析一致,同样进行 100 次测向统计,将测向误差从小到大排列,取第 68 个测向误差作为仿真结果。当来波方向 $\alpha=60°$,$\beta=80°$ 时,如图 3.34(a)所示的天线阵列形式仿真测向误差如表 3.14 所列,如图 3.34(b)所示的天线阵列形式仿真测向误差如表 3.15 所列。当来波方向变为 $\alpha=30°$,$\beta=85°$ 时,如图 3.34(a)所示的天线阵列形式仿真测向误差如表 3.16 所列,如图 3.34(b)所示的天线阵列形式仿真测向误差如表 3.17所列。

表 3.14　图 3.34(a)不同基线组合的仿真测向误差

基线组合 / 测向误差/(°)	12-13	21-23	31-32
方位角误差	2.0933	2.4435	2.6590
仰角误差	0.6108	0.6041	0.5604
航向角误差	0.5129	0.4447	0.5080
俯仰角误差	0.5024	0.5522	0.5101

表 3.15　图 3.34(b)不同基线组合的仿真测向误差

基线组合 / 测向误差/(°)	12-13	21-23	31-32
方位角误差	4.0898	3.5987	3.2224
仰角误差	1.1228	1.0494	1.0349
航向角误差	0.7506	0.7033	0.6699
俯仰角误差	1.1316	1.2709	1.0755

表 3.16 来波方向变化图 3.34(a)不同基线组合的仿真测向误差

基线组合 / 测向误差/(°)	12-13	21-23	31-32
方位角误差	4.6836	4.6417	4.7877
仰角误差	0.5358	0.6179	0.4934
航向角误差	0.4783	0.4267	0.4481
俯仰角误差	0.4935	0.5351	0.5093

表 3.17 来波方向变化图 3.34(b)不同基线组合的仿真测向误差

基线组合 / 测向误差/(°)	12-13	21-23	31-32
方位角误差	4.0916	3.3624	4.3513
仰角误差	1.3194	1.2575	1.2038
航向角误差	0.9111	0.8113	0.7407
俯仰角误差	1.1684	1.1723	1.1440

从表 3.14~表 3.17 可以看出,实际的仿真结果与理论分析基本保持一致,并且在测向过程中,方位角的测向误差明显大于仰角的测向误差,方位角的测向误差基本可以代替方位角和仰角的联合测向误差,航向角的测向误差和俯仰角的测向误差相似,这是由于仿真过程中,仰角 β 接近于90°,由理论测向误差公式(式(3.84)和式(3.85))可以再一次验证上述结论,从而证明理论推导和仿真的正确性。

通过理论分析和仿真验证 ,可以大致了解实际测向中的误差大小关系,对实际工程基线组合的选择有一定的指导意义。但是当频率较高时,选取基线组合一定要考虑到选取的基线组合是否可以解来波方向的镜像模糊,如果解不了,就用另一个基线组合来解镜像模糊,用测向精度最高的基线组合来保证测向精度,以保证寻的器能够正确测向。

3.5 非均匀圆阵与均匀圆阵测向性能仿真分析

下面在非均匀圆阵与均匀圆阵下分析测向性能,建立两种天线模型,一种为五元非均匀圆阵,一种为五元均匀圆阵。设定天线盘上天线摆放允许的最大半径为100mm(天线圆心到天线盘圆心的距离)。根据立体基线测向原理及其解模糊问题的分析可知,当天线间距小于辐射波的半波长时,不会产生测向模糊,选取三根天线阵元为一组进行求解即可;但当天线间距大于辐射波的半波长时,会存在测向模糊,这时要选取三根天线阵元为一组,选取其中几组(最少两组)进行求解。由于真值是每组求解的结果中所共有的，所以通过比较各组求解结果找出真值，达到解模糊的目的，同时又要保证测向精度。

主要测向条件如下：

(1) 辐射信号频率范围：1～18GHz。

(2) 信噪比范围：5～25dB。

(3) 相位差取平均次数(N)：1～50。

(4) 俯仰角范围：60～90°。

(5) 方位角范围：0～360°。

其中，测向精度统计近轴10°的情况，进行蒙特卡罗仿真，测向角度在没有特殊说明的情况下均以航向角为例进行仿真分析，同时俯仰角的统计方法相同。

3.5.1 仿真程序流程图

根据立体基线测向原理，实现对Matlab软件程序的编写。首先，进行初始设置，包括信噪比、辐射信号频率、相位差平均次数、方位角、俯仰角等的设置，并建立天线盘模型，给出各天线坐标。其次，根据公式进行理论测向误差的计算，开始进行100次测向统计，每一次计算都包括辐射信号的产生、立体基线的计算，直至循环比较得到一组真值。最后将测量出的角度值与理论值进行对比，计算测向误差，若误差小于设定门限，就认为本次计算解模糊成功。当100次统计结束，就得到了最后的解模糊概率。仿真程序流程图如图3.39所示。

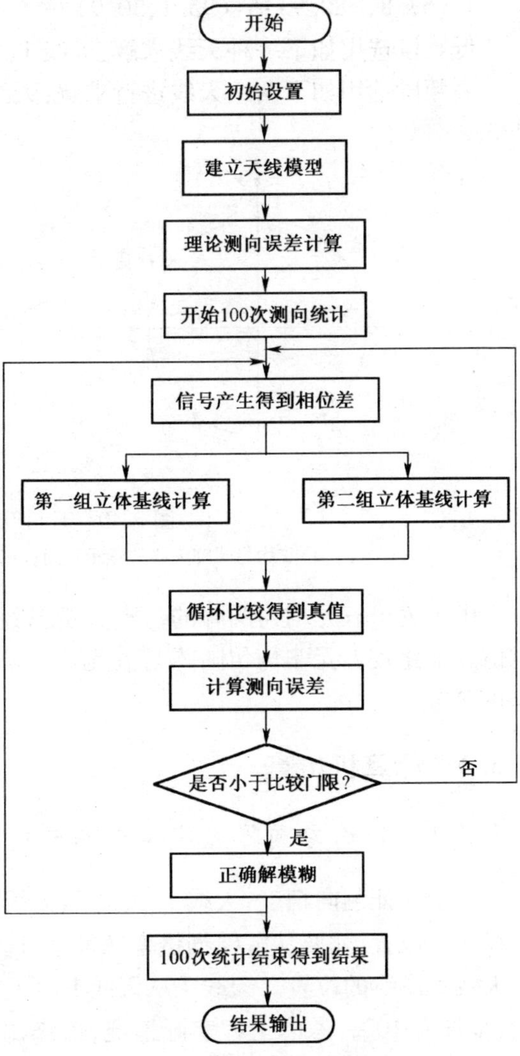

图3.39　仿真程序流程图

3.5.2 平面五元天线阵模型建立

将五根天线摆放在天线盘周边，在平面上形成非均匀圆阵，可以看出，当三根天线围成正三角形时，方位角 α 的测向误差 $\Delta\alpha$ 和仰角 β 的测向误差 $\Delta\beta$ 同时达到最小。而且航向角 θ 的测向误差 $\Delta\theta$ 和俯仰角 φ 的测

向误差 $\Delta\varphi$ 几乎相等并且维持在很小的水平。天线摆放如图 3.40(a)所示,给出天线 1、天线 2、天线 3 位置的直角坐标表示如下(单位为:mm),天线 4 的位置在天线 1、天线 2 之间,天线 5 的位置在天线 2、天线 3 之间,具体的位置待定。

1:(0,100);2:(-86.6,-50);3:(86.6,-50)

低频段选用如下一种天线求解:

天线 1、天线 2、天线 3

高频段选用如下两组天线进行求解:

天线 1、天线 2、天线 3;天线 3、天线 4、天线 5

建立均匀圆阵,如图 3.40(b)所示。给出各天线位置的直角坐标如下:

1:(0,100);2:(-95.1,30.9);3(-58.8,-80.9);

4:(58.8,-80.9);5:(95.1,30.9)

低频段选用如下一种天线求解:天线 1、天线 3、天线 4。

高频段选用如下两组天线进行求解:天线 1、天线 3、天线 4;天线 2、天线 3、天线 5。

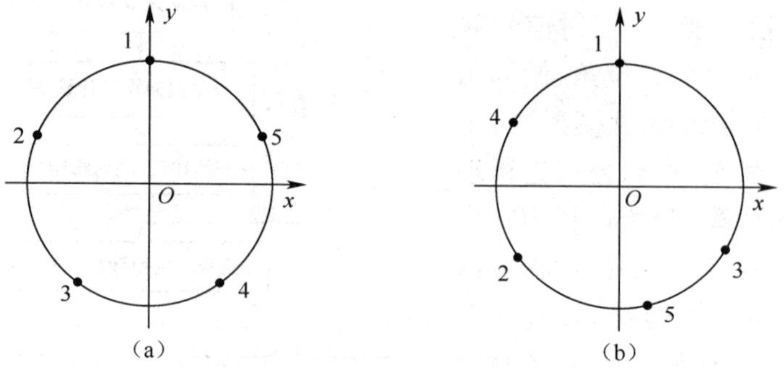

图 3.40　五元天线阵模型

(a)非均匀圆阵天线位置示意图;(b)均匀圆阵天线位置示意图。

由于关于五元均匀圆阵的仿真分析已经做过很多,下面的仿真分析主要是通过仿真来比较五元非均匀圆阵与五元均匀圆阵的测向性能差异,为实际工程应用提供参考。

3.5.3 计算机仿真

3.5.3.1 非均匀圆阵天线位置的确定

为了保证测向精度,天线 1、天线 2、天线 3 的位置已经确定,为了确定天线 4、天线 5 的位置,就要从解模糊概率来考虑,选取解模糊概率最大的天线位置为天线 4、天线 5 最终的位置。天线 4 从天线 1 向天线 2 移动,天线 5 从天线 2 向天线 3 移动,步长为 10°。考虑工程实际情况,信噪比 $S/N=14\text{dB}$,相位差平均次数 $N=20$,频率为 $f=12\text{GHz}$,方位角取 $\alpha=45°$,仰角 $\beta=60°$。进行 100 次测向统计,计算每个天线位置解模糊概率的大小,仿真结果见表3.18。

表3.18 非均匀圆阵(天线4、天线5位置变化)解模糊概率统计

天线5/(°) 天线4/(°)	$\gamma_5=$ 220	$\gamma_5=$ 230	$\gamma_5=$ 240	$\gamma_5=$ 250	$\gamma_5=$ 260	$\gamma_5=$ 270	$\gamma_5=$ 280	$\gamma_5=$ 290	$\gamma_5=$ 300	$\gamma_5=$ 310
$\gamma_4=100$	0.91	0.96	0.88	0.94	0.85	0.61	0.78	0.86	0.79	1.00
$\gamma_4=110$	0.92	0.92	0.98	0.84	0.68	0.40	0.91	0.61	0.91	0.89
$\gamma_4=120$	0.74	0.95	0.89	0.92	0.98	0.10	0.85	0.87	0.06	0.88
$\gamma_4=130$	0.87	0.85	0.88	0.73	0.60	0.70	0.58	0.92	0.71	0.88
$\gamma_4=140$	0.83	0.75	0.71	0.93	0.84	0.72	0.85	0.83	0.80	0.82
$\gamma_4=150$	0.64	0.61	0.48	0.58	0.67	0.00	0.68	0.55	0.06	0.86
$\gamma_4=160$	0.77	0.93	0.79	0.70	0.85	0.60	0.87	0.64	0.77	0.95
$\gamma_4=170$	0.85	0.86	0.74	0.68	0.72	0.47	0.87	0.5	0.79	0.83
$\gamma_4=180$	0.94	0.96	0.98	0.76	0.85	0.18	0.84	0.94	0.96	0.65
$\gamma_4=190$	0.80	0.61	0.97	0.84	0.92	0.37	0.73	0.67	0.71	0.98
$\gamma_4=200$	0.27	0.84	0.98	0.88	0.78	0.50	0.78	0.96	0.53	1.00

从表3.18中可以明显地看到,天线4的位置在$\gamma_4=100°$,天线5的位置在$\gamma_5=310°$或$\gamma_4=200°$,$\gamma_5=310°$时,解模糊概率基本上为1,即每一次都能正确地确认来波方向。其他位置解模糊概率都没有这两个位置的高。然而上述两种天线摆放位置会让相邻两根天线间距过近,从而产生天线间的互耦。所以这里取次最佳天线位置,即天线4的位置在$\gamma_4=110°$,天线5的位置在$\gamma_5=240°$。

3.5.3.2 测向性能仿真对比分析

由于雷达信号频率主要在1~18GHz,所以PRS的攻击频率主要也在此频段。下面就以五元非均匀圆阵和五元均匀圆阵为例($r=100$mm),对测向误差及解模糊概率等测向性能进行仿真分析,找到影响测向结果的各种因素,总结测向指标变化规律,比较非均匀圆阵与均匀圆阵在测向性能上的差异。

1. 正确解模糊概率仿真结果及分析

在仿真频段高频段(频率为3~18GHz),存在天线间距大于辐射信号半波长的情况,会存在测向模糊。当$f=12$GHz时,对非均匀圆阵和均匀圆阵在不同测向条件下的解模糊情况进行仿真分析,如图3.41所示,以找到正确解模糊概率变化的规律,比较非均匀圆阵与均匀圆阵解模糊概率的差异。

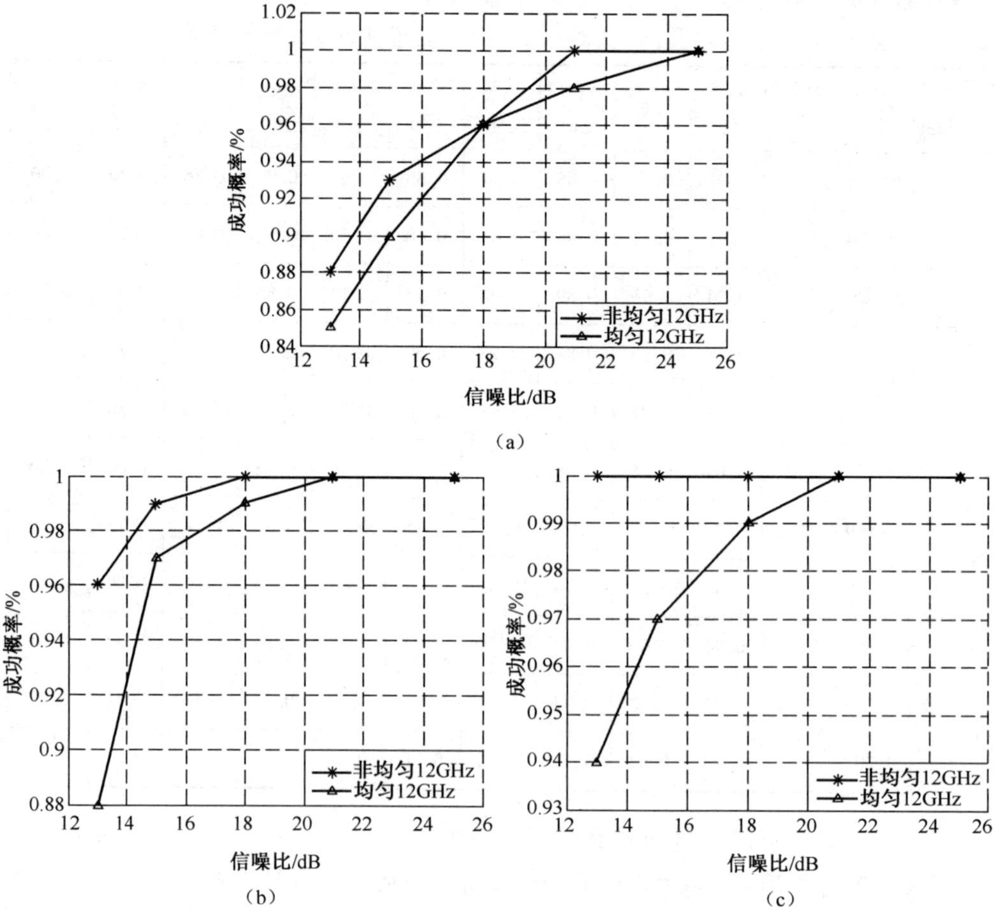

图 3.41　正确解模糊概率统计

(a)$\alpha=45°,\beta=60°,N=10$;(b)$\alpha=45°,\beta=60°,N=30$;(c)$\alpha=45°,\beta=60°,N=50$。

由图 3.41,可以看出,随着信噪比的提高和相位差平均次数的增加,正确解模糊概率增大。在正确解模糊概率的统计中,将正确解模糊概率小于 68%的情况认为解模糊失败,即在 100 次测向统计中,如果有 68 次测向误差小于设定的误差值,即认为能得到正确的测向结果,解模糊成功,从而得到了不同测向条件下正确解模糊情况统计(表 3.19)。可以看出,相位差平均次数的增加及信噪比的提高均有利于正确解模糊,即在测向环境恶劣的情况下,可以通过增加相位差的测量次数求取平均值的方法来保证正确解模糊。同时可以看到,在相同情况下,非均匀圆阵的解模糊概率大于均匀圆阵的解模糊概率。所以非均匀圆阵的解模糊能力强于均匀圆阵。

2. 测向误差仿真结果对比及分析

下面对不同测向条件下的测向误差进行仿真对比分析。重点讨论近轴 10°(β

表 3.19　不同条件下正确解模糊情况统计

解模糊概率		非均匀圆阵	均匀圆阵
13dB	$N=10$	0.88	0.85
	$N=30$	0.96	0.88
	$N=50$	1	0.94
15dB	$N=10$	0.93	0.9
	$N=30$	0.99	0.97
	$N=50$	1	0.97
18dB	$N=10$	0.96	0.96
	$N=30$	1	0.99
	$N=50$	1	0.99
21dB	$N=10$	1	0.98
	$N=30$	1	1
	$N=50$	1	1
25dB	$N=10$	1	1
	$N=30$	1	1
	$N=50$	1	1

角范围在 80~90°)时的测向误差,因为当导弹靠近目标,其测向的精度就直接关系着导弹命中目标的准确度。

图 3.42 给出信噪比 $S/N=13\sim25$dB,相位平均次数分别取 $N=20$、$N=50$ 情况下,在整个频段内测向,近轴时的测向误差。图 3.43 给出了在 $N=50$,$\beta=60°$时,测向误差情况。图 3.44 给出了仰角 $\beta=80°$,相位差平均次数 $N=30$,信噪比 $S/N=14$dB 时,方位角在 0~360°变化,频率取 6GHz 和 18GHz 时的测向误差情况。

以上仿真结果给出了五元非均匀圆阵和五元均匀圆阵在不同测向条件下测向误差变化的情况,反映了信噪比、相位差平均次数、测向频率取不同值时的测向误差的变化规律,同时两种阵列形式测向性能的差异也变得十分明显。由图 3.42(a)、(b)可以看出,随着信噪比的提高,测向误差将减小,随着相位差平均次数的增加,测向误差也将减小;在相同信噪比的情况下,非均匀阵列航向角的测向误差大于均匀阵列的测向误差。由图 3.42(c)可知,在相同信噪比的情况下,非均匀阵列俯仰角的测向误差小于均匀阵列的测向误差。从图 3.43 可以看出,当导弹不处于近轴 10°时,使用立体基线同样可以进行被动测向,同时可以保证较高的精度。由图 3.44(a)可以看出,在同一条件下,频率越高测向误差越小,这是由于干涉仪的测向原理,d/λ 增大,测向精度提高,所得的仿真结果也与理论分析相一致。

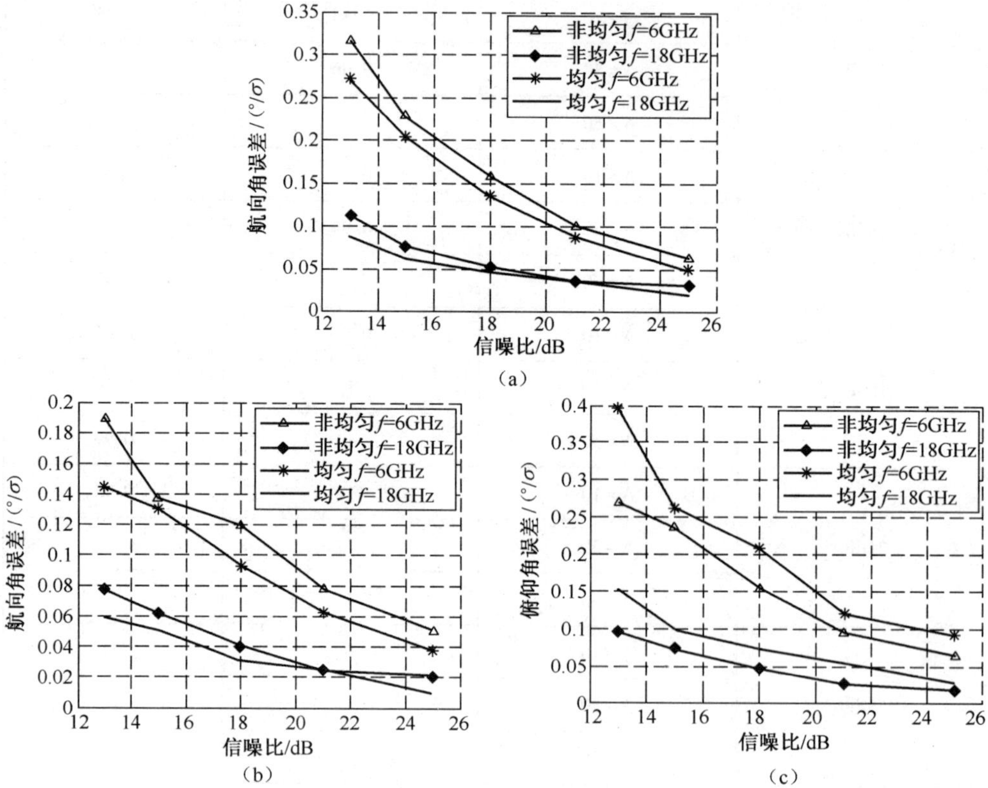

图 3.42 测向误差统计

(a) $\alpha=45°,\beta=80°,N=20$;(b) $\alpha=45°,\beta=80°,N=50$;(c) $\alpha=45°,\beta=80°,N=50$。

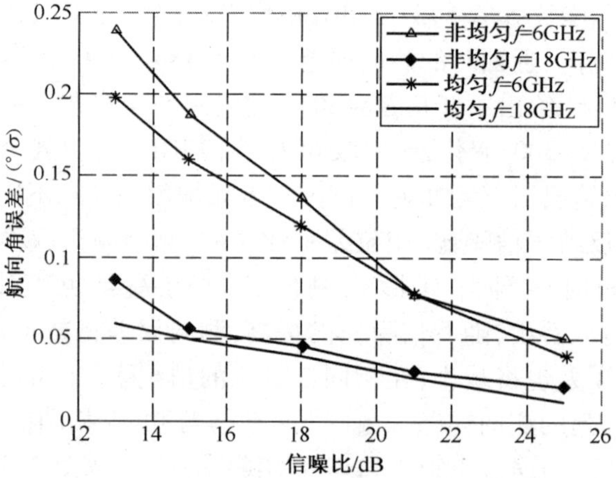

图 3.43 测向误差统计($\alpha=45°;\beta=60°;N=50$)

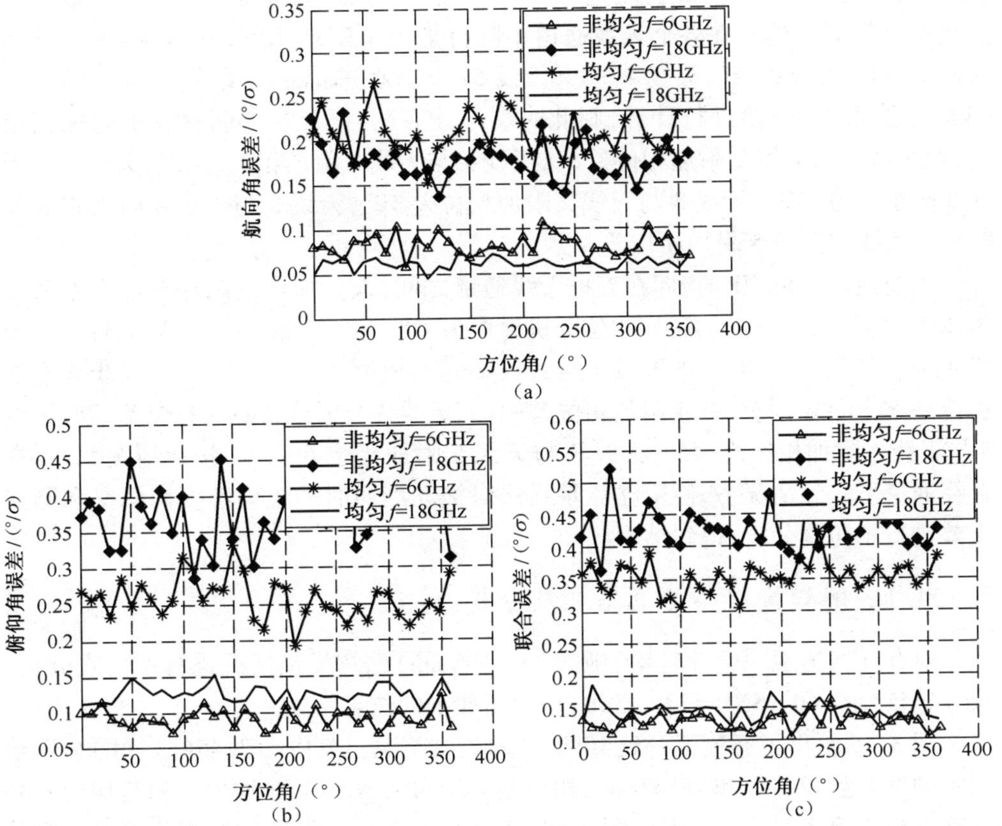

图 3.44　全方位测向误差统计

(a)方位角不同时航向角测向误差($\beta=80°$,$N=30$,$S/N=14$dB)；

(b)方位角不同时俯仰角测向误差($\beta=80°$,$N=30$,$S/N=14$dB)；

(c)方位角不同时联合测向误差($\beta=80°$,N=30,$S/N=14$dB)。

从 3.4 节的推导可以看出,航向角的测向误差取决于基线在 y 轴的等效长度,俯仰角的测向误差取决于基线在 x 轴的等效长度。而非均匀阵列基线在 y 轴的等效长度小于均匀阵列在 y 轴的等效长度,在 x 轴的等效长度大于均匀阵列在 x 轴的等效长度。由图 3.44(a)可知,在整个全方位角范围内,非均匀阵列航向角测向误差都大于均匀阵列的测向误差。由图 3.44(b)可知,在整个全方位角范围内,非均匀阵列俯仰角测向误差都小于均匀阵列的测向误差。这与理论推理一致,再一次验证了理论的正确性。由图 3.44(c)中可以看出,在整个全方位角范围内,在综合考虑航向角和俯仰角的测向误差时,非均匀阵列的联合测向误差优于均匀阵列联合测向误差。所以同时对航向角和俯仰角有较高测向要求时,可以选用非均匀阵列来测向。

3.5.4　存在通道不一致性测向性能仿真分析

对以下两种情况进行了仿真分析:一种是通道不一致性 10°,即在五根天线通道之间，人为加入的附加相位之差最大为10°。在仿真中，保证有两根天线最大附加相位差为10°，然后在各个天线通道中随机加入了附加相位，分别为天线1:0°，天线2:-5°，天线3: 5°，天线4:-3°，天线5: 1°。在进行立体基线计算时，需要使用天线之间的相位差进行计算，则此时参与计算的各天线之间，存在了附加相位差，即天线1与天线2附加相位差5°，天线1与天线3附加相位差-5°，天线1与天线4附加相位差3°，天线3与天线2附加相位差10°，天线3与天线4附加相位差8°。天线3与天线5附加相位差4°。

当通道不一致20°时，即在五根天线通道之间，人为加入的附加相位之差最大为20°。每根天线加入的附加相位随机地取为天线1:0°，天线2:2°，天线3:-5°，天线4:10°，天线5:-10°。则天线1与天线2附加相位差-2°，天线1与天线3附加相位差5°，天线1与天线4附加相位差-10°，天线3与天线2附加相位差-7°，天线3与天线4附加相位差-15°，天线3与天线5附加相位差-5°。按此情况，分别在存在通道不一致情况下，使用立体基线法对被动测向时的正确解模糊概率和测向误差进行了仿真分析，得到结论。

3.5.4.1 解模糊概率仿真结果及分析

对存在通道不一致性时均匀圆阵($r=100$mm)的解模糊情况进行了仿真分析，取$\alpha=45°$，$\beta=60°$，SNR=13~25dB，得到了如下的仿真结果。

图3.45给出了通道不一致10°时的解模糊情况。其中图3.45(a)、(b)分别给出了频率f为12GHz和18GHz时，相位差平均次数$N=10$，非均匀阵列与均匀阵列正确解模糊概率对比的情况。图3.46给出了通道不一致20°时，相位差平均次数$N=20$情况下，频率f为12GHz时的解模糊情况。

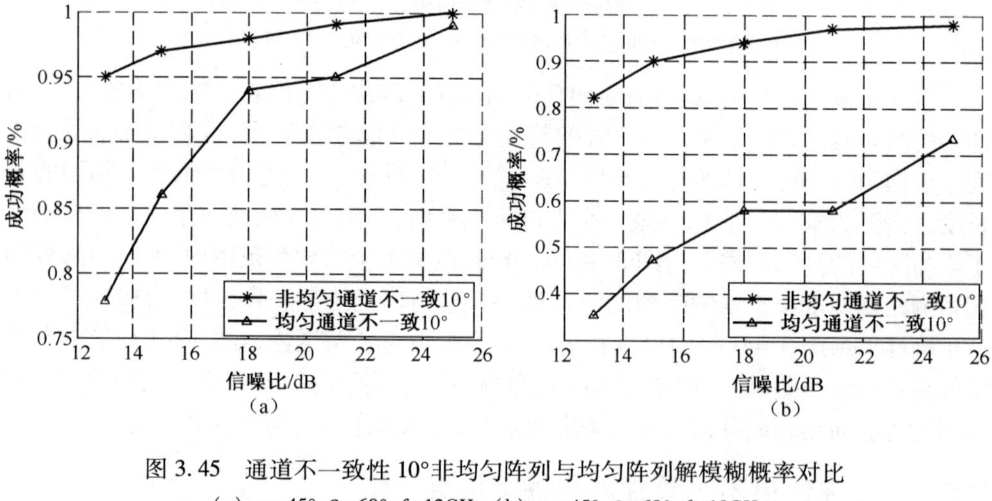

图3.45 通道不一致性10°非均匀阵列与均匀阵列解模糊概率对比

(a) $\alpha=45°$，$\beta=60°$，f=12GHz；(b) $\alpha=45°$，$\beta=60°$，f=18GHz。

由图 3.45(a)、(b)可知,在通道不一致为 10°的情况下,在辐射信号频率 f= 12GHz 和 f= 18GHz 时,非均匀圆阵的解模糊能力强于均匀圆阵,而在 f= 18GHz 时,均匀圆阵的解模糊概率几乎下降到 68%以下,不能正确解模糊。由图 3.46 可以看出,在通道不一致为 20°的情况下,在辐射信号频率 f= 12GHz 时,非均匀圆阵仍然保持很高的解模糊概率,而均匀圆阵解模糊概率下降到 30%以下,几乎不能解模糊。所以可以很明显地看出,在存在通道不一致时,非均匀圆阵的解模糊概率大于均匀圆阵的解模糊概率。

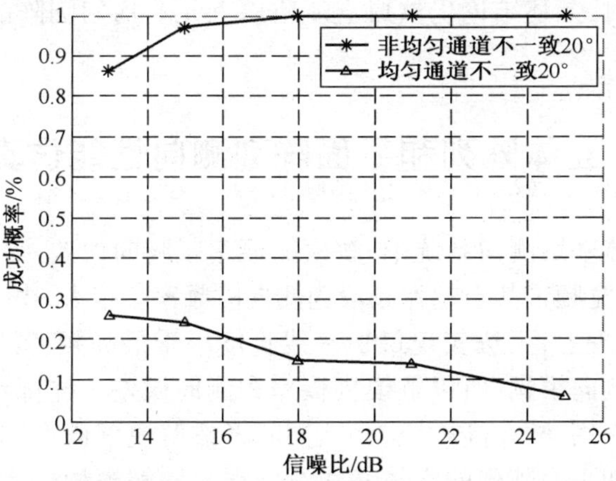

图 3.46 通道不一致性 20°非均匀阵列与均匀阵列解模糊概率对比

$\alpha=45°;\beta=60°;f=12\text{GHz}$

3.5.4.2 测向误差仿真结果及分析

对存在通道不一致时的测向误差情况进行了仿真分析。存在通道不一致时,会影响解模糊效果,也同样会影响测向精度。图 3.47(a)、(b)给出了以辐射信号

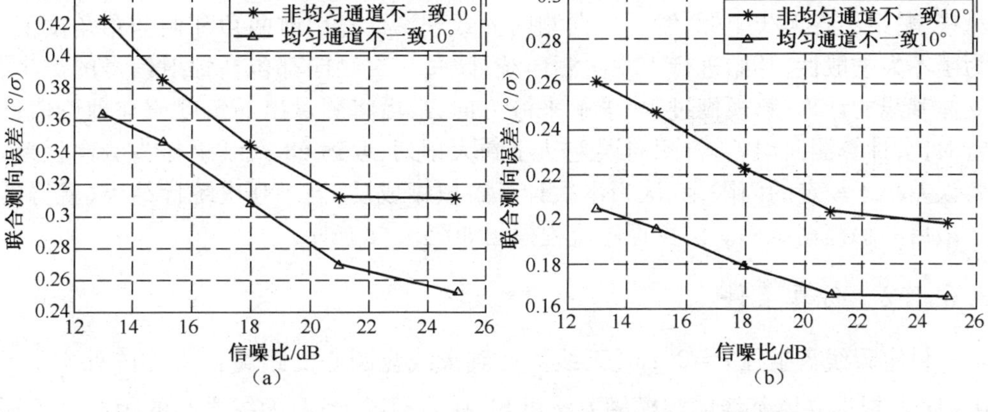

图 3.47 通道不一致性 10°非均匀阵列与均匀阵列解模糊概率对比

(a) $\alpha=45°,\beta=80°,f=12\text{GHz},N=20$;(b) $\alpha=45°,\beta=80°,f=18\text{GHz},N=50$。

频率 $f=12\text{GHz}$ 和 $f=18\text{GHz}$ 为例，相位差平均次数分别为 $N=20$ 和 $N=50$，存在通道不一致 10°时的测向误差情况。

由以上仿真结果可以清晰地看到，存在通道不一致时，非均匀阵列的测向精度明显高于均匀阵列的测向精度。而且在信噪比较低时，由于已经无法正确解模糊，所以已无法统计测向精度。

通过以上对五元非均匀圆阵和均匀圆阵测向性能的仿真比较分析，可以看出，非均匀圆阵的解模糊概率大于均匀圆阵；非均匀圆阵的测向误差小于均匀圆阵；在存在通道不一致时，上述结论仍然成立。所以五元非均匀圆阵的测向性能在整体上优于均匀圆阵。

3.6 立体阵列和平面阵列测向性能仿真分析

在高频段立体基线测向系统中，解模糊概率跟测向误差一样也是一个重要的技术指标，因为在宽频带甚至超宽频段内测向时频率会很大，由于受天线本身物理尺寸的限制，在物理上，无法实现最短基线长度小于最高频率波长的 1/2，因此整个系统必将出现测向模糊，所以解模糊概率和测向误差一样都对整个系统能否正确测向起决定性作用，故在高频段，必须同时考虑解模糊概率和测向误差，仿真分析基于立体阵列和平面阵列的立体基线测向误差和解模糊概率就显得尤为重要，为实际工程应用提供一些参考。

3.6.1 立体基线仿真流程及条件

3.6.1.1 仿真流程图

根据立体基线测向原理，实现对 Matlab 软件程序的编写。首先，进行初始设置，包括信噪比、辐射信号频率、相位差平均次数、方位角、仰角等设置，并建立天线盘模型，给出各天线坐标，然后根据测向公式理论计算出航向角和俯仰角角度值。为了不失一般性，开始进行 100 次测向统计，每一次测向都包括辐射信号的产生、立体基线的计算、解模糊过程、求解来波方向，最后将测量出的角度值与理论值进行对比，计算测向误差，将测向误差从小到大排列，取第 68 次结果作为测向误差。若误差小于设定的门限，就认为本次计算解模糊成功，当 100 次统计结束，就得到了最后的解模糊概率。仿真程序流程框图如图 3.48 所示。

3.6.1.2 仿真条件

设定天线盘半径 $r=0.1\text{m}$（天线圆心到天线盘圆心的距离），立体阵列中 $z_1=0.01\text{m}$。根据立体基线的解模糊方法可知，在高频段，当两天线之间的距离小于辐射源信号的半波长时，不会出现测向模糊，选取精度最高的一组基线组合进行测向

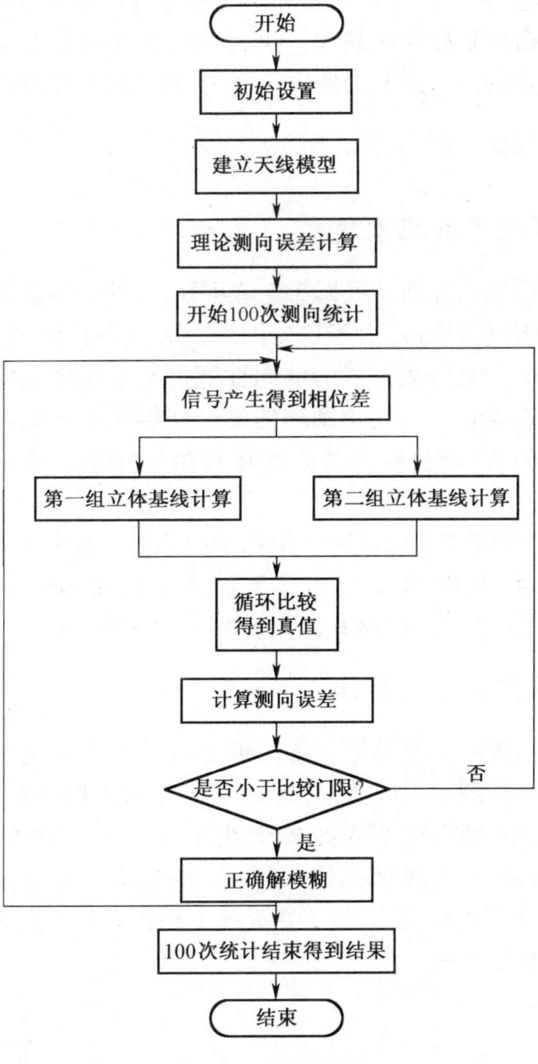

图 3.48　仿真程序流程框图

即可;但当大于半波长时,需要多组基线组合(至少两组)进行测向,一组确保精度,一组解模糊,将两组测向结果进行比较找到真值,既保证了误差精度,又能解模糊。

主要仿真测向条件如下:

(1) 辐射信号频率范围:5~12GHz。

(2) 信噪比范围:10~25dB。

(3) 相位差平均次数(N):10~30。

(4) 俯仰角范围:60~90°。

(5) 方位角范围:0~360°

其中,测向误差主要考虑近轴10°的情况,因为当导弹越接近于目标时,其测向精度就对导弹能否命中目标影响越大。进行 100 次的蒙特卡罗仿真,无特殊说明均以航向角和俯仰角的测向误差为例进行分析,其他测向角度误差统计方法相同。

3.6.2 天线模型建立

3.6.2.1 平面阵列天线模型建立

建立非均匀圆形平面阵列。根据 3.5 节可知,五根天线就可完成高频段测向,将五根天线摆放到天线盘周边,由于均匀圆形五天线平面阵列的仿真分析已经做过很多,文献[25,26]对此阵列形式的测向性能进行了详细的阐述与分析,这里就不再重复。文献[27]给出了非均匀圆阵的测向性能优于均匀圆阵,并且给出了一种最佳的非均匀圆阵天线模型,故各天线在直角坐标系下摆放形式如图 3.49 所示,各天线坐标如下(单位:m)

天线 1:(0,0.100)　天线 2:(−0.0866,−0.050)　天线 3:(0.0866,−0.050)

天线 4:(−0.0342,0.0940)　　天线 5:(−0.050,−0.0866)

在高频段选用基线组合:45−43(测向)、15−25(解模糊)。

3.6.2.2 立体阵列天线模型建立

建立圆柱体立体阵列天线模型。将四根天线摆放在圆柱体底面,另一根天线摆放在顶面。由 3.5 节的知识可得,当其中三根天线柱坐标角度分别为90°、210°、330°时,测向误差最小,则天线 1、天线 2、天线 3、天线 4、天线 5 在直角坐标系下摆放形式如图 3.50 所示,各天线坐标如下(单位:m),其中在底面,天线 2 在天线 1 的投影点 1′和天线 3 之间移动,天线 5 在天线 1 的投影点 1′和天线 4 之间移动,根据解模糊概率具体确定位置。

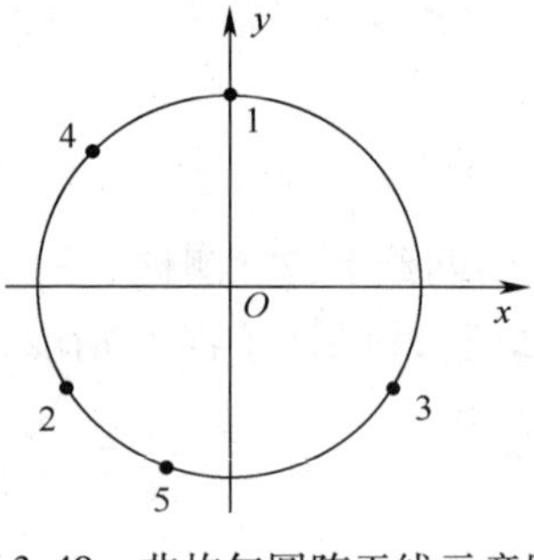

图 3.49　非均匀圆阵天线示意图

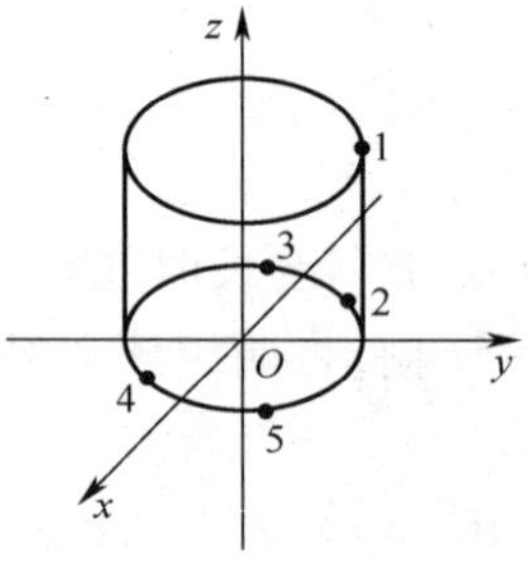

图 3.50　圆柱体立体阵列天线模型示意图

天线 1:(0,0.1,0.01);天线 3:(−0.0866,−0.0500,0);天线 4:(0.0866,−0.0500,0)

在高频段选用基线组合:13−15(测向),12−14(解模糊)。

在天线 1、天线 3、天线 4 确保了测向精度之后,根据解模糊概率来最终确定立体阵列其余两根天线的位置。天线 2 从天线 1 在 xOy 的投影点 1′向天线 3 逐步移动，步长为10°，天线 5 从天线 4 向投影点 1′逐步移动，步长为10°。考虑工程实际情况，信噪比 $S/N=15\text{dB}$，相位差平均次数 $N=20$，频率 $f=12\text{GHz}$，来波方向方位角 $\alpha=45°$、仰角 $\beta=70°$，计算每个天线位置的解模糊概率，仿真结果如表 3.20 所列。

表 3.20　天线 2 和天线 5 位置变化解模糊概率统计

解模糊概率/(°) 天线 2/(°) 天线 5/(°)	100	110	120	130	140	150	160	170	180	190	200
340	—	0.63	0.93	0.82	0.96	0.76	0.90	0.88	0.88	0.95	0.90
350	—	0.63	0.97	0.82	0.96	0.99	0.80	0.99	0.98	0.81	0.94
360		0.90	1	0.57	0.72	0.42	0.83	0.96	0.33	0.83	0.99
370	—	0.68	0.91	0.55	0.98	0.97	0.87	0.98	0.96	0.82	0.97
380	—	0.70	0.97	0.87	0.98	0.69	0.83	0.98	0.91	0.87	0.95
390	—	0.93	0.95	0.97	0.91	0.21	0.90	0.99	0.50	0.93	0.88
400	—	0.73	0.87	0.78	0.78	0.87	0.99	0.72	0.99	0.98	0.97
410	—	0.85	0.94	0.91	0.66	0.98	0.98	0.94	0.99	0.76	0.99
420	—	0.88	0.98	0.98	0.99	0.98	0.93	0.96	0.95	0.99	0.96
430	—	0.88	0.93	0.95	0.95	0.96	0.99	0.99	1	1	0.90
440	—	0.68	0.85	0.97	0.97	0.96	0.98	0.96	0.99	0.90	0.71
注：—表示不能完成测向											

从表 3.20 中可以看出，当天线 2、天线 5 位置变化时，共有三处解模糊概率为 1，但是综合考虑天线之间由于相邻较近而产生的互耦现象等因素，则认为天线 2 和天线 5 最佳位置的柱坐标角度为 $\psi_2=120°$、$\psi_5=360°$，进而立体阵列天线模型构建完成。

3.6.3　立体阵列与平面阵列测向性能仿真分析

本次仿真针对高频段频率为 5~12GHz，因为雷达信号频率主要集中在此频段内，并且 ARM 的主要攻击对象就是雷达，所以此频段内的测向性能就显得尤为重要，为实际工程提供了参考依据。下面就五元立体阵列与五元非均匀平面阵列为例，对测向误差和解模糊概率这两个技术指标进行仿真分析，找到影响测向结果的各种因素，总结在不同测向环境下系统性能变化规律，比较立体阵列与平面阵列在测向性能上的差异。

3.6.3.1　解模糊概率仿真分析

在高频段，存在基线长度大于辐射信号半波长的情况，测向过程中出现模糊，故在高频段测向不同阵列形式的解模糊能力是一个关键问题。在频率 $f=12\text{GHz}$ 时，分别对立体阵列和平面阵列在不同测向条件下进行解模糊概率仿真分析。

图 3.51给出了来波方向 $\alpha=45°$, $\beta=70°$, $S/N=10\sim25$dB 范围内，相位差平均次数 N 分别取 10、20、30 时两种阵列的解模糊概率仿真结果。两种阵列形式在频率 $f=$ 5GHz 和 $f=12$GHz 时的解模糊概率仿真结果如图 3.52 所示。

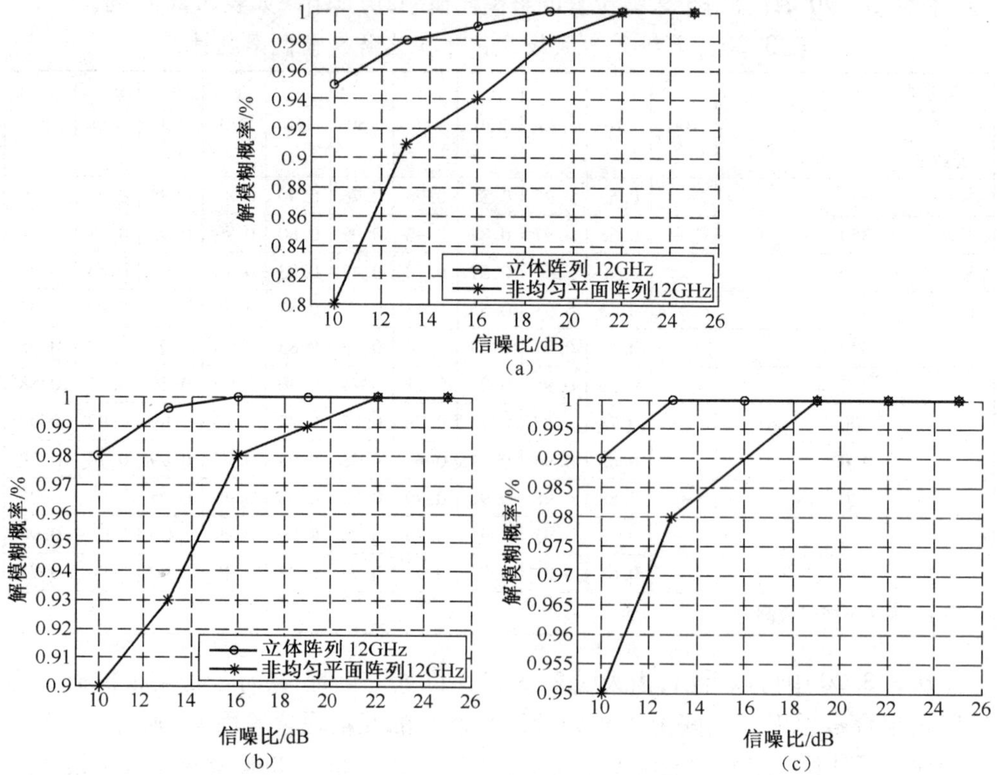

图 3.51 $\alpha=45°$, $\beta=70°$, N 取不同值的解模糊概率

(a) $\alpha=45°$, $\beta=70°$, $N=10$ 解模糊概率；(b) $\alpha=45°$, $\beta=70°$, $N=20$ 解模糊概率；(c) $\alpha=45°$, $\beta=70°$, $N=30$ 解模糊概率。

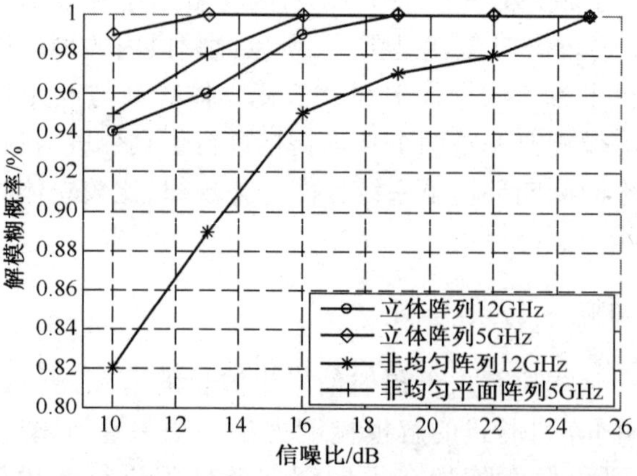

图 3.52 $\alpha=45°$, $\beta=70°$ 不同频率解模糊概率

以上仿真结果给出了立体阵列和平面阵列在不同测向环境下的解模糊概率统计值。从图 3.51 可以看出，随着相位差平均次数 N 和信噪比 S/N 的增加，解模糊概率将会增大。从图 3.52 中可知，当频率降低时，解模糊概率将会大幅度提高，由相位干涉仪相关知识可知，这是因为当频率很低时，最大无模糊视角变大，模糊数降低，正确解模糊概率增大。在解模糊概率的统计中，将正确解模糊概率小于 68% 的情况认为解模糊失败，即在 100 次测向统计中，如果有 32 次测向误差大于设定的门限值，即认为不能得到正确的测向结果，解模糊失败。相位差平均次数 N 和信噪比 S/N 的提高能增大解模糊概率，即在测向环境恶劣的情况下，可以通过增加相位差平均次数和信噪比的方法来保证正确解模糊概率，而且频率越大对测向环境要求越苛刻。从图 3.51 和图 3.52 都可以看出，在高频段相同测向条件下，立体阵列的正确解模糊概率明显大于平面阵列的解模糊概率，所以立体阵列的解模糊能力明显强于平面阵列。

3.6.3.2 测向误差仿真分析

下面对不同测向条件下的系统测向误差进行仿真分析，讨论不同测向环境对测向误差的影响规律。重点仿真了近轴10°的测向误差，因为其测向精度直接关系到 ARM 能否命中目标。图 3.53 给出了仰角 $\beta = 80°$，相位差平均次数 $N = 10$，信噪比 $S/N = 13 \sim 25\text{dB}$，两种阵列形式在频率 $f = 5\text{GHz}$ 和 $f = 12\text{GHz}$ 下，航向角和俯仰角测向误差仿真结果。图 3.54 为仰角 $\beta = 80°$，相位差平均次数 $N = 30$，信噪比 $S/N = 13 \sim 25\text{dB}$，两种阵列形式在频率 $f = 5\text{GHz}$ 和 $f = 12\text{GHz}$ 下，航向角和俯仰角测向误差仿真结果。图 3.55 给出了系统在非近轴 $\beta = 70°$ 时，航向角和俯仰角测向误差仿真结果。图 3.56 给出了仰角 $\beta = 80°$，相位差平均次数 $N = 10$，信噪比 $S/N = 13 \sim 25\text{dB}$，两种阵列形式在频率 $f = 5\text{GHz}$ 和 $f = 12\text{GHz}$ 下，全方位角范围内的航向角测向误差、俯仰角测向误差、航向角和俯仰角联合测向误差仿真结果。

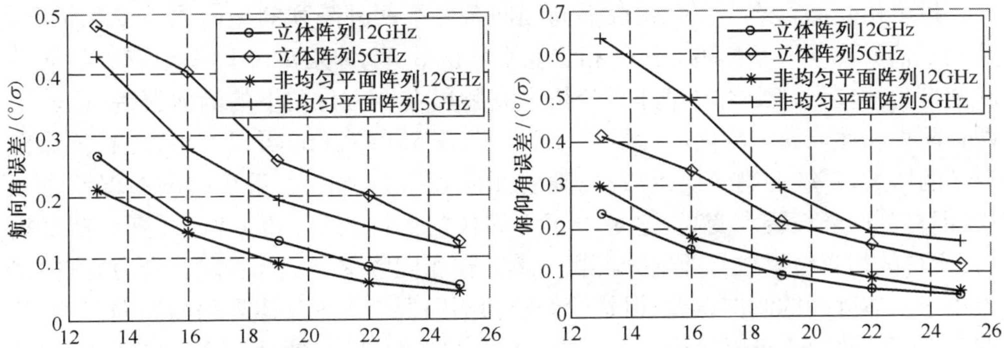

图 3.53 $\alpha = 45°, \beta = 80°, N = 10$ 的航向角和俯仰角测向误差

(a) $\alpha = 45°, \beta = 80°, N = 10$ 航向角测向误差；(b) $\alpha = 45°, \beta = 80°, N = 10$ 俯仰角测向误差。

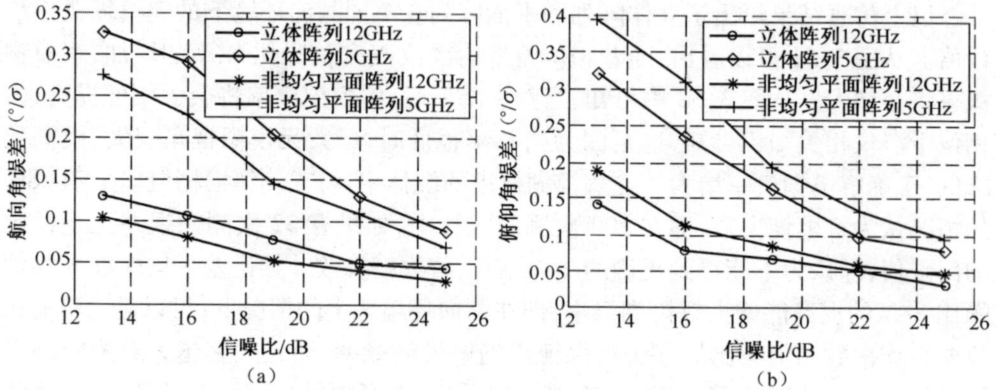

图 3.54　$\alpha=45°,\beta=80°,N=30$ 的航向角和俯仰角测向误差

(a) $\alpha = 45°,\beta = 80°,N = 30$ 航向角测向误差;(b) $\alpha = 45°,\beta = 80°,N = 30$ 俯仰角测向误差。

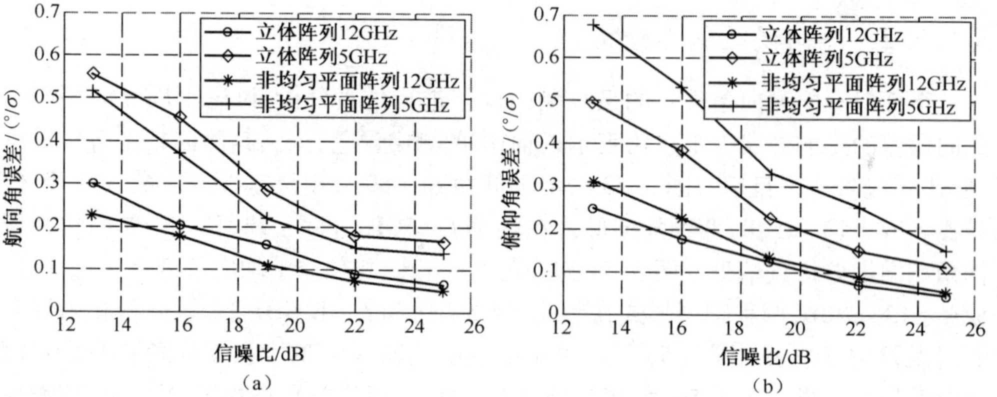

图 3.55　$\alpha=45°,\beta=70°,N=10$ 的航向角和俯仰角测向误差

(a) $\alpha = 45°,\beta = 70°,N = 10$ 航向角测向误差;(b) $\alpha = 45°,\beta = 70°,N = 10$ 俯仰角测向误差。

以上仿真结果给出在高频段不同测向条件下两种阵列的测向误差变化情况，反映了信噪比 S/N 、测向频率 f 、相位差平均次数 N 、仰角 β 在不同取值时，航向角和俯仰角测向误差变化规律并且分析了高频段在全方位角下的测向误差，比较了两种阵列在测向误差方面的性能差异。从图 3.53(a)、(b)可以看出，随着信噪比 S/N 的增大，系统的测向误差减小；随着测向频率 f 的增大，系统的测向误差也减小，但对测向环境要求变高，这是由于干涉仪的测向原理，d/λ 增大，测向精度提高，所得的仿真结果也与理论分析相一致。在相同频率下，平面阵列航向角测向误差小于立体阵列的测向误差，但是俯仰角的测向误差大于立体阵列的测向误差；从图 3.53 和图 3.54 可以看出，随着相位差平均次数 N 的增大，系统的测向误差减小；从图 3.55(a)、(b)可以看出，当在非近轴仰角 $\beta = 70°$ 时，系统同样可以正确测向，和图 3.53(a)和图 3.55(b)比较可知，当仰角增大时，系统的测向误差减小，这与理论分析得到的结论相一致。

通过分析可知，在阵元位置确定之后，航向角测向误差取决于天线向量在 x 轴等效长度之和，俯仰角测向误差取决于天线向量在 y 轴等效长度之和。通过简单的计算可知，立体阵列的天线向量在 x 轴的等效长度之和大于平面阵列的在 x 轴的等效长度之和，但在 y 轴的等效长度之和却小于平面阵列的等效长度之和。从图 3.56(a)、(b)可以看出，在同频率下全方位角范围内，立体阵列的航向角测向误差大于平面阵列的测向误差，但俯仰角测向误差却小于平面阵列的测向误差，可以证明航向角和俯仰角测向误差比较方法在高频段同样适用，并且再一次验证了此方法的正确性和可行性。由图 3.56(c)可以看出，在同频率全方位角范围内，平面阵列的联合测向误差大于立体阵列的测向误差，故立体阵列的测向精度强于平面阵列，但是两者相差不大。这是因为由理论误差公式推导可知，当仰角 β 接近于90°时，立体阵列测向可等效于平面阵列。在上述仿真过程中，仰角 = 80° 较接近 90°，故两者的测向误差相差不大，与理论推导一致。

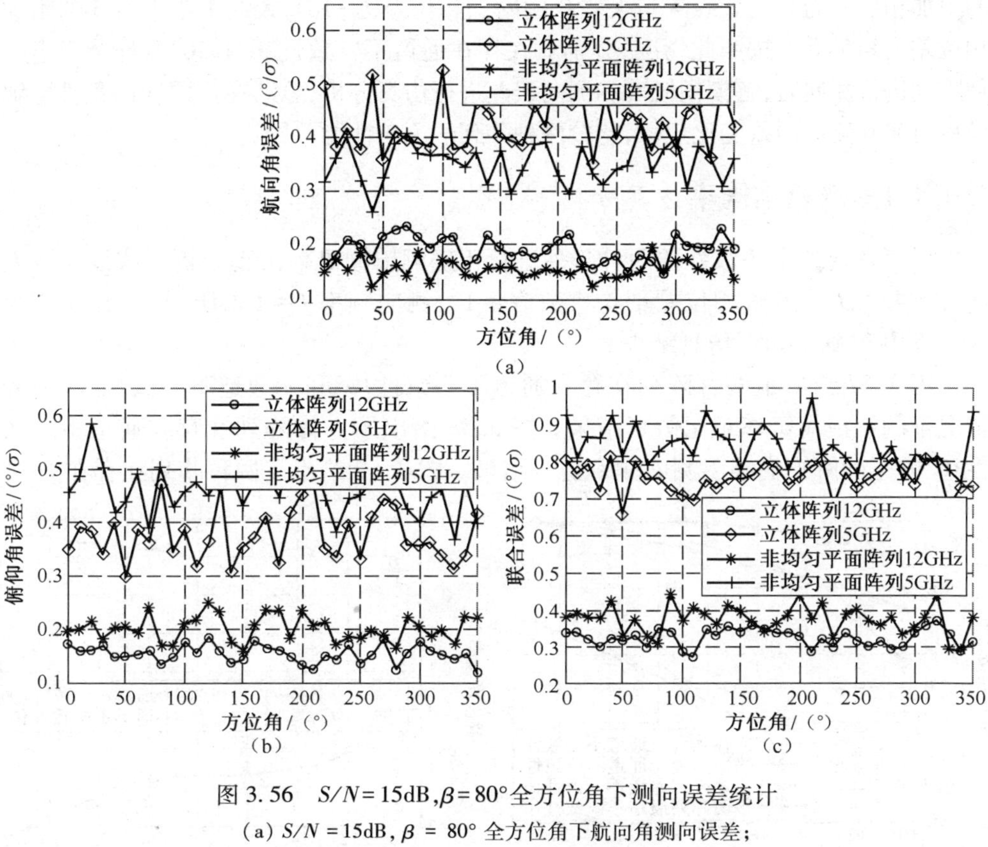

图 3.56　$S/N = 15\text{dB}, \beta = 80°$ 全方位角下测向误差统计

(a) $S/N = 15\text{dB}$, β = 80° 全方位角下航向角测向误差；

(b) $S/N = 15\text{dB}$, β = 80° 全方位角下俯仰角测向误差；

(c) $S/N = 15\text{dB}$, β = 80° 全方位角下联合测向误差。

3.6.4 存在通道不一致性测向性能仿真分析

在实际工程中，由于接收信号在设备中传播所经过的天线、信道、比相器、终端处理器等各个环节都会引入附加相移，所以对存在通道不一致性两种阵列测向性能的仿真分析就显得格外重要。针对以下两种情况进行仿真分析：一种情况是通道不一致性10°，即在五个天线通道之间，人为加入的附加相位差最大值为10°。在仿真过程中，保证有两根天线最大的附加相位差为10°，然后在其他天线通道中随机加入附加相位，分别为天线 1:0°，天线 2:+4°，天线 3:+5°，天线 4:-3°，天线 5:-5°。在进行立体基线测向时，需要使用天线之间的相位差进行计算，则此时参与计算的各天线之间存在附加相位差，即天线 4 与天线 5 的附加相位差为+2°，天线 4 与天线 3 的附加相位差为-8°，天线 1 与天线 5 的附加相位差为+5°等。另一种情况是通道不一致性20°，每个天线通道加入的附加相位随机地取为天线 1:+5°，天线 2:0°，天线 3:+10°，天线 4:-8°，天线 5:-10°。则进行测向时，相位差存在附加相位，即天线 4 与天线 5 的附加相位差为+2°，天线 4 与天线 3 的附加相位差为-18°，天线 1 与天线 5 的附加相位差为+15°等。按照此情况，分别对在存在通道不一致性10°和20°两种情况下两种阵列进行测向时，解模糊概率和测向误差进行仿真分析，总结在不同测向条件下解模糊概率和测向误差变化规律，比较两种阵列的测向性能差异。

3.6.4.1 解模糊概率仿真分析

对存在通道不一致性的两种阵列进行正确解模糊概率仿真分析。假设来波方向 $\alpha = 45°$，$\beta = 70°$，相位差平均次数 $N = 10$，测向频率 $f = 12\text{GHz}$，信噪比 $S/N = 10 \sim 25\text{dB}$ 得到了如下仿真结果。

图 3.57 给出了两种阵列在存在通道不一致性10°和无通道不一致性10°两种情况下的解模糊概率对比仿真结果。图 3.58 给出了立体阵列在存在通道不一致性10°的正确解模糊临界测向频率仿真结果。图 3.59 给出了两种阵列在存在通道

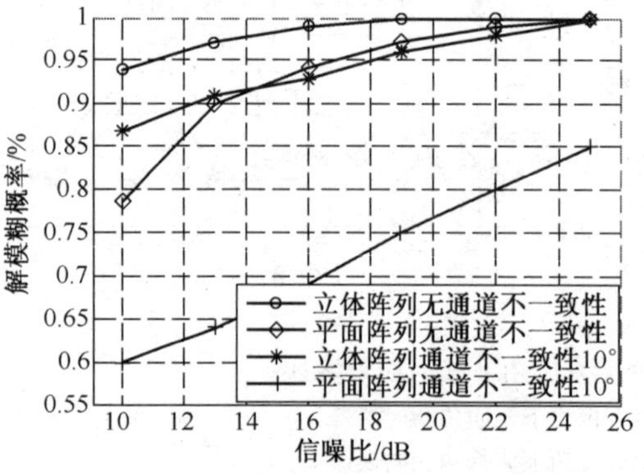

图 3.57 $f = 12\text{GHz}$ 两种阵列有无通道不一致性10°解模糊概率

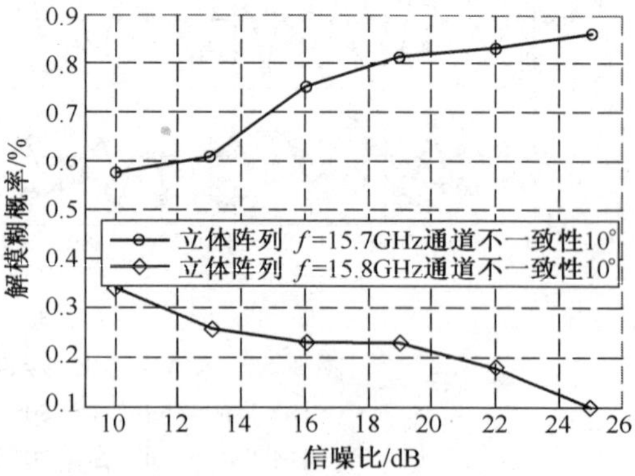

图 3.58 立体阵列通道不一致性10°正确解模糊临界测向频率

不一致性20°和无通道不一致性20°两种情况下的解模糊概率对比仿真结果。图 3.60给出了立体阵列在存在通道不一致性20°的正确解模糊临界测向频率仿真结果。

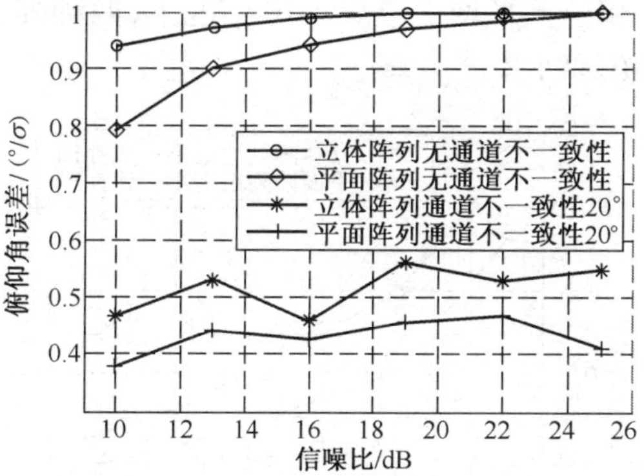

图 3.59 $f=12\mathrm{GHz}$ 两种阵列有无通道不一致性20°解模糊概率

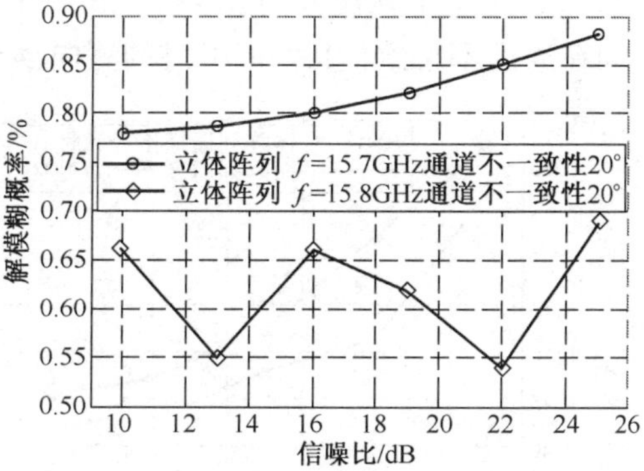

图 3.60 立体阵列通道不一致性20°正确解模糊临界测向频率

以上仿真结果给出了存在通道不一致性10°和20°两种阵列在不同测向条件下的解模糊概率统计值。从图 3.57 可以看出,系统存在通道不一致性10°时,解模糊概率明显下降,但立体阵列解模糊概率下降趋势明显比平面阵列缓慢,并且解模糊概率明显大于平面阵列。从图 3.58 可以看出,在存在通道不一致性10°的情况下,测向频率$f=15.8\mathrm{GHz}$时,立体阵列在信噪比范围内解模糊概率下降到 68% 以下不能正确解模糊 ,而$f=15.7\mathrm{GHz}$时,仍可以正确解模糊,即正确解模糊临界测向频率为$f=15.7\mathrm{GHz}$。从图 3.59 可得,当通道不一致性20°时,两种阵列都不能正确解模糊,故通道不一致性越严重,系统的解模糊概率越低。从图 3.60 可以看出,当通道不一致性20°时,立体阵列的正确解模糊临近测向频率为$f=11.1\mathrm{GHz}$,明显比通道不一致性10°小很多。由此可知,系统存在通道不一致性越严重,则能够正确解模糊的临界测向频率越低,即需要较好的测向环境来弥补通道不一致性对系统带来的影响。从图 3.57 和图 3.59 可以看出,立体阵列在有无通道不一致性时,解模糊概率差异明显小于平面阵列的解模糊概率差异,所以通道不一致性对立体阵列的影响明显小于平面阵列。然而,在实际工程中,通过分析可知,通道不一致性必然存在,故在实际应用中,立体阵列的解模糊能力的优越性将会体现得更加明显。通过以上分析可得:通道不一致性越严重,系统解模糊概率能力越低,所以在实际工程中要尽可能地减小通道不一致性;通道不一致性对立体阵列影响较小,即立体阵列的抗通道不一致性能力比平面阵列强很多。

3.6.4.2 测向误差仿真分析

对存在通道不一致性的两种阵列的测向误差情况进行了仿真分析。存在通道不一致性时,不仅影响解模糊概率,而且也会影响测向误差。根据 3.4.1 节分析可知,当系统存在通道不一致性20°时,两种阵列都不能正确测向。然而在分析测向误差时,要在正确解模糊的前提下才有意义,故将测向频率定为 $f = 10\text{GHz}$。图 3.61给出了来波方向 $\alpha = 45°, \beta = 80°$,相位差平均次数 $N = 10$ 情况下,两种阵列在通道不一致性10°和20°时的测向误差仿真结果。

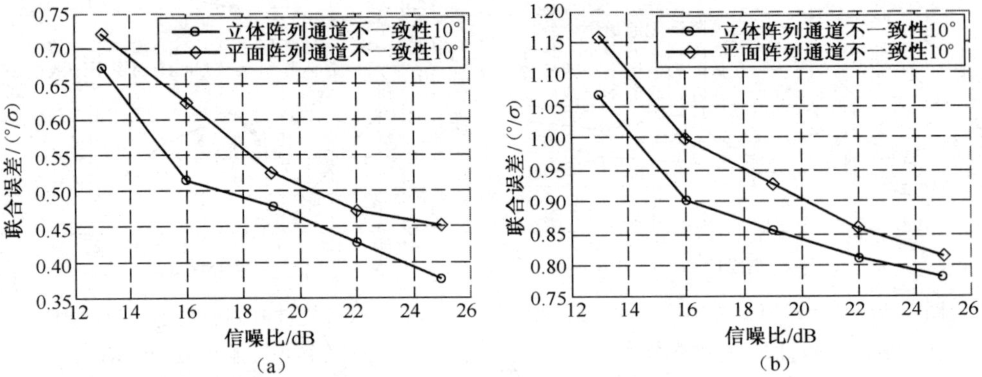

图 3.61 两种阵列在通道不一致性 10°和 20°时的测向误差仿真结果

(a) $f = 10\text{GHz}$ 通道不一致性10°两种阵列测向误差;(b) $f = 10\text{GHz}$ 通道不一致性20°两种阵列测向误差。

由以上仿真结果可以清晰地看出,当系统存在通道不一致性时,立体阵列测向误差小于平面阵列的测向误差。从图 3.61 可以看出,通道不一致性能够使系统的测向误差变大、测向性能变差;通道不一致性越大,测向误差就越大,甚至严重时,可能导致错误测向。这与理论分析相一致,并且通道不一致性会使立体阵列和平面阵列的测向误差相差变大。然而在实际工程中,通道不一致性必然存在,故在实际工程中,立体阵列的测向精度优于平面阵列将会更加明显。

第4章 阵列测向——空间谱估计高分辨、高精度测向

4.1 概 述

根据具体的应用背景和天线阵列结构形式，谱估计测向处理器选择多重信号分类(Multiple Signal Classification ,MUSIC)算法实现对雷达和诱饵的超分辨测向，MUSIC 算法是 SchmidtRO 等人于 1979 提出的，这一算法的提出开创了空间谱估计算法研究的新时代，促进了特征结构类算法的兴起和发展，该算法已成为空间谱理论体系中的标志性算法。因此，MUSIC 算法一经提出便引起了广大学者的研究兴趣，在国内外掀起了超分辨测向算法的研究热潮。MUSIC 算法的基本思想是将任意阵列输出数据的协方差矩阵进行特征分解，从而得到与信号分量相对应的信号子空间和与之正交的噪声子空间，然后利用这两个子空间的正交性构造尖锐的"空间谱峰"，通过谱峰搜索获得入射信号到达角的估计值。MUSIC 算法具有超"瑞利限"特性，所以又称为超分辨测向方法。MUSIC 算法不要求天线特殊的几何性能，只要知道阵元的位置及其方向图即可，这一灵活性意味着该算法可用于各种天线阵列。MUSIC 算法能对多个同时到达信号进行测向，因此其在各个领域得到了广泛应用。

正是由于 MUSIC 算法具有很高的分辨力、估计精度及稳定性，从而吸引了大量的学者对其进行深入的研究和分析，并在 MUSIC 算法的基础上提出了一系列改进 MUSIC 算法，包括加权 MUSIC 算法、求根 MUSIC(Root-MUSIC)算法、波束空间的 MUSIC 算法、多维 MUSIC 算法。但是这些算法都是在 MUSIC 算法的基础上发展起来的，都是以经典 MUSIC 算法为基础的。下面简单介绍一下 MUSIC 算法的基本原理和几种典型的阵列结构，并对本书涉及的几个基本概念进行了简要介绍。

4.1.1 理论基础

1. 特征值及特征向量

令 $\boldsymbol{A} \in \boldsymbol{C}^{n\times n}$，$\boldsymbol{v} \in \boldsymbol{C}^{n}$，若标量 λ 和非零向量 $\boldsymbol{v}$ 满足方程：

$$\boldsymbol{A}\boldsymbol{v} = \lambda \boldsymbol{v}(\boldsymbol{v} \neq 0) \tag{4.1}$$

则称 λ 是矩阵 $\boldsymbol{A}$ 的特征值，$\boldsymbol{v}$ 是与 λ 对应的特征向量。特征值与特征向量总是成

对出现,称$(\lambda,\boldsymbol{v})$为矩阵$\boldsymbol{A}$的特征对。特征值可能为零,但特征向量一定非零。

2. 广义特征值与广义特征向量

令$\boldsymbol{A},\boldsymbol{B}\in\boldsymbol{C}^{n\times n},\boldsymbol{v}\in\boldsymbol{C}^{n}$,若标量$\lambda$和非零向量$\boldsymbol{v}$满足方程:

$$\boldsymbol{Av}=\lambda\boldsymbol{Bv},\ (\boldsymbol{v}\neq 0) \tag{4.2}$$

则称λ是矩阵$\boldsymbol{A}$相对于矩阵$\boldsymbol{B}$的广义特征值,$\boldsymbol{v}$是与λ对应的广义特征向量。如果矩阵$\boldsymbol{B}$非满秩,那么λ就有可能取任意值(包括零)。

当矩阵$\boldsymbol{B}$为单位阵时,式(4.2)就称为普通的特征值问题,因此式(4.2)可以看做是对普通特征值问题的推广。

3. 矩阵的奇异值分解

对于复矩阵$\boldsymbol{A}_{m\times n}$,称$\boldsymbol{A}^{\mathrm{H}}\boldsymbol{A}$的$n$个特征根$\lambda_i$的算数根$\sigma_i=\sqrt{\lambda_i}\ (i=1,2,\cdots,n)$为$\boldsymbol{A}$的奇异值。若记$\boldsymbol{\Sigma}=\mathrm{diag}(\sigma_1,\sigma_2,\cdots,\sigma_r)$,其中$\sigma_1,\sigma_2,\cdots,\sigma_r$是$\boldsymbol{A}$的全部非零奇异值,上标H表示矩阵的共轭转置,则称$m\times n$矩阵

$$\boldsymbol{S}=\begin{bmatrix}\boldsymbol{\Sigma} & 0\\ 0 & 0\end{bmatrix}=\begin{bmatrix}\sigma_1 & & & & & \\ & \ddots & & & & \\ & & \sigma_r & & & \\ & & & 0 & & \\ & & & & \ddots & \\ & & & & & 0\end{bmatrix} \tag{4.3}$$

为$\boldsymbol{A}$的奇异值矩阵。

奇异值分解定理:对于$m\times n$维矩阵$\boldsymbol{A}$,则分别存在一个$m\times m$维酉矩阵$\boldsymbol{U}$和一个$n\times n$维酉矩阵$\boldsymbol{V}$,使得

$$\boldsymbol{A}=\boldsymbol{U\Sigma V}^{\mathrm{H}} \tag{4.4}$$

4. Vandermonde 矩阵

定义具有以下形式的$m\times n$维矩阵

$$\boldsymbol{V}(a_1,a_2,\cdots,a_n)=\begin{bmatrix}1 & 1 & 1 & \cdots & 1\\ a_1 & a_2 & a_3 & \cdots & a_n\\ a_1^2 & a_2^2 & a_3^2 & \cdots & a_n^2\\ \vdots & \vdots & \vdots & & \vdots\\ a_1^{m-1} & a_2^{m-1} & a_3^{m-1} & \cdots & a_n^{m-1}\end{bmatrix} \tag{4.5}$$

为Vandermonde矩阵。Vandermonde矩阵$\boldsymbol{V}(a_1,a_2,\cdots,a_n)$的转置也称为Vandermonde矩阵。如果$a_i\neq a_j$,则$\boldsymbol{V}(a_1,a_2,\cdots,a_n)$是非奇异的。

5. Toeplitz 矩阵

定义一个有$2n-1$个元素的n阶矩阵

$$
A = \begin{bmatrix} a_0 & a_{-1} & a_{-2} & \cdots & a_{-n+1} \\ a_1 & a_0 & a_{-1} & \cdots & a_{-n+2} \\ a_2 & a_1 & a_0 & \cdots & a_{-n+3} \\ \vdots & \vdots & \vdots & & \vdots \\ a_{n-1} & a_{n-2} & a_{n-3} & \cdots & a_0 \end{bmatrix} \tag{4.6}
$$

为 Toeplitz 矩阵，简称 $\boldsymbol{T}$ 矩阵。

$\boldsymbol{T}$ 矩阵也可简记为

$$
\boldsymbol{A} = (a_{-j+i})_{i,j\neq 0}^{n} \tag{4.7}
$$

其中 $\boldsymbol{T}$ 矩阵完全由第 1 行和第 1 列的 $2n-1$ 个元素确定。

可见，Toeplitz 矩阵中位于任意一条平行于主对角线的直线上的元素全都是相等的，且关于副对角线对称。Toeplitz 矩阵是斜对称矩阵，一般不是对称矩阵。

6. Hankel 矩阵

定义具有以下形式的 $n+1$ 阶矩阵

$$
\boldsymbol{H} = \begin{bmatrix} a_0 & a_1 & a_2 & \cdots & a_n \\ a_1 & a_2 & a_3 & \cdots & a_{n+1} \\ a_2 & a_3 & a_4 & \cdots & a_{n+2} \\ \vdots & \vdots & \vdots & & \vdots \\ a_n & a_{n+1} & a_{n+2} & \cdots & a_{2n} \end{bmatrix} \tag{4.8}
$$

为 Hankel 矩阵或正交对称矩阵（Orthosymmetricmatrix）。

可见，Hankel 矩阵完全由其第 1 行和第 n 列的 $2n+1$ 个元素确定。其中，沿着所有垂直于主对角线的直线上的元素相同。

7. M－P 广义逆

对于任意矩阵 $\boldsymbol{A}\in \boldsymbol{C}^{m\times n}$，如果存在矩阵 $\boldsymbol{G}\in \boldsymbol{C}^{m\times n}$ 满足

$$
\begin{aligned} \boldsymbol{AGA} &= \boldsymbol{A} \\ \boldsymbol{GAG} &= \boldsymbol{G} \\ (\boldsymbol{AG})^{\mathrm{H}} &= \boldsymbol{AG} \\ (\boldsymbol{GA})^{\mathrm{H}} &= \boldsymbol{GA} \end{aligned} \tag{4.9}
$$

则称 $\boldsymbol{G}$ 为 $\boldsymbol{A}$ 的 M-P 广义逆，记为 $\boldsymbol{A}^{+}$。同时满足式(4.9)中四个方程的广义可逆矩阵具有唯一性。部分满足上述四个方程的矩阵 $\boldsymbol{G}$ 不唯一，每一种广义逆矩阵都包含着一类矩阵。

推论若 $\boldsymbol{A}\in \boldsymbol{C}_n^{m\times n}$，则 $\boldsymbol{A}^{+}=(\boldsymbol{A}^{\mathrm{H}}\boldsymbol{A})^{-1}\boldsymbol{A}^{\mathrm{H}}$；若 $\boldsymbol{A}\in \boldsymbol{C}_m^{m\times n}$，则 $\boldsymbol{A}^{+}=\boldsymbol{A}^{\mathrm{H}}(\boldsymbol{A}^{\mathrm{H}}\boldsymbol{A})^{-1}$。其中 $\boldsymbol{C}_r^{m\times n}$ 为秩是 r 的复 $m\times n$ 矩阵的集合。

8. Kronecker 积

将 $p\times q$ 矩阵 $\boldsymbol{A}=[a_{i,j}]$ 和 $m\times n$ 矩阵 $\boldsymbol{B}=[b_{l,k}]$ 的 Kronecker 积记作 $\boldsymbol{A}\otimes\boldsymbol{B}$，它是一个 $pm\times qn$ 矩阵。矩阵 $\boldsymbol{A}$ 和矩阵 $\boldsymbol{B}$ 的 Kronecker 积可以定义为

$$\boldsymbol{A}\otimes\boldsymbol{B}=\begin{bmatrix} a_{11}\boldsymbol{B} & a_{12}\boldsymbol{B} & \cdots & a_{1q}\boldsymbol{B} \\ a_{21}\boldsymbol{B} & a_{22}\boldsymbol{B} & \cdots & a_{2q}\boldsymbol{B} \\ \vdots & \vdots & & \vdots \\ a_{p1}\boldsymbol{B} & a_{p2}\boldsymbol{B} & \cdots & a_{pq}\boldsymbol{B} \end{bmatrix} \tag{4.10}$$

9. Hadamard 积

将 $m\times n$ 矩阵 $\boldsymbol{A}=[a_{i,j}]$ 和 $m\times n$ 矩阵 $\boldsymbol{B}=[b_{l,k}]$ 的 Hadamard 乘积记作 $\boldsymbol{A}\odot\boldsymbol{B}$，它仍然是一个 $m\times n$ 矩阵，则定义矩阵 $\boldsymbol{A}$ 和矩阵 $\boldsymbol{B}$ 的 Hadamard 乘积为

$$\boldsymbol{A}\odot\boldsymbol{B}=[a_{i,j}\cdot b_{i,j}] \tag{4.11}$$

通常 Hadamard 乘积也称 Schur 乘积。

4.1.2 MUSIC 算法的原理

4.1.2.1 信号模型

MUSIC 算法是针对多元天线阵列测向问题提出的，用含 M 个阵元的阵列对 $K(K<M)$ 个目标信号进行测向。以均匀线阵为例，假设天线阵元在观测平面内是各向同性的，阵元的位置示意图如图 4.1 所示。

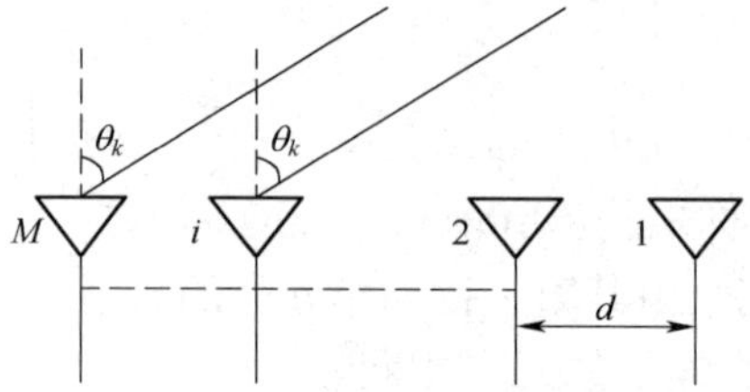

图 4.1 阵元的位置示意图

来自各远场信号源的辐射信号到达天线阵列时均可以看做是平面波，以第一个阵元为参考，相邻阵元间的距离为 d，若由第 k 个辐射源辐射的信号到达阵元 1 的波前信号为 $S_k(t)$，则第 i 个阵元接收的信号为

$$a_k S_k(t)\exp(-\mathrm{j}\omega_0(i-1)d\sin\theta_k/\mathrm{c}) \tag{4.12}$$

式中：a_k 为阵元 i 对第 k 个信号源信号的响应，这里可取 $a_k=1$，因为已假定各阵元在观察平面内是无方向性的；ω_0 为信号的中心频率；c 为波的传播速度；θ_k 为第 k 个信号源的入射角度，是入射信号方向与天线法线的夹角。计及测量噪声（包括来自自由空间和接收机内部的）和所有信号源的来波信号，则第 i 个阵元的输出信号为

$$x_i(t)=\sum_{k=1}^{K}a_k S_k(t)\exp(-\mathrm{j}\omega_0(i-1)d\sin\theta_k/c)+n_i(t) \tag{4.13}$$

式中：$n_i(t)$ 为噪声；标号 i 表示该变量属于第 i 个阵元；标号 k 表示第 k 个信号源。假定各阵元的噪声是均值为零的平稳白噪声过程，方差为 σ^2，并且噪声之间不相

关,且与信号不相关。将式(4.13)写成向量形式,则有

$$\boldsymbol{X}(t)=\boldsymbol{AS}(t)+\boldsymbol{N}(t) \tag{4.14}$$

式中:$\boldsymbol{X}(t)=[x_1(t),x_2(t),\cdots,x_M(t)]^{\mathrm{T}}$ 为 M 维的接收数据向量;

$\boldsymbol{S}(t)=[S_1(t),S_2(t),\cdots,S_K(t)]^{\mathrm{T}}$ 为 K 维信号向量;

$\boldsymbol{A}=[\boldsymbol{a}(\theta_1),\boldsymbol{a}(\theta_2),\cdots,\boldsymbol{a}(\theta_K)]$为 $M\times K$ 维的阵列流型矩阵;

$\boldsymbol{a}(\theta_k)=[1,\mathrm{e}^{-\mathrm{j}\omega_0\tau_k},\cdots,\mathrm{e}^{-\mathrm{j}\omega_0(M-1)\tau_k}]^{\mathrm{T}}$ 为 M 维的方向向量,$\tau_k=d\sin\theta_k/c$;

$\boldsymbol{N}(t)=[n_1(t),n_2(t),\cdots,n_M(t)]^{\mathrm{T}}$ 为 M 维的噪声向量。

4.1.2.2 算法原理

由于各阵元的噪声互不相关,且也与信号不相关,因此接收数据 $\boldsymbol{X}(t)$ 的协方差矩阵为

$$\boldsymbol{R}=E\{\boldsymbol{X}(t)\boldsymbol{X}^{\mathrm{H}}(t)\} \tag{4.15}$$

式中:上标 H 表示共轭转置,即

$$\boldsymbol{R}=\boldsymbol{APA}^{\mathrm{H}}+\sigma^2\boldsymbol{I} \tag{4.16}$$

$\boldsymbol{P}$ 为空间信号的协方差矩阵,即

$$\boldsymbol{P}=E\{\boldsymbol{S}(t)\boldsymbol{S}^{\mathrm{H}}(t)\} \tag{4.17}$$

由于假设空间各信号源不相干,并设阵元间隔小于信号的半波长 λ,即 $d\leqslant\lambda/2$, $\lambda=2\pi c/\omega_0$,这样矩阵 $\boldsymbol{A}$ 将有

$$\boldsymbol{A}=\begin{bmatrix} 1 & 1 & \cdots & 1 \\ \mathrm{e}^{-\mathrm{j}\frac{2\pi d}{\lambda}\sin\theta_1} & \mathrm{e}^{-\mathrm{j}\frac{2\pi d}{\lambda}\sin\theta_2} & \cdots & \mathrm{e}^{-\mathrm{j}\frac{2\pi d}{\lambda}\sin\theta_D} \\ \vdots & \vdots & & \vdots \\ \mathrm{e}^{-\mathrm{j}\frac{2\pi d}{\lambda}(M-1)\sin\theta_1} & \mathrm{e}^{-\mathrm{j}\frac{2\pi d}{\lambda}(M-1)\sin\theta_2} & \cdots & \mathrm{e}^{-\mathrm{j}\frac{2\pi d}{\lambda}(M-1)\sin\theta_D} \end{bmatrix} \tag{4.18}$$

矩阵 $\boldsymbol{A}$ 是范德蒙德阵,只要 $\theta_i\neq\theta_j\ (i\neq j)$,它的列就相互独立。这样,若 $\boldsymbol{P}$ 为非奇异阵,则有

$$\mathrm{rank}(\boldsymbol{APA}^{\mathrm{H}})=K \tag{4.19}$$

由于 $\boldsymbol{P}$ 是正定的,因此矩阵 $\boldsymbol{APA}^{\mathrm{H}}$ 的特征值为正,即共有 K 个正的特征值。

在式(4.16)中,$\sigma^2>0$,而 $\boldsymbol{APA}^{\mathrm{H}}$ 的特征值为正,$\boldsymbol{R}$ 为满秩阵,因此 $\boldsymbol{R}$ 有 M 个正特征值,按降序排列为 $\lambda_1\geqslant\lambda_2\geqslant\lambda_3\geqslant\cdots\geqslant\lambda_M$,它们所对应的特征向量为$\boldsymbol{v}_1$, $\boldsymbol{v}_2,\cdots,\boldsymbol{v}_M$,且各特征向量是相互正交的,这些特征向量构成 $M\times M$ 维空间的一组正交基。与信号有关的特征值有 K 个,且 $K<M$,它们分别等于 $\boldsymbol{APA}^{\mathrm{H}}$ 的各特征值与 σ^2 之和,而矩阵的其余 $(M-K)$ 个特征值为 σ^2,即 σ^2 为 $\boldsymbol{R}$ 的最小特征值,它是 $(M-K)$ 重的。因此,只要将天线各阵元输出数据的协方差矩阵进行特征值分解,找出最小特征值的个数 n_E,据此就可以求出信号源的个数 K,即有

$$K=M-n_E \tag{4.20}$$

同时求得的最小特征值就是噪声功率 σ^2。设已求得 $\boldsymbol{R}$ 的最小特征值为 $\lambda_{\min}$,它

是 n_E 重的,对应着 n_E 个相互正交的最小特征向量,设为$\boldsymbol{v}_i$($i = K + 1, k + 2, \cdots, M$),则有

$$\boldsymbol{R}\,\boldsymbol{v}_i = \lambda_{\min}\boldsymbol{v}_i(i=K+1,K+2,\cdots,M) \tag{4.21}$$

代入式(4.16),得

$$\boldsymbol{APA}^{\mathrm{H}}\boldsymbol{v}_i+(\sigma^2-\lambda_{\min})\boldsymbol{v}_i=0(i=K+1,K+2,\cdots,M) \tag{4.22}$$

由于 $\lambda_{\min} = \sigma^2$,所以

$$\boldsymbol{APA}^{\mathrm{H}}\boldsymbol{v}_i=0(i=K+1,K+2,\cdots,M) \tag{4.23}$$

由于矩阵 $\boldsymbol{A}$ 是范德蒙德阵,矩阵 $\boldsymbol{P}$ 是正定阵,因此

$$\boldsymbol{A}^{\mathrm{H}}\boldsymbol{v}_i=0(i=K+1,K+2,\cdots,M) \tag{4.24}$$

式(4.24)表明,$\boldsymbol{R}$ 的诸最小特征向量与矩阵 $\boldsymbol{A}$ 的各列正交。

由于 $\boldsymbol{R}$ 的最小特征向量仅与噪声有关,因此由 n_E 个特征向量所张成的子空间称为噪声子空间,而与它正交的子空间,即由信号的方向向量张成的子空间则是信号子空间。将矩阵 $\boldsymbol{R}$ 所在的 $M \times M$ 维空间分解成两个完备的正交子空间,信号子空间和噪声子空间,形式上可以写成

$$\mathrm{span}\{\boldsymbol{v}_{K+1},\boldsymbol{v}_{K+2},\cdots,\boldsymbol{v}_M\} \perp \mathrm{span}\{\boldsymbol{a}(\theta_1),\boldsymbol{a}(\theta_2),\cdots,\boldsymbol{a}(\theta_K)\}$$

为了求出入射信号的方向,可以利用两个子空间的正交性,将诸最小特征向量构造一个 $M \times (M - K)$ 维噪声特征向量矩阵,即

$$\boldsymbol{E}_N=[\boldsymbol{v}_{K+1},\boldsymbol{v}_{K+2},\cdots,\boldsymbol{v}_M] \tag{4.25}$$

则在信号所在的方向 θ_k 上,显然有

$$\boldsymbol{E}_N^{\mathrm{H}}\boldsymbol{a}(\theta_k)=\boldsymbol{0} \tag{4.26}$$

式中:$\boldsymbol{0}$ 为零向量。

由于协方差矩阵 $\boldsymbol{R}$ 是根据有限次观测数据估计得到的,对其进行特征分解时,最小特征值和重数 n_E 的确定以及最小特征向量的估计都是有误差的,当 $\boldsymbol{E}_N$ 为存在偏差时,式(4.26)右边不是零向量。这时,可取使得 $\boldsymbol{E}_N^{\mathrm{H}}\boldsymbol{a}(\theta_k)$ 的 2-范数为最小值的 $\hat{\theta}_k$ 作第 k 个信号源方向的估值。连续改变 θ 值,进行谱峰搜索,由此得到 K 个最小值所对应的 θ 就是 K 个信号源的位置角度。通常做法是利用噪声子空间与信号子空间的正交性,构造如下空间谱函数:

$$\boldsymbol{P}_{\mathrm{MUSIC}}(\theta)=\frac{1}{\boldsymbol{a}^{\mathrm{H}}(\theta)\boldsymbol{E}_N\boldsymbol{E}_N^{\mathrm{H}}\boldsymbol{a}(\theta)} \tag{4.27}$$

谱函数最大值所对应的 θ 就是信号源方向的估计值。

为了更清楚起见,现把 MUSIC 算法计算步骤总结如下:

(1) 根据天线阵列中各阵元接收的数据 $x_i(n)$ 估计协方差矩阵 $\hat{\boldsymbol{R}}$;

由阵列输出信号的采样值求协方差矩阵 $\boldsymbol{R}$ 的估计 $\hat{\boldsymbol{R}}$,设阵列输出信号向量表示为 $\boldsymbol{X}(n)=[x_1(n),x_2(n),\cdots,x_M(n)]^{\mathrm{T}}$,每次采样称为一个快拍,设一次估计所用的快拍数为 L ,则共有 L 个数据向量 $\boldsymbol{X}(n)$($n = 1,2,\cdots,L$),于是

$$\hat{\boldsymbol{R}}=\frac{1}{L}\sum_{n=1}^{L}\boldsymbol{X}(n)\boldsymbol{X}^{\mathrm{H}}(n) \tag{4.28}$$

（2）对 $\hat{\boldsymbol{R}}$ 进行特征值分解，获得特征值 λ_i 和特征向量 $\boldsymbol{v}_i(i=1,2,\cdots,M)$；

（3）按照某种准则确定矩阵 $\hat{\boldsymbol{R}}$ 最小特征值的数目 n_E，设这 n_E 个最小特征值分别为 $\lambda_{K+1},\lambda_{K+2},\cdots,\lambda_M$，则

$$\sigma^2=\frac{1}{n_E}(\lambda_{K+1}+\lambda_{K+2}+\cdots+\lambda_M) \tag{4.29}$$

与之对应的特征向量为 $\boldsymbol{v}_{K+1},\boldsymbol{v}_{K+2},\cdots,\boldsymbol{v}_M$，利用这些特征向量构造噪声特征向量矩阵 $\boldsymbol{E}_N=[\boldsymbol{v}_{K+1},\boldsymbol{v}_{K+2},\cdots,\boldsymbol{v}_M]$；

（4）按照式(4.30)计算空间谱 $\boldsymbol{P}_{\mathrm{MUSIC}}(\theta)$，进行谱峰搜索，它的 D 个极大值所对应的 θ 就是信号源的方向：

$$\boldsymbol{P}_{\mathrm{MUSIC}}(\theta)=\frac{1}{\boldsymbol{a}^{\mathrm{H}}(\theta)\boldsymbol{E}_N\boldsymbol{E}_N^H\boldsymbol{a}(\theta)} \tag{4.30}$$

上述是经典 MUSIC 算法的基本原理，许多限制是可以放宽或取消的。首先，关于均匀线阵的限制不是必需的，实际中可采用几乎是任意形状的阵列形式，只要满足在 D 个独立信号源的条件下，矩阵 $\boldsymbol{A}$ 具有 D 个线性无关的列就可以了。其次，天线阵元在观测平面内无方向性这一点也不是必要的，而且还可以考虑三维空间辐射源的到达角（DOA）的估计问题，即不仅估计信号的方位角，还要估计它的俯仰角，当然，MUSIC 算法还可用于频率、方位和俯仰的联合估计。

4.1.3 典型阵列形式及阵列流型矩阵

实际工程中常用的阵列形式有均匀线阵、均匀圆阵、L 形阵和任意平面阵、立体阵，不同的阵列有各自的特点，阵列形式不同，计算量也略有差别，实际中要根据需要进行合理选择。均匀线阵在 MUSIC 算法基本原理中已做了介绍，下面将主要介绍其他几种阵列形式和其阵列流型矩阵，其中均匀圆阵、L 形阵列和任意平面阵都可以看做任意立体阵的特殊形式，因此首先介绍任意立体阵的阵列流型矩阵。

4.1.3.1 任意立体阵及其阵列流型

假设空间任意两阵元，在以参考阵元为坐标原点的直角坐标系中，另一阵元 C 的坐标为 (x,y,z)，SO 为入射信号方向，入射方位角与俯仰角分别为 θ、ϕ，方位角表示入射信号的投影与 x 轴的夹角，俯仰角表示入射信号与 XOY 平面的夹角，如图 4.2 所示，设 C 点在 XOY 平面上的投影为 B，在 B 点引入一个虚拟阵元。显然，O、C 两阵元处的波程差等于 O、B 两阵元处的波程差加上 B、C 两阵元处的波程差。经过简单的数学推导可得 O、C 两阵元的波程差为

$$(x\cos\theta+y\sin\theta)\cos\phi+z\sin\phi \tag{4.31}$$

由 O、C 两阵元处的波程差引入的传输延迟为

$$\tau = \frac{1}{c}[(x\cos\theta + y\sin\theta)\cos\phi + z\sin\phi] \tag{4.32}$$

式中：c 为光速。式(4.32)就是空间任意两阵元的传输时延。

设 M 个全向阵元排列成空间任意形状，相互独立的远场空间信源 $S_j(j = 1, 2, \cdots, D)$ 以角度 (θ_j, ϕ_j) 入射到阵列，以第一个阵元为参考，并以该参考阵元为原点建立坐标系，设其他阵元的坐标为 $(x_i, y_i, z_i)(i = 2, 3, \cdots, M)$，则阵列流型矩阵可表示为

$$\boldsymbol{A}(\theta, \phi) = [\boldsymbol{a}(\theta_1, \phi_1), \boldsymbol{a}(\theta_2, \phi_2), \cdots, \boldsymbol{a}(\theta_D, \phi_D)] \tag{4.33}$$

$$\boldsymbol{a}(\theta_j, \phi_j) = [1, a_2(\theta_j, \phi_j), \cdots, a_M(\theta_j, \phi_j)]^{\mathrm{T}} \tag{4.34}$$

式中：$a_i(\theta_j, \phi_j) = \mathrm{e}^{\mathrm{j}\omega\tau_{ij}(\theta_j, \phi_j)}$；$\tau_{ij}(\theta_j, \phi_j) = \frac{1}{c}[(x_i\cos\theta_j + y_i\sin\theta_j)\cos\phi_j + z_i\sin\phi_j]$，$i = 1, 2, \cdots, M; j = 1, 2, \cdots, D$。

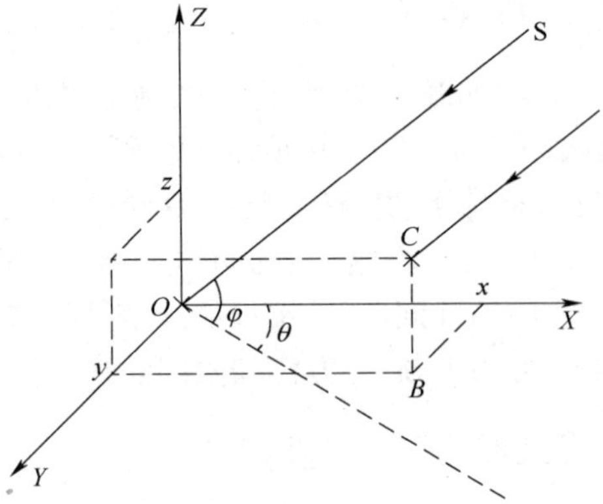

图 4.2　空间任意两阵元的位置示意图

4.1.3.2　均匀圆阵及其阵列流型

如图 4.3 所示的 M 元均匀圆阵，假设各个阵元均匀分布在半径为 r 的圆周上，以均匀圆阵的圆心为坐标原点，以阵元 1 与圆心所在的直线为 x 轴建立直角坐标系，以圆心为参考点，则第 i 个阵元的坐标为

$$x_i = r\cos(2\pi(i-1)/M),\ y_i = r\sin(2\pi(i-1)/M),\ z_i = 0 \tag{4.35}$$

则第 j 个信号源辐射的信号在参考点与第 i 个阵元之间产生的波程差为

$$\begin{aligned}\tau_{ij} &= \frac{1}{c}[(x\cos\theta_j + y\sin\theta_j)\cos\phi_j + z\sin\phi_j] \\ &= \frac{1}{c}[(r\cos(2\pi(i-1)/M)\cos\theta_j + r\sin(2\pi(i-1)/M)\sin\theta_j)\cos\phi_j] \\ &= \frac{r}{c}\cos(2\pi(i-1)/M - \theta_j)\cos\phi_j\end{aligned} \tag{4.36}$$

因此,阵列流型矩阵可表示为

$$\boldsymbol{A}(\theta,\phi)=[\boldsymbol{a}(\theta_1,\phi_1),\boldsymbol{a}(\theta_2,\phi_2),\cdots,\boldsymbol{a}(\theta_D,\phi_D)] \tag{4.37}$$

$$\boldsymbol{a}(\theta_j,\phi_j)=[a_1(\theta_j,\phi_j),a_2(\theta_j,\phi_j),\cdots,a_M(\theta_j,\phi_j)]^{\mathrm{T}} \tag{4.38}$$

式中:$\alpha_i(\theta_j,\phi_j)=\mathrm{e}^{\mathrm{j}\omega\tau_i(\theta_j,\phi_j)}$, $\tau_{ij}=\dfrac{r}{c}\cos\left(\dfrac{2\pi(i-1)}{M}-\theta_j\right)\cos\phi_j$

$i=1,2,\cdots,M;j=1,2,\cdots,D$

4.1.3.3 L 形阵及其阵列流型

如图 4.4 所示的 L 形天线阵列, x 轴方向和 y 轴方向上各有 M 个阵元,选择第一个阵元作为参考,则 x 轴和 y 轴上第 i 个阵元的坐标分别为 $(x_i,0,0)$ 、$(0,y_i,0)$,它们与阵元 1 的波程差分别为

$$\tau_{ij}=\frac{1}{c}(x_i\cos\theta_j\cos\phi_j) \tag{4.39}$$

$$\tau'_{ij}=\frac{1}{c}(y_i\sin\theta_j\cos\phi_j) \tag{4.40}$$

因此,将接收数据按照先 x 轴上阵元接收的数据后 y 轴上阵元接收的数据排列时,阵列流型矩阵 $\boldsymbol{A}$ 可表示为

$$\boldsymbol{A}(\theta,\phi)=[\boldsymbol{a}(\theta_1,\phi_1),\boldsymbol{a}(\theta_2,\phi_2),\cdots,\boldsymbol{a}(\theta_D,\phi_D)] \tag{4.41}$$

$$\boldsymbol{a}(\theta_j,\phi_j)=[a_1(\theta_j,\phi_j),\cdots,a_M(\theta_j,\phi_j),a'_1(\theta_j,\varphi_j),\cdots,a'_M(\theta_j,\phi_j)]^{\mathrm{T}} \tag{4.42}$$

式中:$a_i(\theta_j,\phi_j)=\mathrm{e}^{\mathrm{j}\omega\tau_i(\theta_j,\phi_j)}$, $\tau_{ij}=\dfrac{1}{c}(x_i\cos\theta_j\cos\phi_j)$

$a'_i(\theta_j,\phi_j)=\mathrm{e}^{\mathrm{j}\omega\tau'_i(\theta_j,\phi_j)}$, $\tau'_{ij}=\dfrac{1}{c}(y_i\sin\theta_j\cos\phi_j)$

$i=1,2,\cdots,M;j=1,2,\cdots,D$

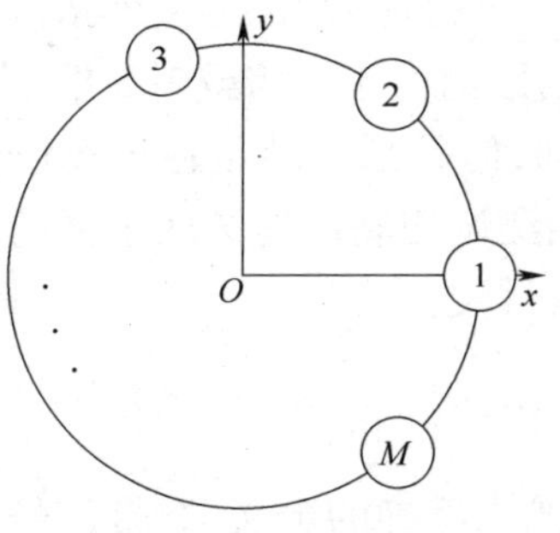

图 4.3 M 元均匀圆阵示意图

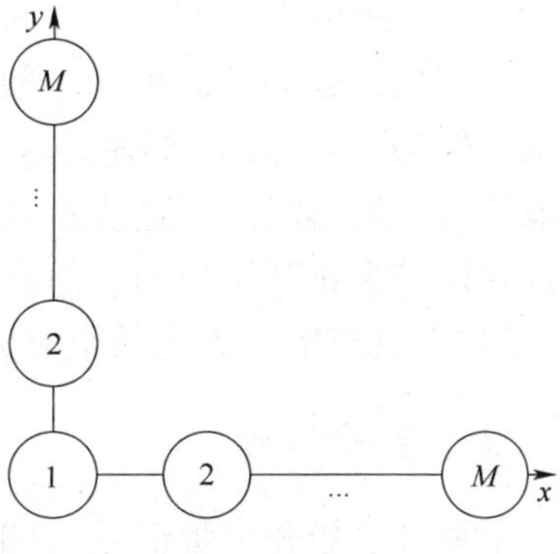

图 4.4 L 形天线阵列示意图

4.1.3.4 实际系统采用的阵列形式及阵列流型

由于实际的被动探测系统中采用了传统的相位干涉仪和空间谱估计两种测向方法，因此天线阵列形式的设计要兼顾这两种方法。根据对实际系统覆盖频段、测角范围的要求和结构尺寸的限制，系统中选用了如图 4.5 所示的阵列天线形式。

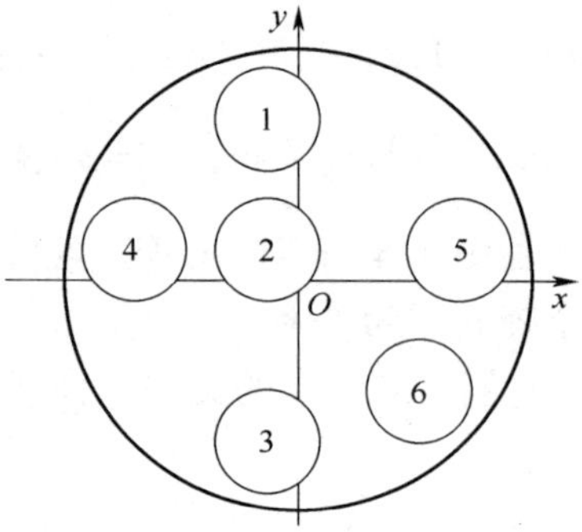

图 4.5　元位置的平面示意图

图 4.5 是阵元位置的平面示意图，阵元 2 与其他阵元不在同一个平面上，它高出其他阵元 10mm，各个阵元坐标分别为（ - 10, 50, 0）、（ - 10, 10, 10）、（ - 10, - 50, 0）、（ - 50, 10, 0 ）、（ - 50, 10, 0）、（ 38, - 35, 0），坐标单位为 mm。由于该天线阵列形状不规则，不具有圆对称性，因此其阵列流型矩阵形式与式（4.33）和式（4.34）表示的形式一致，仅需将各阵元坐标代入即可求出实际系统的阵列流型矩阵。

4.1.4 几个相关的概念

由于 MUSIC 算法的应用领域十分广泛，因此有必要对本书研究对象进行一下说明，本书主要研究的信号形式为远场、窄带、非相干两点源或多点源。

4.1.4.1 远场区

一般情况下，电磁辐射场根据感应场和辐射场的不同区分为近场区和远场区，关于远场区和近场区的划分，许多文献给出了不同的定义，首先给出定义：

$$r_{\min} = \frac{D^2}{\lambda} \tag{4.43}$$

式中：D 为辐射天线的口径；λ 为辐射信号的波长。

有文献指出远场区的范围一般取 $r > 2r_{\min}$ 到无穷远处，也有文献指出远场区的范围一般为 $r > r_{\min}$ 的辐射场区，还有文献指出距离大于 3 倍或者 5 倍信号波长的区域即可看做远场区。这些定义形式各自不同，但是都应满足在远场区天线接收的辐射信号为相互平行的平面波。本书所有的测试均满足远场区定义的这个条件，且接收天线与辐射天线的距离大于 10 倍的信号波长。

4.1.4.2 窄带信号

关于宽带信号和窄带信号，目前还没有文献给出准确的定义，宽带信号和窄带信号是相对而言的。一般而言，窄带信号是指信号中心频率远大于信号带宽的信号，若信号所占的带宽为 B，信号的中心频率为 f_0，则满足式（4.43）的信号记为窄带信号：

$$f_0 \gg B, 一般取 \frac{f_0}{B} > 10 \tag{4.44}$$

4.1.4.3 信号相关性

对于两个平稳信号 $s_i(t)$ 和 $s_j(t)$，定义这两个信号之间的相关系数为

$$\rho_{ij} = \frac{E[s_i(t)s_j^*(t)]}{\sqrt{E[|s_i(t)|^2]E[|s_j(t)|^2]}} \tag{4.45}$$

两个信号之间的相关性定义如下：

（1）如果 $\rho_{ij} = 0$，则信号 $s_i(t)$ 和 $s_j(t)$ 相互独立；

（2）如果 $0 < |\rho_{ij}| < 1$，则信号 $s_i(t)$ 和 $s_j(t)$ 相关；

（3）如果 $|\rho_{ij}| = 1$，则信号 $s_i(t)$ 和 $s_j(t)$ 相干。

4.2 色噪声背景下的信源数估计方法

4.2.1 引言

在空间谱估计测向技术中，准确估计空间辐射信号源的数目占有十分重要的地位，在空间谱估计中，几乎所有的高性能测向算法都是以准确的估计出信号源数目为前提的。目前常用的信源数估计方法主要有基于信息论准则的方法、盖尔圆盘法、平滑秩序列法和正则相关技术。这些方法各有优缺点，其中基于信息论准则的方法计算复杂度小但无法在色噪声背景下准确估计信源数；盖尔圆盘法在低信噪比下的性能比信息论方法差，但能应用于色噪声背景下；平滑秩序列法计算复杂度较高，但可以估计相干信源的数目和信源结构，而信息论方法只能估计信号源数，无法对结构进行估计；基于正则相关技术的方法可以应用在色噪声背景下，但需要两个子阵列且子阵列之间噪声不相关。虽然学者们提出了很多信源数估计方法，但其中的许多方法仅停留在理论分析和计算机仿真层面上，并没有在工程实际应用中进行检验，研究能用于工程实际的信源数估计方法仍具有重要的理论意义和实际价值。

由于基于信息论准则的信源数估计方法仅在白噪声背景的假设条件下适用，而实际的测向系统中，阵元之间的空间相关性、阵元互耦或者各通道增益的不一致性以及通道内部噪声的不一致性都会导致各个阵元接收的噪声功率不等，此时阵列接收的噪声将是有色噪声，利用信息论准则将无法正确估计信源数。因此，本章在介绍了信息论准则后，针对该方法的局限性，提出了基于协方差矩阵对角加载的信源数估计方法，通过定性的理论分析获得了合适的加载量，根据加载后的特征值利用信息论准则估计信源个数，该算法适用于色噪声背景。将聚类分析的思想应

用到信源数估计问题中,提出了基于改进 K - 均值聚类的信源数估计新方法,该方法同样可适用于色噪声背景中信源数的估计。除此之外,为了与所提算法的性能进行比较,4.4 节还简单介绍了基于盖尔圆盘法的信源数估计方法,基于盖尔圆盘定理的信源数估计方法也可用于色噪声背景下。

4.2.2 基于信息论准则的信源数估计方法

在信源数估计方面,许多学者对此进行了深入的研究并提出了较为有效的方法,其中基于信息论准则的信源数估计方法应用最为广泛,这类方法主要有 Akaike 信息论准则(Akaike Information Criteria,AIC)、最小描述长度(Minimum Description Length,MDL)准则以及有效检测准则(Efficient Detection Criterion,EDC),这类方法的优点是估计的过程不需要人为设定阈值,从而避免了主观因素对信源数估计结果的影响,信号源个数由最小化 AIC 或 MDL 准则获得。

4.2.2.1 阵列信号模型

设一个包含 M 元的阵列天线,有 D 个非相干的空间平面波信号入射到阵列 $(D < M)$,阵列接收数据的向量表示为

$$\boldsymbol{X}(t)=\boldsymbol{A}(\theta)\boldsymbol{S}(t)+\boldsymbol{N}(t) \tag{4.46}$$

式中:$\boldsymbol{A}(\theta)=[\boldsymbol{a}(\theta_1),\boldsymbol{a}(\theta_2),\cdots,\boldsymbol{a}(\theta_D)]$为 $M \times D$ 的阵列流型矩阵;

$\boldsymbol{S}(t)=[S_1(t),S_2(t),\cdots,S_D(t)]^{\mathrm{T}}$ 为 $D \times 1$ 的信号向量;

$\boldsymbol{N}(t)=[N_1(t),N_2(t),\cdots,N_M(t)]$为 $M \times 1$ 的噪声向量。

假设信号 $S_1(t),S_2(t),\cdots,S_D(t)$ 为零均值的平稳高斯随机过程且具有正定的协方差矩阵,并且信号之间互不相关,噪声序列 $N_1(t),N_2(t),\cdots,N_M(t)$ 是均值为零协方差矩阵为 $\sigma^2\boldsymbol{I}$ 的独立同分布的平稳高斯随机过程,且噪声与信号不相关,满足上述假设条件时,$\boldsymbol{X}(t)$的协方差矩阵为

$$\boldsymbol{R}=\boldsymbol{APA}^{\mathrm{H}}+\sigma^2\boldsymbol{I} \tag{4.47}$$

式中:$\boldsymbol{P}=E\{\boldsymbol{S}(t)\boldsymbol{S}^{\mathrm{H}}(t)\}$为信号协方差矩阵;H 表示共轭转置;$E$ 表示求数学期望。

假设阵列流型矩阵 $\boldsymbol{A}$ 列满秩,即 $\boldsymbol{A}$ 的列向量之间线性无关,又由于信号 $S_1(t),S_2(t),\cdots,S_D(t)$ 之间互不相关,即信号协方差 $\boldsymbol{P}$ 为非奇异阵,矩阵 $\boldsymbol{P}$ 的秩为 D,因此对 $\boldsymbol{R}$ 进行特征分解后,其$(M-D)$ 个小特征值等于 σ^2,将所有的 M 个特征值从大到小排列为

$$\lambda_1 \geqslant \lambda_2 \geqslant \cdots \geqslant \lambda_D > \lambda_{D+1} = \cdots = \lambda_M = \sigma^2 \tag{4.48}$$

因此,信号源数目可由阵列协方差矩阵 $\boldsymbol{R}$ 小特征值的个数确定,即只要找出 $\boldsymbol{R}$ 最小特征值的个数 n_E,据此就可以求出信号源的个数 D,$D = M - n_E$,但是实际中,协方差矩阵 $\boldsymbol{R}$ 是根据有限次观测数据通过下式估计得到:

$$\hat{\boldsymbol{R}}=\frac{1}{N}\sum_{i=1}^{N}x(t_i)x^{\mathrm{H}}(t_i) \tag{4.49}$$

根据有限个快拍数 N 估计的协方差矩阵 $\hat{\boldsymbol{R}}$ 的特征值不满足式(4.48),此时噪声特征值不再相等,而有下式成立:

$$\hat{\lambda}_1 \geqslant \hat{\lambda}_2 \geqslant \cdots \geqslant \hat{\lambda}_D \geqslant \hat{\lambda}_{D+1} > \cdots > \hat{\lambda}_M > \sigma^2 \tag{4.50}$$

即对 $\hat{\boldsymbol{R}}$ 进行特征分解,一般不会得到完全相等的 n_E 个最小特征值,也即无法根据阵列接收数据协方差矩阵小特征值的数目来确定信源数,这时需要根据某些准则来判断信源个数。

上述分析给出的是白噪声背景下的阵列信号模型,而在色噪声背景下,式(4.47)的阵列模型修正为

$$\boldsymbol{R}=\boldsymbol{APA}^{\mathrm{H}}+\boldsymbol{N} \tag{4.51}$$

式中:$\boldsymbol{N}$ 为噪声协方差矩阵,色噪声和相关噪声背景下它不是对角阵,且对角线的元素也不相等。本章后续仿真中用到的空间色噪声采用文献提出的噪声模型,其协方差矩阵的元素由 $n_{ik} = \sigma_n^2\rho^{|i-k|}\exp(\mathrm{j}(i-k)0.77\pi)$ 给出。其中,σ_n^2 为噪声功率;$\rho \in [0,1]$ 为相邻阵元间的空间相关系数。

4.2.2.2 利用信息论准则估计信号源数目

由 Akaike 提出的 AIC 准则和由 RissanenJ 提出的 MDL 准则是为了解决模型辨识问题而提出的,这些准则解决的问题:给定一组观测数据 $\boldsymbol{X}=[\boldsymbol{X}_1,\boldsymbol{X}_2,\cdots,\boldsymbol{X}_N]$ 和一系列参数化的概率模型 $f(x \mid \boldsymbol{\Theta})$,选择与观测数据拟合最好的模型。模型辨识的第一种方法是由 Akaike 于 1973 年提出的,Akaike 建议在所有的模型中选择使得 AIC 准则最小的模型,AIC 准则的定义如下:

$$\mathrm{AIC}=-2\log f(x \mid \hat{\boldsymbol{\Theta}})+2k \tag{4.52}$$

式中:$\hat{\boldsymbol{\Theta}}$ 为参数向量 $\boldsymbol{\Theta}$ 的最大似然估计; k 为参数向量 $\boldsymbol{\Theta}$ 的自由度。式(4.52)中第一项是模型参数最大似然估计的对数似然函数项,第二项是罚函数项,插入这一项的目的是使得 AIC 成为真实分布 $f(x \mid \boldsymbol{\Theta})$ 与估计结果 $f(x \mid \hat{\boldsymbol{\Theta}})$ 之间 Kullback-Leibler 距离平均值的无偏最大似然估计。

受到 Akaike 方法的启发,1978 年 Schwartz 和 Rissanen 从不同的角度对这个问题进行了研究,Schwartz 的方法是基于贝叶斯理论,假定赋予每一个竞争模型一个先验概率,然后选择使得后验概率最大的模型作为估计结果;Rissanen 的方法基于信息论的准则研究该问题,既然每一个模型都可以描述观测数据,Rissanen 建议选择具有最小描述长度的模型作为估计结果。尽管二者研究问题的方法和出发点不同,但当采样快拍数趋于无穷大的时候,二者的方法得出相同的结论——MDL (Minimum Description Length)准则,其定义由下式给出:

$$\mathrm{MDL}=-\log f(x \mid \hat{\boldsymbol{\Theta}})+\frac{1}{2}k\log N \tag{4.53}$$

式中: N 为观测数据的长度; k 为参数向量 $\boldsymbol{\Theta}$ 的自由度。从式(4.52)和式(4.53)

可以看出,MDL 准则和 AIC 准则的对数似然函数项除了相差一个常数因子 2 之外是相同的,其罚函数项与 AIC 准则的罚函数项相差 $\log N/4$。

为了利用信息论准则来估计信号源的数目,或者说为了应用信息论准则来确定信源协方差矩阵的秩,首先要有一组可供选择的概率模型,即概率密度函数。假设观测向量 $\boldsymbol{X}(t_1),\boldsymbol{X}(t_2),\cdots,\boldsymbol{X}(t_N)$ 是具有零均值、独立同分布的复高斯随机向量,则可以得到观测向量的联合概率密度函数。在上述的高斯假设条件下,该概率密度函数可用观测向量 $\boldsymbol{X}$ 的协方差矩阵来描述,如果 k 个信号入射到阵列时的阵列协方差矩阵用 $\boldsymbol{R}^{(k)}$ 来表示,则在不同的信号源数目假设下,可以得到如下的协方差矩阵系列:

$$\boldsymbol{R}^{(k)}=\boldsymbol{\Psi}^{(k)}+\sigma^2\boldsymbol{I} \tag{4.54}$$

式中:$\boldsymbol{\Psi}^{(k)}$ 为秩为 k 的半正定阵;σ 为一个未知标量;$k\in\{0,1,2,\cdots,M-1\}$ 为所有可能的信源数目。应用线性代数中的谱分解定理,矩阵 $\boldsymbol{R}^{(k)}$ 可表示为

$$\boldsymbol{R}^{(k)}=\sum_{i=1}^{k}(\lambda_i-\sigma^2)\boldsymbol{V}_i\boldsymbol{V}_i^{\mathrm{H}}+\sigma^2\boldsymbol{I} \tag{4.55}$$

式中:$\lambda_i,\boldsymbol{V}_i(i=1,2,\cdots,k)$ 分别为 $\boldsymbol{R}^{(k)}$ 的特征值和特征向量;$\boldsymbol{\Theta}^{(k)}$ 为模型的参数向量,则

$$\boldsymbol{\Theta}^{(k)}=[\lambda_1,\lambda_2,\cdots,\lambda_k,\sigma^2,\boldsymbol{V}_1^{\mathrm{T}},\boldsymbol{V}_2^{\mathrm{T}},\cdots,\boldsymbol{V}_k^{\mathrm{T}}]^{\mathrm{T}} \tag{4.56}$$

有了这个参数向量就可以应用信息论准则来进行接来下的估计问题,既然观测数据向量 $\boldsymbol{X}(t_1),\boldsymbol{X}(t_2),\cdots,\boldsymbol{X}(t_N)$ 是独立同分布的零均值复高斯随机过程,它们的联合概率密度函数就可表示为

$$f(\boldsymbol{X}(t_1),\boldsymbol{X}(t_2),\cdots,\boldsymbol{X}(t_N)\mid\boldsymbol{\Theta}^{(k)})=\prod_{i=1}^{N}\frac{1}{\pi^M\det(\boldsymbol{R}^{(k)})}\exp(-\boldsymbol{X}^{\mathrm{H}}(t_i)(\boldsymbol{R}^{(k)})^{-1}\boldsymbol{X}(t_i)) \tag{4.57}$$

对式(4.57)两边取对数,并忽略与参数向量 $\boldsymbol{\Theta}^{(k)}$ 无关的常数项,可得如下的对数似然函数:

$$L(\boldsymbol{\Theta}^{(k)})=-N\log(\det(\boldsymbol{R}^{(k)}))-\mathrm{tr}((\boldsymbol{R}^{(k)})^{-1}\hat{\boldsymbol{R}}) \tag{4.58}$$

式中:$\hat{\boldsymbol{R}}$ 为观测数据的协方差矩阵,可通过式(4.49)获得;$\det(\bullet)$ 为求矩阵的行列式;$\mathrm{tr}(\bullet)$ 为求矩阵的迹,即对角线元素的和。

依据最大似然估计原理,参数向量 $\boldsymbol{\Theta}^{(k)}$ 的最大似然估计是使得式(4.58)取得最大的一组参数值,Anderson 在文献中给出了这些参数的最大似然估计如下:

$$\hat{\lambda}_i=\lambda_i(i=1,2,\cdots,k) \tag{4.59a}$$

$$\hat{\sigma}^2=\sum_{i=k+1}^{M}\lambda_i/(M-k) \tag{4.59b}$$

$$\hat{\boldsymbol{V}}_i=\boldsymbol{V}_i \tag{4.59c}$$

式中:$\lambda_1>\lambda_2>\cdots>\lambda_k$ 为观测数据协方差矩阵的特征值;$\boldsymbol{V}_1,\boldsymbol{V}_2,\cdots,\boldsymbol{V}_k$ 为对应

的特征向量,将式(4.59)得到的这些参数的最大似然估计代入式(4.58)中,经过一些化简运算,得

$$L(\hat{\boldsymbol{\Theta}})=(M-k)N\log\left(\prod_{i=k+1}^{M}\lambda_i^{\frac{1}{M-k}}/\frac{1}{M-k}\sum_{i=k+1}^{M}\lambda_i\right) \tag{4.60}$$

由式(4.60)可以看出,括号内的部分是 $(M-k)$ 个小特征值几何平均与算术平均的比值。

参数向量 $\boldsymbol{\Theta}^{(k)}$ 的自由度可以根据由 $\boldsymbol{\Theta}^{(k)}$ 张成的子空间的自由度来计算。由于参数向量 $\boldsymbol{\Theta}^{(k)}$ 中矩阵 $\boldsymbol{R}^{(k)}$ 的特征值为实参数,其特征向量为复向量,因此参数向量 $\boldsymbol{\Theta}^{(k)}$ 共有 $(k+1+2Mk)$ 个实参数。但是,由于参数向量 $\boldsymbol{\Theta}^{(k)}$ 中的特征向量是两两相互正交的单位向量。所以 $\boldsymbol{\Theta}^{(k)}$ 的 $(k+1+2Mk)$ 个参数并不是全部相互独立的,这使得 $\boldsymbol{\Theta}^{(k)}$ 中可自由变化的参数的数目减少。首先,由于特征向量的单位范数约束,每个特征向量的自由度减少 1,因此 $\boldsymbol{\Theta}^{(k)}$ 的自由度减少 $2k$,同时,特征向量的正交性约束,使得 $\boldsymbol{\Theta}^{(k)}$ 的自由度减少 $2\times\frac{1}{2}k(k-1)$。这样,参数向量 $\boldsymbol{\Theta}^{(k)}$ 的自由度为

$$k+1+2Mk-\left[2k+2\times\frac{1}{2}k(k-1)\right]=(2M-k)k+1 \tag{4.61}$$

将式(4.60)和式(4.61)代入式(4.52),可得信号源个数的 AIC 准则为

$$\mathrm{AIC}(k)=-2(M-k)N\log\left(\prod_{i=k+1}^{M}\lambda_i^{\frac{1}{M-k}}\Big/\frac{1}{M-k}\sum_{i=k+1}^{M}\lambda_i\right)+2k(2M-k) \tag{4.62}$$

同理,将式(4.60)和式(4.61)代入式(4.53),可得信号源个数的 MDL 准则为

$$\mathrm{MDL}(k)=-(M-k)N\log\left(\prod_{i=k+1}^{M}\lambda_i^{\frac{1}{M-k}}\Big/\frac{1}{M-k}\sum_{i=k+1}^{M}\lambda_i\right)+\frac{1}{2}k(2M-k)\log N \tag{4.63}$$

信号源数目的估计值等于 $k\in\{0,1,2,\cdots,M-1\}$ 中使得 AIC 准则或 MDL 准则取得最小值的 k。

文献指出,MDL 准则是信号源数目 D 的强一致性估计,即当采样快拍数 $N\to\infty$ 时,$k_{\mathrm{MDL}}=D$。该结论的证明分两步完成,证明过程如下:

(1) 当 $k_{\mathrm{MDL}}<D$ 时,有

$$\begin{aligned}&\frac{1}{N}[\mathrm{MDL}(D)-\mathrm{MDL}(k)]\\&=-\log\left(\prod_{i=D+1}^{M}\lambda_i\Big/\left[\frac{1}{M-D}\sum_{i=D+1}^{M}\lambda_i\right]^{M-D}\right)+\log\left(\prod_{i=k+1}^{M}\lambda_i\Big/\left[\frac{1}{M-k}\sum_{i=k+1}^{M}\lambda_i\right]^{M-k}\right)+\\&\frac{1}{2N}D(2M-D)\log N-\frac{1}{2N}k(2M-k)\log N\end{aligned}$$

$$= \log\left(\left[\frac{1}{M-D}\sum_{i=D+1}^{M}\lambda_i\right]^{M-D}\left[\frac{1}{D-k}\sum_{i=k+1}^{D}\lambda_i\right]^{D-k}\Big/\left[\frac{1}{M-k}\sum_{i=k+1}^{M}\lambda_i\right]^{M-k}\right) +$$

$$\frac{\log N}{2N}(D-k)(2M-D-k) + \log\left(\prod_{i=k+1}^{D}\lambda_i\Big/\left[\frac{1}{D-k}\sum_{i=k+1}^{D}\lambda_i\right]^{D-k}\right) \tag{4.64}$$

根据算术平均与几何平均不等式的一般公式：

$$w_1A_1 + w_2A_2 \geqslant A_1^{w_1}A_2^{w_2}\ w_1 + w_2 = 1 \tag{4.65}$$

当采样快拍数 $N \to \infty$时，有

$$\frac{1}{M-k}\sum_{i=k+1}^{M}\lambda_i > \left(\frac{1}{D-k}\sum_{i=k+1}^{D}\lambda_i\right)^{\frac{D-k}{M-k}}\left(\frac{1}{M-D}\sum_{i=D+1}^{M}\lambda_i\right)^{\frac{M-D}{M-k}} \tag{4.66}$$

这意味着，当 $N \to \infty$时，式(4.64)的第一项依概率 1 小于零，并且式(4.64)的第二项在 $N \to \infty$时趋于零，即

$$\lim_{N\to\infty}\frac{\log N}{2N}(D-k)(2M-D-k) = 0 \tag{4.67}$$

当采样快拍数 $N \to \infty$时，观测数据的协方差矩阵 $\hat{\boldsymbol{R}}$ 的特征值不完全相等的概率为 1，因此 $\lambda_{k+1}, \lambda_{k+2}, \cdots, \lambda_D$ 的算术平均大于其几何平均，即

$$\frac{1}{D-k}\sum_{i=k+1}^{D}\lambda_i > \left[\prod_{i=k+1}^{D}\lambda_i\right]^{\frac{1}{D-k}} \tag{4.68}$$

因此，当采样快拍数 $N \to \infty$时，式(4.64)中第三项依概率 1 小于零。

综上三个式子可以看出，当 $k_{\mathrm{MDL}} < D$，$N \to \infty$时，式(4.64)小于零，即

$$\mathrm{MDL}(D) < \mathrm{MDL}(k) \tag{4.69}$$

(2) 当 $k_{\mathrm{MDL}} > D$ 时，有

$$\mathrm{MDL}(k) - \mathrm{MDL}(D)$$

$$= N\log\left(\prod_{i=k+1}^{M}\lambda_i\Big/\left[\frac{1}{M-k}\sum_{i=k+1}^{M}\lambda_i\right]^{M-k}\right) - N\log\left(\prod_{i=D+1}^{M}\lambda_i\Big/\left[\frac{1}{M-D}\sum_{i=D+1}^{M}\lambda_i\right]^{M-D}\right) +$$

$$\frac{\log N}{2}(k-D)(2M-D-k) \tag{4.70}$$

式(4.70)中的第一项是矩阵 $\boldsymbol{R}$ 的秩为 k 情况下最大似然估计器的对数似然函数项，第二项是矩阵 $\boldsymbol{R}$ 的秩为 D 情况下最大似然估计器的对数似然函数项，因此二者的区别仅仅是两种假设情况下的似然比的区别，根据似然比的一般理论，当采样快拍数 $N \to \infty$时，式(4.70)中第一项与第二项的差为零，又由于 $k > D$，所以式(4.70)中第三项大于零，因此：

$$\mathrm{MDL}(k) - \mathrm{MDL}(D) > 0\ \mathrm{MDL}(k) > \mathrm{MDL}(D) \tag{4.71}$$

因此，由(1)和(2)两步的证明可知，当 $k_{\mathrm{MDL}} = D$ 时，$\mathrm{MDL}(k)$ 取得最小值，即当 $N \to \infty$时，利用 MDL 准则估计得到的信源数等于真值，这就证明了 MDL 准则是信源个数的强一致性估计。AIC 准则不是一致估计，原因在于当 $k_{\mathrm{MDL}} < D$ 时，有 $\mathrm{MDL}(D) < \mathrm{MDL}(k)$ 成立，而在 $k_{\mathrm{MDL}} > D$ 时，$\mathrm{MDL}(k) > \mathrm{MDL}(D)$ 并不依概率 1

成立，因此即使是当 $N \to \infty$时，AIC 准则的错误概率也不是零，即 AIC 准则不是一致估计。

4.2.3 基于协方差矩阵对角加载的信源数估计方法

4.2.3.1 信息论准则估计信源数的局限性分析

文献分析了 AIC 和 MDL 准则的估计性能，从理论上对两个准则的错误概率进行了研究。这里首先从理论上简要论述一下信息论准则估计信源个数的特性，并指出其应用的局限性。

1. 估计信源数的信息论准则的特性分析

由 4.2.2 节的介绍可知，AIC 准则和 MDL 准则均包含两项，一项是似然函数部分，另一项是罚函数项。这里，将式(4.62)、式(4.63)表示的 AIC 准则和 MDL 准则统一表示为

$$J(k) = L(k) + p(k) \tag{4.72}$$

式中：$L(k)$ 为对数似然函数项；$p(k)$ 为罚函数项。在阵列协方差矩阵的特征值按降序排列时，对数似然函数项 $L(k)$ 是 k 的单调不增函数，罚函数项 $p(k)$ 是 k 的单调增函数。除了真实信号源数目为 0 或 $(M-1)$ 两种特殊情况之外，两者的和 $J(k)$ 随着 k 的增大先减小后增大，转折点对应的 k 值就是信源数的真值。

在信息论准则中，对数似然函数项 $L(k)$ 是假设信源数为 k 时的对数似然函数值，该项由协方差矩阵 $\hat{\boldsymbol{R}}$ 的后 $(M-k)$ 个特征值的算术平均与其几何平均的比值取对数然后再乘以一个系数得到。由于 n 个正数的算术平均与其几何平均的比值恒大于或等于 1，当且仅当这 n 个数相等时其比值等于 1；如果这 n 个数差别比较大，则比值也较大，并且该比值只与这些数的相对大小有关，而与它们的绝对大小无关。所以信息论准则中的对数似然函数项与阵列协方差矩阵特征值的相等性有直接的关系，参与似然函数项计算的特征值的差别越大，似然函数值越大；反之，特征值的差别越小，似然函数值越小，越接近于零。如果真实的信号源数目为 D，则阵列协方差矩阵的第 1 到第 D 个特征值为信号特征值，第 $(D+1)$ 到第 M 个特征值为噪声特征值。在理想模型条件下，信号特征值明显大于噪声特征值，且所有的噪声特征值均相等，因此有：

$$L(0) > L(1) > \cdots > L(D-1) > L(D) = L(D+1) = \cdots = L(M) \tag{4.73}$$

MDL 准则和 AIC 准则的罚函数项 $p(k)$ 在 $k \in \{0,1,2,\cdots,M-1\}$ 内都是 k 的单调递增函数，即

$$p(0) < p(1) < \cdots < p(D) < \cdots < p(M) \tag{4.74}$$

由式(4.73)和式(4.74)可知，只有在 $k = D$ 处函数 $J(k)$ 取得最小值，即

$$J(D) = \min\{J(0), J(1), \cdots, J(M-1)\} \tag{4.75}$$

由式(4.75)可知,在噪声特征值全都相等的理想条件下信号源个数的估计值等于真实值 D 。

2. 信息论准则的局限性分析

由上述对信息论准则的特性分析可知,无论基于 AIC 准则还是 MDL 准则的信源数估计方法一般只适合于白噪声条件,即要求阵列接收数据协方差矩阵对应的噪声特征值相等或者近似相等,有文献在进行信息论准则的推导过程中,均假设噪声为零均值的平稳高斯随机过程,也有文献指出,信息论准则估计信源个数的有效性在于这些方法都使用了对数似然函数,且都使用了白噪声的假设条件。但实际环境中,阵列接收数据的噪声分量不是空间白噪声,而是各个阵元上相关的并且功率不等的空间色噪声。在色噪声的影响下,阵列协方差矩阵的噪声特征值将变得发散,而不再像白噪声条件下噪声特征值聚集在噪声功率附近。这种噪声特征值的发散将直接影响到利用噪声特征值的相等性来估计信号源数目的 AIC 准则和 MDL 准则的性能,一般情况下会导致信源数目的过估计。

因此,在非理想条件下,估计信源个数的信息论准则不再适用,需要进行适当的改进,有文献介绍了一种采用两组或多组分离阵列来消除阵元间噪声相关性的方法,消除阵元间噪声的相关性后应用信息论准则估计相关噪声背景下信源个数,文献还推导出了三个新的罚函数来降低快拍数对算法性能的影响,这类算法都假定每一个阵列内阵元间接收的噪声具有相关性,而不同组阵列之间的噪声相互无关,然后通过计算相关系数来获得信源个数的估计。这些算法仅能解决空间相关噪声背景下的信源数估计问题,且需要至少两组阵列,这在一定程度上限制了其应用范围。这里针对色噪声导致特征值发散的问题,利用对角加载技术来修正特征值,使得修正后的特征值分布在加载值附近,然后对修正后的特征值利用信息论准则获得信源个数的估计,以下是这种算法的原理。

4.2.3.2 基于协方差矩阵对角加载的信息论准则

阵元之间的空间相关性或者各个阵元通道增益的不一致性以及通道内部噪声的不一致性都会导致各个阵元接收的噪声功率不等,这种有色噪声的存在使得噪声特征值产生发散,而不是集中在 σ^2 附近,因此导致信息论准则判断信号源个数的失效。

所以可以考虑先对噪声特征值进行某种修正,使得修正后的噪声特征值的发散程度降低,然后再采用信息论准则估计信源数。针对这种色噪声背景下接收数据协方差矩阵的噪声特征值发散问题,有文献提出了利用对角加载技术来抑制特征值的分散分布,并指出加载后的 MDL 准则依然是信源数的强一致性估计,但是文中只是粗略给出了加载量的范围,也有文献给出了一种变加载量的方法,噪声特征值越小加载量越大,一定程度上有助于减少噪声特征值的分散程度,但是这种方法由于对较小的特征值加了一个较大的加载量,对较大的特征值加了一个较小的加载量,可能会导致加载后的特征值顺序发生变化,信噪比较小的情况使得加载后的噪声特征值大于信号特征值,从而导致信号子空间的估计错误。

在自适应波束形成中,为了控制自适应波束的副瓣高度,Calson 提出了一种修正采样数据协方差矩阵的对角加载技术,具体公式为

$$\boldsymbol{R}'=\boldsymbol{R}+\lambda_{\mathrm{DL}}\boldsymbol{I} \tag{4.76}$$

式中:$\boldsymbol{R}'$为对角加载后的协方差矩阵;$\boldsymbol{I}$ 为单位阵;λ_{DL} 为加载值。设 $\boldsymbol{R}'$的特征值为μ_i($i=1,2,\cdots,M$),$\boldsymbol{R}$ 的特征值为λ_i($i=1,2,\cdots,M$),由于加载值λ_{DL}仅仅影响了矩阵 $\boldsymbol{R}$ 的特征值而不影响其特征向量,所以有

$$\mu_i=\lambda_i+\lambda_{\mathrm{DL}} \quad (i=1,2,\cdots,M) \tag{4.77}$$

通过对角加载,选择合适的加载值 λ_{DL},与信号对应的大特征值不会受到大的影响,而将与噪声对应的小特征值加大并限制在 λ_{DL} 附近。对角加载相当于向阵列“注入”功率为 λ_{DL} 的空间白噪声,从而起到平滑空间色噪声的作用,由于对角加载后的噪声特征值都分布在 λ_{DL} 附近,因此可以用信息论准则来判断信源数目。

对角加载技术可以起到平滑空间色噪声的作用,但加载值的大小会直接影响平滑的效果,加载值太小不能有效平滑色噪声,极端情况下,当加载值趋近于零时,加载后性能没有改善,色噪声背景下,还会导致信号数目的过估计;加载值太大,不仅会影响噪声特征值,还会影响信号特征值,使得信号特征值与噪声特征值的差别变小,造成信源数目的欠估计。因此需要选择合适的加载值才能获得较好的效果,但是确定加载量的理论最优值十分困难,这与具体的噪声条件有关,因此下面通过定性的分析给出一个通用的合适的加载量。

假设空间仅存在一个信号源,此时接收数据的协方差矩阵 $\boldsymbol{R}$ 的 M 个特征值满足

$$\lambda_1>\lambda_2\geqslant\cdots\geqslant\lambda_{M-1}\geqslant\lambda_M \tag{4.78}$$

式中:λ_1 为与信号相对应的特征值。由于加载量 λ_{DL} 的物理意义是向阵列中通道中注入白噪声的功率,既然是噪声功率,则其应远小于信号功率,即

$$\lambda_{\mathrm{DL}}\ll\lambda_1 \tag{4.79}$$

另外,为了能够有效地平滑色噪声带来的特征值的发散,加载值应远大于最小的噪声特征值,即

$$\lambda_{\mathrm{DL}}\gg\lambda_M \tag{4.80}$$

由于空间谱估计算法要求的信噪比较大,显然取

$$\lambda_{\mathrm{DL}}=\sqrt{\sum_{i=1}^{M}\lambda_i} \tag{4.81}$$

时能够满足式(4.79)和式(4.80)的要求。当空间存在多个信源时,按照式(4.81)选取的加载值仍然适用,后面的仿真实验结果和实测数据验证都可以证明这样选择的加载值具有良好的估计性能。

根据白噪声背景下的信息论准则,将协方差矩阵对角加载后的特征值代入

式(4.62)和式(4.63),可得特征值校正后的 AIC 准则和 MDL 准则,分别记为 MAIC 和 MMDL,其具体公式如下:

$$\mathrm{MAIC}(k) = -2(M-k)N\log\left(\prod_{i=k+1}^{M}(\lambda_i+\lambda_{\mathrm{DL}})^{\frac{1}{M-k}} \Big/ \frac{1}{M-k}\sum_{i=k+1}^{M}(\lambda_i+\lambda_{\mathrm{DL}})\right) + 2k(2M-k) \tag{4.82}$$

$$\mathrm{MMDL}(k) = -N(M-k)\log\left(\prod_{i=k+1}^{M}(\lambda_i+\lambda_{\mathrm{DL}})^{\frac{1}{M-k}} \Big/ \frac{1}{M-k}\sum_{i=k+1}^{M}(\lambda_i+\lambda_{\mathrm{DL}})\right) + \frac{1}{2}k(2M-K)\log N \tag{4.83}$$

式中:M 为阵元数;N 为快拍数;λ_i($i=1,2,\cdots,M$)为协方差矩阵的特征值;λ_{DL} 为加载值。

4.2.3.3 改进算法性能分析

基于协方差矩阵对角加载的 MMDL 准则是信源数目的强一致性估计,这一结论的证明可以按照 3.2.2 节 MDL 准则一致性证明的方法进行。与白噪声背景下的 AIC 准则不是信源个数的一致性估计类似,协方差矩阵对角加载后的 MAIC 准则仍然不是信源数的一致估计,但是其估计性能要比 AIC 准则好,并且在低信噪比、小快拍数下的估计性能优于 MMDL 准则,后面的仿真实验将验证此结论。

4.2.4 基于盖尔圆盘定理的信源数估计方法

基于信息论准则的信源数估计方法是利用阵列协方差矩阵的特征值信息,根据信号特征值和噪声特征值的差别来进行信号源数目的估计。而基于盖尔圆盘定理的信源数估计算法是利用阵列协方差矩阵的盖尔圆半径来进行信源数的估计。基于盖尔圆盘定理的信源数估计方法首先将阵列协方差矩阵进行一定的变换,这种变换的目的是使信号和噪声的盖尔圆分开,变换后的协方差矩阵的噪声盖尔圆半径很小甚至接近于零,而信号盖尔圆的半径明显大于噪声盖尔圆的半径。所以变换后的阵列协方差矩阵的盖尔圆就分成半径大小不同的两组,半径大的一组是信号盖尔圆,它包含有 D 个信号对应的特征值,半径小的一组是噪声盖尔圆,它包含($M-D$)个与噪声对应的特征值。基于盖尔圆定理的信源数估计算法是根据变换后的协方差矩阵的盖尔圆半径的大小来进行信源数估计的。

基于信息论准则的信源数估计方法是在高斯白噪声假设的信号模型中推导出来的,因此它仅适用于高斯白噪声环境。而基于盖尔圆盘定理的信源数估计方法没有上述的限制,在色噪声条件下该方法同样能够正确估计信号源的数目。

4.2.4.1 盖尔圆盘定理

设有一个 $M \times M$ 维的矩阵 $\boldsymbol{R}$,其第 i 行第 j 列的元素记为 r_{ij} ,令第 i 行元素中除去第 i 列后的所有元素绝对值之和为 r_i ,即

$$r_i = \sum_{j=1,j\neq i}^{M} |r_{ij}|(i = 1,2,\cdots,M) \tag{4.84}$$

定义第 i 个圆盘 O_i 是复平面上以 r_{ii} 表示的点为圆心,以 r_i 为半径的圆内部分,即

$$| Z - r_{ii} | < r_i \tag{4.85}$$

并称上述定义的圆盘为盖尔圆盘,则有盖尔圆盘定理:矩阵 $\boldsymbol{R}$ 的所有特征值位于所有盖尔圆盘 O_i 的并区间内,并且如果这些并集构成 k 个单连通域 $P_1,P_2,\cdots,P_k$,且 $P_i(i=1,2,\cdots,k)$ 由矩阵 $\boldsymbol{R}$ 的 n_l 个盖尔圆盘的并集构成,则在 $P_i(i=1,2,\cdots,k)$ 中有且仅有 n_l 个 $\boldsymbol{R}$ 的特征值。

4.2.4.2 基于盖尔圆盘定理的信源数估计方法

1. 酉变换

仍然采用 4.2.2.1 节中的阵列信号模型,由盖尔圆盘定理可知,阵列协方差矩阵 $\boldsymbol{R}$ 的所有特征值应位于以 r_{ii} 表示的点为圆心,以 r_i 为半径的盖尔圆盘的并集之中。由于阵列协方差矩阵 $\boldsymbol{R}$ 的所有对角线元素和特征值均为实数,因此当确定了阵列协方差矩阵 $\boldsymbol{R}$ 的盖尔圆圆心和半径之后,就可以在实轴上大致确定其特征值的位置。但是,由于阵列协方差矩阵 $\boldsymbol{R}$ 的对角线元素是各个阵元接收信号的能量,因此其数值十分接近,即盖尔圆的圆心十分接近,而盖尔圆盘的半径都较大,所以根据阵列协方差矩阵 $\boldsymbol{R}$ 的盖尔圆来确定信源数目是很困难的。故需要对阵列协方差矩阵 $\boldsymbol{R}$ 做一定的变换,使得变换后矩阵的盖尔圆分成半径大小不同的两组,半径大的一组包含信号特征值,半径小的一组仅包含噪声特征值,即使得变换后的矩阵的噪声盖尔圆与信号盖尔圆尽量分开。为达到此目的,可以采取酉变换的方法,下面简单介绍这种方法的原理。

对采样数据协方差矩阵 $\hat{\boldsymbol{R}}$ 进行分块:

$$\hat{\boldsymbol{R}} = \begin{bmatrix} \hat{\boldsymbol{R}}_{M-1} & \hat{\boldsymbol{r}} \\ \hat{\boldsymbol{r}}^{\mathrm{H}} & \hat{r}_{MM} \end{bmatrix} \tag{4.86}$$

式中:$\hat{\boldsymbol{R}}_{M-1}$为将矩阵 $\hat{\boldsymbol{R}}$ 除去第 M 行和第 M 列之后的 $M-1$ 维方阵;$\hat{\boldsymbol{r}}$为矩阵 $\hat{\boldsymbol{R}}$ 第 M 列中出去第 M 个元素之后的 $M-1$ 维向量;$\hat{\boldsymbol{r}}^{\mathrm{H}}$ 为 $\hat{\boldsymbol{r}}$ 的共轭转置。对矩阵 $\hat{\boldsymbol{R}}_{M-1}$进行特征分解,得

$$\hat{\boldsymbol{R}}_{M-1} = \hat{\boldsymbol{U}}_{M-1}\hat{\boldsymbol{\Lambda}}_{M-1}\hat{\boldsymbol{U}}_{M-1}^{\mathrm{H}} \tag{4.87}$$

式中:$\hat{\boldsymbol{\Lambda}}_{M-1}$为矩阵 $\hat{\boldsymbol{R}}_{M-1}$的特征值 $\hat{\lambda}_i$ ($i=1,2,\cdots,M-1$)按照从大到小的顺序排列

构成的对角阵;$\hat{\boldsymbol{U}}_{M-1}$为对应的特征向量$\hat{\boldsymbol{e}}_i$($i=1,2,\cdots,M-1$)构成的酉矩阵。利用$\hat{\boldsymbol{U}}_{M-1}$构成一个酉变换矩阵,即

$$\boldsymbol{T}=\begin{bmatrix}\hat{\boldsymbol{U}}_{M-1} & \boldsymbol{0}\\ \boldsymbol{0}^{\mathrm{T}} & 1\end{bmatrix} \tag{4.88}$$

利用酉变换矩阵 $\boldsymbol{T}$ 对矩阵 $\hat{\boldsymbol{R}}$ 进行变换,得变换后的矩阵 $\hat{\boldsymbol{R}}_{\mathrm{T}}$,即

$$\hat{\boldsymbol{R}}_T=\boldsymbol{T}^{\mathrm{H}}\hat{\boldsymbol{R}}\boldsymbol{T}=\begin{bmatrix}\hat{\boldsymbol{U}}_{M-1}^{\mathrm{H}}\hat{\boldsymbol{R}}_{M-1}\hat{\boldsymbol{U}}_{M-1} & \hat{\boldsymbol{U}}_{M-1}^{\mathrm{H}}\hat{\boldsymbol{r}}\\ \hat{\boldsymbol{r}}^{\mathrm{H}}\hat{\boldsymbol{U}}_{M-1} & \hat{\boldsymbol{r}}_{MM}\end{bmatrix}=\begin{bmatrix}\hat{\lambda}_1 & 0 & \cdots & 0 & \rho_1\\ 0 & \hat{\lambda}_2 & \cdots & 0 & \rho_2\\ \vdots & \vdots & & \vdots & \vdots\\ 0 & 0 & \cdots & \hat{\lambda}_{M-1} & \rho_{M-1}\\ \rho_1^* & \rho_2^* & \cdots & \rho_{M-1}^* & \hat{r}_{MM}\end{bmatrix} \tag{4.89}$$

式中:

$$\rho_i=\hat{\boldsymbol{e}}_i^{\mathrm{H}}\hat{\boldsymbol{r}}=\hat{\boldsymbol{e}}_i^{\mathrm{H}}\boldsymbol{A}\boldsymbol{R}_S\boldsymbol{b}_M^* \quad (i=1,2,\cdots,M-1) \tag{4.90a}$$

$$\boldsymbol{b}_M=[\exp(\mathrm{j}(i-1)\beta_1),\exp(\mathrm{j}(i-1)\beta_2),\cdots,\exp(\mathrm{j}(i-1)\beta_D)] \tag{4.90b}$$

$$\beta_k=\frac{2\pi d}{\lambda}\sin\theta_k \quad (k=1,2,\cdots,D) \tag{4.90c}$$

式中:$\hat{\boldsymbol{e}}_i$ 为矩阵 $\hat{\boldsymbol{R}}_{M-1}$的第 i 个特征向量;$\boldsymbol{A}$ 为前($M-1$)个阵元的阵列流型矩阵;$\boldsymbol{R}_S$ 为信号协方差矩阵,由盖尔圆盘定理,矩阵 $\hat{\boldsymbol{R}}_T$ 的前($M-1$)个盖尔圆 O_1,$O_2,\cdots,O_{M-1}$ 的半径为

$$r_i=|\rho_i|=|\hat{\boldsymbol{e}}_i^{\mathrm{H}}\hat{\boldsymbol{r}}|=|\hat{\boldsymbol{e}}_i^{\mathrm{H}}\boldsymbol{A}\boldsymbol{R}_S\boldsymbol{b}_M^*| \tag{4.91}$$

对于$\hat{\boldsymbol{e}}_i$,当 $i=1,2,\cdots,D$ 时,对应于协方差矩阵 $\hat{\boldsymbol{R}}_{M-1}$的信号特征向量,与阵列流型矩阵 $\boldsymbol{A}$ 的列向量不正交,因此盖尔圆 O_i 的半径 r_i($i=1,2,\cdots,D$)不为零;而当 $i=D+1,D+2,\cdots,M-1$ 时,$\hat{\boldsymbol{e}}_i$ 对应于协方差矩阵 $\hat{\boldsymbol{R}}_{M-1}$的噪声特征向量,如果采样快拍数趋于无穷大时,噪声特征向量 $\hat{\boldsymbol{e}}_i$ 与阵列流型矩阵 $\boldsymbol{A}$ 的列向量正交,所以盖尔圆的半径 r_i($i=D+1,D+2,\cdots,M-1$)等于零。这样,矩阵 $\hat{\boldsymbol{R}}_{M-1}$的($M-1$)个盖尔圆被分成两组:半径为零的噪声盖尔圆和半径不为零的信号盖尔圆,因此可以通过计算半径不为零的盖尔圆的个数来估计信号源个数。

2. 信源数估计

由前面的分析可知,当协方差矩阵的采样快拍数趋于无穷大时,噪声盖尔圆的半径才等于零,而实际情况下采样快拍数是有限的,此时噪声盖尔圆的半径将是一很小的数值,此时,可采用如下的准则来判断信源数:

$$\mathrm{GDE}(k) = r_k - \frac{D(N)}{M-1}\sum_{i=1}^{M-1} r_i \quad (k=1,2,\cdots,M-2) \tag{4.92}$$

式中：N 为采样数据的快拍数；$D(N)$ 为一个与快拍数有关的调整因子，它是 N 的单调减函数，在 1 与 0 之间取值，当快拍数趋于无穷时其值取 0。当 k 从小到大取值时，假设 $\mathrm{GDE}(k)$ 第一次出现负数时对应的 k 为 k_{GDE}，则信源数的估计值为 $\hat{D}=k_{\mathrm{GDE}}-1$。

从盖尔圆准则的表达式可以看出，值 $\mathrm{GDE}(k)$ 是第 k 个盖尔圆的半径 r_k 与某个阈值的差值，该阈值是所有 $(M-1)$ 个盖尔圆半径的平均值再乘以一个调整因 $D(N)$。而盖尔圆准则是将变换后的协方差矩阵的盖尔圆半径与一阈值进行比较，根据比较的结果来确定信号源的数目。且从式(4.91)可以看出，盖尔圆半径的估计精度由特征向量 $\hat{\boldsymbol{e}}_i$ 以及第 i 个阵元与第 M 个阵元接收数据的相关函数决定，而盖尔圆半径的估计精度直接影响最终信源数的估计精度。为了提高估计精度，向量 $\hat{\boldsymbol{r}}$ 可以由任意两阵元接收数据的相关函数来代替，这样就可以得到 M 个不同的酉变换矩阵，假设存在如下一个交换矩阵：

$$\boldsymbol{E}_M = \begin{bmatrix} \boldsymbol{0} & \boldsymbol{I}_{M-1} \\ 1 & \boldsymbol{0}^{\mathrm{T}} \end{bmatrix} \tag{4.93}$$

这样可以得到 M 个酉变换矩阵：

$$\boldsymbol{T}^{(n+1)} = \boldsymbol{E}_M \boldsymbol{T}^{(n)} \quad (n=0,1,2,\cdots,M-1) \tag{4.94}$$

式中：$\boldsymbol{T}^{(0)}$ 为式(4.88)所定义的 $\boldsymbol{T}$，此时判断信号源个数的准则修正为

$$\mathrm{GDE}^{(n)}(k) = r_k^{(n)} - \frac{D(N)}{M-1}\sum_{i=1}^{M-1} r_i^{(n)} \tag{4.95}$$

然后对 M 次的计算结果取平均，可得修正的盖尔圆方法的信源数为

$$\mathrm{MGDE}(k) = \frac{1}{M}\sum_{n=0}^{M-1} \left(\mathrm{GDE}^{(n)}(k) - 1\right) \tag{4.96}$$

4.2.5 基于聚类分析的信源数估计新方法

正如前面 4.2.2.1 节所述，接收数据协方差矩阵的信号特征值和噪声特征值满足式(4.48)，而信息论准则就是利用特征值之间的差别来估计信源个数的。既然噪声特征值之间差别较小，信号特征值之间的差别也较小，而噪声特征值和信号特征值之间存在着较大差别，因此可以采用聚类分析的方法将噪声特征值和信号特征值分成两类，然后通过计算类中元素的个数得到信源数的估计值。

聚类分析将个体或对象进行分类，使得同一类中的对象之间的相似性比与其他类中对象的相似性强，目的是使类内对象的同质性最大化和类与类之间对象的异质性最大化。聚类分析给人们提供了丰富多彩的分类方法，这些方法主要有系统聚类法、模糊聚类法、K - 均值聚类法、分解法、加入法等，各种方法都有各自的

特点和适用对象,实际中应根据不同对象的特殊情况选择不同的聚类方法才能获得良好的分类效果。与那些复杂的分类问题相比,这里的问题相对简单一些,因为只需将这些特征值分成两类,同时考虑算法的复杂度和有效性,选择 K - 均值聚类法来对协方差矩阵的特征值进行分类,用来聚类的特征不是协方差矩阵的特征值本身,而是特征值的比值。K - 均值聚类算法的优点是能实现动态聚类,并且算法具有一定的自适应性;它的缺点是聚类结果受聚类个数 K 和初始聚类中心的影响。对于在信源数估计中的应用,这些缺点将不会影响最终的结果,因为聚类个数是固定的,且初始聚类中心分别选择最大的特征值和最小的特征值作为信号类和噪声类的中心。

4.2.5.1 K-均值聚类算法

K - 均值聚类算法是 Macqueen 于 1967 年提出的,这种方法的思想是把聚类对象聚集到距离其最近的形心(均值)类中去,具体步骤如下:

(1) 任意选取 K 个初始类均值:$\mu_1^{(1)},\mu_2^{(1)},\cdots,\mu_K^{(1)}$。

(2) 在第 i 次迭代时,根据下述准则将每个对象都赋予 K 类之一($j=1,2,\cdots,K$, $l=1,2,\cdots,K$, $l\neq j$):

$$x \in Q_l^{(i)} \text{ 如果 } \| g(x) - \mu_l^{(i)} \| < \| g(x) - \mu_j^{(i)} \| \tag{4.97}$$

式中:$g(x)$ 为对象的特征属性,式(4.97)的意义就是将每个对象分派到其最近均值的类中。

(3) 计算各聚类中心的新值:

$$\mu_j^{(i+1)} = \frac{1}{N_j} \sum_{x \in Q_j^i} g(x) \tag{4.98}$$

式中:N_j 为 Q_j^i 中的对象的个数。

(4) 如果对于所有的 $j=1,2,\cdots,K$,有 $\mu_j^{(i+1)}=\mu_j^{(i)}$,则算法收敛,结束;否则重复执行步骤(2),继续下一次迭代。

4.2.5.2 基于改进 K-均值聚类的信源数估计新方法

采用 4.2.2.1 节中的阵列信号模型,在白噪声背景的理想情况下,当两个特征值都属于信号子空间或者一个属于信号子空间另一个属于噪声子空间时,特征值之间的差异明显;如果两个特征值都属于噪声子空间,则这两个特征值之间的差异较小。而在色噪声背景下或者采样数据快拍数较小的情况下,噪声特征值产生发散现象,使得噪声特征值之间的差别也比较大,因此,考虑算法在色噪声背景下应具有良好的估计性能,这里定义特征值之间的差异为两个特征的比值,用这个比值作为待聚类的对象的特征属性:

$$T_{ij} = \lambda_i / \lambda_j \quad (i,j = 1,2,\cdots,M; i \neq j) \tag{4.99}$$

上述定义了待聚类的对象的特征属性之后,按照比值邻近的准则判断对象的归属,因此对象归属的判别准则与传统的 K - 均值聚类算法的判别准则不一致,但基本思想是一致的,因此称其为改进的 K - 均值聚类方法。基于改进 K - 均值聚类的信源数估计方法的具体实现步骤如下:

(1) 利用式(4.49)计算接收数据的协方差矩阵 $\hat{\boldsymbol{R}}$。

(2) 对协方差矩阵 $\hat{\boldsymbol{R}}$ 进行特征分解,得到特征值从大到小排列为 $\hat{\lambda}_1 \geqslant \hat{\lambda}_2 \geqslant \cdots \geqslant \hat{\lambda}_D \geqslant \hat{\lambda}_{D+1} > \cdots > \hat{\lambda}_M > \sigma^2$,然后根据式(4.99)获得对象的特征属性。

(3) 选取信号和噪声两个初始类的均值: $\lambda_1^{(1)} = \lambda_1, \lambda_2^{(1)} = \lambda_M$。

(4) 在第 i 次迭代时,根据下述准则将每个特征值都赋予信号和噪声类之一,对于 λ_p ($p = 1,2,\cdots,M$):

$$\lambda_p \in Q_2^{(i)} \text{ 如果 } T_{1p}^{(i-1)} < T_{p2}^{(i-1)} \tag{4.100}$$

式中: $T_{1p}^{(i-1)} = \lambda_1^{(i-1)}/\lambda_p$, $T_{p2}^{(i-1)} = \lambda_p/\lambda_2^{(i-1)}$。

式(4.100)的意思表明,如果某一特征值与噪声类均值的比大于信号类均值与该特征值的比,则该特征值属于噪声类,否则,该特征值属于信号类,即将每个特征值分派到距其最近的类中。

(5) 计算各聚类中心的新值:

$$\lambda_j^{(i+1)} = \frac{1}{N_j}\sum_{x \in Q_j^i} \lambda_x \quad (j = 1,2) \tag{4.101}$$

式中: N_j 为 Q_j^i 中的对象的个数。

(6) 如果有 $\lambda_j^{(i+1)} = \lambda_j^{(i)}$ ($j = 1,2$)成立,则说明本次迭代与上一次迭代没有新的元素进出各类,算法收敛,结束;否则重复执行步骤(4),继续下一次迭代。

从上述的计算步骤可以看出,改进的 K - 均值聚类算法与原算法的主要区别在于判别准则的不同,改进的算法不是按照欧几里得距离判别准则来决定特征值应归属的类,而是采用比值邻近的判别准则划分特征值到相应的类中。

4.2.5.3 新算法的性能分析

由于改进的 K - 均值聚类算法保留了原算法的优点,可以实现动态聚类,具有一定的自适应性,并且在信源数检测的问题中,仅需要把协方差矩阵的特征值划分成信号特征值和噪声特征值两类,且当把这些特征值按照从大到小排列时,初始聚类中心易于选择,从而克服了算法自身的缺点。根据具体的应用,对于原有算法的聚类准则进行了适当改进,选择特征值的比值作为待聚类对象的特征属性,依据比值邻近的选择对特征值进行分类,使得该算法在色噪声背景下特征值发散的情况下仍然适用,仿真实验和实测数据验证都证明了这一结论,并且该算法的估计性能优于基于盖尔圆盘定理的信源数估计方法的性能,而其计算复杂度远小于基于盖尔圆盘定理的信源数估计方法。

4.2.6 基于特征子空间投影的信源数估计方法

4.2.6.1 特征子空间的划分

在信源数已知的前提下，对接收数据协方差矩阵进行特征分解后的特征向量进行划分，得到了信号子空间与噪声子空间，并且两个空间相互正交。对协方差矩阵进行特征分解后得到特征空间 $\boldsymbol{U}=[\boldsymbol{u}_1,\boldsymbol{u}_2,\cdots,\boldsymbol{u}_M]$ 进行如下规则的划分，共划分成 M 个特征子空间：

$$\boldsymbol{T}_i=[\boldsymbol{u}_{M-i+1},\boldsymbol{u}_{M-i+2},\cdots,\boldsymbol{u}_M] \quad (i=1,2,\cdots,M) \tag{4.102}$$

即特征子空间 $\boldsymbol{T}_i$ 是由后 i 个小特征值对应的特征矢量组成的，是 $M\times i$ 维的。当 $i=1,2,\cdots,M-D$ 时，$\boldsymbol{T}_i$ 由噪声特征矢量组成；当 $i=M-D+1,2,\cdots,M$ 时，$\boldsymbol{T}_i$ 由全部的噪声特征矢量和部分信号特征矢量组成。

4.2.6.2 信源数估计

数据协方差矩阵的第 k 列可以写成

$$\boldsymbol{R}_k=\boldsymbol{A}\boldsymbol{R}_S\boldsymbol{a}_k^{\mathrm{H}}+\boldsymbol{r}_k \quad (k=1,2,\cdots,M) \tag{4.103}$$

式中：$\boldsymbol{r}_k=E[\boldsymbol{n}_k(t)\boldsymbol{n}_k^{\mathrm{H}}(t)]$ 为噪声协方差矩阵的第 k 列；$\boldsymbol{a}_k$ 为阵列流型矩阵的第 k 列。

将 $\boldsymbol{R}_k$ 在 $\boldsymbol{T}_i$ 上进行投影，得

$$\boldsymbol{B}_i=\boldsymbol{T}_i^{\mathrm{H}}\boldsymbol{R}_k=\boldsymbol{T}_i^{\mathrm{H}}(\boldsymbol{A}\boldsymbol{R}_S\boldsymbol{a}_k^{\mathrm{H}}+\boldsymbol{r}_k) \tag{4.104}$$

式中：$\boldsymbol{B}_i=[b_1,b_2,\cdots,b_i]^{\mathrm{T}}$。

式(4.104)可以看做信号部分($\boldsymbol{A}\boldsymbol{R}_S\boldsymbol{a}_k^{\mathrm{H}}$)在 $\boldsymbol{T}_i$ 下的投影与噪声部分($\boldsymbol{r}_k$)在 $\boldsymbol{T}_i$ 下的投影之和。将 $\boldsymbol{R}_k$ 在 $\boldsymbol{T}_i$ 下的投影得到了 $\boldsymbol{B}_i$ 中的 i 个数据，对这些数据求方差，有

$$v_i=\mathrm{var}(\boldsymbol{B}_i) \tag{4.105}$$

式中：var 表示对 $\boldsymbol{B}_i$ 中的数据求方差。

下面就 i ($i=1,2,\cdots,M$) 取不同的值时，v_i 的取值情况进行讨论。

(1) 当 $i=1,2,\cdots,M-D$ 时，组成 $\boldsymbol{T}_i$ 的矢量为噪声部分所对应的特征矢量，由阵列的导向矢量阵与噪声子空间正交得 $\boldsymbol{T}_i^{\mathrm{H}}\boldsymbol{A}=\boldsymbol{0}$，即 $\boldsymbol{A}$ 在 $\boldsymbol{T}_i$ 下的投影为零矢量，式(4.104) 可写成

$$\boldsymbol{B}_i=\boldsymbol{T}_i^{\mathrm{H}}\boldsymbol{R}_k=\boldsymbol{T}_i^{\mathrm{H}}\boldsymbol{r}_k \tag{4.106}$$

$\boldsymbol{R}_k$ 在 $\boldsymbol{T}_i$ 下的投影仅为噪声部分在 $\boldsymbol{T}_i$ 下的投影，因此 $\boldsymbol{B}_i$ 中的 i 个数值较小并且差异不大，由式(4.105)求得的 v_i 较小。

(2) 当 $i=M-D+1,M-D+2,\cdots,M$ 时，组成 $\boldsymbol{T}_i$ 的矢量为全部的噪声特征矢量($M-D$ 个)和部分信号特征矢量，即

$$\boldsymbol{T}_i=[\boldsymbol{U}_{S_i},\boldsymbol{U}_N] \tag{4.107}$$

式中：$\boldsymbol{U}_{S_i}=[\boldsymbol{u}_{M-i+1},\boldsymbol{u}_{M-i+2},\cdots,\boldsymbol{u}_{M-D+1}]$中的列矢量为信号特征矢量，$\boldsymbol{U}_N$ 为噪声子空间。

由阵列的导向矢量阵与信号子空间和噪声子空间的关系可知

$$\boldsymbol{T}_i^{\mathrm{H}}\boldsymbol{A}=\begin{bmatrix}\boldsymbol{U}_{S_i}^{\mathrm{H}}\boldsymbol{A}\\ \boldsymbol{0}\end{bmatrix} \tag{4.108}$$

即 $\boldsymbol{R}_k$ 在 $\boldsymbol{T}_i$ 下的投影不再为零矢量，此时式(4.104)可以写成

$$\boldsymbol{B}_i=\boldsymbol{T}_i^{\mathrm{H}}\boldsymbol{R}_k=\begin{bmatrix}\boldsymbol{U}_{S_i}^{\mathrm{H}}(\boldsymbol{A}\boldsymbol{R}_S\boldsymbol{a}_k^{\mathrm{H}}+\boldsymbol{r}_k)\\ \boldsymbol{U}_N^{\mathrm{H}}\boldsymbol{r}_k\end{bmatrix} \tag{4.109}$$

$$\boldsymbol{B}_i=[\boldsymbol{B}_i^S,\boldsymbol{B}_i^N]^{\mathrm{T}} \tag{4.110}$$

$\boldsymbol{B}_i$ 中前 $i-(M-D)$ 个数据 $\boldsymbol{B}_i^S$ 对应着 $\boldsymbol{R}_k$ 在部分噪声特征矢量 $\boldsymbol{U}_{S_i}$下的投影，由于阵列的导向矢量阵与信号子空间张成的空间是同一个空间，故 $\boldsymbol{B}_i^S$ 中的数较大；后 $M-D$ 个数据 $\boldsymbol{B}_i^N$ 对应着 $\boldsymbol{R}_k$ 在噪声特征矢量 $\boldsymbol{U}_N$ 下的投影，由导向矢量阵与噪声子空间的正交性可知，$\boldsymbol{B}_i^S$ 中的数较小。即 $\boldsymbol{B}_i$ 中的前 $i-(M-D)$ 个数据与后 $M-D$ 个数据存在着较大的差异，因此求得的 v_i 较大。

综上分析可知，$i=1,2,\cdots,M-D$ 时，组成 $\boldsymbol{T}_i$ 的矢量为噪声部分所对应的特征矢量，$\boldsymbol{B}_i$ 中的数较小并且差异不大，因此求得的 v_i 较小，以下称为在噪声子空间投影的方差；当 $i=M-D+1,M-D+2,\cdots,M$ 时，组成 $\boldsymbol{T}_i$ 的矢量为全部的噪声特征矢量和部分信号特征矢量，$\boldsymbol{B}_i$ 中的数据存在着较大的差异，求得的 v_i 较大，以下称为在信号与噪声子空间投影的方差。也就是说，子空间投影方差 v_i（$i=1,2,\cdots,M$）的噪声部分和信号部分存在着明显的差异，噪声投影方差 v_i（$i=1,2,\cdots,M-D$）相对于信号投影方差 v_i（$i=M-D+1,M-D+2,\cdots,M$）要小得多，因此可以利用盖尔圆判断信号源的准则来对 v_i 进行信源数判断，即将子空间投影的方差与一门限值进行比较，根据比较的结果来确定信号源的数目，即

$$\Delta(i)=v_i-\frac{\alpha}{M}\sum_{j=1}^{M}v_j \tag{4.111}$$

式中：α 为一个与信噪比有关的调整因子，当信噪比越来越高时，其取值趋近于零，$\alpha\in(0,1)$。当 i 由 $1-M$ 取值时，假设令 $\Delta(i)>0$ 的 v_i 的个数为 D_0，D_0 即为信源数。

上述分析过程只是选取了数据协方差矩阵的第 k 列，为了提高估计精度，可以取数据协方差矩阵的任意列进行子空间投影，即当 $k=1,2,\cdots,M$ 时，根据式(104)，M 组 $\boldsymbol{R}_k$ 在 $\boldsymbol{T}_i$ 投影下可以得到 M 组 $\boldsymbol{B}_i^{(k)}$，对 M 组 $\boldsymbol{B}_i^{(k)}$ 对应的元素求平均得到 $\overline{\boldsymbol{B}}_i$，然后对 $\overline{\boldsymbol{B}}_i$ 中的元素求方差得到 $\bar{v}_i$。

$$\overline{\boldsymbol{B}}_i=\frac{1}{M}\sum_{k=1}^{M}B_i^{(k)} \tag{4.112}$$

总结算法步骤如下：

步骤1　计算阵列接收数据的协方差矩阵 $\boldsymbol{R}$。

步骤2　对协方差矩阵 $\boldsymbol{R}$ 进行特征分解，求得特征值并由大到小进行排序，得到对应的特征空间为 $\boldsymbol{U}$。

步骤3　根据式(4.102)的规则对 $\boldsymbol{U}$ 进行分组，得到特征子空间 $\boldsymbol{T}_i(i=1,2,\cdots,M)$。

步骤4　由式(4.104)计算协方差矩阵 $\boldsymbol{R}$ 的每列 $\boldsymbol{R}_k(k=1,2,\cdots,M)$ 在特征子向量 $\boldsymbol{T}_i$ 下的投影 $\boldsymbol{B}_i^{(k)}$。

步骤5　由式(4.112)对 $\boldsymbol{B}_i^{(k)}$ 求平均得到 $\overline{\boldsymbol{B}}_i$，由式(105)对 $\overline{\boldsymbol{B}}_i$ 中的数据求方差得到 $\bar{v}_i$。

步骤6　由式(4.111)进行信源数估计，使 $\Delta(i)>0$ 的 $\bar{v}_i$ 的个数即为信源数。

4.2.7　基于延时预处理的信源数估计方法

利用采样数据进行协方差矩阵的构造时，利用的是零延迟自相关函数和互相关函数，经过计算推导发现，在非零延迟数据中也蕴含了大量的信息，为了利用这部分信息，提出了基于延时预处理的信源数估计新方法：首先通过构造接收信号数据与其延迟数据之间的互协方差矩阵，使得噪声得到一定的抑制。然后对特征子空间进行划分，利用信号子空间与噪声子空间的正交性得到信号源估计的准则。

4.2.7.1　延迟互协方差矩阵的构造

协方差矩阵的构造利用的是零延时相关函数，蕴含在非零延时数据中的信息没有得到利用，为了充分利用这部分信息，构造两个阵元间的延时相关函数。选取第一个阵元 $x_1(t)$ 为参考阵元，第 m 个阵元 $x_m(t)$ 与参考阵元间的延时相关函数为

$$\begin{aligned}R_{m,1}(\tau)&=E[x_m(t)x_1^*(t-\tau)]\\&=\sum_{i=1}^{D}E[s_i(t)s_i^*(t-\tau)]\exp\{-\mathrm{j}(\mu_{mi}-\mu_{1i})\}+E[n_m(t)n_1^*(t-\tau)]\\&=\sum_{i=1}^{D}R_{s_i}(\tau)\exp\{-\mathrm{j}(\mu_{mi}-\mu_{1i})\}+R_{n_mn_1}(\tau)\end{aligned}\tag{4.113}$$

式中：$R_{s_i}(\tau)=E[s_i(t)s_i^*(t-\tau)]$ 为入射信号 $s_i(t)$ 的自相关函数；时延 $\tau>0$；$R_{n_mn_1}(\tau)=E[n_m(t)n_1^*(t-\tau)]$ 为噪声的互相关函数。

下面在噪声分别为白噪声和色噪声的情况下分析噪声互相关函数 $R_{n_mn_1}(\tau)=E[n_m(t)n_1^*(t-\tau)]$ 的取值。

(1) 在白噪声背景下，由于噪声是加性高斯白噪声，入射信号为窄带信号，当存在一定的时延 τ 时，在时间 τ 内入射信号包络的变化可以忽略，而噪声不再具有相关性，此时信号和噪声存在一个可分离特性。因此有

$$R_{n_mn_1}(\tau)=E[n_m(t)n_1^*(t-\tau)]=\sigma^2\delta(\tau)\delta(m-1)=0\tag{4.114}$$

(2) 在色噪声背景下，假设信号是窄带的并且具有充分长的时间相关特性，即 $R_{s_i}(\tau)=E[s_i(t)s_i^*(t-\tau)]$ 不等于零；噪声为宽带噪声并且噪声的时间相关长度远小于信号的时间相关长度。在实际系统中，信号在时间上具有相关性，当接收机的带宽较宽时，噪声的功率谱近似为一条直线，噪声的时间相关长度远小于信号的时间相关长度，在时间上可以认为噪声是不相关的，因此可以令时延 τ 远小于入射信号带宽的倒数。因此同样有 $R_{n_m n_1}(\tau)=0$。

故延时相关函数可以写成

$$R_{m,1}(\tau)=\sum_{i=1}^{D}R_{s_i}(\tau)\exp\{-\mathrm{j}(\mu_{mi}-\mu_{1i})\} \tag{4.115}$$

接收数据 $\boldsymbol{X}(t)$ 与第 1 个阵元接收数据 $x_1(t)$ 的延时相关矩阵为

$$\boldsymbol{R}_1(\tau)=E[\boldsymbol{X}(t)x_1^*(t-\tau)]=\begin{bmatrix}R_{1,1}(\tau)\\R_{2,1}(\tau)\\\vdots\\R_{M,1}(\tau)\end{bmatrix}=\boldsymbol{A\Omega}_1\boldsymbol{R}_S(\tau) \tag{4.116}$$

式中：$\boldsymbol{\Omega}_1=\begin{bmatrix}\exp(\mathrm{j}\mu_{11}) & & & \\ & \exp(\mathrm{j}\mu_{12}) & & \\ & & \ddots & \\ & & & \exp(\mathrm{j}\mu_{1D})\end{bmatrix}$ 为对角阵；$\boldsymbol{R}_S(\tau)=\begin{bmatrix}R_{S_1}(\tau)\\R_{S_2}(\tau)\\\vdots\\R_{S_D}(\tau)\end{bmatrix}$ 为信号的自相关函数矩阵。

由式(4.116)可以看到，接收数据与参考阵元接收数据的延时相关矩阵的噪声项为零，即经过延时相关处理后得到的协方差矩阵对噪声起到了抑制作用。

4.2.7.2 特征向量划分规则

对协方差矩阵进行特征分解后得到特征值 $\lambda_1\geqslant\lambda_2\geqslant\cdots\geqslant\lambda_M$ 和特征向量 $\boldsymbol{U}=[\boldsymbol{u}_1,\boldsymbol{u}_2,\cdots,\boldsymbol{u}_M]$，假设信源数为 D，则前 D 个大特征值对应的特征矢量张成的空间为信号子空间 $\boldsymbol{U}_S=[\boldsymbol{u}_1,\boldsymbol{u}_2,\cdots,\boldsymbol{u}_D]$，后 $M-D$ 个小特征值对应的特征矢量张成的空间为噪声子空间 $\boldsymbol{U}_N=[\boldsymbol{u}_{D+1},\boldsymbol{u}_{D+2},\cdots,\boldsymbol{u}_M]$，并且这两个子空间是相互正交的。而阵列流型矩阵与信号子空间张成的空间为同一空间，因此阵列流型矩阵与噪声子空间也是正交的，即

$$\boldsymbol{u}_i^{\mathrm{H}}\boldsymbol{A}=\boldsymbol{0}\,(i=D+1,D+2,\cdots,M) \tag{4.117}$$

对特征向量 $\boldsymbol{U}=[\boldsymbol{u}_1,\boldsymbol{u}_2,\cdots,\boldsymbol{u}_M]$ 按如下规则划分成 M 个不同的特征空间：

$$\boldsymbol{T}_i=[\boldsymbol{u}_{M-i+1},\boldsymbol{u}_{M-i+2}\cdots,\boldsymbol{u}_M]\,(i=1,2,\cdots,M) \tag{4.118}$$

即特征空间 $\boldsymbol{T}_i$ 是由后 i 个小特征值对应的特征矢量 $\boldsymbol{u}_{M-i+1},\boldsymbol{u}_{M-i+2},\cdots,\boldsymbol{u}_M$ 组成的，是 $M\times i$ 维的。当 $i\leqslant M-D+1$ 时，$\boldsymbol{T}_i$ 由噪声子空间的特征矢量组成；当 $i\geqslant M-D$ 时，$\boldsymbol{T}_i$ 由噪声子空间和部分信号子空间对应的特征矢量组成。

由式(4.116)求得的延时相关矩阵 $\boldsymbol{R}_1(\tau)$ 有效地抑制了噪声的影响，求 $\boldsymbol{R}_1(\tau)$ 在特征空间 $\boldsymbol{T}_i(i=1,2,\cdots,M)$ 下的投影为

$$\boldsymbol{P}_i=\boldsymbol{T}_i^{\mathrm{H}}\boldsymbol{R}_1(\tau)=[\boldsymbol{u}_{M-i+1},\boldsymbol{u}_{M-i+2},\cdots,\boldsymbol{u}_M]^{\mathrm{H}}\boldsymbol{A}\boldsymbol{\Omega}_1\boldsymbol{R}_S(\tau) \tag{4.119}$$

式中：$\boldsymbol{P}_i=\begin{bmatrix}p_{i1}\\p_{i2}\\\vdots\\p_{ii}\end{bmatrix}$是 $i\times 1$ 维的。

下面讨论 i ($i=1,2,\cdots,M$) 取不同的值时，$\boldsymbol{P}_i$ 中元素的取值情况。

(1) 当 $1\leqslant i\leqslant M-D$ 时，组成 $\boldsymbol{T}_i$ 的特征矢量 $\boldsymbol{u}_{M-i+1},\boldsymbol{u}_{M-i+2},\cdots,\boldsymbol{u}_M$ 为噪声子空间内的后 i 个列矢量，可知 $\boldsymbol{T}_i^{\mathrm{H}}\boldsymbol{A}=\boldsymbol{0}$，即

$$\boldsymbol{P}_i=\boldsymbol{T}_i^{\mathrm{H}}\boldsymbol{A}\boldsymbol{\Omega}_1\boldsymbol{R}_S(\tau)=\boldsymbol{0} \tag{4.120}$$

即 $\boldsymbol{P}_i$ 中的元素都为零。

(2) 当 $M-D+1\leqslant i\leqslant M$ 时，组成 $\boldsymbol{T}_i$ 的特征矢量 $\boldsymbol{u}_{M-i+1},\boldsymbol{u}_{M-i+2},\cdots,\boldsymbol{u}_M$ 为噪声子空间 $\boldsymbol{U}_N=[\boldsymbol{u}_{D+1},\boldsymbol{u}_{D+2},\cdots,\boldsymbol{u}_M]$ 和信号子空间中的第 $M-i+1$ 列到第 D 列矢量 $\boldsymbol{u}_{M-i+1},\boldsymbol{u}_{M-i+2},\cdots,\boldsymbol{u}_D$，记为 $\boldsymbol{U}_{Si}=[\boldsymbol{u}_{M-i+1},\boldsymbol{u}_{M-i+2},\cdots,\boldsymbol{u}_D]$。因此 $\boldsymbol{T}_i=[\boldsymbol{U}_{Si},\boldsymbol{U}_N]$，故有

$$\boldsymbol{P}_i=\begin{bmatrix}\boldsymbol{U}_{S_i}^{\mathrm{H}}\boldsymbol{A}\\\boldsymbol{0}\end{bmatrix}\boldsymbol{\Omega}_1\boldsymbol{R}_S(\tau)=\begin{bmatrix}\boldsymbol{P}_{Si}\\\boldsymbol{0}\end{bmatrix} \tag{4.121}$$

$\boldsymbol{P}_i$ 中的前 $i-(M-D)$ 个数据对应 $\boldsymbol{R}_1(\tau)$ 在信号矢量下的投影可写成 $\boldsymbol{P}_{Si}=(\boldsymbol{U}_{S_i}^{\mathrm{H}}\boldsymbol{A})\boldsymbol{\Omega}_1\boldsymbol{R}_S(\tau)$，因为阵列流型矩阵 $\boldsymbol{A}$ 与信号子空间张成的空间为同一个空间，故 $\boldsymbol{P}_{Si}$ 中的数据不为零，而是与信噪比有关的数值。$\boldsymbol{P}_i$ 中的后 $M-D$ 个数据对应 $\boldsymbol{R}_1(\tau)$ 在噪声子空间下的投影，投影中的数据为零。即 $\boldsymbol{P}_i$ 中前 $i-(M-D)$ 不为零，后 $M-D$ 个数据等于零。

经过上述分析可知，$1\leqslant i\leqslant M-D$ 时，$\boldsymbol{P}_i=[p_{i1},p_{i2},\cdots,p_{ii}]^{\mathrm{T}}$ 中的元素为零；$M-D+1\leqslant i\leqslant M$ 时，$\boldsymbol{P}_i$ 中的后 $M-D$ 个数据等于零，其他元素不为零。$\boldsymbol{P}_i$ 中的数据随着 i 的取值变化而不同，因此可以根据 $\boldsymbol{P}_i$ 的不同进行信源数检测。

4.2.7.3 信源数估计

对 $\boldsymbol{P}_i$ 中的 i 个数据求方差：

$$\delta(i)=\mathrm{var}(\boldsymbol{P}_i)\quad(i=1,2,\cdots,M) \tag{4.122}$$

式中：$\mathrm{var}(\boldsymbol{P}_i)$ 为对 $\boldsymbol{P}_i$ 中的 i 个数据求方差。

由 4.2.7.2 节中对 i 的取值不同，$\boldsymbol{P}_i$ 中的数据的取值情况的分析可知，当 $1\leqslant$

$i \leqslant M-D$ 时，$\delta(i)=0$；而当 $M-D+1 \leqslant i \leqslant M$ 时，$\delta(i) \neq 0$ 并且 $\delta(i)$ 将急剧增大。因此通过统计 $\delta(i)$ ($i=1,2,\cdots,M$) 中不等于零的数据的个数即可得到信号源的个数。

在实际系统中，阵列接收数据是根据有限次观测数据估计得到的，求得的特征向量的估计存在一定的偏差，因此 $\delta(i)$ 的前 $M-D$ 个数据不严格等于零，而是一个接近于零的数值，而后 D 个数据为远大于零的数值。即 $\delta(i)$ 的前 $M-D$ 个数据和后 D 个数据存在较大的差异，故可以考虑利用 $\delta(i)$ 前后数据的比值作为信源数检测的依据，即

$$\gamma(i)=\frac{\delta(i+1)}{\delta(i)} \quad (i=2,3,\cdots,M) \tag{4.123}$$

假设 $i=i_0$ 时 $\gamma(i)$ 取得最大值，此时信源数即为 i_0-1。

从上面的分析过程可以看出，延时相关矩阵 $\boldsymbol{R}_1(\tau)$ 的是通过接收数据 $\boldsymbol{X}(t)$ 与第 1 个阵元接收数据 $x_1(t)$ 构造的，有效地抑制了噪声对算法的影响，为了提高估计精度，延时相关矩阵可以由接收数据与任意阵元接收的数据构造。接收数据 $\boldsymbol{X}(t)$ 与第 k 个($k=1,2,\cdots,M$)阵元接收数据 $x_k(t)$ 的延时相关矩阵为

$$\boldsymbol{R}_k(\tau)=E[\boldsymbol{X}(t)x_k^*(t-\tau)]=\boldsymbol{A\Omega}_k\boldsymbol{R}_S(\tau) \tag{4.124}$$

式中：$\boldsymbol{\Omega}_k=\mathrm{diag}(\mathrm{e}^{\mathrm{j}\mu_{k1}},\mathrm{e}^{\mathrm{j}\mu_{k2}},\cdots,\mathrm{e}^{\mathrm{j}\mu_{kD}})$ 为对角阵。因此投影矢量可修正为

$$\boldsymbol{P}_i^{(k)}=\begin{bmatrix} p_{i1}^{(k)} \\ p_{i2}^{(k)} \\ \vdots \\ p_{ii}^{(k)} \end{bmatrix}=\boldsymbol{T}_i^{\mathrm{H}}\boldsymbol{R}_k(\tau) \tag{4.125}$$

即当 $k=1,2,\cdots,M$ 时，$\boldsymbol{R}_k$ 在 $\boldsymbol{T}_i$ 投影下可以得到 M 组 $\boldsymbol{P}_i^{(k)}$，对 M 组 $\boldsymbol{P}_i^{(k)}$ 中对应的元素求平均得到 $\bar{\boldsymbol{P}}_i=\begin{bmatrix} \bar{p}_{i1} \\ \bar{p}_{i2} \\ \vdots \\ \bar{p}_{ii} \end{bmatrix}$，其中

$$\bar{p}_{ij}=\sum_{k=1}^{M} p_{ij}^{(k)} \quad (j=1,2,\cdots,i) \tag{4.126}$$

最后利用式(4.125)、式(4.123)完成信源数估计。

总结新的信源数估计方法的步骤如下：

(1) 计算得到数据协方差矩阵并对其进行特征分解，求得特征向量 $\boldsymbol{U}$。

(2) 构造接收数据 $\boldsymbol{X}(t)$ 与第 k 个($k=1,2,\cdots,M$)阵元接收数据 $x_k(t)$ 的延时相关矩阵 $\boldsymbol{R}_k(\tau)$。

(3) 对特征向量 $\boldsymbol{U}$ 进行划分得到 M 个不同的特征空间 $\boldsymbol{T}_i$。

(4) 求得 $\boldsymbol{R}_k(\tau)$ 在特征空间 $\boldsymbol{T}_i$ 上的投影矢量 $\boldsymbol{P}_i^{(k)}$ 并由式(4.126)求得 $\bar{\boldsymbol{P}}_i$。

(5) 对 $\bar{\boldsymbol{P}}_i$ 中的 i 个数据求方差得到 $\delta(i)$,由式(4.123)完成信源数估计。

4.2.8 计算机仿真与实测数据实验

4.2.8.1 信息论准则的性能分析

实验 4.1 信息论准则的检测性能随信噪比的变化规律。实验中采用阵元间距为半波长的 8 元均匀线阵,两个远场窄带信号分别从20°和60°的方向上入射到天线阵列,噪声为空间白噪声,快拍数为 100,信噪比从-10dB 以步长 1dB 变化到 20dB,分别采用 AIC 准则和 MDL 准则来检测信源个数,在每个信噪比上进行 200 次的 Monte-Carlo 实验,正确检测概率随信噪比的变化曲线,如图 4.6 所示。

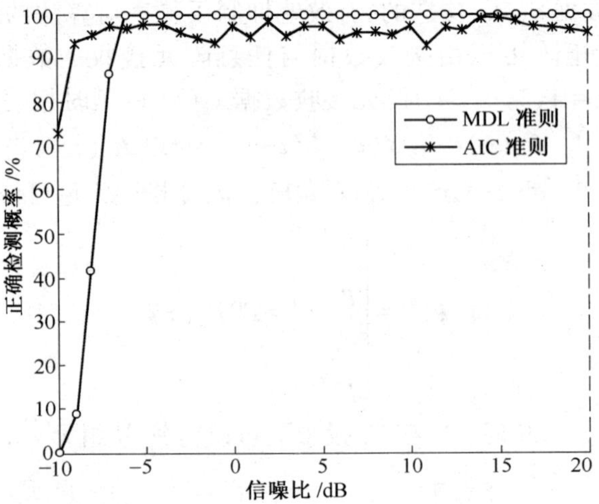

图 4.6 正确检测概率与信噪比的关系

实验 4.2 信息论准则的检测性能随采样快拍数的变化规律。实验中,依然采用阵元间距为半波长的 8 元均匀线阵,两个远场窄带信号分别从 20°和 60°的方向上入射到天线阵列,噪声为空间白噪声,信噪比为 10dB,快拍数从 10 以步长 10 变化到 500,分别采用 AIC 准则和 MDL 准则来检测信源个数,在每个采样快拍数上进行 200 次的蒙特卡罗实验,正确检测概率随快拍数的变化曲线,如图 4.7 所示。

观察图 4.6 和图 4.7 的计算机仿真结果可以看出,在较高信噪比和较大采样快拍数下 MDL 准则具有较好的估计性能,其正确检测概率为 100%;而对于 AIC 准则,即使在信噪比很高和快拍数很大的情况下,它仍然有较大的错误概率,这是因为 AIC 准则不是一致估计。从图 4.6 也可以看出,在小信噪比情况下,AIC 准则的正确检测概率优于 MDL 准则。

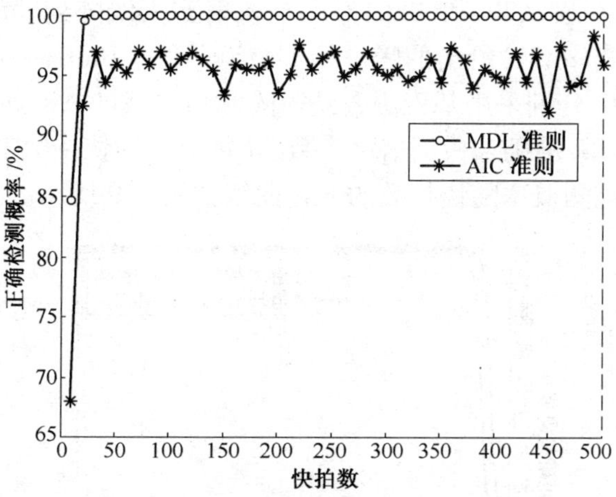

图 4.7　正确检测概率随快拍数的变化曲线

4.2.8.2　基于协方差矩阵对角加载的算法的性能分析

实验 4.3　基于协方差矩阵对角加载的信息论准则的信源数估计方法的检测性能随信噪比的变化关系。实验中，采用阵元间距为半波长的 8 元均匀线阵，两个远场窄带信号分别从20°和60°的方向上入射到天线阵列，噪声为空间相关色噪声，色噪声采用式(4.51)给出的噪声模型，采样快拍数为 100，信噪比从-10dB 以步长 1dB 变化到 20dB，分别采用基于协方差矩阵对角加载的 AIC 准则和基于协方差矩阵对角加载的 MDL 准则来检测信源个数，在每一个信噪比上进行 200 次的蒙特卡罗实验，正确检测概率随信噪比的变化曲线如图 4.8 所示。

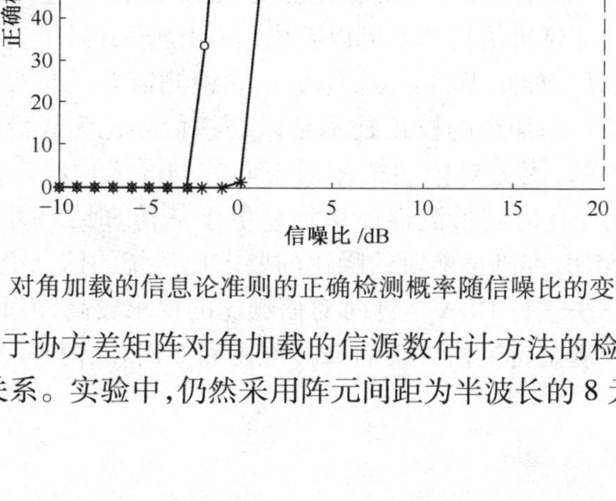

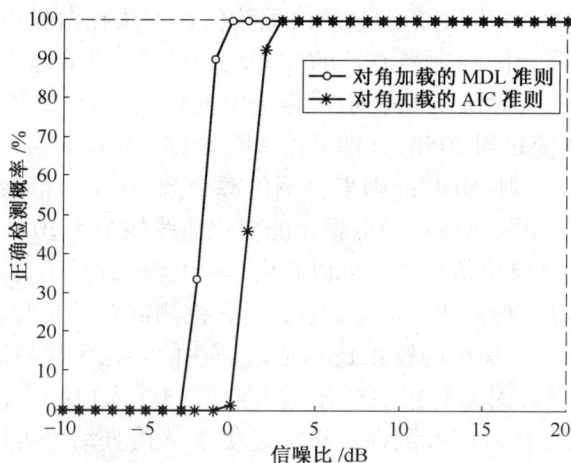

图 4.8　对角加载的信息论准则的正确检测概率随信噪比的变化曲线

实验 4.4　基于协方差矩阵对角加载的信源数估计方法的检测性能随采样数据快拍数的变化关系。实验中，仍然采用阵元间距为半波长的 8 元均匀线性阵列，两个远场窄带信号分别从20°和60°的方向上入射到天线阵列，噪声为空间相关色噪声，色噪声采用式(4.51)给出的噪声模型，信噪比为 10dB，采样快拍数从 10 以步长 10 变化到 500，分别采用基于协方差矩阵对角加载的 AIC 准则和基于协方差矩阵对角加载的 MDL 准则来检测信源个数，在每个采样快拍数上进行 200 次的蒙特卡罗实验，正确检测概率随快拍数的变化曲线如图 4.9 所示。

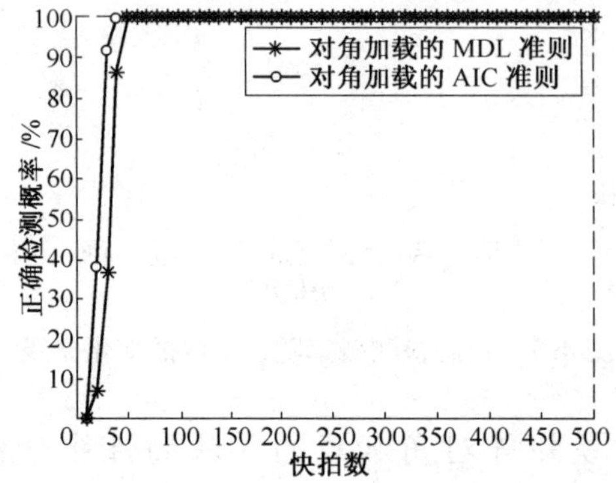

图 4.9　对角加载的信息论准则的正确检测概率随快拍数的变化曲线

从图 4.8 和图 4.9 可以看出，基于协方差矩阵对角加载的 AIC 准则和 MDL 准则在快拍数为 100、信噪比大于 4dB 时的正确检测概率都能达到 100%，在信噪比为 10dB、快拍数大于 60 时的正确检测概率也能达到 100%，且同样条件下基于协方差矩阵对角加载的 AIC 准则的性能优于对角加载的 MDL 准则的性能；基于协方差矩阵对角加载的 AIC 准则在大快拍数和高信噪比下的错误概率大大降低，即其估计的一致性增强。

实验 4.5　协方差矩阵对角加载的信源数估计方法在白噪声背景下的检测性能。实验中，采用阵元间距为半波长的 8 元均匀线阵，两个远场窄带信号分别从 20° 和 60° 的方向上入射到天线阵列，噪声为空间白噪声，快拍数为 100，信噪比从 −10dB 以步长 1dB 变化到 20dB，分别采用 AIC 准则、MDL 准则和基于协方差矩阵对角加载后的 AIC 准则、MDL 准则来检测信源个数，在每个信噪比上进行 200 次的蒙特卡罗实验，正确检测概率随信噪比的变化曲线如图 4.10 所示。

由实验 4.5 的计算机仿真结果可以看出，在白噪声背景下，协方差矩阵对角加载的 AIC 准则和 MDL 准则仍然有效，但是正确检测需要的信噪比要高 7dB，这也证明了前面叙述的对角加载的校正技术是以牺牲信噪比为代价的，这与对角加载的物理意义是一致的，因为对角加载相当于向阵列注入白噪声，但特征值校正的 AIC 准则随信噪比变化时其检测性能更加稳健。从仿真结果可以看出，特征值校正的 AIC 准则和 MDL 准则虽然对信噪比的要求比传统的信息论准则稍高，但是由于大多数超分辨算法进行 DOA 估计时对信噪比的要求较高，因此满足能进行 DOA 估计的信噪比可以满足特征值校正的 AIC 准则和 MDL 准则对信噪比的要求。

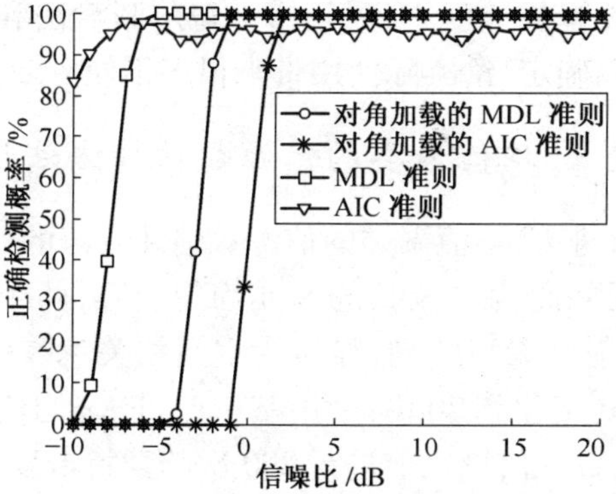

图 4.10　正确检测概率随信噪比的变化曲线

4.2.8.3　基于盖尔圆盘定理的信源数估计方法的性能分析

实验 4.6　基于盖尔圆盘定理的信源数估计算法的检测性能随信噪比的变化,并将其结果与本书提出的基于对角加载的信源数估计方法的性能比较。

实验中,采用阵元间距为半波长的 8 元均匀线阵,两个远场窄带信号分别从 20°和 60°的方向上入射到天线阵列,噪声为空间相关色噪声,色噪声采用式(4.51)给出的噪声模型,快拍数为 100,信噪比从-10dB 以步长 1dB 变化到 20dB,采用盖尔圆盘法(GDE)、修正盖尔圆盘法(MGDE)和对角加载的 AIC 准则、MDL 准则来估计信源个数,在每个信噪比下进行 200 次的蒙特卡罗实验,结果如图 4.11 所示。

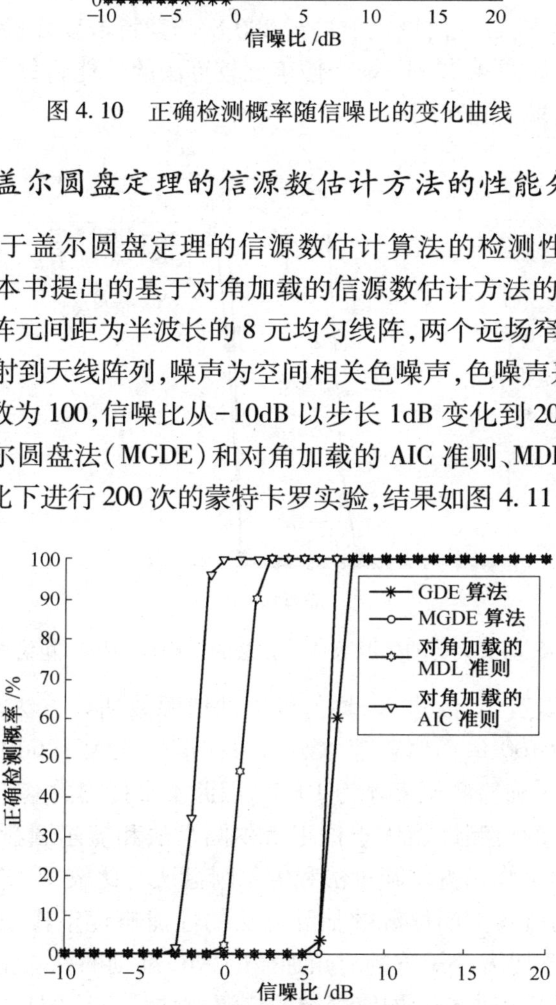

图 4.11　MAIC、MMDL、MGDE、GDE 算法的性能与信噪比的关系

观察图 4.11 可以看出,基于协方差矩阵对角加载的 AIC 准则和 MDL 准则的性能明显优于修正盖尔圆盘法(MGDE)和盖尔圆盘法(GDE)的性能,而且 MAIC

基于协方差矩阵对角加载的 AIC 准则和 MDL 准则的计算复杂度要比修正盖尔圆盘法和盖尔圆盘法的计算复杂度小,并且修正盖尔圆盘法和盖尔圆盘法中的调整因子的理论最优值难以确定,给实际使用带来很多不便。

4.2.8.4 基于改进 K-均值聚类的信源数估计方法性能分析

实验 4.7 基于改进 K-均值聚类的信源数估计方法的检测性能随信噪比的变化。实验中,采用阵元间距为半波长的 8 元均匀线阵,两个远场窄带信号分别从 20°和 60°的方向上入射到天线阵列,噪声为空间相关色噪声,快拍数为 100,信噪比从-10dB 以步长 1dB 变化到 20dB,采用基于改进 K-均值聚类的信源数估计方法来检测信源个数,在每个信噪比上进行 200 次的蒙特卡罗实验,正确检测概率随信噪比的变化曲线如图 4.12 所示,为便于比较算法的性能将修正盖尔圆盘法和盖尔圆盘法的估计结果也画在图中。

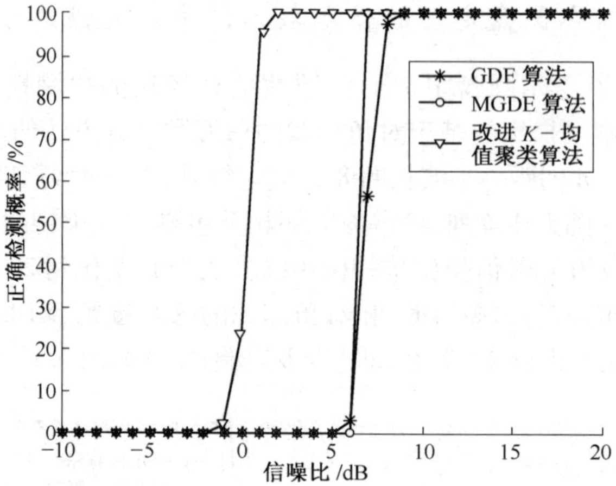

图 4.12 改进 K-均值聚类的信源数估计方法的正确检测概率随信噪比的变化曲线

从图 4.12 可以看出,改进 K-均值聚类的信源数估计方法在信噪比大于 1dB 时的检测概率即为 100%,而修正盖尔圆盘法在信噪比大于 6dB、盖尔圆盘法在信噪比大于 8dB 时,正确检测概率才为 100%,因此本书提出的基于改进 K-均值聚类的信源数估计方法的检测性能优于修正盖尔圆盘法和盖尔圆盘法的检测性能,且计算复杂度也远小于修正盖尔圆盘法和盖尔圆盘法。比较图 4.11 和图 4.12 也可以看出,改进 K-均值聚类的信源数估计方法的性能略优于修正盖尔圆盘 MDL 准则的性能,但比基于协方差矩阵的对角加载的 AIC 准则的性能稍差。

实验 4.8 基于改进 K - 均值聚类的信源数估计方法的检测性能随采样快拍数的变化。实验中,依然采用阵元间距为半波长的 8 元均匀线阵,两个远场窄带信号分别从 20°和 60°的方向上入射到天线阵列,噪声为空间相关噪声,色噪声采用式(4.51)使用的噪声模型,信噪比为 10dB,快拍数从 10 以步长 10 变化到 500,基

于改进 K-均值聚类的信源数估计方法来检测信源个数,在每个采样快拍数上进行200次的蒙特卡罗实验,正确检测概率随快拍数的变化曲线如图4.13所示,为便于比较算法的性能将盖尔圆盘法和修正盖尔圆盘法的估计结果也画在图中。

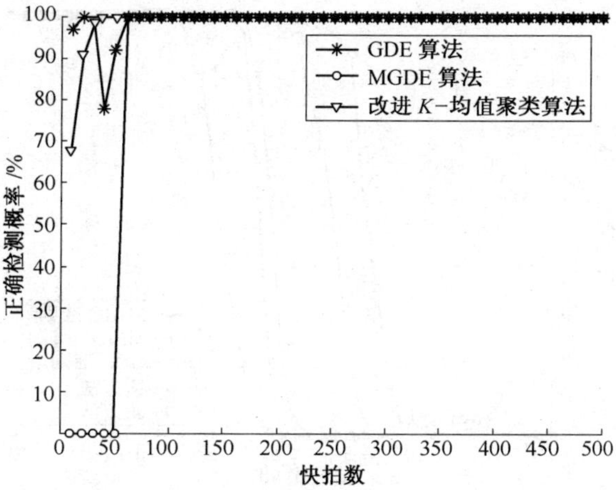

图4.13 改进 K-均值聚类的信源数估计方法的正确检测概率随快拍数的变化曲线

观察图4.13可以看出,改进 K - 均值聚类的信源数估计方法在快拍数大于30时,其正确检测概率即为100%,而MGDE和GDE算法在快拍数大于50时,其检测概率才接近100%,在快拍数较小时,GDE算法的正确检测概率先降后升,这是因为快拍数较小时,GDE算法将最大的噪声特征值误判成信号,将两个信号估计成一个信号,而随着快拍数的增大,GDE算法仍然将最大的噪声特征值误判成信号,把两个信号特征值估计准确,从而导致过估计,当快拍数增大到一定程度时,信号特征值明显大于噪声特征值,GDE算法估计的信源个数是准确的。

4.2.8.5 基于特征子空间投影的信源数估计方法与基于延时预处理的信源数估计方法性能分析

采用为8元均匀线阵,阵元间距为半波长,三个窄带远场信号入射到该天线阵列上,入射角度分别为[15°,35°,45°],噪声为式(4.51)使用的空间相关色噪声模型。由于AIC准则和MDL准则在色噪声背景下估计性能失效,故仅利用基于对角加载的AIC准则(以下简称MAIC准则)、基于对角加载的MDL准则(以下简称MAIC准则)、GDE准则、基于特征子空间投影的信源数估计新方法(以下称为新方法1)、基于延时预处理的信源数估计新方法(以下称为新方法2)在不同信噪比和不同快拍数的条件下进行信源数估计。

实验4.9 色噪声背景下正确检测概率与信噪比的关系。快拍数取100,信噪比由-20dB以步长1dB变化到20dB。在每一个信噪比上分别进行100次Monte Carlo实验,得到正确检测概率随信噪比的变化曲线,如图4.14所示。

由图 4.14 的计算机仿真实验可以看出，在色噪声背景下，五种方法的正确检测概率均随着信噪比的增大而提高，其中本书提出的两种信源数估计方法：新方法 1和新方法 2 的信源数效果最好。

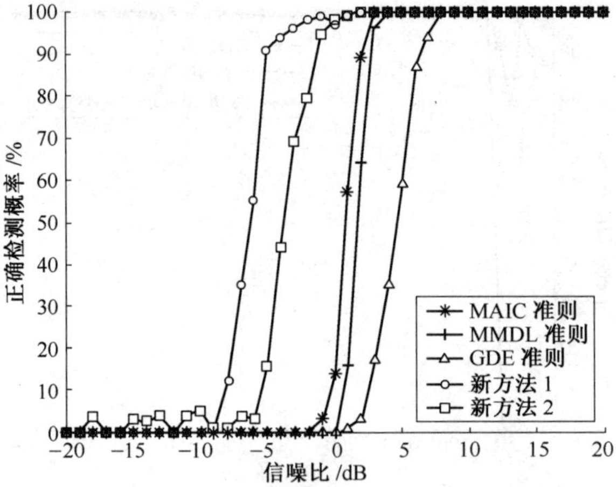

图 4.14 色噪声背景下正确检测概率随信噪比的变化曲线

实验 4.10 色噪声背景下正确检测概率与快拍数的关系。信噪比取 5dB，快拍数由 20 以步长 20 增到 500，在每一个快拍数条件上分别进行 100 次 Monte Carlo 实验，得到正确检测概率随快拍数的变化曲线，如图 4.15 所示。

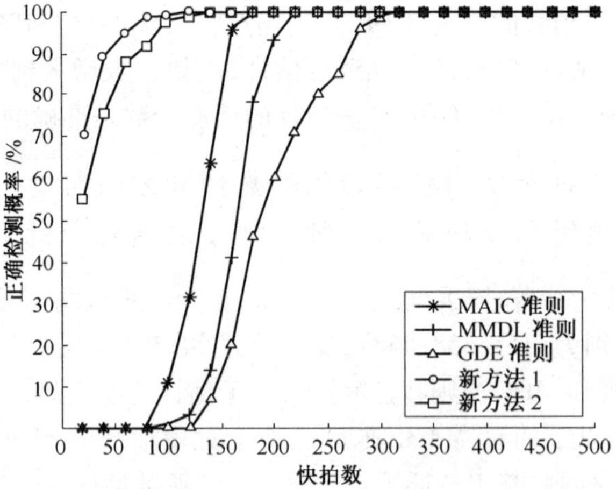

图 4.15 白噪声背景下正确检测概率随快拍数的变化曲线

由图 4.15 的计算机仿真实验可以看出，在色噪声背景下，五种方法的正确检测概率均随着快拍数的增大而提高。在色噪声背景下，本书提出的新方法 1 和新方法 2 在小快拍数下的检测性能优于其他几种方法。

4.2.8.6 实测数据测试及结果分析

实验 4.11 所用的数据是从实际系统中采样得到,接收数据快拍数为 100。由于各个阵元通道相位和增益的不一致性、天线互耦以及阵元接收数据之间的相关性,加性噪声表现为严重的空间色噪声。在 4GHz 和 5.6GHz 两个频率下,在不同信源数、不同角度间隔、不同信号强弱下获得大量数据,采样快拍数为 100,分别采用 GDE 法、AIC 准则、MDL 准则、AIC 准则、MMDL 准则和改进 K-均值聚类算法来估计信源个数(简称 K-均值),从单个目标、两个目标和三个目标下的百余组数据中随机选取 10 组数据进行实验,估计结果如表 4.1~表 4.3 所列。

表 4.1 单个目标下各种方法的估计结果(单位:个)

采用的估计方法	采样数据									
	1	2	3	4	5	6	7	8	9	10
AIC	5	5	5	5	5	4	5	5	4	5
MDL	5	5	3	4	4	4	5	4	3	4
GDE	1	1	1	1	1	1	1	2	1	1
MAIC	1	1	1	1	1	1	1	1	1	1
MMDL	1	1	1	1	1	1	1	1	1	1
K-均值	1	1	1	1	1	1	1	1	1	1
新方法 1	1	1	1	1	1	1	1	1	1	1
新方法 2	1	1	1	1	1	1	1	1	1	1

表 4.2 两个目标下各种方法的估计结果(单位:个)

采用的估计方法	采样数据									
	1	2	3	4	5	6	7	8	9	10
AIC	5	5	5	5	5	5	5	5	5	5
MDL	5	5	5	5	5	5	5	5	5	4
GDE	3	3	2	2	3	3	2	2	3	2
MAIC	3	2	2	2	2	2	3	2	2	2
MMDL	3	2	2	2	2	2	3	3	2	2
K-均值	3	2	2	2	2	2	3	3	2	2
新方法 1	2	2	2	2	2	2	2	5	2	2
新方法 2	2	3	2	2	5	2	2	2	2	2

表 4.3　三个目标下各种方法的估计结果(单位:个)

采用的估计方法	采样数据									
	1	2	3	4	5	6	7	8	9	10
AIC	5	5	5	5	5	5	5	5	5	5
MDL	5	5	5	5	5	5	5	5	5	5
GDE	3	3	4	4	3	3	3	3	4	4
MAIC	3	3	3	3	4	3	3	3	3	4
MMDL	3	3	4	3	4	3	3	3	3	4
K-均值	3	3	4	3	3	4	3	3	3	3
新方法 1	3	3	4	3	3	3	3	5	3	3
新方法 2	3	3	5	3	3	3	3	5	3	3

从实测数据估计结果可以看出,单个目标情况下,除了 AIC 准则和 MDL 准则以外,其余几种算法都能准确估计出信源个数,其中 GDE 算法的正确率为 90%,其他方法的正确率为 100%;空间存在两个目标时,AIC 准则和 MDL 准则仍然无法正确估计出信源个数,而 MAIC 准则的性能最好,其正确率达到 80%,其次是 MMDL 准则和改进 *K*-均值聚类算法,它们的正确率达到 70%,新方法 1 和新方法 2 的正确率为 90%,性能较差的是 GDE 算法,其正确概率仅为 50%;空间有三个辐射源目标时,AIC 准则和 MDL 准则仍然无法正确估计出信源个数,而新方法 1 和新方法 2,MAIC 准则和改进 *K*-均值聚类算法的正确率都为 80%,其次是 MMDL 准则,它的正确率达到 70%,性能较差的是 GDE 算法,其正确概率仅为 60%。从总体结果可以看出,基于协方差矩阵对角加载的信源数估计方法、基于改进 *K* - 均值聚类分析的信源数估计方法、新方法 1 和新方法 2 的性能都优于 GDE 法的性能,这与前面计算机仿真结果的结论相吻合,但是在三个目标下,MAIC 准则、改进 *K* - 均值聚类算法和 MMDL 准则的正确检测概率仍然不是十分高,主要原因是信号之间相关性的影响,使得实际的模型除了受空间色噪声的影响以外,还受信源之间相关性的影响,因此此种情况下的模型更加复杂,导致算法的正确检测概率偏低。为了消除信号相关性的影响,需要寻找新的方法。

4.3　阵列一阶模糊问题研究

4.3.1　阵列模糊问题描述

在阵列测向系统中,获得唯一 DOA 估计的必要条件是天线阵的流型向量线性无关,这个条件与天线阵的几何结构、辐射源数和源相关矩阵的秩有关。虽然子空间测向方法具有很好的测向性能,但是,如果阵列天线的波束方向图具有很高的旁瓣或者流型曲线(曲面)自身相交或者一些流型向量线性相关,则其空间谱会出现伪峰,相应的辐射源就是不可分辨的,这种现象就称为阵列的测向模糊。在 DOA 估计中,若阵列出现了测向模糊性,则不论采用何种测向技术,都会出现虚假的谱峰。我们知道,在阵列测向系统其他条件不变的情况下,增大阵元间距会提高测向精度,但同时又可能会出现测向模糊。流型曲线的长度影响阵列的测向模糊,因为测向模糊是由于估计的信号子空间与阵列流型伪相交引起的。实际上,阵列的流型曲线越长,流型向量在空间的分布也更广,因而更易于辨别两个空间相隔很近的辐射源,即阵列具有更好的检测、分辨和 DOA 估计能力。但阵列流型曲线越长,出现测向模糊的可能性越大,因此,阵列流型除了决定阵列的检测、分辨、DOA 估计性能之外,还决定了测向模糊性能。

在讨论阵列模糊之前,有必要给出模糊的定义:当阵列流型上的一点是阵列流型上的其他点线性组合时就会产生模糊,即一个阵列称为 k 阶测向模糊,如果存在 $k+1$ 个不同 Θ_i 所对应的流型向量是线性相关的。模糊分为两种即平凡模糊和非平凡模糊。平凡模糊就是一个流型向量是另一个流型向量的标量积,也称为一阶模糊,即至少存在一个 $a(\Theta_i)$ 使得 $a(\Theta_i)=ca(\Theta_j)(\Theta_i \neq \Theta_j)$,则阵列不能辨别方向为 Θ_i、Θ_j 的两个来波。1981 年, Schmidt 在他的博士论文中不仅提出了具有开创性的 MUSIC 算法,而且讨论了 DOA 估计的模糊问题。他指出,在用高分辨算法进行 DOA 估计时,必须假定阵列流型向量的线性无关性,从此以后利用高分辨阵列测向算法进行 DOA 估计时大多假设了空间辐射源数不超过阵元数,并且相应的方向向量线性无关。也就是说,为了保证 DOA 估计的一致性,通常假定阵列是无测向模糊的,即对应于不同 DOA 的方向向量是线性无关的。同年,Godara 和 Cantoni 等人进行了一系列对方向向量的独立性的研究,主要讨论了对 DOA 估计影响最大的一阶模糊的阵列。J. T. H. Lo 和 S. L. Marple 研究了二阶模糊问题,K. C. Tan 等人在修正了 J. T. H. Lo 和 S. L. Marple 等人研究的二阶模糊的基础上又研究了高阶模糊,并对无高阶模糊阵进行了推导。英国工程师 A. Manikas 等人从阵列流型的微分几何参数出发,研究了线阵的测向模糊问题,构建了线阵的模糊生成集。在被动雷达寻的器中对测向影响最大的是阵列的一阶模糊,本书主要讨论任意平面阵的一阶模糊问题。

4.3.2 平面阵的一阶模糊问题研究

对于任意平面阵,设有 M 个阵元,第 m 个阵元的位置向量 $\boldsymbol{r}_m=(x_m,y_m)$ 。如果存在一阶模糊,即在视角范围内存在两个不同角度的导向向量完全相同,也就是存在 $\theta,\theta' \in [0,2\pi)$, $\phi,\phi' \in (0,\pi/2]$,当 $\theta \neq \theta'$ 或者 $\phi \neq \phi'$ 时,使得下式成立

$$\frac{2\pi}{\lambda}(x_m\cos\theta\cos\phi + y_m\sin\theta\cos\phi) = \frac{2\pi}{\lambda}(x_m\cos\theta'\cos\phi' + y_m\sin\theta'\cos\phi') + 2k_m\pi\,(m=1,2,\cdots,M) \quad (4.127)$$

式中：λ 为信号波长；k_m 为任意整数。由式(4.127)可得

$$x_m(\cos\theta\cos\phi - \cos\theta'\cos\phi') + y_m(\sin\theta\cos\phi - \sin\theta'\cos\phi') = k_m\lambda \quad (4.128)$$

令 $u = \cos\theta\cos\phi - \cos\theta'\cos\phi'$，$v = \sin\theta\cos\phi - \sin\theta'\cos\phi'$，代入式(4.128)，得

$$\begin{cases} x_1u + y_1v = k_1\lambda \\ x_2u + y_2v = k_2\lambda \\ \quad\vdots \\ x_Mu + y_Mv = k_M\lambda \end{cases} \quad (k_1, k_2, \cdots, k_M \text{ 为整数}) \quad (4.129)$$

当 $\theta, \theta' \in [0, 2\pi)$，$\phi, \phi' \in (0, \pi/2]$，并且 $\theta = \theta'$ 和 $\phi = \phi'$ 不同时成立时，可以证明有

$$0 < u^2 + v^2 < 4 \quad (4.130)$$

即要使阵列存在一阶模糊的一个充分必要条件是存在一组 k_m $(m = 1, 2, \cdots, M)$，使得方程组（式(4.129)）在以坐标原点为圆心，半径为2并且不包括原点的开区域内存在非零解。

方程组（式(4.129)）是一个超定方程组，其有解的充分必要条件为

$$rank\begin{bmatrix} x_1 & y_1 \\ \vdots & \vdots \\ x_M & y_M \end{bmatrix} = rank\begin{bmatrix} x_1 & y_1 & k_1\lambda \\ \vdots & \vdots & \vdots \\ x_M & y_M & k_M\lambda \end{bmatrix} \leqslant 2 \quad (4.131)$$

由于式(4.130)的限制，k_m 的取值范围并不是任意整数，而是只能在一定范围内取值，由方程组（式(4.129)）和式(4.130)可得

$$|k_m| < \left|\frac{x_m}{\lambda/2}\right| + \left|\frac{y_m}{\lambda/2}\right| \quad (m = 1, 2, \cdots, M) \quad (4.132)$$

所以，是否存在一阶模糊，取决于是否存在一组 k_m、k_m 满足式(4.132)，使得式(4.131)成立。如果不存在，那么该平面阵将就不存在一阶模糊。因此，阵列不存在一阶模糊的一个充分条件是对所有满足式(4.132)的 k_m 都有

$$rank\begin{bmatrix} x_1 & y_1 & k_1\lambda \\ \vdots & \vdots & \vdots \\ x_M & y_M & k_M\lambda \end{bmatrix} = 3 \quad (4.133)$$

对方程组（式(4.129)），任取第 i 个和第 j 个方程 $(i \neq j)$，将两方程做差，得

$$(x_i - x_j)\,u + (y_i - y_j)\,v = (k_i - k_j)\,\lambda \quad (4.134)$$

由式(4.130)和式(4.134)经推导可以得

$$\sqrt{(x_i - x_j)^2 + (y_i - y_j)^2} > |k_i - k_j|\frac{\lambda}{2} \quad (4.135)$$

若对所有 i 和 j，当 $i \neq j$ 时有 $k_i \neq k_j$，那么根据式(4.135)，有

$$\sqrt{(x_i - x_j)^2 + (y_i - y_j)^2} > \frac{\lambda}{2} \quad (4.136)$$

此时，方程组（式（4.129））的系数增广矩阵的秩仍然有可能是满秩的，即

$$rank\begin{bmatrix} x_1 & y_1 & k_1\lambda \\ \vdots & \vdots & \vdots \\ x_M & y_M & k_M\lambda \end{bmatrix} = 3 \tag{4.137}$$

即阵列中两两阵元之间的距离都大于半波长时，阵列并不必然地产生一阶模糊。

4.3.3 仿真实验

实验 4.12 采用一个 8 阵元的任意平面阵，阵元的坐标分别为（-10，-8），（-8，4），（-2，-4），（1，10），（4，4），（6，-2），（6，-10），（10，6），单位为 cm，阵列结构如图 4.16 所示。一个波长为 6cm 的信号从方位 180°俯仰 45°入射，采用 MUSIC 算法形成的空间谱如图 4.17 所示。

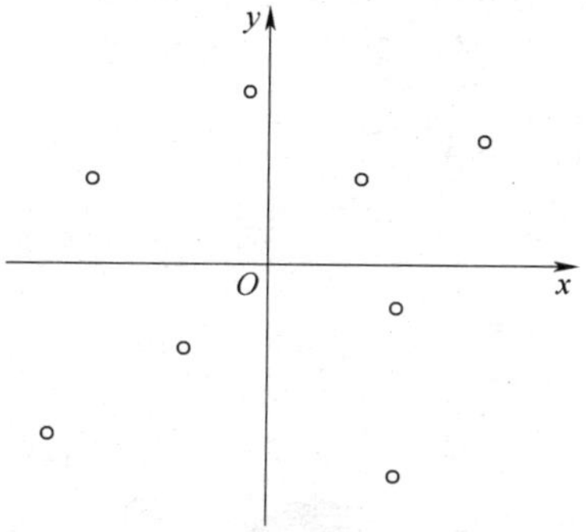

图 4.16 任意平面阵结构示意图

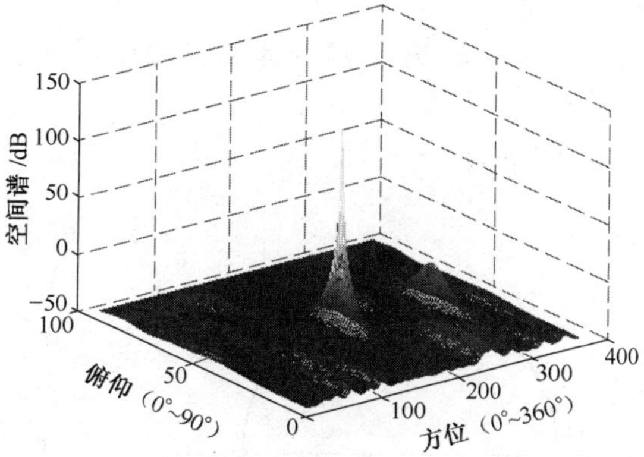

图 4.17 MUSIC 算法基于前述平面阵形成的空间谱

从图 4.17 可以看出，虽然阵元间的距离都大于半波长，但由于方程组（式（4.129））的系数增广矩阵的秩满足式（4.133），所以不出现一阶模糊。

实验 4.13 采用一个 6 阵元的均匀圆阵，圆阵半径为 9cm，这样，各阵元的坐标分别为（9，0），（4.5，7.8），（-4.5，7.8），（-9，0），（-4.5，-7.8），（4.5，-7.8），其阵列结构如图 4.18 所示。仍然用波长为 6cm 的信号从方位 180°俯仰 45°入射。由于此时存在满足式（4.132）的一组 $\boldsymbol{k}_m = [2,1,-1,-2,-1,1]^{\mathrm{T}}$ 使得式（4.131）成立，阵列将会出现一阶模糊。

此时采用 MUSIC 算法形成空间谱，结果如图 4.19 所示。从图 4.19 中可以看出，确实产生了严重的一阶模糊。

在图 4.18 所示的阵列中，将第一象限中的阵元稍微移动，其坐标从（4.5，7.8）改变为（2.3，8.7），得到如图 4.20 所示结果。同样，对于波长为 6cm 的信号，改变后的阵列使得方程组（式（4.129））的系数增广矩阵满秩，因而不存在一阶模糊。信号从方位 180°俯仰 45°入射角，采用 MUSIC 算法形成空间谱如图 4.21 所示。

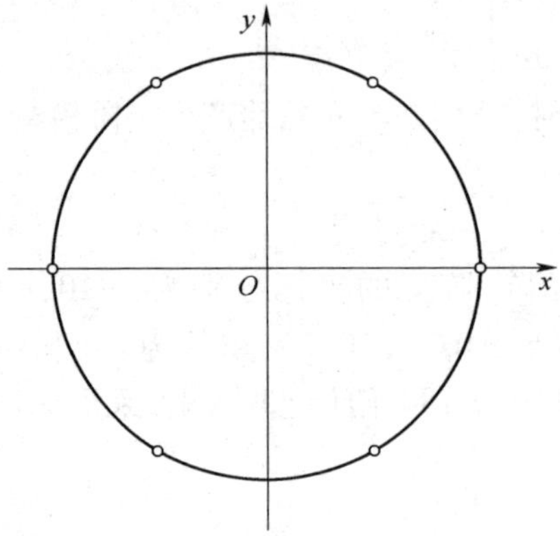

图 4.18　阵元均匀圆阵结构示意图

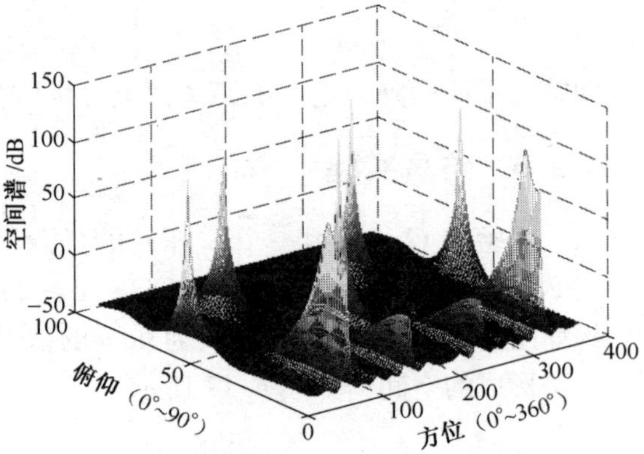

图 4.19　MUSIC 算法基于前述均匀圆阵形成的空间谱图

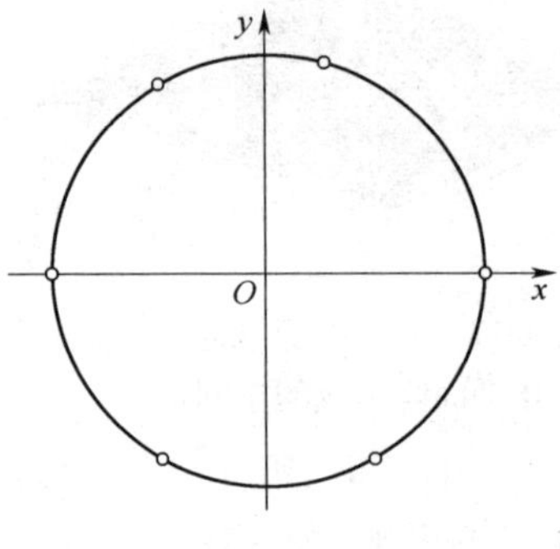

图 4.20　圆阵结构示意图

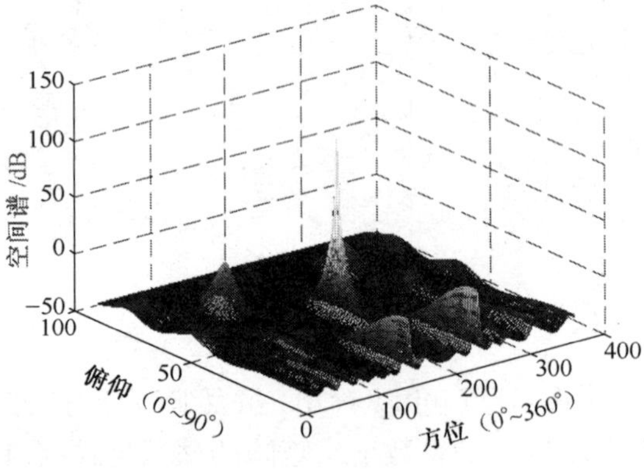

图 4.21　MUSIC 算法基于前述圆阵形成的空间谱

从图 4.21 中也可以看出，此时已经没有了一阶模糊。再改变信号的入射角，在不同的方位角和俯仰角进行仿真实验，也发现阵列不出现一阶模糊。实验表明，虽然只是对阵列结构做了很小的调整，却消除了一阶模糊产生的条件，即能够在不牺牲阵列孔径的条件下改善阵列的测角性能。

本节对任意平面阵的一阶模糊问题进行了研究，给出了任意平面阵不存在一阶模糊的一个充分条件，并且得出以下结论：平面阵任意两个阵元之间的距离都大于半波长并不必然导致产生一阶模糊；对于平面阵而言，存在一阶模糊的条件远比不存在一阶模糊的条件苛刻，因此在工程中可以实现充分利用阵列孔径同时不产生一阶模糊。

4.4 基于 MUSIC 算法的二次搜索解模糊方法

4.4.1 二次搜索法的基本原理

空间谱估计测角方法也是一种相位法测角，同样是利用多个天线间所接收信号之间的相位差估计信号的方位。因此对于线性阵列，当天线间距大于目标信号的半波长时，也存在测角模糊的问题。

有文献推导出天线距离大于目标信号半波长时产生多值模糊的原因，并针对 MUSIC 算法中多值模糊问题提出解决方案设想：真值的谱峰往往高于伪值的谱峰，则可以从谱峰中找出最大的谱峰，那么它所对应的方向就是目标方向。而理论上，存在多值模糊时，真值和伪值的谱峰应该是一样高的。只是因为受到搜索步长的影响，仅搜到谱峰的上升沿或下降沿中的某一点的空间谱函数值，这样就使得模糊角度的谱峰各有高低。如图 4.22 所示，波长为 λ 的信号从 20.83°方向入射在线阵上，天线 1、天线 3 间距为 $d_{13}=30\times\lambda/2$，快拍数为 100，信噪比为 15dB，搜索步长为 1°。

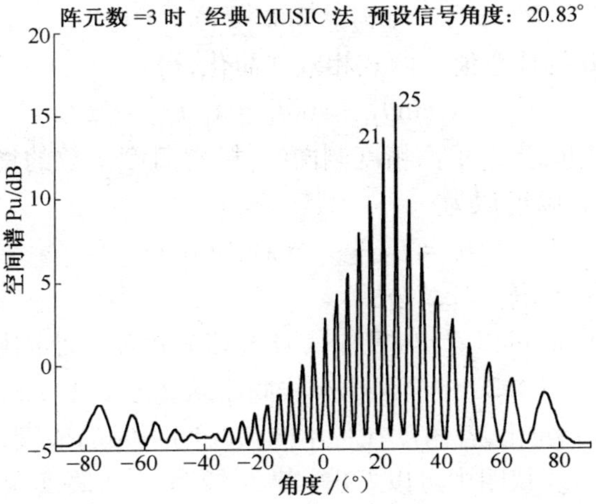

图 4.22 $d_{13}=30\times\lambda/2$ 时，MUSIC 算法的空间谱

事实上，当天线 1、天线 3 间距 d_{13} 继续增大时，模糊角度个数会增多，模糊角度的谱峰也会越来越高，甚至要比真实角度的谱峰还高。若同时增大搜索步长，效果更明显。因此并不能简单地采用找出最大谱峰的方法来解模糊。在此介绍一种新的基于 MUSIC 算法的二次搜索解模糊方法，当天线尺寸和间距允许灵活地设置时，运用该方法可以实现单个目标时的高精度无模糊测向。

下面不妨以一种最简单的天线结构来说明基于 MUSIC 算法的二次搜索解模糊方法。设置由三个天线阵元组成的非等距线阵：天线 1、天线 2 间距为 $d_{12}<\lambda/2$（短基线为了保证天线 1、天线 2 能无模糊测向）、天线 1、天线 3 间距为 $d_{13}\gg\lambda/2$

（这个长基线为了保证高的测角精度）。首先利用天线 1、天线 2 的接收数据矩阵 $\boldsymbol{X}_1$ 运用 MUSIC 算法，用比较大的搜索步长快速粗搜索出信号来向 θ_0（θ_0 的值也可以用别的测向方法的结果来预设）；再在 θ_0 的两侧设置一个搜索角度区间，使搜索区间内只包含真实信号一个谱峰；最后利用天线 1、天线 3 的接收数据矩阵 $\boldsymbol{X}_2$ 或所有阵元的接收数据矩阵 $\boldsymbol{X}$，运用 MUSIC 算法在这个搜索角度区间内进行小步长的二次精搜索，找出真实的信号来向 θ 。

4.4.2 二次搜索角度区间的确定

显然，这个二次搜索的角度区间之内绝不能包含两个或两个以上的谱峰，因此在第一次搜索的角度 θ_0 的附近设置二次搜索的角度区间是本方法的关键所在。这就要准确地找出所有模糊角度中，间隔最小的两个角度之差 θ_u ，即无模糊视角，又称模糊角度最小间隔。

设间隔最小的两个角度分别为 θ_1 和 θ_2，显然，这两个角度在 0°附近。由模糊角度的产生原理，得

$$2\pi d/\lambda \sin\theta_1 = 2k\pi + \psi \tag{4.138}$$

$$2\pi d/\lambda \sin\theta_2 = 2(k + 1)\pi + \psi \tag{4.139}$$

式中：k 为使 $\theta_1 \to 0$ 的任意值。两式相减并简化，得

$$\sin\theta_2 - \sin\theta_1 = \lambda/d \tag{4.140}$$

因为 θ_1、θ_2 在 0° 附近，且追求高精度测向时，模糊角度个数的增多使得 θ_u 越来越小，此时式(4.140)可以近似为

$$\theta_u = \theta_2 - \theta_1 = \lambda/d\ (\mathrm{rad}) \tag{4.141}$$

这就是模糊角度最小间隔的计算公式。

同时，由式(4.141)可以看出：目标信号的模糊角度最小间隔和天线间距之间是一一对应的关系。图 4.23 中显示出天线间距从 $2 \times \lambda/2 \sim 20 \times \lambda/2$ 变化，目标信号角度从-90°~90°变化，各角度在各不同天线间距时的模糊角度的最小间隔和天线间距乘积关系图。从图中可以看出：当 $d = 2 \times \lambda/2$，真实角度为 0°时，两个模糊角度分别为+90°和-90°，此时模糊角度的最小间隔和天线间距乘积比较大，达到了 180°；当 $d > 5 \times \lambda/2$ 时，模糊角度的最小间隔和天线间距乘积渐渐趋于一个固定的值，大约为 114.6°。由此也可以推导出模糊角度最小间隔的近似计算公式：当天线间距比较大，为 $n \times \lambda/2$ 时，模糊角度的最小间隔为

$$\theta_u = 114.6°/n \tag{4.142}$$

下面举例说明式(4.141)和式(4.142)的正确性。设置由三个阵元组成的非等距线阵，天线 1、天线 2 间距为 $\lambda/2$，天线 1、天线 3 间距为 $10 \times \lambda/2$。由式(4.141)可以计算出模糊角度的最小间隔为

$$\theta_u = \lambda/d = 0.2(\mathrm{rad}) = 11.46(°) \tag{4.143}$$

而由式(4.142)也可以得到模糊角度的最小间隔为

$$\theta_u = 114.6°/n = 11.46° \tag{4.144}$$

此时取 $n = 10$。两次计算的 θ_u 值相等。由此可以证明通过式(4.141)和式(4.142)都可以得到模糊角度的最小间隔。但是,由理论推导出来的式(4.141)更合理、更准确。

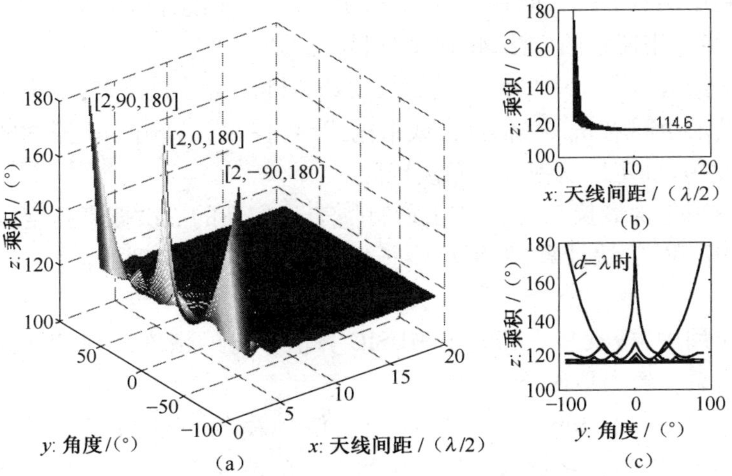

图 4.23　模糊角度的最小间隔与天线间距乘积关系

(a) 模糊角度的最小间隔与天线间距乘积关系图;(b) 图(a)的侧面图 1;(c) 图(a)的侧面图 2。

由式(4.141)可以得到最佳的二次搜索角度区间为

$$(\theta_0 - \theta_u, \theta_0 + \theta_u) \tag{4.145}$$

式中:θ_0 为第一次搜索的角度;$\theta_u = \theta_2 - \theta_1 = \lambda/d$ 为模糊角度最小间隔。实际应用时,应考虑二次搜索的误差,则此时修正后的二次搜索角度区间变为

$$(\theta_0 - (\theta_u - \sigma_1 - \sigma_2), \theta_0 + (\theta_u - \sigma_1 - \sigma_2)) \tag{4.146}$$

式中:σ_1、σ_2 分别为第一次、第二次搜索的误差。

设计天线阵元结构时,不仅要考虑到天线本身的体积问题,也应该保证 $\theta_u - \sigma_1 - \sigma_2 > 0$。若搜索时用的是均匀等距线阵接收的数据矩阵,$\sigma_1$、$\sigma_2$ 就可以根据已有的测角误差均方值公式求得,否则就需要大概估计出二次搜索的测角误差。若搜索步长大于算法本身的测角误差,则取搜索步长为测角误差。在此给出 MUSIC 算法的 M 元均匀线阵的测角误差均方值公式

$$\sigma^2 = \frac{6(1 + S/N)}{LM(M^2 - 1)(S/N)^2}\left(\frac{\lambda}{2\pi d\cos\theta}\right)^2 \tag{4.147}$$

式中:S/N 为信噪比;L 为快拍数;M 为阵元个数;λ 为目标信号波长;d 为天线间距;θ 为目标信号来向。

4.4.3　二次搜索法的步骤和性能分析

由以上分析可以看出,二次搜索法同三基线解模糊原理类似,也是一种依次解

模糊的方法。在此总结出二次搜索解模糊方法的步骤如下：

(1) 合理地设置天线阵元结构，相邻阵元的间距 d 往一个方向单调变化（递增或递减），并使其包含均匀线阵。同时使至少有 2 个相邻阵元的间距不大于 $\lambda/2$，且有足够长的长基线来保证要求的测角精度。

(2) 利用所有的阵元间距 $d \leqslant \lambda/2$ 的天线阵元信息，运用经典 MUSIC 算法计算，采用大步长粗搜索的方法，快速得到目标的角度 θ_0。

(3) 根据天线阵元中最长基线的长度 d 和目标信号波长 λ，由式(4.141)得到模糊角度的最小间隔 θ_u，并估计出或根据式(4.147)计算出二次搜索的测角误差，再由式(4.146)确定二次搜索的角度区间。

(4) 利用包含最长基线的均匀线阵的信息，在新的二次搜索角度区间内，再次运用经典 MUSIC 算法计算，采用小步长精搜索的方法，得到的角度即最终的信号来向 θ。

实际应用中，搜索步长都大于 MUSIC 算法本身的精度，因此可以用搜索步长来表示测向系统的测角误差。

由式(4.146)可以推导出二次搜索法解模糊的条件为 $\sigma_1 + \sigma_2 < \theta_u$。与式 $|\sigma_1+\sigma_2|<\theta_u/2=\theta_{max}$ 相比，显然，二次搜索法的解模糊条件放宽了 1 倍。所以通常这个条件是很容易满足的，二次搜索法解模糊的概率很高。若不需精确求出第二次搜索的测角误差，此时的天线阵元设置可以更灵活。第二次运用 MUSIC 算法时，也可以利用所有阵元的信息。

4.4.4 二次搜索法与长短基线解模糊法比较

二次搜索法也可以抽象地理解为用短基线解长基线的模糊，从这个角度讲，它与长短基线解模糊法具有某些类似的特征，但是两种解模糊方法其实有着本质的区别。

下面对二次搜索法与长短基线解模糊法进行简单的比较：

(1) 从方法的应用上看，长短基线结合解模糊法主要用在干涉仪测向，二次搜索法则用在空间谱估计测向中。

(2) 从方法的本质上看，长短基线结合解模糊方法主要利用通道间的相位差，通过角度和相位差的关系式计算出角度，而二次搜索法是一种阵列信号处理方法，具有阵列信号处理的优点。

由此可以看出，二次搜索法具有不同于长短基线解模糊法的特点，相比之下，更加有研究和应用的价值。该方法能有效地估计出单个目标信号的 DOA，实现高精度无模糊测向。

4.4.5 虚拟阵列扩展解模糊方法

研究虚拟阵列扩展解模糊方法，在此首先需要讨论一下模糊角度的计算问题，即已知阵元的位置如何计算模糊角的问题。

4.4.5.1 模糊角度的计算

对于一般的线性阵列，如果在视角范围内存在导向向量

$$\boldsymbol{a}(\theta)=\boldsymbol{a}(\theta') \qquad (\theta \neq \theta') \tag{4.148}$$

则表明在视角范围内对应不同的两个信号方向，存在完全相同的导向向量，这就是信号产生模糊。图 4.24 是阵元间距为 4 倍半波长时产生的模糊角度，其中点画线为真实信号角度。此时估计得到的信号源的角度信息不是唯一的，即一个信号源可以产生一个或多个信号源入射的假象。这时就需要分辨信号源的真伪，即解模糊。

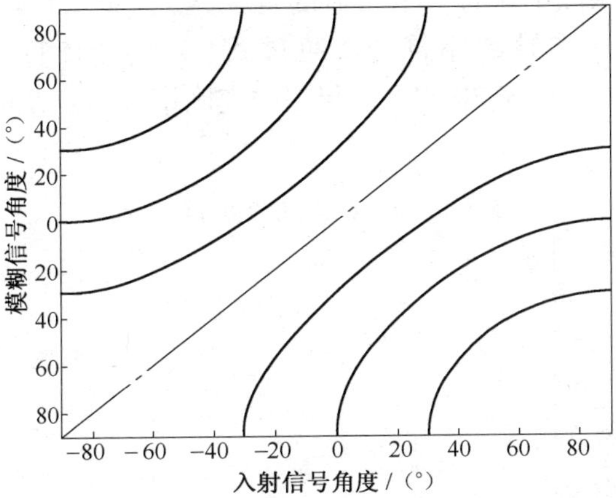

图 4.24 阵元间距为 4 倍半波长时产生的模糊角度

模糊角度的具体位置，对于均匀线阵，可以通过式(4.141)求得，而对于非均匀线阵，需要进行更复杂的运算。展开式(4.148)，得

$$\exp\left(-\mathrm{j}\frac{2\pi}{\lambda}d_m\sin\theta\right)=\exp\left[-\mathrm{j}\left(\frac{2\pi}{\lambda}d_m\sin\theta'+2k\pi\right)\right] \tag{4.149}$$

式中：$m=1, 2, \cdots, M$ 。化简后可得

$$\sin\theta-\sin\theta'=\frac{2k}{d_m/(0.5\lambda)} \tag{4.150}$$

此时，设阵元位置向量以 0.5λ 为单位，即为 $0.5\lambda[n_1\ n_2\ \cdots\ n_M]$ ，阵列以 n_1 为参考点(即 $n_1=0$)，并假设 n_i ($i=2, 3, \cdots, M$)均为正整数。令参数 $\rho=\sin\theta-\sin\theta'$ ，则式(4.150)可简化为

$$\rho=2k/n_i\ (i=2, 3,\cdots, M) \tag{4.151}$$

式中：k 为与 n_i 对应的正整数。显然，$|\rho|<2$，即 $k<n_i$ ，则对于 n_i ，有

$$\rho_i=\{0, \pm 2k/n_i\}\ k<n_i\ (i=2, 3,\cdots, M) \tag{4.152}$$

而

$$\rho = \{\rho_2 \cap \rho_3 \cap \cdots \cap \rho_M\} \tag{4.153}$$

将参数 ρ 值代入进行计算,即得出模糊角度:

$$\theta' = \arcsin(\sin\theta - \rho) \tag{4.154}$$

注意参数 ρ 的取值,应确保 $|\sin\theta - \rho| \leqslant 1$。显然,当参数 ρ 只存在一个元素 $\{0\}$ 时, $\theta' = \theta$,即方向估计无模糊。

图 4.25 是四元非等距线阵采用经典 MUSIC 算法得到的谱峰图。阵元位置 d_i 分别为 $[d_1\ d_2\ d_3\ d_4]\lambda/2$,其中 $d_1 = 0$、$d_2 = 2$、$d_3 = 4$,而第四个阵元位置分别取 $d_4 = \{6, 6.25, 6.5, 6.75, 7\}$。一个窄带远场信号源从 40° 方向入射,信噪比为 20dB,快拍数为 500。从图 4.25 可以看出,当 $d_4 = 6$ 时,存在严重的模糊,因为此时有 $\rho = \{0, \pm 1\}$。随着 d_4 的增大,模糊现象得到缓解。当 $d_4 = 7$ 时,模糊问题完全可以忽略不计。从图中还有一个明显的现象:随着 d_4 的增大,模糊角度的间隔越来越小,这与理论推导的相符合。通过式(4.154)计算得此时的模糊角为 $\arcsin((\sin 40°) - 1) = -20.9°$,这与图中空间谱搜索出来的模糊角度相同。

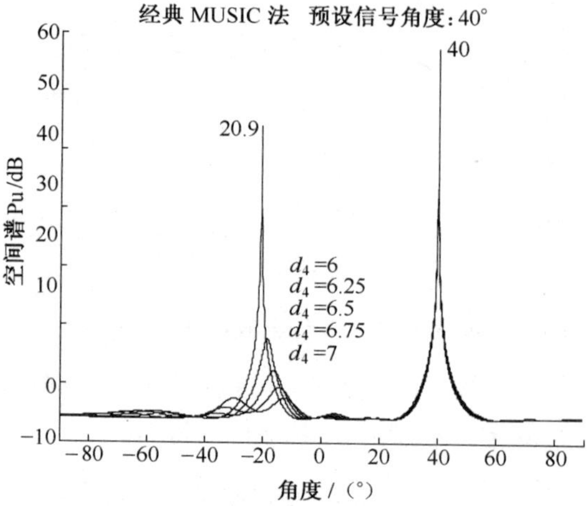

图 4.25 阵元位置变化时,MUSIC 算法的空间谱

4.4.5.2 虚拟阵列扩展解模糊原理

通过二次搜索法和模糊角度的分析可以得出结论:不能通过找出最大的谱峰位置来解模糊。下面提出一种适合非均匀线阵解模糊的方法。

对于均匀线阵,搜索空间谱函数的峰值,模糊角度上的谱峰和真实角度时的谱峰相当。从图 4.25 的分析中可知,在一定范围内,随着长基线的增加(变成非均匀线阵),真实角度的谱峰也将越来越高,而模糊角度的谱峰反而越来越平坦。此时可认为该方向不出现模糊,即成功解模糊。

当长基线的长度超过一定范围时，模糊角度的谱峰不再降低，反而越来越高，真实角度的谱峰会下降，如图 4.26 所示，同时模糊角度也会增多。而且，由于随机噪声的影响，模糊角度的谱峰将会越来越接近甚至超过真实角度的谱峰。所以可以通过提高信噪比，使得真实角度的谱峰越来越高，越来越尖锐。真实角度的谱峰绝对高度与模糊角度的谱峰绝对高度最大值之比越来越大，一般当这个比值大于 5 时，也可看做不存在测角模糊。

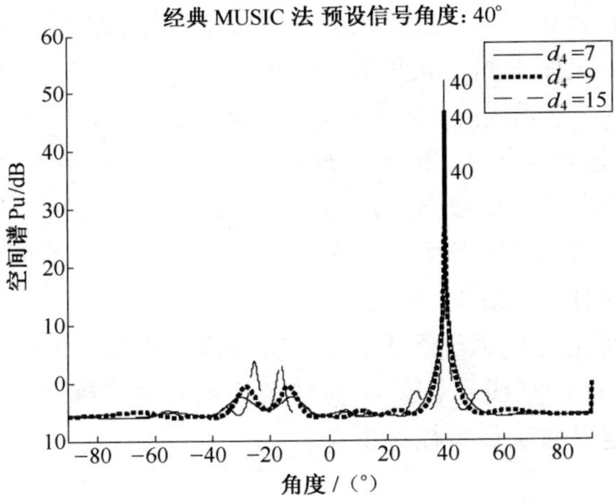

图 4.26　MUSIC 算法的空间谱

根据第 3 章的研究可以知道，天线阵列接收数据的四阶累积量具有虚拟阵列扩展的性能和抑制高斯噪声的特性。特别是四阶累积量抑制高斯色噪声的特性，信噪比得到了提高，进而提高了算法的分辨性能，为解模糊奠定了基础。同时，扩展后新阵列孔径的增加也起到了抑制模糊多值的作用。

这种用四阶累积量解模糊的方法主要是通过抑制高斯噪声，提高信噪比，增大了真实角度的谱峰与模糊角度的谱峰最大值之比，以达到解模糊的目的。由于四阶累积量又有虚拟阵列扩展的性能，可以理解为非等距线阵虚拟出来的阵元构成短基线，从而消除了长基线的测角模糊。因此本方法取名为虚拟阵列扩展解模糊方法。

特别地，当天线阵列为均匀线阵时，各模糊角度谱峰和真实角度的谱峰相当，四阶累积量对信噪比的改善，不足以使真实角度的谱峰高度增加到满足解模糊的条件，因此这种虚拟阵列扩展解模糊方法只适用于非均匀线阵时解模糊。而采用两组正交的线阵即可实现对二维测向，不会出现多值模糊。把四阶累积量的算法应用于解模糊方法中是一个很好的尝试，为解模糊方法提出了一个崭新的思路。

4.4.6 计算机仿真实验

4.4.6.1 二次搜索法解模糊仿真和性能分析

1. 二次搜索法解模糊的概率分析

二次搜索法解模糊成功的关键是确定二次搜索的角度区间，包括两次搜索的误差。而二次搜索法解模糊的条件为 $\sigma_1 + \sigma_2 < \theta_u$，即只要二次搜索的误差之和小于模糊角度最小间隔 θ_u，就可以实现成功解模糊。事实上，第二次搜索的步长通常都设得很小，如为 0.01°。当最长基线的长度较短，即 θ_{u} 比较大时，σ_2 可以忽略不计。因此，第一次搜索的步长很关键。

实验 4.14 设置三元线阵，天线间距 d_{12} 为半波长，d_{13} 在 10~30 倍半波长之间变化。一个窄带远场信号从 20.83°方向入射在该天线阵列上，快拍数为 100。运用基于 MUSIC 算法的二次搜索方法解模糊，第一次搜索的步长为 1°，第二次搜索的步长为 0.01°。经过 100 次独立实验，图 4.27 为 d_{13} 取不同值时，二次搜索法成功解模糊的概率和信噪比的关系图。

观察图 4.27，当信噪比大于 5dB 时，二次搜索法能以 100%概率解基线 d_{13} 为 30 倍半波长时的模糊。基线 d_{13} 越小，算法解模糊的概率越高，因为此时的模糊角度最小间隔越大，越容易满足解模糊的条件。

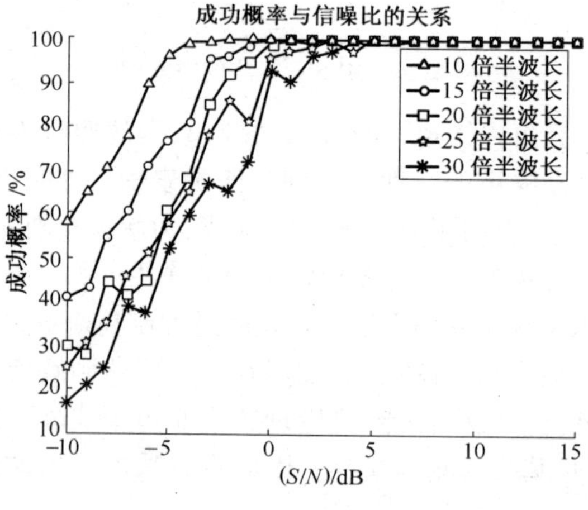

图 4.27 二次搜索法成功解模糊的概率和信噪比的关系

2. 二次搜索法解模糊的性能分析

实验 4.15 设置三元天线阵列，天线 1、天线 2 间距为 $d_{12} = \lambda/2 = 0.05\mathrm{m}$，天线 1、天线 3 间距为 $d_{13} = 20 \times \lambda/2 = 1\mathrm{m}$。一个 3GHz 的窄带远场信号从 20.83°方向入射在线阵上，快拍数为 100，信噪比为 15dB。图 4.28 是基于 MUSIC 算法的二次搜索法对单个信号的 DOA 估计空间谱。此时计算出 $\theta_{\mathrm{u}} = \lambda/d = 0.1(\mathrm{rad}) =$

5.73(°) ,$\sigma_1=0.49°$,$\sigma_2=0.02°$。因为 σ_1 小于第一次的搜索步长 1°,取 $\sigma_1=1°$。根据这些参数和一次搜索的角度 $\theta_0=21°$,可得到二次搜索角度区间为 16.29°~25.71°。图 4.29 是经典 MUSIC 算法对信号的 DOA 估计空间谱。

在图 4.28 中,第一次搜索步长为 1°,第二次搜索步长为 0.01°,耗时 0.2s;在图 4.29 中,搜索步长为 0.1°,耗时 0.4s。可以看出,二次搜索法能快速且准确地搜索到真实目标信号的来向,而此时经典 MUSIC 算法效果已经很不好,出现很多高的谱峰。在图 4.29 中,真实角度的谱峰看起来是比模糊角度的谱峰高,但是事实上,当天线 1、天线 3 间距 d_{13} 继续增大,模糊角度个数会增多,模糊角度的谱峰也会越来越高,甚至高于真实角度的谱峰。

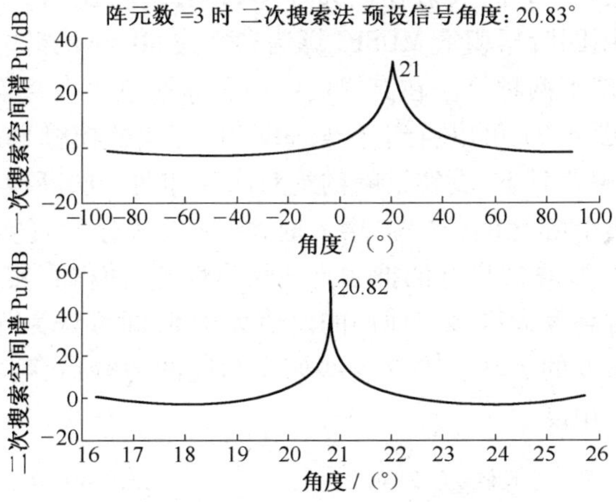

图 4.28 二次搜索法的空间谱

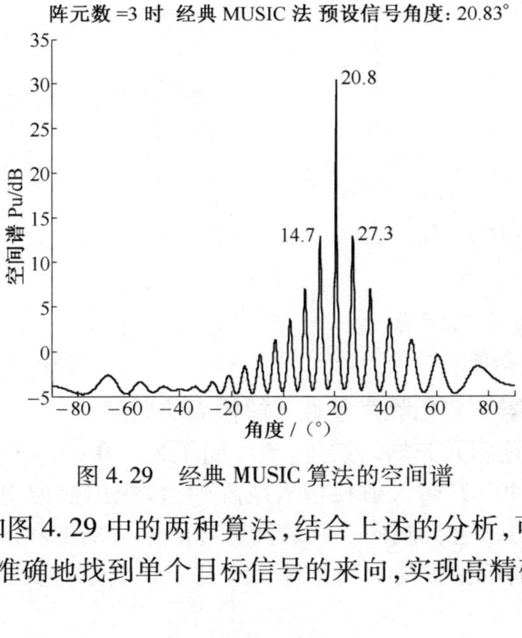

图 4.29 经典 MUSIC 算法的空间谱

比较图 4.28 和图 4.29 中的两种算法,结合上述的分析,可以得出结论:二次搜索法能更快速更准确地找到单个目标信号的来向,实现高精确无模糊测向,且阵元的设置要求更灵活简便。

4.4.6.2 虚拟阵列扩展解模糊仿真

虚拟阵列解模糊的方法主要是通过抑制高斯噪声,提高信噪比,增大真实角度谱峰的绝对高度与模糊角度谱峰的绝对高度最大值之比,以达到解模糊的目的。下面分别从非等距线阵中的应用效果和解模糊的概率出发,分析虚拟阵列解模糊方法的性能。

1. 非等距线阵解模糊效果分析

实验 4.16 设置四元非均匀线阵,天线间距为 [0 2 4 15]$\lambda/2$,一个波长为 λ 的窄带远场信号从 40° 方向入射在该天线阵列上,信噪比为 20dB,快拍数为 500,搜索步长为 1°。用四阶累积量 MUSIC 算法和经典 MUSIC 算法进行测向。图 4.30 和图 4.31 分别体现了两种算法在高斯白噪声和高斯色噪声背景下的空间谱。

由图 4.30 和图 4.31 可以看到,经典 MUSIC 算法的模糊角度谱峰高度相对比较大,特别是色噪声背景下,真实谱峰的绝对高度和两个次高模糊谱峰的绝对高度相差不大。当第四个阵元的位置再增大时,更是无法分辨真实谱峰和模糊谱峰。而四阶累积量 MUSIC 算法良好的抑制高斯噪声性能,使得真实谱峰的绝对高度比模糊角谱峰的绝对高度大得多。他们的比值大于 5,即可认为除了真实谱峰以外,其他的均是模糊角度的谱峰。去除这些模糊角度的谱峰后,搜索唯一得到的角度即目标信号的真实角度。

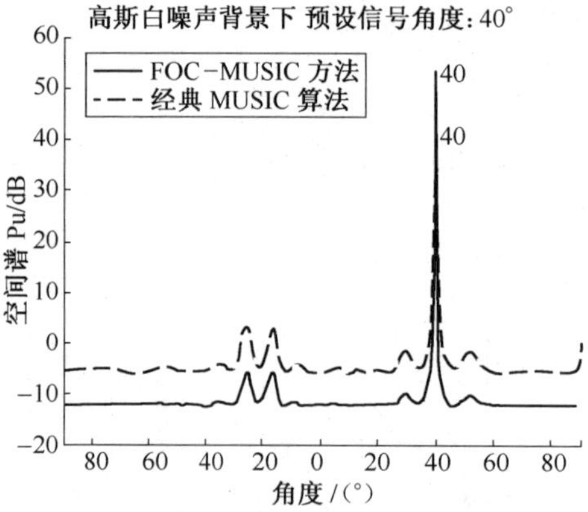

图 4.30 高斯白噪声背景下两种算法的空间谱

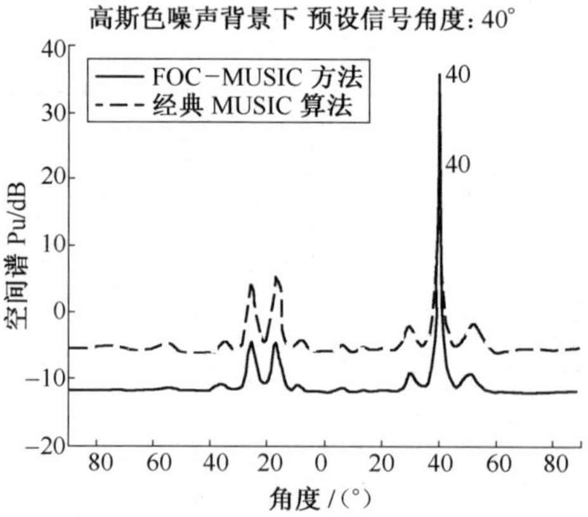

图 4.31 高斯色噪声背景下两种算法的空间谱

2. 分析高斯白噪声和色噪声条件下解模糊的概率

实验 4.17 设置四元非均匀线阵,天线间距为 [0 2 4 15]$\lambda/2$,一个波长为 λ 的窄带远场信号从 40° 方向入射在该天线阵列上,快拍数为 100,搜索步长为 1°。用虚拟阵列解模糊方法进行测向。以最高谱峰的绝对高度和次高谱峰绝对高度的比值大于 5 作为成功解模糊的判断条件。经过 100 次独立实验,图 4.32 中分别列出了虚拟阵列解模糊方法在高斯白噪声和高斯色噪声背景下成功解模糊的概率和信噪比的关系。

由图 4.32 可以看出，高斯色噪声背景下，方法的解模糊概率不如高斯白噪声大。这是因为四阶累积量抑制高斯色噪声的效果不如抑制高斯白噪声的效果好。相同的高斯色噪声背景下，用同样的判断准则，本方法解模糊的概率比经典 MUSIC 算法大很多。经典 MUSIC 算法需要信噪比在 30dB 以上才可以 100%正确解模糊。

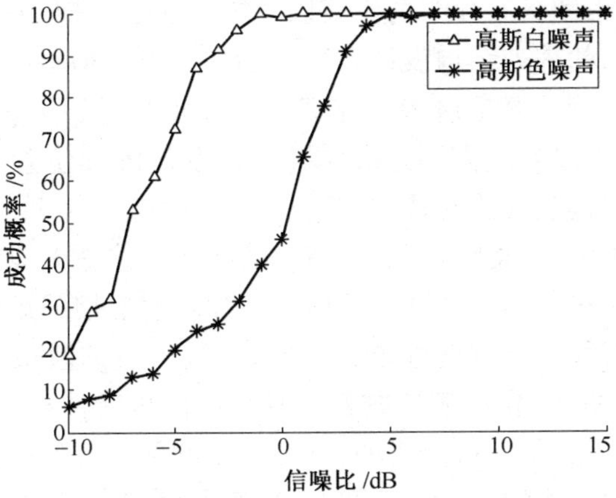

图 4.32　虚拟阵列扩展法解模糊概率和信噪比的关系

在宽频带被动雷达寻的器测向系统中，最高工作频率时的解模糊是一个需要优先考虑的问题。因为错误的解模糊直接导致错误的测向，从而无法谈及测向精度的问题。本节分析了模糊角度产生的原因，提出了基于 MUSIC 算法的二次搜索解模糊方法，在粗搜索角度附近设置只包括真实角度谱峰的二次搜索区间，通过再次精搜索找到真实目标的角度，该方法能有效地估计出单个信号的 DOA，实现高精度无模糊测向。还特别分析了非等距线阵时的模糊角度问题，提出了一种虚拟阵列扩展解模糊方法，通过软件算法提高信噪比，增大真实角度谱峰的绝对高度，变相抑制模糊角度的谱峰，以达到解模糊的目的。该方法在非等距线阵中有很好的解模糊效果，计算机仿真也证明了该方法的有效性。

4.5　阵列结构性能

4.5.1　引言

自 R. O. Schmidt 提出 MUSIC 算法以来，子空间阵列测向技术得到了迅速的发展，理论与实践均已证明这类子空间方法具有高精度（其估计精度接近克拉美罗

(Cramer-Rao)方差下限)和高分辨的特性。子空间阵列测向系统主要是根据阵列接收信号的统计特性来估计 DOA,大多数子 DF 算法在渐进条件(无限的快拍数或无限的信噪比)下具有无限的分辨能力,因此称为“超分辨”算法。但在非渐进条件下,系统的测向性能受到所使用的 DF 算法和阵列的几何结构的影响。在过去的阵列测向技术研究中,为了提高测向性能,人们往往只对测向算法感兴趣并进行了大量的研究,忽略了阵列结构对测向性能的影响。近来的研究表明,阵列结构从根本上限制了测向系统的最终性能,在有关文献中,研究了阵列结构对最大熵和极大似然法性能的影响;在此基础上,有关文献提出了一种针对波束形成的阵列结构设计方法,使得阵列波束图具有较窄的主瓣以及较低的旁瓣;有关文献提出了一种针对极大似然估计算法的阵列结构设计方法,该方法是在 DOA 估计误差最小准则下来搜寻阵元的最佳位置。但是这些研究基本上都是针对特定算法进行的,缺乏广泛性和通用性,而且这些方法需通过多维搜索来确定阵元位置,计算量相当大,这在一定程度上限制了这些方法和技术在工程上的应用。

在阵列测向系统中,获得唯一 DOA 估计的必要条件是天线阵的流型向量线性无关,这个条件与天线阵的几何结构、辐射源数和辐射源相关矩阵的秩有关。虽然子空间测向方法具有很好的测向性能,但如果阵列天线的波束方向图具有很高的旁瓣或者流型曲线(曲面)自身相交或者一些流型向量线性相关,则其空间谱会出现伪峰,相应的辐射源就是不可分辨的,这种现象就称为阵列的测向模糊。阵元的几何结构在决定阵列流型的形状、性质和奇异等方面又起了决定性的作用,从而它基本上决定了阵列的流型向量是否线性相关,阵列的几何结构在测向模糊问题中起着十分重要的作用。学者对模糊问题进行了广泛的研究,Schmidt 是最早研究 DOA 估计模糊的研究者之一,他研究了与测向模糊有密切联系的方向向量相关性。有关文献研究了二阶模糊问题,有关文献研究了高阶模糊,并构造了没有模糊的交叉阵。有关文献定义了两个导向向量之间相似度的一种度量,通过这种度量来衡量给定阵列的优劣。有关文献通过定义一阶模糊函数和高阶模糊函数来判断是否存在模糊,这种方法需要计算出所有方向的导向向量,并计算出所有导向向量中两两之间的向量夹角才能做出判断。有关文献通过微分几何的方法对对称线阵模糊问题进行了研究。

本章首先以微分几何为工具,分析和研究了超分辨阵列测向系统的阵列流型的参数和本质特征,揭示了它们与检测、分辨能力和精度等测向性能之间的关系,并且利用微分几何计算出天线阵的阵列流型的长度和曲率就可构造出“传感器定位多项式(SPL)”,该多项式的根就给出天线阵的阵元位置,这样设计出的天线阵就能满足预先指定的性能指标。其次针对被动雷达寻的器中,对测向性能影响最大的一阶模糊进行了研究,推导了一个基于任意平面阵不存在一阶模糊的充分条件,可以据此判断阵列是否存在一阶模糊问题,能够很好地指导阵列设计以及判断给定阵列的模糊性能。

4.5.2 基于微分几何的阵列性能

4.5.2.1 阵列流型的微分几何

阵列结构从根本上决定着阵列系统的最终性能，而阵列结构与阵列流型密切相关。信号子空间类算法的本质是求解信号子空间与阵列流型的交集，而阵列流型刻画了阵列在整个参数空间上的响应特性，它的特性由阵元响应特性及阵元位置决定。一般地，定义在感兴趣的信号参数空间 $\boldsymbol{\Omega}$（只考虑角度）上，所有阵列方向向量 $\boldsymbol{a}(\theta,\phi)$ 的集合 $\boldsymbol{A}$ 为阵列的阵列流型，即

$$\boldsymbol{A}=\{\boldsymbol{a}(\boldsymbol{p})\mid \boldsymbol{p}\in\boldsymbol{\Omega}\} \tag{4.155}$$

式中：$\boldsymbol{p}=(\theta,\phi)$；$\theta,\phi$ 分别为信号的方位角和俯仰角。从这个定义看来，阵列流型应该含有无数个向量，因为对于我们所感兴趣的连续观测空间而言，被估计的信号参数可能有无数个组合。

对于一维测向阵列（如线性阵列），参数 $\boldsymbol{p}=\theta$ 且 $\boldsymbol{\Omega}=[0°,180°)$，阵元位置可表示为 $\boldsymbol{r}_x=[\boldsymbol{r}_{x_1},\boldsymbol{r}_{x2},\cdots,\boldsymbol{r}_{x_N}]^{\mathrm{T}}$（以的半波长为单位），则阵列流型向量可表示为

$$\boldsymbol{a}(\theta)=\exp(-\mathrm{j}\pi\boldsymbol{r}_x\cos\theta) \tag{4.156}$$

此时，阵列流型为 N 维复空间 $\boldsymbol{C}^N$ 中的复曲线，式中向量 $\boldsymbol{r}_x$ 的维数 N 等于阵元个数。

对于二维测向系统（如平面阵），参数 $\boldsymbol{p}=(\theta,\phi)$ 且

$$\boldsymbol{\Omega}=\{[0°,360°),[0°,90°)\} \tag{4.157}$$

$$或\ \boldsymbol{\Omega}=\{[0°,180°),[0°,180°)\} \tag{4.158}$$

则阵列流型向量可表示为

$$\boldsymbol{a}(\theta,\phi)=\exp\{-\mathrm{j}\pi\boldsymbol{r}\boldsymbol{k}(\theta,\varphi)\}=\exp(-\mathrm{j}\pi\boldsymbol{r}_\theta\cos\phi) \tag{4.159}$$

式中：$\boldsymbol{r}=[\boldsymbol{r}_x,\boldsymbol{r}_y,0]^{\mathrm{T}}\in\boldsymbol{R}^{N\times3}$ 为以半波长为单位的传感器位置构成的矩阵；$\boldsymbol{k}(\theta,\phi)=\pi\,[\cos\theta\cos\phi,\sin\theta\cos\phi,\sin\phi]^{\mathrm{T}}\in\boldsymbol{R}^{3\times1}$ 为波数向量；$\boldsymbol{r}_\theta=\boldsymbol{r}_x\cos\theta+\boldsymbol{r}_y\sin\theta$ 为平面阵沿着方位角 θ 方向的投影，称为平面阵沿着该方向的等效线阵（Equivalent Linear Array，ELA），它表示的阵列流型为 N 维复空间中的复平面。

显然，阵列流型完全表征了阵列的特征，它将实际阵列映射为 N 维复空间 $\boldsymbol{C}^N$ 中超螺旋状几何体（曲线或平面），超螺旋状几何体的形状和特性可用一组不变的曲率来描述，这为用微分几何的知识研究阵列的测向性能提供了途径和可能。为了能用同一种微分几何方法来分析线阵和平面阵的阵列流型，可把平面阵的阵列流型曲面看做是由一族曲线的集合构成的，把该曲线族称为"ϕ 曲线"族，"ϕ 曲线"族定义：在整个俯仰空间，对一固定的方位角 θ_0 所有阵列流型向量组成的集合，即

$$C_{\phi,\theta_0}=\{\boldsymbol{a}(\theta_0,\phi)\mid\phi\in[0°,90°)\} \tag{4.160}$$

则平面阵的阵列流型曲面可看做是"ϕ 曲线"族张成的半方位空间，即

$$A=\{C_{\phi,\theta_0} \mid \theta_0 \in [0°,360°)\} \tag{4.161}$$

根据微分几何,曲线的主要性质由弧长、曲率和曲线切向量来刻化。定义阵列流型曲线 $\{\boldsymbol{a}(p) \mid p \in \boldsymbol{\Omega}\}$ 的弧长 s 为

$$s(p)=\int_0^p \left|\frac{d\boldsymbol{a}(p)}{\mathrm{d}p}\right| \mathrm{d}p \tag{4.162}$$

弧长变化率是阵列流型曲线一个重要特性,它对测向系统的性能有着很大的影响,弧长的变化率定义为

$$\dot{s}(p)=\frac{\mathrm{d}s}{\mathrm{d}p}=|\dot{\boldsymbol{a}}(p)| \tag{4.163}$$

式中:$|\cdot|$为取绝对值或 Euclidina 长度;对于一维线阵的阵列流型,p 为方位角 θ,对于平面阵的阵列流型,p 为"ϕ 曲线"的俯仰角 ϕ。线阵及平面阵的阵列流型曲线的弧长和弧长变化率为

$$s_{LA}(\theta)=\pi\,\|\boldsymbol{r}_x\|\,(1-\cos\theta)\ \theta \in [0°,180°) \tag{4.164}$$

$$\dot{s}_{LA}(\theta)=\pi\,\|\boldsymbol{r}_x\|\sin\theta\ \theta \in [0°,180°) \tag{4.165}$$

$$s_{\phi}(\phi)=\pi\,\|\boldsymbol{r}_\theta\|\,(1-\cos\phi)\ \ \phi \in [0°,180°) \tag{4.166}$$

$$\dot{s}_{\phi}(\phi)=\pi\,\|\boldsymbol{r}_\theta\|\sin\phi\phi \in [0°,180°) \tag{4.167}$$

阵列流型的另一个重要特性是阵列流型长度,它影响着阵列的测向模糊。线阵的阵列流型和 ϕ 曲线的长度分别为

$$l_{LA}=2\pi\,\|\boldsymbol{r}_x\| \tag{4.168}$$

$$l_{\phi}=2\pi\,\|\boldsymbol{r}_\theta\| \tag{4.169}$$

从式(4.169)可以看出,阵列流型曲线长度与信号角度无关,只与阵列结构有关,用它来研究阵列流型的特点比用角度更自然、直观、简洁。

沿着流型曲线上的每一点,定义 d 个单位坐标向量(单位切向量)构成的坐标矩阵 $\boldsymbol{U}(s)=[\boldsymbol{u}_1(s),\boldsymbol{u}_2(s),\cdots,\boldsymbol{u}_d(s)] \in \boldsymbol{C}^{N\times d}$ 和 $d-1$ 个曲率 $\{\kappa_1(s),\cdots,\kappa_{d-1}(s)\}$,使其满足

$$\boldsymbol{U}'(s)=\boldsymbol{U}(s)\boldsymbol{C}(s) \tag{4.170}$$

式中:$\boldsymbol{U}'(s)$为 $\boldsymbol{U}(s)$对参数 s 求偏导;$\boldsymbol{C}(s)$为曲率构成的斜对称矩阵,称作 Cartan 矩阵,它包含了有关阵列流型的局部行为的全部信息,由下式求得

$$\boldsymbol{C}(s)=\begin{bmatrix} 0 & -\kappa_1(s) & 0 & \cdots & 0 \\ \kappa_1(s) & 0 & -\kappa_2(s) & \cdots & 0 \\ 0 & \kappa_2(s) & 0 & \cdots & 0 \\ \vdots & \vdots & \vdots & & \vdots \\ 0 & 0 & 0 & \kappa_{d-1}(s) & 0 \end{bmatrix} \tag{4.171}$$

式中:$\kappa_1(s)=\|\boldsymbol{u}'_1(s)\|$;$\boldsymbol{u}_1(s)=\boldsymbol{a}'(s)$;$d\leqslant 2N$ 为流型曲线嵌入的空间的维数,即流型坐标向量的个数。嵌入在 d 维空间中的曲线只存在 $d-1$ 个流型曲率,d 阶曲率为零,d 阶以上的曲率没有定义。对于 N 个阵元的线阵,它可以按下式求得

$$d=\begin{cases}2N-m & (\text{在阵列质点处没有阵元})\\ 2N-m-1 & (\text{其他})\end{cases} \tag{4.172}$$

式中：m 为关于阵列中心对称的阵元数，这个结果对平面阵的 ELA 同样适用。对完全对称的 LA 或 ELA，$m=N$；对完全非对称的 LA 或 ELA，$m=0$。位于阵列中心的传感器被认为是一个对称的传感器，即 $m=1$。因此，d 总是一个偶数，并且零曲率也总是偶数阶的。

式(4.170)是一个一阶矩阵微分方程，其解为

$$\boldsymbol{U}(s)=\boldsymbol{U}(0)\ \mathrm{expm}(s\boldsymbol{C}) \tag{4.173}$$

式中：$\boldsymbol{U}(s)$ 为坐标向量矩阵；expm(·)为矩阵指数。由于坐标向量具有单位长度，根据上面的方程就可以推导出计算曲率的表达式。一般而言，流型曲线（是一条超螺旋线）的曲率依赖于更低阶的曲率、阵元数和阵元的相对间距。LA 流型或 ϕ 曲线的第 i 阶曲率由下面的递推方程计算

$$\kappa_i=\frac{1}{\kappa_1\kappa_2\cdots\kappa_{i-1}}\left\|\sum_{n=1}^{\mathrm{fix}(i/2)+1}(-1)^{n-1}b_{i,n}\bar{\boldsymbol{r}}^{i+3-2n}\right\|,\ \kappa_{i-1}\neq 0 \tag{4.174}$$

式中：fix(·)为取整操作；$\bar{\boldsymbol{r}}$为归一化的阵列位置向量，由下式计算

$$\bar{\boldsymbol{r}}=\begin{cases}\bar{\boldsymbol{r}}_x=\boldsymbol{r}_x/\|\boldsymbol{r}_x\| & (\text{线阵})\\ \bar{\boldsymbol{r}}_\theta=\boldsymbol{r}_\theta/\|\boldsymbol{r}_\theta\| & (\text{平面阵})\end{cases} \tag{4.175}$$

系数 $b_{i,n}$ 根据下式计算

$$b_{i,n}=b_{i-1,n}+\kappa_{i-1}^2 b_{i-2,n-1}\ (i>2,n>1) \tag{4.176}$$

初始化条件为

$$\begin{cases}\kappa_1=\|\bar{\boldsymbol{r}}^2\|\\ b_{i,1}=1\quad(i\geqslant 1)\\ b_{2,2}=\kappa_1^2\end{cases} \tag{4.177}$$

从上面的推导可以看出，阵列流型曲线的曲率依赖于阵元之间的相对距离，而不是绝对距离，并与弧长及信号到达角无关，这意味着流型曲线具有超螺旋形状，且位于 N 维复空间中半径为$\sqrt{N}$的球上。由于 $|\boldsymbol{a}(p)|=\sqrt{N}$，对于阵元数为奇数、阵元间距为半波长的均匀线阵，则阵列流型为超圆（N 维的圆），如果阵元个数为偶数，则阵列流型为超半圆（N 维的半圆）。

4.5.2.2 阵列的测向性能

超分辨阵列测向系统的测向性能包括检测能力、分辨率和 DOA 估计精度。检测性能是指 DF 系统能正确地估计出信号环境中辐射源数目的能力，阵列的分辨力是指能辨别两个空间相隔很近的辐射源的能力，而 DOA 估计精度是指辐射源的 DOA 估计误差，这通常用克拉美罗方差来刻划，它表示任一无偏估计子的估计误

差所能到达的最小方差。在子空间测向算法的理论模型中，一般都是假设能精确地得到阵列输出信号的协方差矩阵，从而准确地确定了信号子空间或噪声子空间，这样就可以检测和分辨空间相隔任意近的辐射源，并能精确地估计出它们的DOA。然而，在实际中只能得到有限的含有噪声的数据，此时的测向性能不仅与快拍数和信噪比有关，而且还与阵列的物理特性有关。根据阵列流型的微分几何可以定量地研究阵列的物理特性对检测能力、分辨率和DOA估计的影响，这样就能评价和比较各种阵列结构的测向性能，并能得到一种新的基于阵列流型特性的满足超分辨测向算法要求的阵列合成技术。

假设在空间有两个相隔一定间隔的辐射源，其功率分别为 P_1 和 P_2，快拍数为 L，则对功率为 P_1 的辐射源进行检测和分辨的SNR阈值为

$$(\mathrm{SNR}_1)_{\mathrm{DET}} = \frac{1}{2L(\Delta s)^2}\left(1+\sqrt{\frac{P_1}{P_2}}\right)^2 \tag{4.178}$$

$$(\mathrm{SNR}_1)_{\mathrm{RES}} = \frac{2}{L(\Delta s)^4(\hat{\kappa}_1^2 - 1/N)}\left(1+\sqrt[4]{\frac{\mathrm{P}_1}{\mathrm{P}_2}}\right)^4 \tag{4.179}$$

式中：SNR_1 为来自于方向 p_1 的入射信号的信噪比；$\Delta s = \pi\|\boldsymbol{r}\|\cdot|\cos p_2 - \cos p_1|$ 为两个辐射源在阵列流型上相隔的弧长；$1/\hat{\kappa}_1$ 为流型曲线的圆弧近似的半径，对于 ϕ 曲线 $\hat{\kappa}_1$ 的值由下式确定

$$\hat{\kappa}_1 = \kappa_1\sqrt{1-\frac{[\mathrm{sum}(\bar{\boldsymbol{r}}_\theta^{\ 3})]^2}{\kappa_1^2}} \tag{4.180}$$

式中：$\bar{\boldsymbol{r}}_\theta = \boldsymbol{r}_\theta/\|\boldsymbol{r}_\theta\|$。

如果LA或ELA是对称的，圆弧近似的曲率就等于阵列流型曲线的一阶曲率。对ULA，$\mathrm{sum}(\bar{r}) = 0$，因此 $\hat{\kappa}_1 = \kappa_1$。

由于 $\Delta s \approx \Delta p\dot{s}(p_0) = \pi\|\boldsymbol{r}\|\sin p_0\cdot\Delta p$，$p_0 = (p_1+p_2)/2$ 因此，弧长的变化率决定了天线阵的检测和分辨能力。由式(4.178)和式(4.179)可知，线阵的检测和分辨能力在垂直方向最大，而在轴向方向最小。

检测、分辨两个辐射源所需要的快拍数分别为

$$L_{\mathrm{DET}} = \frac{1}{2(\Delta s)^2}\left[\frac{1}{\sqrt{\mathrm{SNR}_1}}+\frac{1}{\sqrt{\mathrm{SNR}_2}}\right]^2 \tag{4.181}$$

$$L_{\mathrm{RES}} = \frac{2}{(\Delta s)^4(\kappa_1^2 - 1/N)}\left[\frac{1}{\sqrt[4]{\mathrm{SNR}_1}}+\frac{1}{\sqrt[4]{\mathrm{SNR}_2}}\right] \tag{4.182}$$

信号参量的估计精度是衡量算法及阵列性能的一个重要指标，因此阵列结构对参量估计精度的影响更能体现它对阵列性能的影响。信号参量估计精度通常用CRB来衡量，它表示参数估计误差所能到达的最小方差，它与估计参数时所使用的

估计算法无关。在阵列接收模型中，克拉美罗下界(CRLB)是真实参数向量 $\boldsymbol{p} \in \boldsymbol{R}^M$ 的任意无偏估计向量 $\hat{\boldsymbol{p}}$ 的估计误差协方差矩阵的下界。假设阵列由 N 个全向传感器构成，有 M 个窄带信号入射到该阵列，加性传感器噪声是功率为 σ^2 的零均值白高斯过程，则对充分大的快拍数 $L(L \gg 1)$，确定性 CRLB 的表达式为

$$\mathrm{CRB}[p] = \frac{\sigma^2}{2L}(\mathrm{Re}[\boldsymbol{H} \odot \boldsymbol{P}^{\mathrm{T}}])^{-1} \in \boldsymbol{R}^{M \times M}, (\boldsymbol{p} \in \boldsymbol{R}^M) \tag{4.183}$$

式中：$\boldsymbol{H} = \dot{\boldsymbol{A}}^{\mathrm{H}} \boldsymbol{P}_A^{\perp} \dot{\boldsymbol{A}} \in \boldsymbol{C}^{M \times M}$；$\boldsymbol{P} = E\{\boldsymbol{s}(t)\boldsymbol{s}^{\mathrm{H}}(t)\} \in \boldsymbol{C}^{M \times M}$；$\boldsymbol{A} = [\boldsymbol{a}_1, \boldsymbol{a}_2, \cdots, \boldsymbol{a}_M] \in \boldsymbol{C}^{N \times M}$ 为阵列流型向量矩阵；$\dot{\boldsymbol{A}} = [\dot{\boldsymbol{a}}_1, \dot{\boldsymbol{a}}_2, \cdots, \dot{\boldsymbol{a}}_M] \in \boldsymbol{C}^{N \times M}$；$\boldsymbol{P}_A^{\perp} = \boldsymbol{I} - \boldsymbol{A}(\boldsymbol{A}^{\mathrm{H}}\boldsymbol{A})^{-1}\boldsymbol{A}^{\mathrm{H}}$。而随机性 CRLB 的表达式为

$$\mathrm{CRB}[\boldsymbol{p}] = \frac{\sigma^2}{2L}(\mathrm{Re}[\boldsymbol{H} \odot \boldsymbol{G}^{\mathrm{T}}])^{-1} \in \boldsymbol{R}^{M \times M}(\boldsymbol{p} \in \boldsymbol{R}^M) \tag{4.184}$$

式中：$\boldsymbol{G} = \boldsymbol{P}\boldsymbol{A}^{\mathrm{H}}\boldsymbol{R}^{-1}\boldsymbol{A}\boldsymbol{P}$；$\boldsymbol{R} = E\{x(t)x^{\mathrm{H}}(t)\} = \boldsymbol{A}\boldsymbol{P}\boldsymbol{A}^{\mathrm{H}} + \sigma^2\boldsymbol{I}$；$\boldsymbol{P} = E\{\boldsymbol{s}(t)\boldsymbol{s}^{\mathrm{H}}(t)\}$；$\boldsymbol{I}$ 为单位矩阵。

利用阵列流型的微分几何参数，只考虑空间只有一个或两个辐射源的特殊情况，可以得到式(4.183)的简洁、有用的表达式。

假设在空间环境中，只有一个来自于方向 p 的信号入射到天线阵上，则确定性 CRLB 的表达式为

$$\mathrm{CRB}(p) = \frac{1}{2L \times \mathrm{SNR}\dot{s}(p)^2} \tag{4.185}$$

根据式(4.185)，可以由传感器的位置矩阵得到 θ 和 ϕ 的估计精度

$$\mathrm{CRB}_\theta(\theta) = \frac{1}{2L \times \mathrm{SNR}(\pi\cos\phi \| \dot{\boldsymbol{r}}_\theta(\theta) \|)^2} \tag{4.186}$$

$$\mathrm{CRB}_\phi(\phi) = \frac{1}{2L \times \mathrm{SNR}(\pi\sin\phi \| \dot{\boldsymbol{r}}_\theta(\theta) \|)^2} \tag{4.187}$$

式中：$\dot{\boldsymbol{r}}_\theta(\theta) = \partial\boldsymbol{r}_\theta(\theta)/\partial\theta$。由式(4.186)和式(4.187)可知，$\mathrm{CRB}_\theta(\theta)$ 和 $\mathrm{CRB}_\phi(\phi)$ 随俯仰角 ϕ 的变化都与阵列的几何结构无关，都是单调的，并且当俯仰角 ϕ 接近于 0°时，方位角 θ 的估计精度提高，而俯仰角的估计精度下降。但 $\mathrm{CRB}_\theta(\theta)$ 和 $\mathrm{CRB}_\phi(\phi)$ 随方位角 θ 的变化都与阵列的几何结构有关。

特别地，对平衡对称阵列，由于 $\| \dot{\boldsymbol{r}}_\theta(\theta) \|^2 = \| \boldsymbol{r}_\theta(\theta) \|^2 = \| \boldsymbol{r}_x \|^2$ 与 θ 无关，因此，方位角 θ 和俯仰角 ϕ 的估计精度均与 θ 无关。

假设两个辐射源在空间分别位于方向 p_1 和 $p_2 = p_1 + \Delta p$，则此时的确定性 CRLB 为

$$\mathrm{CRB}(p_1) = \frac{1}{\mathrm{SNR}_1 \times L} \frac{2}{\dot{s}^2(p_1)(\Delta s)^2(\hat{\kappa}_1^2 - 1/N)} \tag{4.188}$$

式中：$\Delta s = \dot{s}(p_0)\Delta p$，$\hat{\kappa}_1 = \sqrt{\kappa_1^2 - [\mathrm{sum}(\bar{\boldsymbol{r}}_\theta^3)]^2}$；$p_0 = (p_1 + p_2)/2$。由式(4.188)可

以看出,当两个辐射源的方向间隔增大时,测向精度提高,并可以得到

对辐射源 (θ_1,ϕ) 和 (θ_2,ϕ) : $\mathrm{CRB}_\theta(\theta_1) \propto \dfrac{1}{\cos^4\phi}$;

对辐射源 (θ,ϕ_1) 和 (θ,ϕ_2) : $\mathrm{CRB}_\phi(\phi_1) \propto \dfrac{1}{\sin^2\phi_1 \sin^2\phi_0}$,其中 $\phi_0 = \dfrac{\phi_1 + \phi_2}{2}$。

因此,$\mathrm{CRB}_\theta(\theta_1)$ 和 $\mathrm{CRB}_\phi(\phi_1)$ 随俯仰角 ϕ 的变化都与阵列的几何结构无关,但 CRLB 随方位角 θ 的变化与阵列几何结构的关系相当复杂。

4.5.2.3 阵列结构设计方法

根据前面的分析可知,阵列流型曲线的第 d 阶曲率为 0,把它代入式(4.174)并化简,得

$$\left\| \sum_{k=1}^{d/2+1} (-1)^{k-1} b_{d,k} \bar{\boldsymbol{r}}^{d-2k+3} \right\| = 0 \tag{4.189}$$

式(4.189)的左边可表示为 $(d+1)$ 阶多项式:

$$p(\bar{\boldsymbol{r}}) = \bar{\boldsymbol{r}}^{d+1} - b_{d,2}\bar{\boldsymbol{r}}^{d-1} + b_{d,3}\bar{\boldsymbol{r}}^{d-3} - \cdots + b_{d,d/2+1}\bar{\boldsymbol{r}} \tag{4.190}$$

该多项式的系数是流型曲率的函数,它的根就是归一化的传感器位置$\bar{\boldsymbol{r}}$。注意到$\bar{\boldsymbol{r}}=\mathbf{0}$ 总是多项式(4.190)的根,由于阵列中心的传感器不会影响流型的长度和曲率,因此,阵列中心有传感器和没有传感器的阵列应该是相同的,只不过它们的流型嵌入在复空间中的维数不同而已。基于上述考虑,将多项式(4.190)重新写为

$$p(\bar{r}) = \bar{\boldsymbol{r}}^{d} - b_{d,2}\bar{\boldsymbol{r}}^{d-2} + b_{d,3}\bar{\boldsymbol{r}}^{d-4} - \cdots + b_{d,d/2+1} \tag{4.191}$$

该式所有的系数均为流型曲率的函数,它的根为归一化的阵元位置,该多项式称为阵元位置多项式(Sensor Locator Polynomial,SLP),它由 $\bar{\boldsymbol{r}}$ 的偶次项构成,所以它的根会成对出现,并且符号相反,即如果 $\bar{\boldsymbol{r}}_1$ 为该多项式的根,则 $-\bar{\boldsymbol{r}}_1$ 也必定是它的根。显然,对于非对称或部分对称阵,则该多项式的根可构成两个互为镜像的阵列,而对于对称阵,只构成唯一的阵列。因此,怎样用该多项式的根来构造两个镜像阵列是需要解决的一个问题。

在实际中的非渐进条件下,阵列结构限制了 DF 系统的基本性能。根据传感器定位多项式(4.191),只要给出流型曲线的 $d-1$ 个曲率 $\{\kappa_1,\kappa_2,\cdots,\kappa_{d-1}\}$ 和弧长 l_m,LA 或 ELA 及其镜像阵列的归一化阵元位置就可以根据下面的定理来确定,假设阵列中心为参考点。

定理 1 (线性阵列定位多项式):设阵列流型曲线的所有 $d-1$ 个曲率 $\{\kappa_1,\kappa_2,\cdots,\kappa_{d-1}\}$ 和弧长 l_m,则 LA 或 ELA 及其镜像阵列的阵元位置由下式给出

$$\bar{\boldsymbol{r}}_{\text{array/mirror}} = \frac{l_m}{2\pi}\boldsymbol{\rho}_{\text{array/mirror}} \tag{4.192}$$

式中：$\boldsymbol{\rho}_{\text{array}}$，$\boldsymbol{\rho}_{\text{mirror}}$为下列传感器定位多项式的根的集合$\boldsymbol{\rho}$的两个子集

$$p(\bar{\boldsymbol{r}}) = b_1 \bar{\boldsymbol{r}}^d - b_2 \bar{\boldsymbol{r}}^{d-2} + b_3 \bar{\boldsymbol{r}}^{d-4} - \cdots + b_{d/2+1} \tag{4.193}$$

该多项式的系数由下列各式计算

$$b_1 = 1\ ,\ b_2 = \sum_{i}^{d-1} \boldsymbol{\kappa}_i^2\ ,\ b_k = \sum_{m_1=1}^{d-2k+3} \sum_{m_2=m_1+2}^{d-2k+5} \cdots \sum_{m_{k-1}=m_{k-2}+2}^{d-1} \boldsymbol{\kappa}_{m_1}^2 \boldsymbol{\kappa}_{m_2}^2 \cdots \boldsymbol{\kappa}_{m_{k-1}}^2 \tag{4.194}$$

该多项式的根满足

$$\boldsymbol{\rho}_{\text{array}} \cup \boldsymbol{\rho}_{\text{mirror}} = \boldsymbol{\rho} \tag{4.195a}$$

$$\boldsymbol{\rho}_{\text{array}} = -\boldsymbol{\rho}_{\text{mirror}} \tag{4.195b}$$

$$\|\boldsymbol{\rho}_{\text{array}}\| = \|\boldsymbol{\rho}_{\text{mirror}}\| = 1 \tag{4.195c}$$

$$\text{sum}(\boldsymbol{\rho}_{\text{array}}) = \text{sum}(\boldsymbol{\rho}_{\text{mirror}}) = 0 \tag{4.195d}$$

定理 2 （平面阵列定位多项式）：给定平面阵列流型的两条不同ϕ曲线的长度$l_\phi(\theta_1)$和$l_\phi(\theta_2)$及其所有的$d-1$个曲率$\boldsymbol{\kappa}_\phi(\theta_1)$和$\boldsymbol{\kappa}_\phi(\theta_2)$，则平面阵的可能阵元位置由下式给出

$$[\boldsymbol{r}_x, \boldsymbol{r}_y] = \frac{1}{\sin(\theta_2 - \theta_1)} \left[\frac{l_\phi(\theta_1)}{2\pi}\rho_{\theta_1}, \frac{l_\phi(\theta_2)}{2\pi}\rho_{\theta_2} \right] \begin{bmatrix} \sin\theta_2 & -\cos\theta_2 \\ -\sin\theta_1 & \cos\theta_1 \end{bmatrix} \tag{4.196}$$

其中$(\theta_2 - \theta_1) \neq n \cdot 180°(n \in Z)$，$\boldsymbol{\rho}_{\theta_i}$表示子集$\boldsymbol{\rho}_{\text{array}}$或者$\boldsymbol{\rho}_{\text{mirror}}$的一个排列，它们是下列多项式的根

$$p(\bar{\boldsymbol{r}}_\theta) = b_1(\theta)\bar{\boldsymbol{r}}^d - b_2(\theta)\bar{\boldsymbol{r}}^{d-2} + b_3(\theta)\bar{\boldsymbol{r}}^{d-4} - \cdots + b_{d/2+1}(\theta) \tag{4.197}$$

其中$b_1(\theta) = 1$，$b_2(\theta) = \sum_{i}^{d-1} \boldsymbol{\kappa}_{i\phi}^2$，$b_k(\theta) = \sum_{m_1=1}^{d-2k+3} \sum_{m_2=m_1+2}^{d-2k+5} \cdots \sum_{m_{k-1}=m_{k-2}+2}^{d-1} \boldsymbol{\kappa}_{m_1\phi}^2 \boldsymbol{\kappa}_{m_2\phi}^2 \cdots \boldsymbol{\kappa}_{m_{k-1}\phi}^2$，$k > 2$。$\boldsymbol{\rho}_{\text{array}}$和$\boldsymbol{\rho}_{\text{mirror}}$满足条件式(4.195)。

对于N个阵元的天线阵共有$N!/2$种排列结构，这时可根据实际应用中的具体情况，如允许的天线阵的大小、形状及其模糊性，从中选择一个最优的阵列结构。

4.5.2.4 仿真实验

实验 4.18 假设空间一信号从方向$(\theta,\phi) = (160°, 78°)$入射到一半径为1.3个半波长的均匀圆阵上，取快拍数为100，信噪比为13dB，那么该阵列在该方向上对到达角的估计精度与阵列阵元个数的关系如图4.33所示。

实验 4.19 同样，假设空间一信号从方向$(\theta,\phi) = (160°, 78°)$入射到一均匀圆阵上，设阵元个数固定为8，阵列的半径以半波长为单位从1.2增加到3，取快拍

数为 100,信噪比为 13dB,阵列在该方向上对到达角的估计精度与阵列半径的关系如图 4.34 所示。

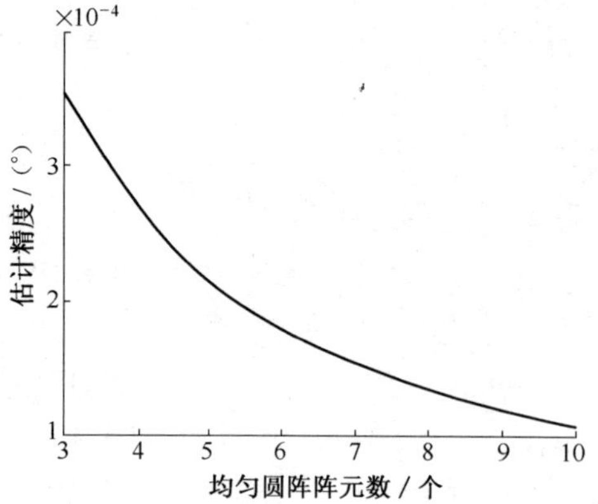

图 4.33 估计精度与均匀圆阵阵元个数的关系

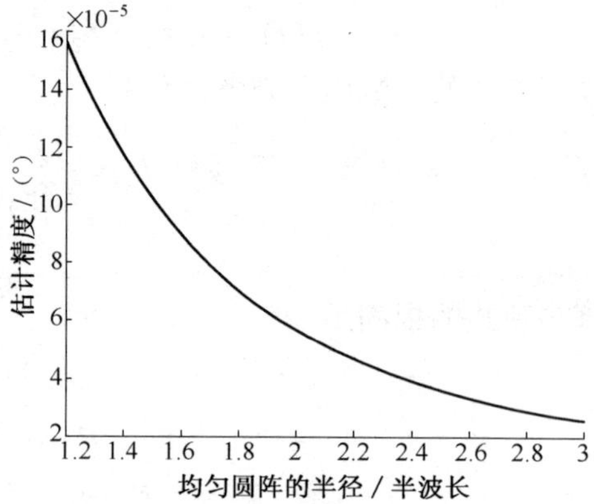

图 4.34 估计精度与均匀圆阵半径的关系

实验 4.20 假设空间中两个功率相等且为单位功率的信号分别从方向 $(\theta_1,\phi_1)=(136°,82°)$ 和 $(\theta_2,\phi_2)=(136°,89°)$ 入射到一均匀圆阵上。阵列为 5 阵元,快拍数为 100,阵列分辨这两个辐射源所需的信噪比与阵列半径的关系如图 4.35所示。

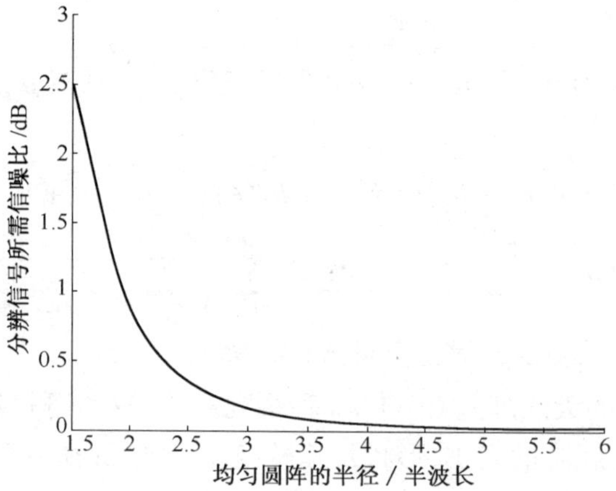

图 4.35 分辨信号所需信噪比与圆阵半径的关系

从上面的仿真结果可以看出,对均匀圆阵而言,阵列的估计精度以及分辨能力随着阵列孔径的增大而提高,在相同孔径下,增加阵元个数能够提高阵列的性能。当然,这是在仅考虑阵列结构而没有考虑阵元互耦以及通道不一致性的理想情况下得出的结论。在实际工程中,增加阵元个数同时会带来互耦增强和通道一致性更难保证的问题。

4.6 阵列误差校正算法

几乎所有的高分辨空间谱估计算法,都是以理想阵列模型为前提条件的,因而它们都具有优良的估计性能。然而实际的阵列系统往往会偏离这些理想假设条件,阵列模型出现一定程度的偏差和扰动,从而造成算法的估计性能下降,严重的阵列模型误差甚至会导致算法完全失效。限于当前的工艺水平,单纯从硬件设计制作方面去克服模型误差是有很大困难的,这是阵列信号处理算法在实际工程应用中遇到的最大挑战,也是高分辨空间谱估计技术走向实用化的一个瓶颈,因此必须寻求阵列误差的校正算法,用软件的方法来实现阵列模型误差的校正。

在实际系统中普遍存在的阵列误差有阵元方向图误差、通道幅度和相位不一致性误差、阵元互耦效应以及阵元位置误差。围绕这些误差,国内外许多学者进行了深入的研究,并提出了多种校正各类误差的算法,这些算法可分为误差校正的阵列流型内插法和参数类阵列校正法。前一种方法是通过对阵列流型的直接离散测量、内插、存储来实现的,该方法实现复杂度太大,而且实际效果也不理想,因为阵列流型中大量数据的存储会大大增加系统的复杂度,不利于实际系统的实现。后一种方法通过对阵列扰动进行建模,将阵列误差校正转化成参数估计问题。参数类阵列校正法通常可以分为有源校正和自校正,有源校正通过在空间设置方位精确已知的辅助信源对阵列扰动参数进行离线估计,而自校正通常根据某种优化函数对空间信源的方位与阵列的扰动进行联合估计。对于有源校正而言,无需对信号源方位进行估计,所以其运算量较小,因此实际中被采纳的比较多,但这类校正算法对辅助信号源方位信息的精确度要求较高,所以当辅助信源的方位信息有偏差时(特别是当阵列扰动与方位有关时),这类校正算法会存在较大偏差;阵列自校正算法可以不需要方位已知的辅助信源,而且可以在线完成实际方位估计,所以其校正的精度比较高,但由于误差参数(如阵元方向图、阵元位置等)与方位参数之间的耦合和某些病态的阵列结构,参数估计的唯一辨识往往无法保证,更为重要的是参数联合估计对应的高维、多模非线性优化问题带来了庞大的运算量,参数估计的全局收敛性往往无法保证。

本章首先介绍存在各类误差时的阵列接收数据模型,从理论上分析误差对测向结果的影响,然后着重介绍根据实际系统的具体应用提出的阵列天线通道不一致性校正的辅加阵元法和一种基于遗传算法的阵元位置误差校正算法。

4.6.1 阵列天线通道不一致性校正的辅加阵元法

阵列天线通道的幅度增益和相位偏移不一致性误差是一种与方向无关的复增益误差,它通常是由接收通道内各类放大器的响应不一致造成的,这种误差在实际系统中普遍存在,且对算法性能影响较大,严重的情况下甚至会导致算法完全失效。

4.6.1.1 阵列通道幅相误差模型

对任意几何结构的 M 元天线阵列，有 D（$D < M$）个非相干的空间平面波信号从远场入射到阵列，入射信号频率为 f_0，各个信号源的方位向量为 $(\theta,\phi) = [(\theta_1,\phi_1)\ (\theta_2,\phi_2)\ \cdots\ (\theta_D,\phi_D)]$，选择第一个阵元作为参考，则理想情况下阵列接收信号的向量表示为

$$\boldsymbol{X}(t) = \boldsymbol{A}(\boldsymbol{\theta},\phi)\,\boldsymbol{S}(t) + \boldsymbol{N}(t) \tag{4.198}$$

当仅考虑通道的幅度增益和相位响应不一致性误差时，上述信号模型修正为

$$\boldsymbol{X}(t) = \boldsymbol{G\Gamma A}(\boldsymbol{\theta},\phi)\,\boldsymbol{S}(t) + \boldsymbol{G\Gamma N}(t) \tag{4.199}$$

式中：$\boldsymbol{X}(t)$ 为 $M \times 1$ 维快拍数据向量；$\boldsymbol{G} = \mathrm{diag}[g_1, g_2, \cdots, g_M]$ 为通道增益矩阵；$\boldsymbol{\Gamma} = \mathrm{diag}[\exp(\mathrm{j}\varphi_1), \exp(\mathrm{j}\varphi_2), \cdots, \exp(\mathrm{j}\varphi_M)]$ 为通道相移矩阵；$\boldsymbol{N}(t)$ 为 $M \times 1$ 维噪声向量；$\boldsymbol{A}(\boldsymbol{\theta},\phi) = [\boldsymbol{a}(\theta_1,\phi_1), \boldsymbol{a}(\theta_2,\phi_2), \cdots, \boldsymbol{a}(\theta_D,\phi_D)]$ 为 $M \times D$ 维的阵列流型矩阵；$\boldsymbol{S}(t)$ 为 $N \times 1$ 维入射信号复幅度向量；$\boldsymbol{a}(\theta_j,\phi_j)$（$j = 1,2,\cdots,D$）为信源 j 对应的导向向量：

$$\boldsymbol{a}(\theta_j,\phi_j) = [1\ \ \exp(\mathrm{j}2\pi f_0\tau_2(\theta_j,\phi_j))\ \ \cdots\ \ \exp(\mathrm{j}2\pi f_0\tau_M(\theta_j,\phi_j))]^{\mathrm{T}} \tag{4.200}$$

$$\tau_i(\theta_j,\phi_j) = \frac{1}{c}(x_i\cos\theta_j\cos\phi_j + y_i\sin\theta_j\cos\phi_j + z_i\sin\phi_j) \tag{4.201}$$

式中：$c = 3.0 \times 10^8\,\mathrm{m/s}$，$c$ 为光速；θ_j，ϕ_j 分别为第 j 个信源的方位角和仰角；(x_i, y_i, z_i) 为第 i 个阵元的坐标；$\tau_i(\theta_j)$ 为信源 j 到达阵元 i 相对于参考阵元的时延。

通道存在幅度和相位不一致性误差时，接收数据的协方差矩阵为

$$\boldsymbol{R}' = \mathrm{E}[\boldsymbol{X}(t)\,\boldsymbol{X}^{\mathrm{H}}(t)] = \boldsymbol{G\Gamma R\Gamma}^{\mathrm{H}}\boldsymbol{G}^{\mathrm{H}} \tag{4.202}$$

式中：$\boldsymbol{R}$ 为理想情况下阵列接收数据的协方差矩阵。存在通道幅相不一致性误差时实际的方向向量为

$$\boldsymbol{a}'(\theta,\phi) = \boldsymbol{G\Gamma a}(\theta,\phi) \tag{4.203}$$

由于通道增益矩阵 $\boldsymbol{G}$ 和相移矩阵 $\boldsymbol{\Gamma}$ 是事先未知的，在谱函数计算公式中，如果用 $\boldsymbol{a}(\theta,\phi)$ 代替 $\boldsymbol{a}'(\theta,\phi)$ 作为方向向量计算谱函数进行 DOA 估计，必然会带来估计误差，下面将分别讨论通道增益不一致性和相位不一致性对测向结果的影响。

4.6.1.2 增益不一致性误差对测向性能的影响

假设通道仅存在增益不一致性误差，且不考虑阵元位置误差、阵元方向图误差和阵元间互耦的影响，阵列接收数据的协方差矩阵为

$$\boldsymbol{R}' = \mathrm{E}[\boldsymbol{X}(t)\,\boldsymbol{X}^{\mathrm{H}}(t)] = \boldsymbol{GRG}^{\mathrm{H}} = \boldsymbol{GAPA}^{\mathrm{H}}\boldsymbol{G}^{\mathrm{H}} + \sigma^2\boldsymbol{GG}^{\mathrm{H}} \tag{4.204}$$

由 MUSIC 算法基本原理可知，对 $\boldsymbol{R}'$ 进行特征分解，得到矩阵的 M 个特征值从大到

小排列为

$$\lambda'_1 \geqslant \lambda'_2 \geqslant \cdots \geqslant \lambda'_D \geqslant \lambda'_{D+1} > \cdots > \lambda'_M > \sigma^2 \tag{4.205}$$

对应的特征向量为

$$\boldsymbol{V}'_1, \boldsymbol{V}'_2, \cdots, \boldsymbol{V}'_D, \boldsymbol{V}'_{D+1}, \cdots, \boldsymbol{V}'_M \tag{4.206}$$

根据 MUSIC 算法的原理，协方差矩阵 $\boldsymbol{R}'$ 的后 $(M-D)$ 个小特征值所对应的特征向量构成噪声子空间为

$$\boldsymbol{E}_N = [\boldsymbol{V}'_{D+1} \ \boldsymbol{V}'_{D+2} \ \cdots \ \boldsymbol{V}'_M] \tag{4.207}$$

根据信号子空间与噪声子空间的正交性，可得实际的谱函数为

$$P_{\text{MUSIC}}(\theta,\phi) = \frac{1}{\boldsymbol{a}'^{\text{H}}(\theta,\phi)\boldsymbol{E}_N\boldsymbol{E}_N^{\text{H}}\boldsymbol{a}'(\theta,\phi)} \tag{4.208}$$

式中：$\boldsymbol{a}'(\theta,\phi) = \boldsymbol{G}\boldsymbol{a}(\theta,\phi)$，但是由于增益矩阵 $\boldsymbol{G}$ 是未知的，用 $\boldsymbol{a}(\theta,\phi)$ 代替 $\boldsymbol{a}'(\theta,\phi)$ 作为方向向量计算谱函数：

$$P_{\text{MUSIC}}(\theta,\phi) = \frac{1}{\boldsymbol{a}^{\text{H}}(\theta,\phi)\boldsymbol{E}_N\boldsymbol{E}_N^{\text{H}}\boldsymbol{a}(\theta,\phi)} \tag{4.209}$$

式中：$\boldsymbol{E}_N\boldsymbol{E}_N^{\text{H}} = \sum_{i=D+1}^{M} \boldsymbol{V}'_i\boldsymbol{V}'^{\text{H}}_i = \boldsymbol{I} - \sum_{j=1}^{D} \boldsymbol{V}'_j\boldsymbol{V}'^{\text{H}}_j$。

假设空间只有一个辐射源，即 $D=1$，且 $\boldsymbol{P} = E\{\boldsymbol{S}(t)\boldsymbol{S}^{\text{H}}(t)\} = \sigma_S^2$，设入射信号的方位向量为 (θ_1,ϕ_1)，对 $\boldsymbol{R}'$ 进行特征分解可得与信号相关的特征值和特征向量只有一个，记为

$$\lambda'_1 = \sigma_s^2 \sum_{i=1}^{M} g_i^2 + g_1^2\sigma^2 \tag{4.210}$$

$$\boldsymbol{V}'_1 = \frac{\boldsymbol{G}\boldsymbol{a}(\theta_1,\phi_1)}{\left|\sum_{i=1}^{M} g_i^2\right|^{\frac{1}{2}}} \tag{4.211}$$

此时有

$$\boldsymbol{E}_N\boldsymbol{E}_N^{\text{H}} = \boldsymbol{I} - \boldsymbol{V}'_1\boldsymbol{V}'^{\text{H}}_1 = \frac{\boldsymbol{I} - \boldsymbol{G}\boldsymbol{a}(\theta_1,\phi_1)\boldsymbol{a}^{\text{H}}(\theta_1,\phi_1)\boldsymbol{G}^{\text{H}}}{\left|\sum_{i=1}^{M} g_i^2\right|} \tag{4.212}$$

式(4.209)中谱函数 $P_{\text{MUSIC}}(\theta,\phi)$ 的分母为

$$\boldsymbol{a}^{\text{H}}(\theta,\phi)\boldsymbol{E}_N\boldsymbol{E}_N^{\text{H}}\boldsymbol{a}(\theta,\phi) = \frac{\sum_{i=1}^{M} g_i^2 - |\boldsymbol{a}^{\text{H}}(\theta,\phi)\boldsymbol{G}\boldsymbol{a}(\theta_1,\phi_1)|^2}{\left|\sum_{i=1}^{M} g_i^2\right|} \tag{4.213}$$

式中：$\boldsymbol{G}$ 为实对角阵；$g_i > 0(i=1,2,\cdots,M)$。因此只有当 $\theta=\theta_1$，$\phi=\phi_1$ 时，$|\boldsymbol{a}^{\text{H}}(\theta,\phi)\boldsymbol{G}\boldsymbol{a}(\theta_1,\phi_1)|^2 = \left|\sum_{i=1}^{M} g_i^2\right|$ 取得最大值，相应的式(4.213)取得最小值，谱

函数取得最大值，因此信号 DOA 的估计值等于信号真实的入射方向 (θ_1,ϕ_1) 。在 $\theta=\theta_1$，$\phi=\phi_1$ 时，理论上谱函数 $P_{\text{MUSIC}}(\theta,\phi)$ 的分母值应为 0，但增益矩阵 $\boldsymbol{G}$ 的存在使得谱函数的峰值幅度减小。因此，通道增益不一致性不会带来 DOA 估计的偏差，它仅仅影响了谱峰值的大小。增益矩阵 $\boldsymbol{G}$ 的存在，使得谱函数的峰值幅度减小，即谱峰变得比较平坦，这时候必然会影响分辨率，因为空间谱估计算法正是利用信号子空间和噪声子空间的正交性构造的尖锐谱峰才具备了良好的超分辨侧向性能，两个比较平坦的谱峰靠近时就可能变成一个，本来可以分辨的两个目标由于通道增益的不一致性而无法分辨。

因此，通道增益不一致性误差如果得不到校正，在单目标时，仅仅影响了谱峰值的大小，使谱峰变得比较平坦，而不会带来角度估计的偏差；在多目标时，不仅影响了谱峰值的大小，而且影响 DOA 估计的分辨性能。

4.6.1.3 相位响应不一致性误差对测向性能的影响

当通道仅存在相位不一致性误差时，按照前面相同的分析，当空间仅存在单个信号辐射源时，对 $\boldsymbol{R}'$ 进行特征分解得到与信号相关的特征值和特征向量分别为

$$\lambda_1'=M\sigma_S^2+\sigma^2 \tag{4.214}$$

$$\boldsymbol{V}_1'=\frac{\boldsymbol{\Gamma a}(\theta_1,\phi_1)}{\sqrt{M}} \tag{4.215}$$

此时有

$$\boldsymbol{E}_N\boldsymbol{E}_N^{\mathrm{H}}=\boldsymbol{I}-\boldsymbol{V}_1\boldsymbol{V}_1^{\mathrm{H}}=\frac{\boldsymbol{I}-\boldsymbol{\Gamma a}(\theta_1,\phi_1)\boldsymbol{a}^{\mathrm{H}}(\theta_1,\phi_1)\boldsymbol{\Gamma}^{\mathrm{H}}}{M}$$

存在误差时，式(4.209)中谱函数 $P_{\text{MUSIC}}(\theta,\phi)$ 的分母为

$$\boldsymbol{a}^{\mathrm{H}}(\theta,\phi)\boldsymbol{E}_N\boldsymbol{E}_N^{\mathrm{H}}\boldsymbol{a}(\theta,\phi)=\frac{1-|\boldsymbol{a}^{\mathrm{H}}(\theta,\phi)\boldsymbol{\Gamma a}(\theta_1,\phi_1)|^2}{M} \tag{4.216}$$

式中：$\boldsymbol{\Gamma}=\mathrm{diag}[\exp(\mathrm{j}\phi_1),\exp(\mathrm{j}\phi_2),\cdots,\exp(\mathrm{j}\phi_M)]$ 为相位误差矩阵，且

$$|\boldsymbol{a}^{\mathrm{H}}(\theta,\phi)\boldsymbol{\Gamma a}(\theta_1,\phi_1)|=\sum_{i=1}^{M}\exp(\mathrm{j}\phi_i)\exp[-\mathrm{j}2\pi f_0(\tau_i(\theta,\phi)-\tau_i(\theta_1,\phi_1))] \tag{4.217}$$

式中：$\tau_i(\theta,\phi)=\dfrac{1}{c}(x_i\cos\theta\cos\phi+y_i\sin\theta\cos\phi+z_i\sin\phi)\ (i=1,2,\cdots,M)$。

从式(4.217)可以看出，由于相位项 $\exp(\mathrm{j}\phi_1)$ 的存在，当 $\theta=\theta_1$，$\phi=\phi_1$ 时，式(4.217)在一般情况下并不取得最大值，即其最大值并不对应真实的信号来波方向。因此，通道相位不一致性引起 DOA 估计的偏差，必须采取措施校正这种不一致性误差。

从上述分析中也可以看出，如果想校正通道的不一致性误差，只需要估计出通道增益矩阵 $\boldsymbol{G}$ 和相移矩阵 $\boldsymbol{\Gamma}$，然后将其代入谱函数计算公式中，就可以正确估计信

源方位角度。已经有很多学者提出了通道不一致性的校正方法，有些方法需要一个粗测向的辅助设备，会增加系统的复杂度；有些方法需要布置位置精确已知的辅助信号源；还有的方法也需要一个辅助信号源，虽然位置不需要精确已知，但算法计算量比较大。结合实际系统，本书提出了一种易于工程实现的通道不一致性校正算法，它仅仅需要在阵列天线中增加一个辅加阵元。与其他方法相比，该方法基本不增加系统复杂度，适用于任意形式的阵列，且能近实时地校正通道误差，仿真结果证明了该算法的正确性。

4.6.1.4 通道不一致性校正的辅加阵元法

在阵列天线之外增加一个辅加阵元，天线之后增加一个单刀双掷开关，在脉冲的前一半时间通道接收各阵列天线的信号，在脉冲的后一半时间通道接收辅加阵元的信号。当通道接收阵列天线的信号时，接收数据的向量表示为

$$\boldsymbol{X}'(t) = \boldsymbol{W}\boldsymbol{X}(t) = \boldsymbol{W}\boldsymbol{A}(\theta)\boldsymbol{S}(t) + \boldsymbol{W}\boldsymbol{N}(t) \tag{4.218}$$

式中：$\boldsymbol{W} = \mathrm{diag}[g_1\exp(\mathrm{j}\phi_1), g_2\exp(\mathrm{j}\phi), \cdots, g_M\exp(\mathrm{j}\phi_M)]$ 为通道误差矩阵，包含增益误差和相位误差，对矩阵 $\boldsymbol{W}$ 作如下等价变换：

$$\begin{aligned} W &= \mathrm{diag}[g_1\exp(\mathrm{j}\phi_1), g_2\exp(\mathrm{j}\phi), \cdots, g_M\exp(\mathrm{j}\phi_M)] \\ &= g_1\exp(\mathrm{j}\phi_1) \times \mathrm{diag}[1, 2, \cdots, \frac{g_M}{g_1}\exp(\mathrm{j}(\phi_M - \phi_1))] \\ &= g_1\exp(\mathrm{j}\phi_1) \times \boldsymbol{W}' \end{aligned} \tag{4.219}$$

设 $\boldsymbol{W}' = \mathrm{diag}[1, 2, \cdots, \frac{g_M}{g_1}\exp(\mathrm{j}(\varphi_M - \varphi_1))]$，矩阵 $\boldsymbol{W}'$ 中的元素表示各通道相对于第一通道的相对误差，因此，将矩阵 $\boldsymbol{W}'$ 称为通道相对误差矩阵。此时，接收数据的自相关矩阵为

$$\begin{aligned} \boldsymbol{R}' &= E[\boldsymbol{X}'(t)\boldsymbol{X}'^{\mathrm{H}}(t)] \\ &= \boldsymbol{W}\boldsymbol{R}\boldsymbol{W}^{\mathrm{H}} = g_1^2\boldsymbol{W}'\boldsymbol{A}\boldsymbol{P}\boldsymbol{A}^{\mathrm{H}}\boldsymbol{W}'^{\mathrm{H}} + \sigma^2\boldsymbol{W}'\boldsymbol{W}'^{\mathrm{H}} \end{aligned} \tag{4.220}$$

根据前面的分析，求出 $\boldsymbol{W}'$ 便可以校正通道误差。当通道接收辅加阵元的信号时，设第 k 个信号源辐射的信号到达辅助阵元的波前信号为 $S_k(t)$，考虑 D 个空间信号源，则辅加阵元接收的信号为

$$S_a(t) = \sum_{k=1}^{D} S_k(t) + n(t) \tag{4.221}$$

信号 $S_a(t)$ 被同时送入各个通道，考虑通道增益和相移的影响，此时阵列接收数据的向量表示为

$$\boldsymbol{X}_a(t) = \boldsymbol{W}_1 S_a(t) \tag{4.222}$$

式中：$\boldsymbol{W}_1 = [g_1\exp(\mathrm{j}\varphi_1) \ \ g_2\exp(\mathrm{j}\varphi_2) \ \ \cdots \ \ g_M\exp(\mathrm{j}\varphi_M)]^{\mathrm{T}}$ 为 $M \times 1$ 维的列向量；$\boldsymbol{X}_a(t) = [x_{1a}(t) \ \ x_{2a}(t) \ \ \cdots \ x_{Ma}(t)]^{\mathrm{T}}$ 为 $M \times 1$ 维的接收数据向量。

对列向量 $\boldsymbol{W}_1$ 作如下变换：

$$W_1 = g_1\exp(\mathrm{j}\varphi_1) \times \left[1,2,\cdots,\frac{g_M}{g_1}\exp(\mathrm{j}(\varphi_M - \varphi_1))\right]^{\mathrm{T}}$$
$$= g_1\exp(\mathrm{j}\varphi_1) \times \boldsymbol{W}'_1 \tag{4.223}$$

式中：$\boldsymbol{W}'_1 = \left[1,2,\cdots,\frac{g_M}{g_1}\exp(\mathrm{j}(\varphi_M - \varphi_1))\right]^{\mathrm{T}}$，则

$$\boldsymbol{X}_a(t) = g_1\exp(\mathrm{j}\varphi_1) \times \boldsymbol{W}'_1\boldsymbol{S}_a(t) = \boldsymbol{W}'_1 x_{1a}(t) \tag{4.224}$$

式中：$x_{1a}(t)$ 为第一通道接收信号，由该式可得

$$\boldsymbol{W}'_1 = \frac{\boldsymbol{X}_a(t)}{x_{1a}(t)} \tag{4.225}$$

可以据此求出向量 $\boldsymbol{W}'_1$，进而得到矩阵 $\boldsymbol{W}'$ 。而实际系统中，接收数据都是数字化的，因此

$$\boldsymbol{W}'_1 = \boldsymbol{X}_a(i)/x_{1a}(i) \tag{4.226}$$

这样，根据一次采样数据便可求出矩阵 $\boldsymbol{W}'_1$。

考虑单次采样数据中随机误差的影响，可以进行 N 次采样，然后根据下面的方法求 $\boldsymbol{W}'_1$，对 $\boldsymbol{X}_a(n)$ 求自相关矩阵，得

$$\boldsymbol{R}'_a = E[\boldsymbol{X}'_a(n)\,\boldsymbol{X}'^{\mathrm{H}}_a(n)] = \boldsymbol{W}'_1\boldsymbol{W}'^{\mathrm{H}}_1\sigma_1^2 \tag{4.227}$$

式中：σ_1^2 为第一通道接收信号的能量；$\boldsymbol{W}'_1\boldsymbol{W}'^{\mathrm{H}}_1$ 为一个 $M \times M$ 维的矩阵，由于列向量 $\boldsymbol{W}'_1$ 的第一个元素为 1，因此矩阵 $\boldsymbol{W}'_1\boldsymbol{W}'^{\mathrm{H}}_1$ 的第一行就是 $\boldsymbol{W}'^{\mathrm{H}}_1$，由此可以得到行向量 $\boldsymbol{W}'^{\mathrm{H}}_1$ 的第 i $(i = 1,2,\cdots,M)$ 个元素为

$$w_i = \frac{g_i}{g_1}\exp(\mathrm{j}(\varphi_1 - \varphi_i)) = x'_{1a}(n)\,x'^{\mathrm{H}}_{ia}(n)\,/x'_{1a}(n)\,x'^{\mathrm{H}}_{1a}(n) \tag{4.228}$$

可以看出，式(4.228)等号右侧的分子部分是第 i 个阵元接收的信号与第一个阵元接收信号的互相关，分母是第一个阵元接收信号的能量。式(4.228)的计算中利用了 N 次采样数据，消除了单次采样数据中随机误差的影响，这样可以求出 $\boldsymbol{W}'^{\mathrm{H}}_1$，$\boldsymbol{W}'$ 便已知，代入谱函数计算公式可以进行准确的波达方向估计。

4.6.2 基于遗传算法的阵元位置误差校正方法

阵列导向向量是阵列对空间单位功率信源的响应，它与阵元的空间位置有密切关系。在实际中，由于天线制造、安装等因素的影响，位置误差总是存在的。当阵元实际位置与标称位置存在偏差时，算法性能会急剧下降甚至完全失效，因此为了获得谱估计算法良好的性能，必须对阵列天线的位置误差进行校正。

4.6.2.1 存在阵元位置误差时的阵列信号模型

假设天线阵列所接收到的信号不包含相位幅度误差及阵元之间的相互感应引入的误差，仅存在阵列的几何位置误差。对任意几何结构的 M 元天线阵列，有 D $(M > D)$ 个非相干的空间平面波信号从远场入射，信号频率为 f_0，方向向量为

$(\boldsymbol{\theta},\phi)=[(\theta_1,\phi_1)\ (\theta_2,\phi_2)\ \cdots\ (\theta_D,\phi_D)]$，选择第一个阵元作为参考，则存在阵元位置误差时阵列接收信号的向量表示为

$$\boldsymbol{X}(t)=\widetilde{\boldsymbol{A}}(\boldsymbol{\theta},\phi)\boldsymbol{S}(t)+\boldsymbol{N}(t) \tag{4.229}$$

式中：$\boldsymbol{X}(t)$ 为 $M\times 1$ 维接收数据向量；$\boldsymbol{S}(t)$ 为 $D\times 1$ 维信号向量；$\boldsymbol{N}(t)$ 为 $M\times 1$ 维噪声数据向量；$\widetilde{\boldsymbol{A}}(\theta,\phi)$ 为 $M\times D$ 维存在误差时的阵列流型矩阵。

从式(4.200)和式(4.201)可以看出，不同的空间位置对应导向向量模型中不同的信号传播时延 τ_i，不同的时延对应不同的相位差，因此当阵元的位置存在误差时，可以等效为阵列导向向量中引入了方向依赖的相位扰动，因此阵列流型矩阵 $\widetilde{\boldsymbol{A}}(\boldsymbol{\theta},\phi)$ 可表示为

$$\begin{aligned}\widetilde{\boldsymbol{A}}(\boldsymbol{\theta},\phi)&=[\widetilde{\boldsymbol{a}}(\theta_1,\phi_1)\ \widetilde{\boldsymbol{a}}(\theta_2,\phi_2)\ \cdots\ \widetilde{\boldsymbol{a}}(\theta_D,\phi_3)]\\&=[\hat{\boldsymbol{W}}(\theta_1,\phi_1)\ \hat{\boldsymbol{W}}(\theta_2,\phi_2)\cdots\hat{\boldsymbol{W}}(\theta_D,\phi_D)]\odot\boldsymbol{A}(\boldsymbol{\theta},\phi)\\&=\hat{\boldsymbol{W}}(\boldsymbol{\theta},\phi)\cdot\boldsymbol{A}(\boldsymbol{\theta},\phi)\end{aligned} \tag{4.230}$$

式中：$\boldsymbol{A}(\boldsymbol{\theta},\phi)$ 为理想情况下的阵列流型，由式(4.200)和式(4.201)给出；$\hat{\boldsymbol{W}}(\boldsymbol{\theta},\phi)$ 为阵元位置误差引起的相位扰动矩阵；• 为矩阵的 Hadamard 积，即对应元素乘积。

用 $(\Delta x_i,\Delta y_i,\Delta z_i)$ 表示第 i 个阵元的位置误差，$\Delta\tau_i(\theta_j,\phi_j)$ 表示由第 i 个阵元的位置误差引入的信源 j 到达阵元 i 相对于参考阵元的时延误差，θ_j 和 ϕ_j 分别表示第 j 个信源的方位角和仰角，c 表示光速，则

$$\hat{\boldsymbol{W}}(\theta_j,\phi_j)=[1\ \exp(\mathrm{j}2\pi f_0\Delta\tau_2(\theta_j,\phi_j))\ \cdots\ \exp(\mathrm{j}2\pi f_0\Delta\tau_M(\theta_j,\phi_j))]^{\mathrm{T}} \tag{4.231}$$

$$\Delta\tau_i(\theta_j,\phi_j)=\frac{1}{c}(\Delta x_i\cos\theta_j\cos\phi_j+\Delta y_i\sin\theta_j\cos\phi_j+\Delta z_i\sin\phi_j) \tag{4.232}$$

将式(4.230)代入式(4.229)，可以得到仅存在阵元位置误差时阵列接收信号的数学模型：

$$\boldsymbol{X}(t)=\hat{\boldsymbol{W}}(\boldsymbol{\theta},\phi)\boldsymbol{A}(\boldsymbol{\theta},\phi)\boldsymbol{S}(t)+\boldsymbol{N}(t) \tag{4.233}$$

接收数据 $\boldsymbol{X}(t)$ 的协方差矩阵为

$$\boldsymbol{R}=E[\boldsymbol{X}(t)\boldsymbol{X}^{\mathrm{H}}(t)]=\hat{\boldsymbol{W}}\boldsymbol{APA}^{\mathrm{H}}\hat{\boldsymbol{W}}^{\mathrm{H}}+\sigma^2 \tag{4.234}$$

对协方差矩阵 $\boldsymbol{R}$ 进行特征分解，得到由 D 个大特征值对应的特征向量构成的信号子空间 $\boldsymbol{E}_S$ 和由其余 $M-D$ 个小特征值对应的特征向量构成的噪声子空间 $\boldsymbol{E}_N$，由于入射信号导向向量构成的子空间与信号子空间是同一个空间，且信号子空间与噪声子空间正交，由此构造 MUSIC 算法的空间谱函数：

$$P_{\mathrm{MUSIC}}(\theta,\phi)=\frac{1}{\widetilde{\boldsymbol{a}}^{\mathrm{H}}(\theta,\phi)\boldsymbol{E}_N\boldsymbol{E}_N^{\mathrm{H}}\widetilde{\boldsymbol{a}}(\theta,\phi)}$$

$$= \frac{1}{(\hat{\boldsymbol{W}}^{\mathrm{H}}(\theta,\phi)\cdot \boldsymbol{a}^{\mathrm{H}}(\theta,\phi))\,\boldsymbol{E}_N\boldsymbol{E}_N^{\mathrm{H}}(\boldsymbol{a}(\theta,\phi)\cdot \hat{\boldsymbol{W}}(\theta,\phi))} \tag{4.235}$$

因此,为了精确估计信源的DOA,必须精确已知各个阵元的坐标位置,即在阵元位置存在误差时,必须对其进行校正,获得阵元位置误差的扰动,然后代入式(4.235)就可进行DOA估计。针对阵元误差,许多学者也进行了大量的研究,提出了一系列的校正算法,有的文献提出了一种阵元位置误差有源估计方法,该方法利用一个校正源在阵列所在平面内不同位置分时工作,根据各通道输出数据获得阵元位置误差的估计;有的文献提出了一种阵元位置误差校正的虚拟阵元校正法,该方法利用一个优化信号源,通过遗传算法优化得到最优虚拟阵元位置。

4.6.2.2 基于遗传算法的阵元位置误差校正方法

从4.6.2.1节分析的存在阵元位置时误差的信号模型可知,对于任意一个M元阵列,由阵元位置误差带来的误差矩阵$\hat{\boldsymbol{W}}(\boldsymbol{\theta},\phi)$可以由阵元的位置误差进行解析表示,其自由度为$3M$,因此,为了校正阵元位置误差对测向结果的影响,需要准确估计出各个阵元的三坐标误差,然后将其代入式(4.235)中就可以进行精确的DOA估计。由于未知参数的个数是$3M$个,估计的过程是一个多维的非线性优化问题,用常规方法估计的运算量是十分巨大的,而通常情况下获得校正源的准确位置也是十分困难的,因此也需要将其作为待估计参数,此时未知参数的个数为$3M+2$。因此本书将遗传算法用于阵元位置误差的估计问题中,利用辅助信源对阵元位置误差和信源位置进行联合估计,通过选择合适的适应度函数获得阵元位置误差和信源位置的最优估计。

4.6.2.3 遗传算法

遗传算法(Genetic algorithm,GA)是借鉴生物的自然选择和遗传进化机制而发展起来的一种全局优化自适应概率搜索算法。与传统搜索算法不同,遗传算法是从代表问题潜在解集的一个种群开始搜索过程的,通过选择、交叉以及变异等遗传操作产生新的种群,新的种群形成过程中,选择适应值大的个体构成部分后代,淘汰适应值小的个体,通过这些遗传操作使群体一代一代地进化到搜索空间中越来越好的区域,直到达到最优解。由于遗传算法的随机搜索不依赖于梯度信息,且选择后的子代比上一代有更好的适应度,保证了一定的方向性,尤其适用于解决传统方法难以解决的非线性多维优化问题。

遗传算法的操作对象不是参数本身,而是对参数集进行了编码的个体,这使得遗传算法可直接对结构对象进行操作,从而使遗传算法具有广泛的应用领域;遗传算法采用同时处理群体中多个个体的方法,即同时对搜索空间中的多个解进行评估,也就是说遗传算法是并行地爬多个峰,这一特点使得遗传算法具有较好的全局搜索性能，减少了陷入局部极值最优的风险，同时也使其具有良好的并行性；遗传算法只需利用目标的取值信息，而无需梯度等高阶值信息，因而适用于任何大规模、高度非线性的不连续多峰函数的优化以及无解析表达式的目标函数的优化，这使得遗传算法具有很强的通用性；这些特点使遗传算法使用简单、通用性强、鲁棒性好、易于并行化，从而应用范围更加广泛。

基于对自然界中生物遗传与进化机理的模仿，根据不同的具体问题，许多学者用不同的编码方式表示问题的可行解，开发出了许多不同的遗传算子来模仿不同环境下的生物遗传特性，但是这些算法的基本原理是一致的，即都是通过对生物遗传和进化过程中选择、交叉以及变异机理的模仿，来实现对问题最优解的自适应搜索过程。下面结合遗传算法的步骤，给出用遗传算法求解阵元位置误差的具体实现步骤。

4.6.2.4 算法的实现

1. 编码

编码是应用遗传算法时要解决的首要问题，也是设计遗传算法时的一个关键步骤。编码方法影响到交叉算子、变异算子等遗传算子的运算方法，很大程度上决定了遗传进化的效率。迄今为止，人们已经提出了许多种不同的编码方法，总的来说，这些编码方法可以分为二进制编码、浮点编码、十进制编号和符号编码。各种编码方法都遵循完备性、健全性和冗余性要求，每种编码方法都有各自的优缺点，可以根据实际需要灵活选择。最常用的是二进制编码，其优点是编、解码简单易行，交叉、变异等遗传操作便于实现，符合最小字符集编码原则。这里对阵元位置误差和辅助信源的方位角和俯仰角采用二进制编码，编码的位数由所要求的精度确定为12bit。

2. 确定适应度函数

如何选择适应度函数以评价群体的性能是遗传算法的关键问题，因此应用遗传算法解决实际问题，一个十分重要的内容就是确定适应度函数，适应度是遗传算法中衡量个体优劣的尺度，适应度函数的选择对遗传算法的性能有很大影响。在本书中，设遗传个体 $\boldsymbol{X}$ 由阵元位置误差和辅助信源的方位角和俯仰角构成，即

$$\boldsymbol{X} = [\Delta x_1\ \Delta y_1\ \Delta z_1 \cdots\ \Delta x_M\ \Delta y_M\ \Delta z_M\ \theta\ \phi] \tag{4.236}$$

式中：$(\Delta x_1\ \Delta y_1\ \Delta z_1)$ 为第 $i(i=1,2,\cdots,M)$ 个阵元的空间坐标位置误差；M 为阵列中阵元个数；(θ,ϕ) 为辅助信源的方位角和俯仰角。

如果采用单个辅助信源校正阵元位置误差，可以按照构造 MUSIC 算法空间谱函数的方法构造遗传算法的个体适应度函数，如果采用多个辅助信源的校正方法，可以按照构造最大似然算法准则函数的方法构造个体适应度函数，这里选择第一种校正方法，因此遗传算法使用的个体适应度函数为

$$\mathrm{Fit}(\boldsymbol{X}) = \frac{1}{(\hat{\boldsymbol{W}}^{\mathrm{H}}(\theta,\phi)\cdot\boldsymbol{a}^{\mathrm{H}}(\theta,\phi))\,\boldsymbol{E}_N\boldsymbol{E}_N^{\ \mathrm{H}}(\boldsymbol{a}(\theta,\phi)\cdot\hat{\boldsymbol{W}}(\theta,\phi))} \tag{4.237}$$

3. 产生初始群体

根据阵元位置误差可能的上下界和编码规则产生个体,确定群体规模,然后在参数可能的变化范围内随机地产生初始群体。这里,群体规模是需要人为设定的一个关键参数,其大小直接影响遗传算法的最终结果和算法的执行效率。群体规模选择得太小,遗传算法的优化性能一般不会太好;群体规模选择得太大,算法陷入局部最优解的可能减小,但是算法的计算量很大,群体规模的经验取值为 10~200,这里选择群体规模为 200。

4. 选择操作

根据个体的适应度大小,按照一定的规则或方法,从当前群体中选择出一些优良的个体遗传到下一代群体中的操作称为选择。选择操作的主要目的是避免基因缺失、提高全局收敛性和计算效率,所采用的选择策略对遗传算法的性能影响很大。常用的选择方法有轮盘赌选择法、最优个体保留法、排序选择法、期望值法等,其中最基本、最常用的选择方法是轮盘赌选择法,该方法简单易行。在这里,采用的选择方法是轮盘赌选择法和最优个体保留法,最优个体保留法可以防止各种遗传操作破坏当前群体中适应度最好的个体,从而提高算法的运行效率。

在轮盘赌选择法中,个体被选中并遗传到下一代群体的概率与该个体的适应度大小成正比。首先计算各个个体的相对适应度大小,即可能被选择的概率 p_{is} ,然后依据下式计算累计概率:

$$p_j = \sum_{i=1}^{j} p_{is} \quad (j = 1,2,\cdots,L) \tag{4.238}$$

最后使用模拟赌盘操作,旋转赌盘 L 次,每次旋转后根据累计概率选择一个个体,重复执行旋转操作直至满足所需要的个体数目。显然,适应度大的个体被选中的概率越大,适应度小的个体可能被淘汰,但仍然有可能被选中,从而增加了个体的多样性。算法的前期主要采用非线性排名选择,运算的后期主要采用锦标赛选择,含精英保留选择。

5. 交叉操作

将群体内的各个个体随机搭配成对,按照某一概率将它们的部分结构替换并加以重组而生成新个体的操作称为交叉。在遗传算法中,交叉是产生新个体的重要手段,它保证了遗产算法的全局搜索能力。常用的交叉算子有单点交叉、多点交叉、均匀交叉、算术交叉和混合交叉等。这里主要介绍多点交叉和均匀交叉。多点交叉是指在遗传算法中以随机的方式选取编码串中多个点,在这多个点的成员之间进行交换操作;均匀交叉是指两个配对个体的编码串上的每一位都以相同的交叉概率进行交换,从而形成两个新的个体。算法中使用了二进制编码,采用多点交叉和均匀交叉相结合,并在运算过程中逐步增大均匀交叉概率。

6. 变异操作

将某个编码串中的某些基因座上的基因值按照一定的概率用其他基因来替

代，从而形成新个体的操作称为变异。变异操作是产生新个体的辅助方法，变异可以恢复遗传算法搜索过程中丢失的某些信息，防止算法收敛到局部最优解；当算法通过交叉算子已接近最优解时，利用变异算子的局部搜索能力可以使算法加速向最优解靠近。常用的变异操作有均匀变异、非均匀变异、边界变异和随机变异等。变异个体的选择以及变异位置的确定都是采用随机的方法产生，对变异后产生的新个体需要进行有效性判断，确保新个体在收敛范围之内。算法中采用的变异算子是随机变异。

图4.36给出了基于遗传算法的阵元位置误差校正方法的具体步骤框图。

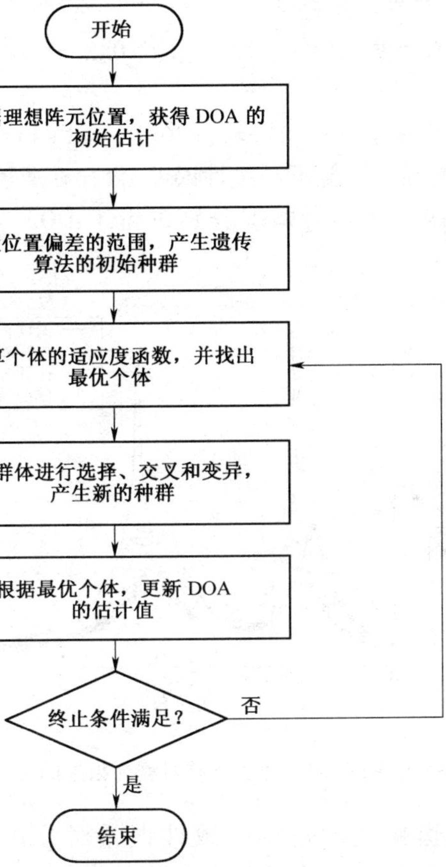

图4.36　基于遗传算法的阵元位置误差校正方法的具体步骤框图

4.6.3　计算机仿真与实测数据实验

前面从理论上分析了阵列天线通道幅度增益和相位偏移不一致性误差、阵元位置误差对测向性能的影响，并针对这两类误差提出了相应的校正方法——阵列天线通道不一致性校正的辅加阵元法和基于遗传算法的阵元位置误差校正法，下面通过计算机仿真实验和实测数据实验验证理论分析的正确性和所提算法的有效性。分别针对均匀线阵和实际系统中采用的不规则立体阵，进行计算机仿真实验和实测数据实验，通过实验结果分析算法的性能。

4.6.3.1 通道不一致性误差对测向结果的影响

实验 4.21 通道幅度增益和相位偏移不一致性误差对测向结果的影响。针对一个 6 元均匀线阵，阵元间距为入射信号的半波长 $\lambda/2$，入射信号频率为 5GHz，两个非相干信号的入射角度分别为20°、50°，信号从远场入射到天线阵列，采样数据快拍数为 100，信噪比为 20dB，MUSIC 算法的角度搜索步长为 1°，阵列接收的噪声为高斯白噪声，通道增益矩阵为

$$\boldsymbol{G} = \mathrm{diag}[1.1,\ 1.0,\ 1.2,\ 0.8,\ 0.9,\ 0.7] \tag{4.239}$$

通道相移矩阵为

$$\boldsymbol{\Gamma} = \mathrm{diag}[\exp(-\mathrm{j}\,10°), \exp(\mathrm{j}\,18°), \exp(\mathrm{j}\,36°), \exp(\mathrm{j}\,45°), \exp(\mathrm{j}\,30°), \exp(\mathrm{j}\,60°)]$$

实验中对仅存在通道幅度增益不一致性误差、仅存在通道相移不一致性误差、同时存在两种误差和无误差的四种情况分别进行了 DOA 估计，实验结果如图 4.37 所示。

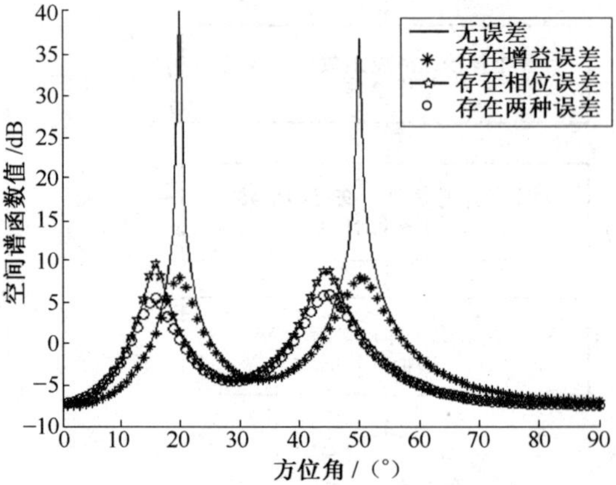

图 4.37 通道误差对测向结果的影响

实验 4.22 通道幅度增益不一致性误差对分辨率的影响。仿真条件与实验 4.28 相同，仅将两信号的入射角度改为 40° 、50° ，仿真结果如图 4.38 所示。通道存在增益不一致性误差，虽然可以在谱函数曲线上看到两个不明显的谱峰，但此时的 DOA 估计值为 37° 、53° ，与实际角度值的偏差较大，可见通道的幅度不一致性误差影响角度估计的分辨率，还影响多目标下的估计精度。

实验 4.23 通道不一致性误差对二维 DOA 估计的影响。针对实际系统中的阵列设置，即 6 阵元不规则阵，阵元坐标分别为(− 10, 50, 0)、(− 10, 10, 10)、(− 10, − 50, 0)、(− 50, 10, 0)、(− 50, 10, 0)、(38, − 35, 0)，坐标单位为 mm。

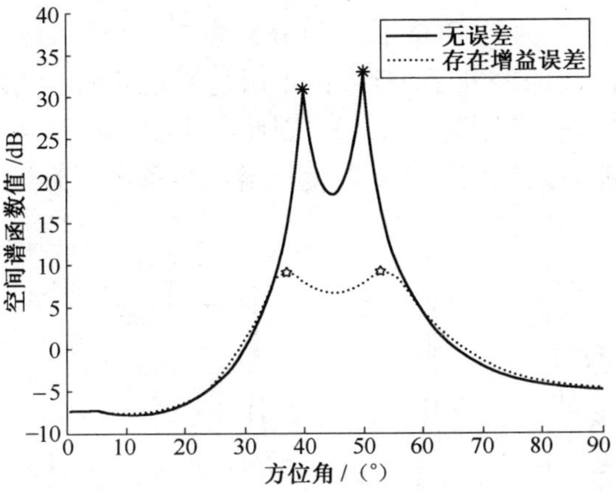

图 4.38 幅度增益不一致性误差对分辨率的影响

各通道的增益分别为(1.1,1.2,1.0,0.8,0.9,0.9),相移分别为(30°,60°,-30°,45°,-36°,45°),两个远场窄带不相干信号入射角度分别为(30°,60°)、(220°,20°),信噪比为25dB,采样快拍数为100,图4.39为存在通道误差情况下的谱函数图,图4.39(a)中估计的信号DOA与真实的DOA一致,只是谱峰不像无误差时那么尖锐,从图4.39(b)中根本无法估计真实的信号到达角,而且出现了很多伪峰,用MUSIC算法估计得到的信号到达角分别为(134°,52°)、(300°,47.5°)。

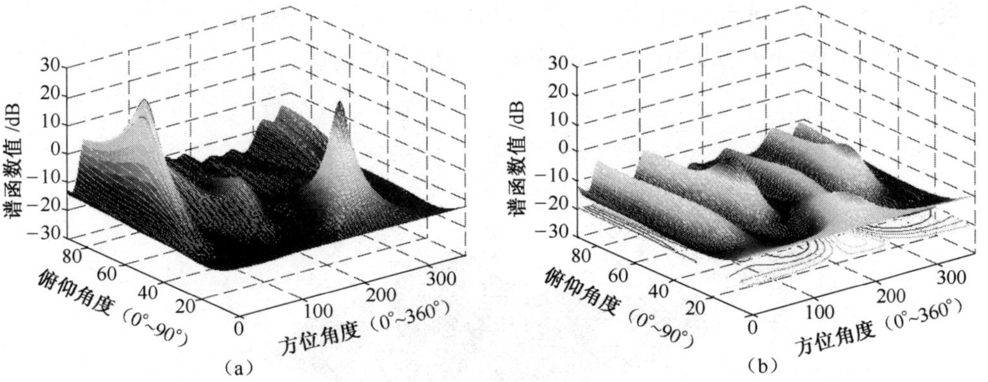

图 4.39 存在通道误差时的谱函数图
(a) 存在幅度不一致性误差;(b) 存在相位不一致性误差。

4.6.3.2 通道不一致性校正的辅助阵元法的有效性

实验 4.24 阵列天线通道不一致性校正的辅助阵元法对均匀线阵的有效性仿真。

对实验4.21中的通道幅度增益和相位不一致性误差采用本书提出的辅助阵元法进行校正,校正前后的谱函数曲线如图4.40所示。

从仿真图上可以看出,校正前谱峰的位置出现了偏差,谱峰值的大小也比无误差时小很多,此时两个信号的 DOA 估计值分别为 16°、45°;而校正后的谱函数曲线与理想情况下的谱函数曲线几乎一致,校正后能准确估计出信号的 DOA,校正后两个信号的 DOA 估计值分别为 20°、50°,因此本书提出的阵列天线通道不一致性校正的辅加阵元法能有效地校正通道幅度增益和相移不一致性误差。

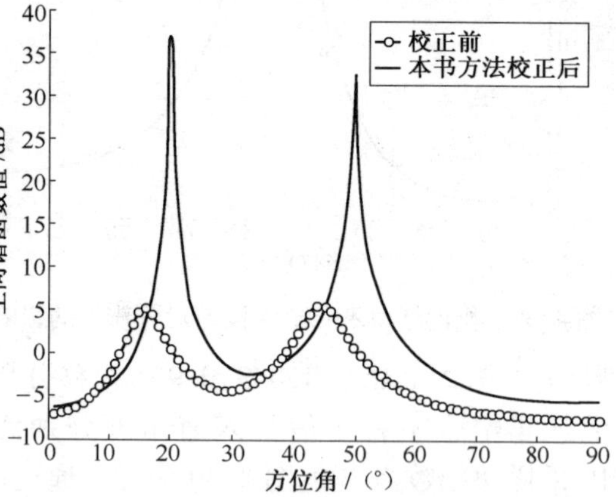

图 4.40　校正前后谱函数曲线

实验 4.25　通道不一致性校正算法对平面阵列的有效性仿真。

针对实验 4.22平面天线阵列中的通道不一致性误差,采用本书提出的通道不一致性校正的辅加阵元法进行校正,图 4.41 为校正后的空间谱函数图,从图中可以看出校正后谱峰十分尖锐,可以准确地估计信号的到达角。

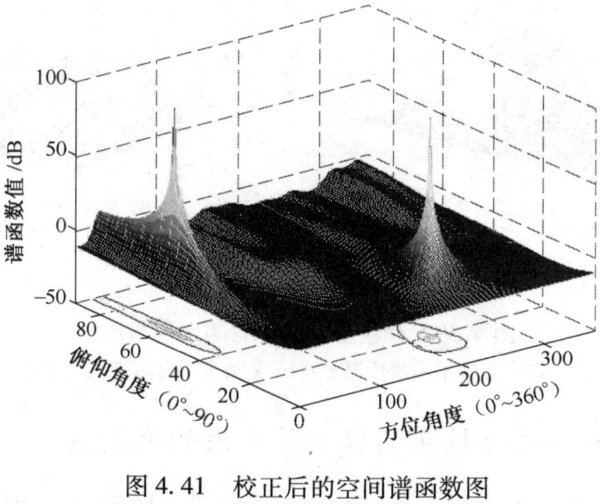

图 4.41　校正后的空间谱函数图

从实验 4.24 和实验 4.25 的仿真结果可以看出,本书提出的通道幅度和相位不一致性校正的辅加阵元法,可以有效校正均匀线阵和平面阵列通道中幅度和相位不一致性的系统误差。该方法适用于任意形状的天线阵列,并且具有算法简单、基本不增加系统的复杂度、便于操作、易于工程实现等优点。因此该方法具有一定的实际应用价值。

4.6.3.3 阵元位置误差对测向性能的影响

实验 4.26 阵元位置误差对一维 DOA 估计的影响。针对 6 元均匀线性阵列，理想的阵元间距为 0.5λ，但是由于安装等原因导致实际的阵元位置存在扰动，假设 X 轴方向的扰动在[0,0.2λ]范围内随机选取，Y 轴方向的扰动在[-0.2λ,0.2λ]范围内随机选取，两个互不相干的窄带远场信号分别从 20°和 50°方向入射到天线阵列，信号频率为 5GHz，信噪比为 20dB，采样快拍数为 100，仿真得到的空间谱图如图 4.42(a)所示，存在位置误差时估计的信号到达角分别为 24°、54°，从 DOA 估计结果可以看出，此时 DOA 的估计值与真实值之间存在 4°的偏差。

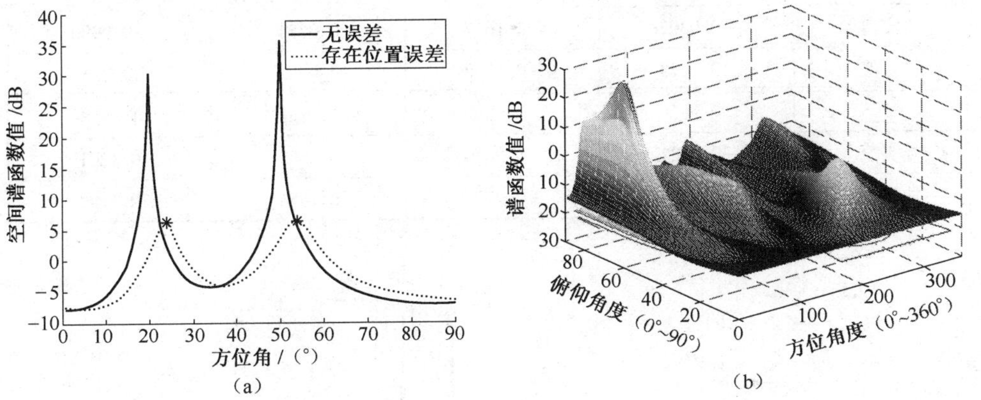

图 4.42 位置误差对测向结果的影响
(a) 均匀线阵；(b) 平面阵列。

实验 4.27 针对实际系统中采用的 6 阵元不规则平面阵，在理想阵元位置坐标上添加位置扰动误差，x 轴、y 轴、z 轴方向上的扰动都在[-0.2λ,0.2λ]范围内随机选取，信号频率为 5GHz，两个远场窄带不相干信号入射角度分别为(30°,60°)、(220°,20°)，信噪比为 25dB，采样快拍数为 100，图 4.42 (b)为存在位置误差下的空间谱图，此时估计得到的信号 DOA 估计值分别为(28°,69.5°)、(30°,68.5°)。

从实验 4.26 和实验 4.27 的仿真结果可以看出，阵元位置误差对测向性能的影响较大，不仅影响测角精度带来角度估计的偏差，而且会影响对多个目标的分辨率，严重的情况下甚至会导致算法完全失效。

4.6.3.4 基于遗传算法的阵元位置误差校正方法的性能

实验 4.28 基于遗传算法的阵元位置误差校正方法性能仿真。针对 8 元均匀线阵，阵元间距为 0.5λ，各阵元沿 x 轴排列，第一个阵元位于坐标原点处，对阵元位置在 y 轴方向上引入随机的位置扰动误差，设误差在[-0.2λ,0.2λ]内随机选取,采用本书提出的基于遗传算法的阵元位置误差校正方法对位置误差进行估计。设单个信号源以60°的方位角入射到天线阵列,信噪比为10dB,采样快拍数为100,由于单次估计结果具有随机性,因此进行50次实验,取50次实验结果的平均值作为最终位置误差的估计结果。阵元y轴的真实值与估计值如表4.4所列,信号方位角的估计值与真实值一致,都为60°。从表4.4中可以看出,本书提出的算法具有较高的估计精度,最大偏差为0.0028λ。图4.43显示了存在阵元位置误差时对两个目标估计的空间谱函数图和采用本书方法校正后的谱函数图,这两个目标的入射角度分别为50°和60°,从图4.43中可以看出校正后的谱峰十分尖锐,本书方法可以有效地校正阵元位置误差。

表4.4 阵元y轴的真实值与估计值(单位:波长)

	阵元1	阵元2	阵元3	阵元4
真实值	-0.0302	-0.1667	0.0354	-0.0990
估计值	-0.0273	-0.1638	0.0382	-0.0962
	阵元5	阵元6	阵元7	阵元8
真实值	-0.1031	-0.0730	0.1639	0.1201
估计值	-0.1003	-0.0702	0.1668	0.1229

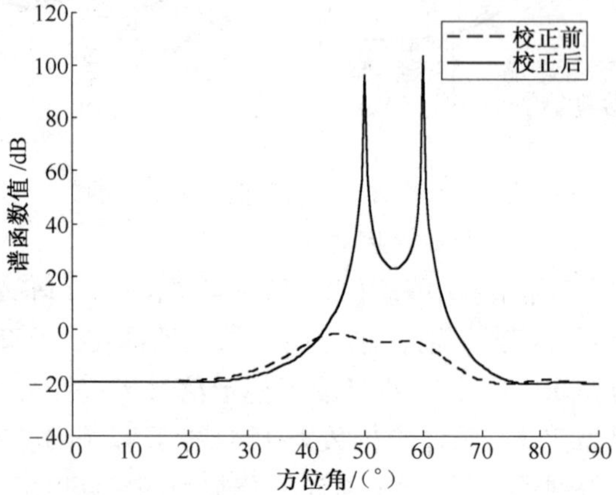

图4.43 本书方法校正前和校正后的谱函数曲线

4.6.4 实测数据测试及结果分析

实验4.29 阵列天线通道不一致性校正的辅加阵元法有效性的实测数据验证。在实际的6阵元测向系统中,验证本书提出的通道不一致性校正算法的有效性,6个阵元的坐标分别为(-10,50,0)、(-10,10,10)、(-10,-50,0)、(-50,10,0)、(-50,10,)、(38,-35,0),坐标单位为mm。由于系统中有六个中射频微波通道,每个通道设有多个混频器、放大器和滤波器,这些器件的性能不可能做到完全一致，各通道间难以避免地存在幅度增益和相位偏移不一致性误差，为了保证测向结果的准确性，采用了本书提出的阵列天线通道不一致性校正的辅加阵元法对通道中的幅度增益和相位偏移不一致性误差进行校正。图4.44和图4.45分别为校正前和校正后的空间谱函数图，从图4.44中可以看出，校正前空间谱的谱峰比较平坦，而在图4.45中，校正后空间谱的谱峰十分尖锐，校正后的谱峰比校正前的谱峰高40dB。从DOA的估计结果看，校正前的DOA估计值为(262°,81.5°)，校正后的DOA估计值为(248°,83.5°)。

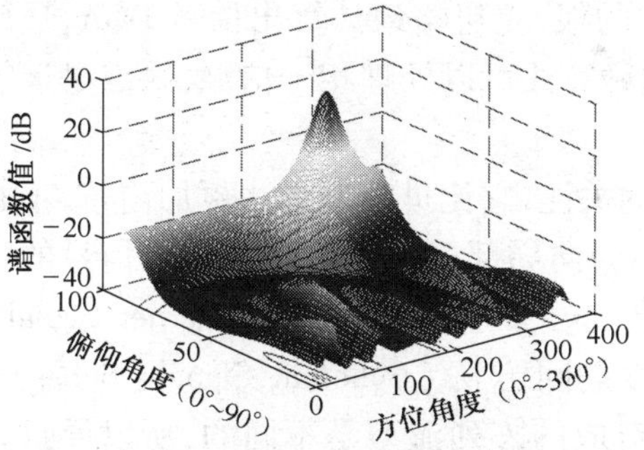

图4.44 存在通道误差时的空间谱图

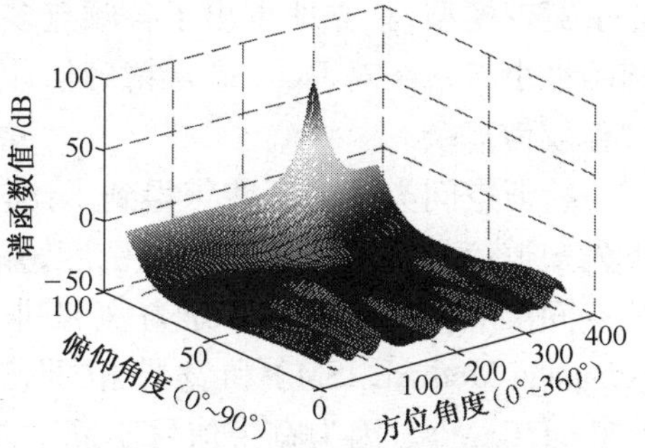

图4.45 本书方法校正后的空间谱图

针对阵列天线中普遍存在的通道幅度和相位增益不一致性误差以及阵元位置误差，首先给出了存在误差情况下的阵列接收信号模型，分析了误差对测角性能的影响，然后根据具体的实际应用提出了通道幅度和相位增益不一致性校正的辅加阵元法以及基于遗传算法的阵元位置误差校正算法，这两种算法都适用于任意形状的天线阵列，其中通道不一致性校正的辅加阵元法还具有计算复杂度小、算法简单、易于工程实现等优点；基于遗传算法的阵元位置误差校正方法的计算量较大，但是实际应用中阵元位置误差的校正可以在测角运算之前离线完成。最后对这两种方法进行了计算机仿真实验和实测数据验证，实验结果表明了算法的有效性。

4.7 宽带相干信号测向技术

4.7.1 概述

4.7.1.1 宽带相干信号DOA估计研究现状

窄带信号DOA估计技术有很多种方法，它们为宽带信号DOA估计提供了很大的帮助。宽带信号DOA估计方法大致有两类：第一类是特征空间方法；第二类是贝叶斯方法。

贝叶斯方法建立在统计理论的基础上，最常用的是最大似然，估计，它是已知白噪声背景下的最优估计。Alex等人在宽带多项式信号前提下，对信号DOA进行了最大似然估计,推导出了克拉美罗界,鉴于 ML 方法的计算量很大,他使用了三维优化的方法。Cadalli 等人提出了正则化最小二乘法结合期望最大化方法计算信号角度,采用树结构来映射数据,这种算法比以往的树结构算法的估计性能更加良。Dron 等人针对一些噪声统计特性先验知识下的确定 ML 估计因子,论述了宽带 DOA 估计的渐进性。Agrawal 等人在迭代二次型最大似然估计(IQML)算法的基础上,提出了一种基于 ML 准则的宽带信号 DOA 估计算法,它首先将宽带信号分割成为一些窄带信号,然后分别处理再求和,他在窄带 ARMA 模型的基础上建立了宽带模型,独立地求出了各频点多项式的根,先粗略地计算出信号 DOA,最后利用最小二乘法对 DOA 进行精确估计。这种算法可以处理相干信源,缺点是运算过程较为复杂。

特征空间类算法近些年得到了比较多的关注,它比贝叶斯方法更加简单,不必事先知道信号源的联合功率谱密度,并且不会向局部极值点收敛。宽带信号的特征空间类估计算法主要分为宽带非相干信号子空间方法(Incohernet Signal-Subspace Method, ISM)和宽带相干信号子空间方法(Coherent Signal-Subspace Method, CSM)。因为宽带信号不同的频率对应的阵列流型是不同的,所以导致不同频率下的信号子空间也不相等,因而对宽带信号就不能直接采取窄带信号的那些 DOA 估计算法。ISM 方法首先将宽带信号进行分割,使之变为了一些窄带信号进行运算,再把每个窄带的处理结果综合起来作为最后的 DOA 估计。由于这种方法在各个窄带上只是使整个频带内的一部分信息得到了利用,所以估计精度和分辨力受到了限制,还不能处理相干信源。CSM 方法利用了"聚焦"(focusing)的思想,把不同频率上的信息聚焦到了一个频率上,再对各子带的数据协方差矩阵取均值,求解出聚焦后的平均协方差矩阵,再利用窄带估计的方法估计出信号方向。

CSM 方法的估计精度高于 ISM 类方法,而且对相干信号也能进行有效的估计。不足之处在于它往往需要对信号角度进行预估计,所以它受角度预估计的影响较大。为了改善 CSM 算法的性能,许多专家学者对它进行了改进,Wang 等人提出可以用三种方法来得到聚焦矩阵:如果信源的角度都在一个小的区间里,就选取较为简易的对角阵作为聚焦矩阵;假设信源显得分散,聚焦矩阵则采用虚拟方向矢量来构造;假如把虚拟方向矢量矩阵的一些列设成零,那么又可以得到一种计算简单的聚焦矩阵。由于 CSM 方法在对带宽内所有频点聚焦后的协方差矩阵求和过程中恢复了矩阵的秩,所以可以利用这一特点来求解相干信号 DOA。1988 年,Hung 指出 CSM 算法不是一致性估计,当信号频带增宽时,估计误差会随着变大,他分析了聚焦前后的信噪比,进而提出了一个概念——聚焦增益,并指出这个物理量不大于 1;如果聚焦矩阵是一个酉阵,那么聚焦增益等于 1,这种情况下聚焦过程不存在信噪比损失。基于此,Hung 想出了 RSS 方法(Rotational Signal-Subspace)。1989 年,Sivanand 以最小二乘准则和泰勒级数为基础,提出了一种时域相干信号处理算法,同时论述了延时线以及多信道 FIR 滤波器方法。

Bienvenu 等学者在同一年提出用相关内插(Coherent Interpolation,CI)的方法处理宽带信号,他首先把各通道接收数据采取插值运算得到若干虚拟阵列,每一个虚拟阵列都对应一个频率,再变换各个虚拟阵元的距离直到使每个虚拟阵列的阵列流型都相等,再求出所有虚拟阵列协方差矩阵的平均值得到一个最终矩阵,再对它运用窄带测向方法求出最后结果。如果信号与阵列法线的夹角增大,这种算法的估计精度会降低,针对这个问题,有的文献提出了一种空域相移的方法,经过改进,算法误差有了一定的减小。Krolik 等人在 1990 年提出了空间重采样的宽带 DOA 估计方法,它也是基于相关内插法,但他在构造虚拟阵元时使用了基于低通滤波器的空间重采样的办法。接着他以最小化重采样误差为准则推导了聚焦矩阵,并分析了它的性能。1993 年,Friedlander 也利用插值的技术得到了虚拟阵列并进行了应用。2007 年,赵春晖教授想出了基于快速傅里叶变换的空间重采样方法。CSM 方法都是利用每一个频率对应的阵列流型矩阵和参考频率对应的阵列流型矩阵之间的联系来推导聚焦矩阵的。1992 年,Dron 提出了信号子空间变换方法(Signal - Subspace Transformation,SST),并且发现假如聚焦矩阵 $\boldsymbol{T}$ 满足 $\boldsymbol{T}^{\mathrm{H}}\boldsymbol{T}$ 与频率无关,那么聚焦过程无信噪比损失。根据这个结论,Valaee 在 1999 年基于总体最小二乘准则(TLS)法实现了聚焦,得到了 TLS - CSM 方法和 LS - CSM 方法,它们在构造聚焦矩阵时利用了矩阵间的旋转关系。在矩阵聚焦过程中,不可避免地存在拟合误差,为了减小这个量,Valaee 在 1995 年提出了 TCT(Two-sided Correlation Transformation)方法,这种方法实质上是通过信号带宽内各频率点对应阵列流型矩阵的双边变换与参考频率点处的阵列流型矩阵的 Frobenius 范数最小化来构建聚焦矩阵,TCT 方法比 RSS、SST 的拟合误差都小。

1998 年,雷中定等学者基于最小二乘估计,在构建聚焦矩阵时提出了一致性聚焦,并对此做出了诠释:对于已知的频率点和参考频率点,存在着矩阵,它可以把任意角度和各已知频率点对应的阵列流型矩阵转换到任意角度和参考频率点对应的阵列流型矩阵,即在一定的范围内,一致性聚焦变换不随角度变化,同时他给出了聚焦矩阵的解。

有的文献在聚焦时采用了恒定束宽波束形成技术,在不需要知道信号数目的前提下可以估计相干信号,而且计算量并不太大。也有的文献采用分数低阶矩原理对信号进行能量聚焦,在分数阶傅里叶域采取空间平滑技术求解出宽带线性调频相干信号的二维 DOA,避免了交叉项干扰,还可以自动对参数进行配对。有文献把宽带信号分割成了几个窄带信号,然后对各个窄带信号采用空间平滑算法,再把它们进行聚焦重构,最终对它们取平均。也有文献结合正交投影技术对角度进行扫描,回避了 DOA 预估计和信号个数估计,增强了处理实时性。

4.7.1.2 宽带相干信号 DOA 估计方法

宽带 DOA 估计算法是以窄带 DOA 估计作为基础。当前有两种比较经典的算法:极大似然估计算法(MLM)和信号子空间算法(SSM),信号子空间算法又分为非相干子空间法(ISM)和相干子空间法(CSM)。本章主要是对 CSM 算法的研究,它是由 Wang 和 Kaveh 首先提出的,首先将宽带阵列信号通过快速傅里叶变换(FFT)变换成若干个不同频率的窄带数据,求出对应的协方差矩阵后,利用聚焦矩阵将它们变换到一个选好的固定频率上,再将所有变换后的矩阵求平均,然后利用窄带算法计算出宽带信号的 DOA。

CSM 算法的关键在于构建出合理的聚焦矩阵,因为 DOA 的估计性能直接受到它的影响,然而求解聚焦矩阵通常比较费时,而且还会伴随着一些误差。为了在减小求解聚焦矩阵计算量的同时保持 DOA 的估计精度,本章对 TCT 方法进行了改进,提出了基于信号子空间的宽带信号 DOA 估计算法,在保证算法性能的基础上降低了聚焦过程的计算量,减少了运算时间。

基于 CSM 的宽带相干源 DOA 估计方法,从其分辨相干信号的实质开始,分析了聚焦频率、聚焦矩阵的形式等因素对算法性能的影响,并给出了最佳频率的选择方法和最佳聚焦矩阵的构造准则,然后对 TCT 算法进行了改进,得到了一种快速求解聚焦矩阵的方法。该方法直接由信号子空间构造聚焦矩阵,不必估计噪声相关矩阵,降低了运算量,实现了算法的快速处理,并且适合于任意阵列。

4.7.2 宽带信号阵列模型

4.7.2.1 宽带信号的定义

宽带信号和窄带信号是相对的,不满足窄带信号条件的称作宽带信号,若信号带宽为 $\boldsymbol{B}$,时宽为 T,中心频率为 f_0,则窄带信号的定义如下:

定义 1 $B \ll f_0$,即相对带宽 $\frac{B}{f_0} \ll 1$,一般 $\frac{B}{f_0} < 0.1$。

定义 2 $\frac{2v}{c} \ll \frac{1}{TB}$,其中 v 为阵列与目标的相对径向运动速度;c 为信号在介质中的传播速度。

定义 3 $\frac{(N-1)d}{c} \ll \frac{1}{B}$,其中 N 为阵元数目;d 为阵元间距。

定义 4 阵列协方差矩阵在无噪声时的第二大特征值小于噪声功率。

定义 1 是一种最直接的定义,也诠释了为什么窄带实信号能够表示为其复解析形式,在很多文献资料中,都用它来确定一个信号是否是窄带的。定义 2 所述为在信号的持续时间 T 内,假如目标相对于信号的距离分辨率没有明显的位移,那么信号可看做是窄带的。定义 4 所述信号源数目和信号协方差矩阵的较大特征值数目相等。实际上,宽带信号的定义并不是绝对的,对于不同的应用环境,窄带信号应该使用不同的定义。在阵列信号处理中,通常采取定义 1、定义 3 和定义 4,不符合这些定义的信号就是宽带信号。

4.7.2.2 宽带阵列信号模型

在阵列信号处理中,窄带信号和宽带信号都有一个共同的特点,那就是各个阵元接收的信号等于所有信号在这个阵元上的叠加。对于信号在不同阵列上的延时,窄带信号的表达式体现为相移,可以写成向量的形式。然而,由于宽带信号的频率在变化,所以不能像窄带信号那样简单地表达,因此必须对它重新建立模型。

对宽带信号建立模型需要考虑两个问题:①可以认为宽带信号是由带宽内各个频点上对应的窄带信号合并得到,可以利用不同的窄带带通滤波器来获得任何一个窄带信号,然后再对各个窄带信号建模;②可以先把宽带信号变换到频域,按照窄带方法对每一个离散频点建立模型。这两种办法实质上是一样的,都是把宽带变为窄带进行处理,鉴于快速傅里叶变换方法在速度上占有优势,所以常常考虑在频域上进行处理。

考虑有 M 个全向阵元构成了一个天线阵列,有 K 个远场信号入射到阵列上,噪声为零均值、方差为 σ^2 的高斯白噪声,则第 m 个阵元所接收到的信号可以表示为

$$x_m(t) = \sum_{k=1}^{K} s_k(t - \tau_{mk}) + n_m(t) \quad (m = 1,2,\cdots,M) \tag{4.240}$$

则在 t 时刻阵列的矩阵形式为

$$\boldsymbol{X}(t) = \begin{bmatrix} \sum_{k=1}^{K} s_k(t - \tau_{1k}) \\ \sum_{k=1}^{K} s_k(t - \tau_{2k}) \\ \sum_{k=1}^{K} s_k(t - \tau_{Mk}) \end{bmatrix} + \begin{bmatrix} n_1(t) \\ n_2(t) \\ \vdots \\ n_M(t) \end{bmatrix} \tag{4.241}$$

式(4.241)为时延形式,窄带信号及宽带信号都适用此式。

假设窄带信号中心频率为 f_0,那么,阵列输出能够用它的解析形式表示。可以用相移来表达信号的延时,即假如实信号 $s_k(t)$ 的解析信号为 $\tilde{s}_k(t)$,那么,$s_k(t+\tau)$ 的解析信号为 $\tilde{s}(t)\mathrm{e}^{\mathrm{j}2\pi f_0\tau}$。这个关系的成立有一个前提,那就是信号带宽的倒数比信号在天线阵列上的最大延迟大得多,信号包络在阵列上的延迟能够被忽略。阵列输出的矩阵表达式如下:

$$\boldsymbol{X}(t) = \boldsymbol{A}(\theta,\phi)\boldsymbol{S}(t) + \boldsymbol{N}(t) \tag{4.242}$$

式中:$\boldsymbol{X}(t)$ 为 $M\times1$ 维的阵列输出向量;$\boldsymbol{N}(t)$ 为 $M\times1$ 维的噪声向量。

$$\boldsymbol{X}(t) = [x_1(t), x_2(t), \cdots, x_M(t)]^{\mathrm{T}} \tag{4.243}$$

$$\boldsymbol{N}(t) = [n_1(t), n_2(t), \cdots, n_M(t)]^{\mathrm{T}} \tag{4.244}$$

$\boldsymbol{S}(t)$为$K\times1$维的信号矢量,即

$$\boldsymbol{S}(t)=[s_1(t),s_2(t),\cdots,s_K(t)]^{\mathrm{T}} \tag{4.245}$$

$\boldsymbol{A}(\theta,\phi)$为$M\times K$维的方向矩阵,即

$$\boldsymbol{A}(\theta,\varphi)=[\boldsymbol{a}(\theta_1,\varphi_1),\boldsymbol{a}(\theta_2,\varphi_2),\cdots,\boldsymbol{a}(\theta_K,\varphi_K)] \tag{4.246}$$

$\boldsymbol{a}(\theta_k,\phi_k)$为信号的方向矢量,即

$$\boldsymbol{a}(\theta_k,\varphi_k)=[\mathrm{e}^{\mathrm{j}2\pi f_0\tau_{1k}},\mathrm{e}^{\mathrm{j}2\pi f_0\tau_{2k}},\cdots,\mathrm{e}^{\mathrm{j}2\pi f_0\tau_{Mk}}]^{\mathrm{T}} \tag{4.247}$$

阵列的协方差矩阵为

$$\boldsymbol{R}=\mathrm{E}[\boldsymbol{X}(t)\boldsymbol{X}^{\mathrm{H}}(t)]=\boldsymbol{A}\boldsymbol{R}_{\mathrm{S}}\boldsymbol{A}^{\mathrm{H}}+\sigma^2\boldsymbol{I} \tag{4.248}$$

式中:$\boldsymbol{R}_{\mathrm{S}}=\mathrm{E}[\boldsymbol{S}(t)\boldsymbol{S}^{\mathrm{H}}(\mathrm{t})]$为信号协方差矩阵;$\mathrm{E}[\boldsymbol{X}]$表示为对一个随机变量$\boldsymbol{X}$取期望;上标H表示复共轭转置。

从式(4.242)可以看出,窄带信号的输出矩阵可用相移矩阵及信号矩阵的乘积来表示,窄带信号的子空间类DOA估计算法都是建立在这个阵列模型上的。然而,宽带信号的包络$s_k(t)$的变化涉及信号的瞬时频率,使不同阵元上信号包络在同一时刻有着很大不同,即不能再忽略各个阵列接收信号复包络的差异,$s_k(t+\tau)\approx\tilde{s}_k(t)\mathrm{e}^{\mathrm{j}2\pi f_0\tau}$不再成立,式(4.242)不能再表示宽带信号的阵列模型。

为了建立起与式(4.242)类似的宽带信号阵列模型,必须在频域上考虑天线阵列输出的表达式。对第m个阵元的输出进行DFT,可得在频域上的阵列输出表达式:

$$x_m(f)=\sum_{k=1}^{K}s_k(f)\mathrm{e}^{\mathrm{j}2\pi f\tau_{mk}}+n_m(f) \tag{4.249}$$

如此就可以把宽带信号写成频域包络矩阵乘以相位时延矩阵,然而这时的相位延时不单涉及阵元位置及信号的DOA,还涉及信号的瞬时频率,所以在频域上阵列输出的表达式为

$$\boldsymbol{X}(f)=\boldsymbol{A}(f)\boldsymbol{S}(f)+\boldsymbol{N}(f) \tag{4.250}$$

式中:$\boldsymbol{X}(f)$,$\boldsymbol{S}(f)$,$\boldsymbol{N}(f)$分别对应$\boldsymbol{X}(t)$,$\boldsymbol{S}(t)$,$\boldsymbol{N}(t)$在频域上的矢量,此时信号的方向矩阵$\boldsymbol{A}(f)$由信号的方向、频率以及阵元位置决定。设阵列信号的采样点数为N,信号的采样频率为f_s,则对阵列输出进行DFT后,各离散点对应的频率$f_n=nf_s/N(n=0,1,\cdots,N-1)$,因此阵列的采样输出也可表示为

$$\boldsymbol{X}(f_n)=\boldsymbol{A}(f_n)\boldsymbol{S}(f_n)+\boldsymbol{N}(f_n)\,(n=0,1,\cdots,N-1) \tag{4.251}$$

式中的方向矩阵$\boldsymbol{A}(f_n)$由下式确定

$$\boldsymbol{A}(f_n)=[\boldsymbol{a}(f_n,\theta_1,\varphi_1),\boldsymbol{a}(f_n,\theta_2\varphi_2),\cdots,\boldsymbol{a}(f_n,\theta_K,\varphi_K)]$$

$$=\begin{bmatrix}1 & \cdots & 1\\ \mathrm{e}^{\mathrm{j}2\pi f_n\tau_{21}} & \cdots & \mathrm{e}^{\mathrm{j}2\pi f_n\tau_{2K}}\\ \vdots & & \vdots\\ \mathrm{e}^{\mathrm{j}2\pi f_n\tau_{M1}} & \cdots & \mathrm{e}^{\mathrm{j}2\pi f_n\tau_{MK}}\end{bmatrix}_{M\times K} \tag{4.252}$$

一般称向量 $\boldsymbol{a}(f_n,\theta_k,\phi_k)$ 为阵列对方向 (θ_k,ϕ_k) 入射的宽带信号在频率点 f_n 的方向向量。对比式(4.246)和式(4.252)可知,时域上的窄带信号阵列模型与宽带信号的频域阵列模型非常相像,所以宽带 DOA 估计就可以利用许多窄带信号的处理方法。其中经常用到的处理对象就是各个频点的信号协方差矩阵,$\boldsymbol{X}(f_n)$ 的协方差矩阵为

$$\begin{aligned}\boldsymbol{R}(f_n)&=\boldsymbol{A}(f_n)\mathrm{E}[\boldsymbol{S}(f_n)\boldsymbol{S}^{\mathrm{H}}(f_n)]\boldsymbol{A}^{\mathrm{H}}(f_n)+\sigma^2\boldsymbol{I}\\&=\boldsymbol{A}(f_n)\boldsymbol{R}_{\mathrm{S}}(f_n)\boldsymbol{A}^{\mathrm{H}}(f_n)+\sigma_n^2\boldsymbol{I}\end{aligned}\tag{4.253}$$

式中:$\boldsymbol{R}_{\mathrm{S}}(f_n)=\mathrm{E}[\boldsymbol{S}(f_n)\boldsymbol{S}^{\mathrm{H}}(f_n)]$ 为信号源在频率 f_n 处的协方差矩阵。

类似于窄带信号的 DOA 估计算法,可以把宽带信号的协方差矩阵 $\boldsymbol{R}(f_n)$ 进行特征分解,得到各频点的信号子空间及噪声子空间,再利用它们之间的正交性异或采用一些阵列的平移不变性来得到该信号的 DOA。

4.7.3 基于相干信号的处理方法

4.7.3.1 CSM 方法的基本原理

将宽带信号的阵列输出在时域上分成互不重叠的 K 段,对每段数据做快速傅里叶变换,在带宽内可以得到 J 个频率的窄带信号,则第 $k(k=1,2,\cdots,K)$ 段观测数据在离散频率点 $f_j(j=1,2,\cdots,J)$ 上的阵列输出向量为

$$\boldsymbol{X}_k(f_j)=\boldsymbol{A}(f_j,\theta,\phi)\boldsymbol{S}(f_j)+\boldsymbol{N}(f_j)\tag{4.254}$$

因此,在频率点 f_j 下阵列的协方差矩阵可以用下式估计:

$$\boldsymbol{R}(f_j)=\frac{1}{K}\sum_{k=1}^{K}\boldsymbol{X}_k(f_j)\boldsymbol{X}_k^{\mathrm{H}}(f_j)=\boldsymbol{A}(f_j,\theta,\phi)\boldsymbol{R}_{\mathrm{S}}(f_j)\boldsymbol{A}^{\mathrm{H}}(f_j,\theta,\phi)+\boldsymbol{R}_{\mathrm{N}}(f_j)\tag{4.255}$$

为了能使所有频率下的信息得到利用,必须将所有频率点的协方差矩阵 $\boldsymbol{R}(f_j)$ 结合起来,再利用窄带 DOA 估计算法。然而由于方向矩阵 $\boldsymbol{A}(f_j,\theta,\phi)$ 在不同频率点下是不同的,所以不能直接将 $\boldsymbol{R}(f_j)(j=1,2,\cdots,J)$ 进行相加。所以需要将各个频点下的 $\boldsymbol{A}(f_j,\theta,\phi)$ 变换到同一个频率点 f_0 上来。

因为 $\boldsymbol{A}(f_j,\theta,\phi)$ 在不同频率点下的秩均等于信号的个数 D,所以可以找到一个 $M\times M$ 维的非奇异矩形 $\boldsymbol{T}(f_j)$,使其满足

$$\boldsymbol{T}(f_j)\boldsymbol{A}(f_j,\theta,\phi)=\boldsymbol{A}(f_0,\theta,\phi)\tag{4.256}$$

式中:M 为阵元数;$\boldsymbol{T}(f_j)$ 为聚焦矩阵。用聚焦矩阵对式(4.254)进行聚焦变换,得

$$\boldsymbol{T}(f_j)\boldsymbol{X}(f_j)=\boldsymbol{A}(f_0,\theta,\phi)\boldsymbol{S}(f_j)+\boldsymbol{T}(f_j)\boldsymbol{N}(f_j)\tag{4.257}$$

由式(4.257)可知,经过聚焦变换处理,所有频率点对应的方向矩阵有着相同的频率信息,这样一来就可以把聚焦后的所有信号协方差矩阵相加,即

$$\boldsymbol{R}=\boldsymbol{A}(f_0,\theta,\phi)\overline{\boldsymbol{R}}_{\mathrm{S}}\boldsymbol{A}^{\mathrm{H}}(f_0,\theta,\phi)+\boldsymbol{R}_{\mathrm{N}}\tag{4.258}$$

式中:$\overline{\boldsymbol{R}}_{\mathrm{S}}$ 为各频点内的信号协方差矩阵的和;$\boldsymbol{R}_{\mathrm{N}}$ 为各频点内的噪声协方差矩阵的

和，即

$$\overline{\boldsymbol{R}}_{\mathrm{S}} = \sum_{j=1}^{J} \boldsymbol{R}_{\mathrm{S}}(f_j) \tag{4.259}$$

$$\boldsymbol{R}_{\mathrm{N}} = \sum_{j=1}^{J} \boldsymbol{T}(f_j)\boldsymbol{R}_{\mathrm{N}}(f_j)\boldsymbol{T}^{\mathrm{H}}(f_j) \tag{4.260}$$

经过聚焦变换，$\boldsymbol{R}$ 包含所有信号的参量信息，之后就可以采用窄带 DOA 估计算法。

4.7.3.2 CSM 方法分辨相干信号

假设有两个宽带相干信号 $s_1(t)$ 和 $s_2(t)$，并且 $s_2(t)=s_1(t-t_0)$ 分别来自两个不同的方向 θ_1 和 θ_2，令 $\boldsymbol{s}(t)=\begin{bmatrix} s_1(t) \\ s_2(t) \end{bmatrix}$，则相关函数矩阵为

$$\boldsymbol{R}_{\mathrm{S}}(\tau)=E\{\boldsymbol{s}(t)\boldsymbol{s}^{\mathrm{T}}(t-\tau)\}=\begin{bmatrix} R_1(\tau) & R_1(\tau+t_0) \\ R_1(\tau-t_0) & R_1(\tau) \end{bmatrix} \tag{4.261}$$

式中：$R_1(\tau)$ 为 $s(t)$ 的自相关函数。对式(4.261)做傅里叶变换，得

$$\boldsymbol{P}_{\mathrm{S}}(f)=\begin{bmatrix} P_1(f) & P_1(f)\exp(\mathrm{j}2\pi f t_0) \\ P_1(f)\exp(-\mathrm{j}2\pi f t_0) & P_1(f) \end{bmatrix} \tag{4.262}$$

当 $t_0\neq 0$，即 $s_2(t)$ 不等于 $s_1(t)$ 时，对式(4.262)进行积分，得

$$\int \boldsymbol{P}_{\mathrm{S}}(f)\,\mathrm{d}f = \boldsymbol{R}_{\mathrm{S}}(0) = \begin{bmatrix} R_1(0) & R_1(t_0) \\ R_1(-t_0) & R_1(0) \end{bmatrix} \tag{4.263}$$

通常，式(4.263)所示的矩阵非奇异，即求出各个频率对应的信号功率谱密度矩阵的平均，可使信号之间的相关性减弱，从而恢复了信号协方差矩阵的秩，实现了解相干。这种方法使宽带信号的时间带宽积特性得到了发挥，没有使阵列的孔径受到损失。

4.7.3.3 双边相关变换算法

双边相关变换(TCT)算法选择聚焦矩阵时，利用了各频率点无噪声数据之间的关系。令 $\boldsymbol{T}(f_j)$ 为变换矩阵，有

$$\boldsymbol{T}(f_j)\boldsymbol{A}(f_j)\boldsymbol{S}(f_j)=\boldsymbol{A}(f_0)\boldsymbol{S}(f_0) \tag{4.264}$$

由于没有办法直接得到信号的数据矢量 $\boldsymbol{S}(f_j)$，将式(4.264)两边各取协方差矩阵，得

$$\boldsymbol{T}(f_j)\boldsymbol{P}(f_j)\boldsymbol{T}^{\mathrm{H}}(f_j)=\boldsymbol{P}(f_0) \tag{4.265}$$

式中

$$\boldsymbol{P}(f_j)=\boldsymbol{A}(f_j)\boldsymbol{R}_{\mathrm{S}}(f_j)\boldsymbol{A}^{\mathrm{H}}(f_j) \tag{4.266}$$

信号协方差矩阵为

$$\boldsymbol{R}_{\mathrm{S}}(f_j)=\boldsymbol{S}(f_j)\boldsymbol{S}^{\mathrm{H}}(f_j) \tag{4.267}$$

考虑到误差的影响，式(4.267)可进一步改进成拟合的形式，即

$$\min_{T(f_j)} \| \boldsymbol{P}(f_0) - \boldsymbol{T}(f_j)\boldsymbol{P}(f_j)\boldsymbol{T}^{\mathrm{H}}(f_j) \|_F (j=1,2,\cdots,J) \tag{4.268}$$

式中：$\|\cdot\|_{\mathrm{F}}$ 为 Frobenius 模。另外，对式(4.268)中的聚焦矩阵添加以下的归一化约束：

$$\boldsymbol{T}^{\mathrm{H}}(f_j)\boldsymbol{T}(f_j)=\boldsymbol{I} \tag{4.269}$$

由式(4.269)可知，TCT 算法的核心是在式(4.269)的约束下，找到宽带各个频率点与参考频率点的关系 $\boldsymbol{T}(f_j)$，并使得式(4.268)最小。文献[109]给出了一个解，即

$$\boldsymbol{T}(f_j)=\overline{\boldsymbol{Q}}(f_0)\overline{\boldsymbol{Q}}^{\mathrm{H}}(f_j) \tag{4.270}$$

式中：$\overline{\boldsymbol{Q}}(f_0)$，$\overline{\boldsymbol{Q}}^{\mathrm{H}}(f_j)$ 为各列相互正交的 $M\times M$ 维矩阵，分别为 $\boldsymbol{P}_0$、$\boldsymbol{P}_j$ 的特征向量。

由于 $\boldsymbol{P}_0$、$\boldsymbol{P}_j$ 是阵列输出数据去噪声后的协方差矩阵，实际中某频点上的信号协方差矩阵可按照式(4.271)来获取，称 $\hat{\boldsymbol{R}}_{\mathrm{S}}(f_j)$ 为聚焦相关矩阵：

$$\hat{\boldsymbol{R}}_{\mathrm{S}}(f_j)=(\boldsymbol{A}_j^{\mathrm{H}}\boldsymbol{A}_j)^{-1}\boldsymbol{A}_j^{\mathrm{H}}\boldsymbol{P}_j\boldsymbol{A}_j(\boldsymbol{A}_j^{\mathrm{H}}\boldsymbol{A}_j)^{-1} \tag{4.271}$$

某频率点上去噪后的数据协方差矩阵可根据式(4.272)获得，即

$$\boldsymbol{P}_j=\boldsymbol{R}_j-\sigma_j^2\boldsymbol{I} \tag{4.272}$$

对频率点 f_j 的数据协方差矩阵小特征值取平均即可得到 σ_j^2，实际应用时，往往用最小特征值来替代。

对于 TCT 算法而言，聚焦过程与数据矩阵 $\boldsymbol{P}_0$ 有关，而 $\boldsymbol{P}_0$ 是信号的 DOA 和聚焦频率 f_0 和聚焦相关矩阵 $\boldsymbol{R}_{\mathrm{S}}(f_0)$ 的函数。文献[121]给出：

$$\boldsymbol{R}_{\mathrm{S}}(f_0)=\frac{1}{J}\sum_{j=1}^{J}\boldsymbol{R}_{\mathrm{S}}(f_j) \tag{4.273}$$

$$\boldsymbol{P}_0=\boldsymbol{A}_0\boldsymbol{R}_{\mathrm{S}}(f_0)\boldsymbol{A}_0^{\mathrm{H}} \tag{4.274}$$

参考频率点 f_0 的选择和对应的聚焦相关矩阵 $\boldsymbol{R}_{\mathrm{S}}(f_0)$ 的选择对 TCT 算法相当重要。文献[124]同样给出了参考频率的选取准则：

$$\min_{f_0}\sum_{i=1}^{D}\left|\sigma_i(\boldsymbol{P}_0)-\frac{\mu_i}{J}\right|^2 \tag{4.275}$$

式中：

$$\mu_i=\sum_{j=1}^{J}\sigma_i(\boldsymbol{P}_j) \tag{4.276}$$

下面总结一下 TCT 算法估计 DOA 的步骤：

(1) 通过式(4.275)选择参考频率 f_0。

(2) 根据阵列的接收数据得出各频率点下的 $\boldsymbol{R}_j$，然后对其进行去噪。

(3) 对去噪后的数据协方差矩阵 $\boldsymbol{P}_j$ 进行特征分解，采用式(4.270)构造各频率点的聚焦矩阵 $\boldsymbol{T}(f_j)$。

(4) 根据聚焦变换得出单一频率点 f_0 上的数据协方差阵。

（5）采用窄带 DOA 估计方法求出信号方向。

4.7.4 二维宽带相干信号快速测向算法

根据宽带信号的阵列模型可知，阵列在频率点 f_j 下的协方差矩阵 $\boldsymbol{R}_j$ 可表示为

$$
\begin{aligned}
\boldsymbol{R}_j &= \boldsymbol{A}_j\boldsymbol{R}_{\mathrm{S}j}\boldsymbol{A}_j^{\mathrm{H}}+\sigma_j^2\boldsymbol{I}= \\
&\boldsymbol{U}_j\Sigma_j\boldsymbol{U}_j^{\mathrm{H}}=[\boldsymbol{S}_j][\boldsymbol{G}_j]\Sigma_j\left[\frac{\boldsymbol{S}_j^{\mathrm{H}}}{\boldsymbol{G}_j^{\mathrm{H}}}\right]= \\
&\boldsymbol{S}_j\Sigma_{\mathrm{S}j}\boldsymbol{S}_j^{\mathrm{H}}+\boldsymbol{G}_j\Sigma_{\mathrm{N}j}\boldsymbol{G}_j^{\mathrm{H}}= \\
&\boldsymbol{S}_j\Sigma_{\mathrm{S}j}\boldsymbol{S}^{\mathrm{H}}+\sigma_j^2\boldsymbol{G}_j\boldsymbol{G}_j^{\mathrm{H}}
\end{aligned}
\tag{4.277}
$$

式中：$\boldsymbol{S}_j$ 为 $\boldsymbol{R}_j$ 的信号子空间；Σ_j 为 $\boldsymbol{R}_j$ 的特征值。如果用信号子空间来构造如下的聚焦矩阵 $\boldsymbol{T}(f_j)$，则

$$\boldsymbol{T}(f_j)=\boldsymbol{S}_0\boldsymbol{S}_j^{\mathrm{H}} \tag{4.278}$$

式中：$\boldsymbol{S}_0$ 为聚焦频率 f_0 处的信号子空间，则可得

$$\boldsymbol{T}(f_j)\boldsymbol{R}_j\boldsymbol{T}^{\mathrm{H}}(f_j)=\boldsymbol{S}_0\boldsymbol{S}_j^{\mathrm{H}}\boldsymbol{S}_j\Sigma_{\mathrm{S}i}\boldsymbol{S}_j^{\mathrm{H}}\boldsymbol{S}_j\boldsymbol{S}_0^{\mathrm{H}}+\sigma^2\boldsymbol{S}_0\boldsymbol{S}_j^{\mathrm{H}}\boldsymbol{G}_j\boldsymbol{G}_j^{\mathrm{H}}\boldsymbol{S}_j\boldsymbol{S}_0^{\mathrm{H}} \tag{4.279}$$

根据信号子空间和噪声子空间的性质可得

$$\boldsymbol{G}_j^{\mathrm{H}}\boldsymbol{S}_j=0 \tag{4.280}$$

$$\boldsymbol{S}_j^{\mathrm{H}}\boldsymbol{S}_j=\boldsymbol{I} \tag{4.281}$$

$$\boldsymbol{G}_{\mathrm{j}}^{\mathrm{H}}\boldsymbol{G}_j=\boldsymbol{I} \tag{4.282}$$

所以

$$\boldsymbol{R}=\sum_{j=1}^{J}\boldsymbol{T}(f_j)\boldsymbol{R}_j\boldsymbol{T}^{\mathrm{H}}(f_j)=\sum_{j=1}^{J}\boldsymbol{S}_0\boldsymbol{\Sigma}_{\mathrm{S}j}\boldsymbol{S}_0^{\mathrm{H}}=\boldsymbol{S}_0\Big(\sum_{j=1}^{J}\Sigma_{\mathrm{S}j}\Big)\boldsymbol{S}_0^{\mathrm{H}} \tag{4.283}$$

式中：$\boldsymbol{S}_0$ 为聚焦频率 f_0 处的信号子空间，如果它是利用聚焦频率 f_0 处的协方差矩阵采取特征分解得到，因为该频点的子空间估计误差会导致最终的性能误差，因此采用拟合误差最小为准则选择 $\boldsymbol{S}_0$。拟合误差为

$$
\begin{aligned}
\varepsilon &= \sum_{j=1}^{J}\|\boldsymbol{R}_0-\boldsymbol{T}(f_j)\boldsymbol{R}_j\boldsymbol{T}^{\mathrm{H}}(f_j)\|^2 \\
&=\sum_{j=1}^{J}\|\boldsymbol{R}_0-\boldsymbol{T}(f_j)\boldsymbol{A}(f_j)\boldsymbol{R}_{\mathrm{S}}(f_j)\boldsymbol{A}^{\mathrm{H}}(f_j)\boldsymbol{T}^{\mathrm{H}}(f_j)\|^2 \\
&=\sum_{j=1}^{J}\|\boldsymbol{A}(f_0)\boldsymbol{R}_{\mathrm{S}}(f_0)\boldsymbol{A}^{\mathrm{H}}(f_0)-\boldsymbol{T}(f_j)\boldsymbol{A}(f_j)\boldsymbol{R}_{\mathrm{S}}(f_j)\boldsymbol{A}^{\mathrm{H}}(f_j)\boldsymbol{T}^{\mathrm{H}}(f_j)\|^2 \\
&\sum_{j=1}^{J}\|\boldsymbol{A}(f_0)\boldsymbol{R}_{\mathrm{S}}(f_0)\boldsymbol{A}^{\mathrm{H}}(f_0)-\boldsymbol{T}(f_j)\boldsymbol{A}(f_j)\boldsymbol{R}_{\mathrm{S}}(f_j)\boldsymbol{A}^{\mathrm{H}}(f_j)\boldsymbol{T}^{\mathrm{H}}(f_j)\|^2
\end{aligned}
\tag{4.284}
$$

当完美聚焦时，则有

$$\varepsilon=\sum_{j=1}^{J}\|\boldsymbol{A}(f_0)(\boldsymbol{R}_{\mathrm{S}}(f_0)-\boldsymbol{R}_{\mathrm{S}}(f_j)\boldsymbol{A}^{\mathrm{H}}(f_0)\|^2(j=1,2,\cdots,J) \tag{4.285}$$

其中：

$$\boldsymbol{R}_S(f_0)=\frac{1}{J}\sum_{j=1}^{J}\boldsymbol{R}_S(f_j) \tag{4.286}$$

对式(4.286)采用特征分解可以获得聚焦频率处的信号子空间估计 $\boldsymbol{S}_0$,对DOA进行预估计即可得 $\boldsymbol{R}_S(f_j)$,由式(4.271)可得

$$\boldsymbol{R}_S(f_j)=(\boldsymbol{A}^H(f_i,\alpha,\beta)\boldsymbol{A}(f_j,\alpha,\beta))^{-1}\boldsymbol{A}^H(f_j,\alpha,\beta)\boldsymbol{R}_j\boldsymbol{A}(f_j,\alpha,\beta)(\boldsymbol{A}^H(f_i,\alpha,\beta)\boldsymbol{A}(f_j,\alpha,\beta))^{-1} \tag{4.287}$$

综上所述,算法过程归纳如下:

(1) 利用阵列接收数据得出各频率点上的阵列数据协方差矩阵。

(2) 根据式(4.287)和式(4.286)得到 $\boldsymbol{R}_S(f_0)$。

(3) 根据式(4.278)得到聚焦矩阵。

(4) 利用式(4.283)得到 $\boldsymbol{R}$,用MUSIC算法即可得出结果。

对比TCT算法可知,TCT算法是对各频点无噪声的协方差矩阵来采取聚焦,而本书方法是直接对各频点的协方差矩阵来进行聚焦,假设频点数为 J,则在这个过程中TCT方法比本书方法运算量多了 $2MJ$;另外,在构造聚焦矩阵时,TCT方法是利用协方差矩阵 $\boldsymbol{R}_j$ 的所有特征向量构造聚焦矩阵,也就是使用两个 $M\times M$ 维矩阵相乘得到,则运算量为 $JM^2(2M-1)$,而本书方法是采用 $\boldsymbol{R}_j$ 的信号子空间构造聚焦矩阵,使用两个维数分别为 $M\times N$、$N\times M$ 的矩阵聚焦,运算量为 $JM^2(2N-1)$,由于通常信源个数小于阵元个数,所以本书方法运算量小于TCT方法。

4.7.5 仿真实验

为了证明本书方法的有效性并与TCT算法的性能进行比较,用Matlab进行了如下两个仿真实验,不失一般性,阵列选取为一空间任意排列的8元阵列,以下实验的阵元坐标如下:(0,0),(−0.1,0.1),(−0.058,0.1),(−0.1,0.058),(−0.1,−0.058),(0.058,0.1),(0.1,0.1),(0.041,−0.041),单位为m。

4.7.5.1 分辨率

实验4.30 空间入射等功率相干信号个数 $N=3$,入射角度分别为(170°,40°),(175°,40°),(200°,60°),信号频率为5GHz,信号相对带宽为40%,分为 $J=33$ 个频点,信噪比为10dB,每个频点上快拍数为100,搜索步长为0.5°,做200次蒙特卡罗实验,取平均值作为最后测量结果,如表4.5所列,相同条件下TCT算法的测量结果也在表4.5中给出。

表4.5 两种算法的测量结果

实际角度/(°)	本书方法计算角度/(°)	本书方法构造聚焦矩阵时间/s	TCT方法计算角度/(°)	TCT构造聚焦矩阵时间/s
(170,40)	(170.2,39.8)	0.413	(170.2,40.0)	0.470
(175,40)	(175.0,40.0)	0.410	(175.0,40.0)	0.469
(200,60)	(200.0,60.0)	0.411	(200.0,60.0)	0.469

从表 4.5 可以看出，本书方法和 TCT 算法都能分辨出方位角相差 5°的目标 1 和目标 2，但是本书方法在构造聚焦矩阵时所用的时间小于 TCT 方法所用的时间，这部分时间大约比 TCT 方法节省了 12%。图 4.46 和图 4.47 分别为基于本书方法和 TCT 方法的单次仿真的谱函数图，从图中可以看出，本书方法和 TCT 方法的性能几乎一致。

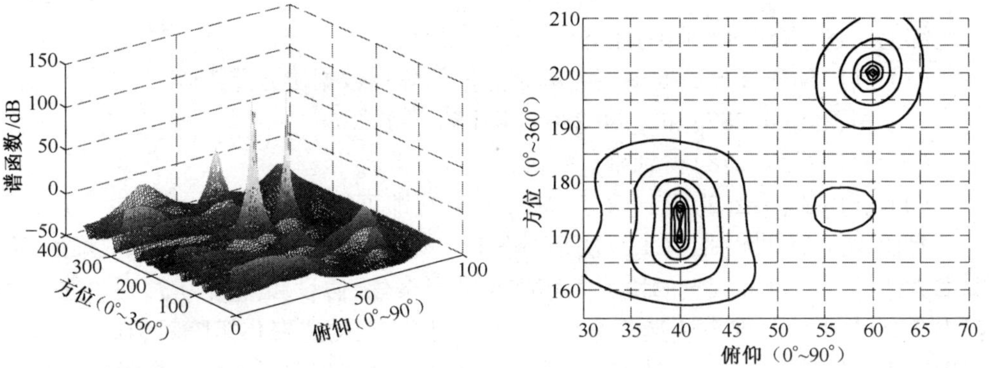

图 4.46　本书算法的空间谱图

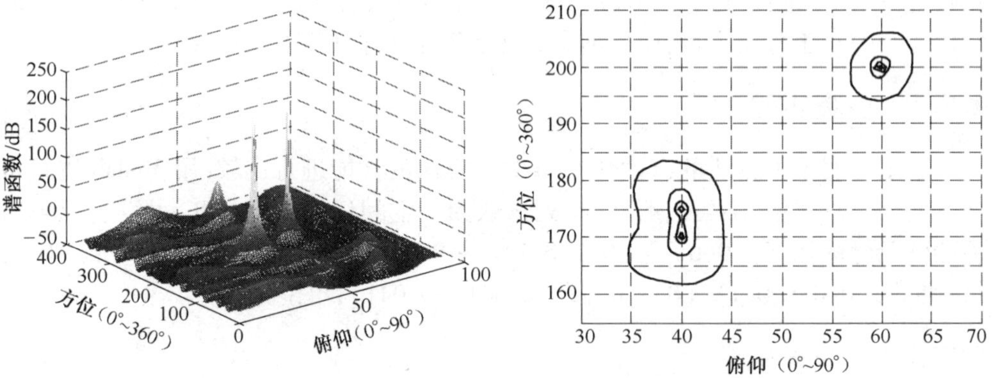

图 4.47　TCT 算法的空间谱图

4.7.5.2　测角精度

实验 4.31　假设两个等功率的相干信号入射角分别为(30°，56°)，(40°，65°)，改变信噪比，从-10dB 以步长 2dB 变化到 20dB，其他条件同实验 30，在每个信噪比下做 200 次蒙特卡罗实验，200 次测量结果的平均值作为该信噪比下的测量结果。为了描述算法的测角精度，定义二维测角的均方根误差(roo tmean squared error RMSE)为

$$\text{RMSE} = \sqrt{(\hat{\theta}_i - \theta_i)^2 + (\hat{\phi}_1 - \phi_i)^2} \quad (i = 1,2) \tag{4.288}$$

式中：$\theta_i,\phi_i(i=1,2)$分别为俯仰角和方位角的真值；$\hat{\theta}_i,\hat{\phi}_i(i=1,2)$分别为俯仰角和方位角的估计值，得到均方根误差随 SNR 变化的曲线如图 4.48 和图 4.49 所示。

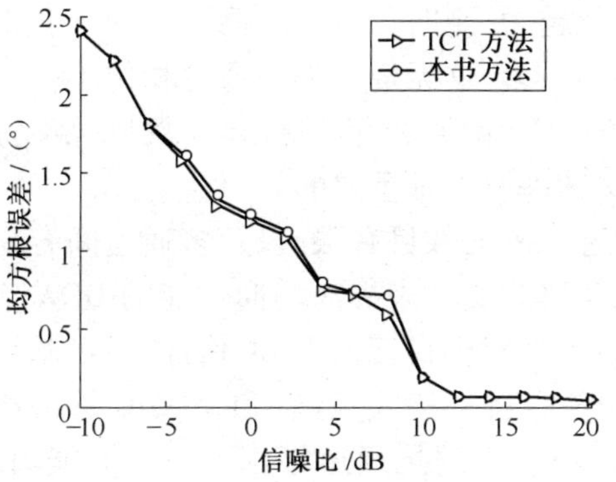

图 4.48　信号 1 的均方根误差随信噪比变化曲线

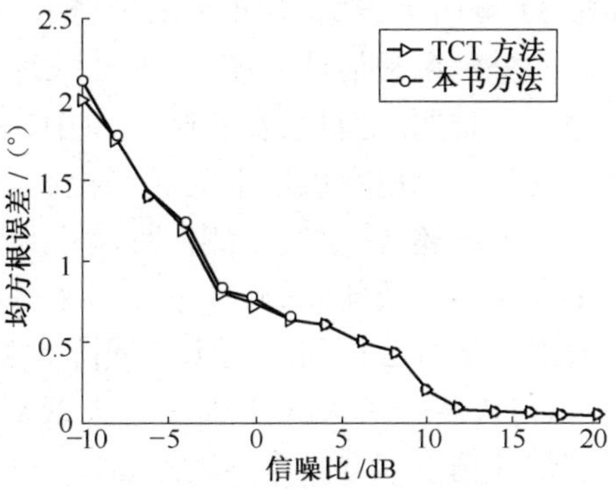

图 4.49　信号 2 的均方根误差随信噪比变化曲线

从仿真结果可以看出，本书方法与 TCT 方法测向时的性能十分接近。

宽带聚焦类测向算法有着分辨率高、估计精度高的优点。然而，其算法运算量很大，难于实时实现。对于宽带信号 DOA 估计速度慢的问题，本章提出了一种改进的估计方法，采用带宽内各频点协方差特征分解得到信号子空间构建聚焦矩阵，有效地降低了计算复杂度，提高了效率，仿真结果说明本书方法达到了常规 TCT 方法的估计性能。另外，该方法对阵列形式要求很低，适合于任意平面阵列的二维 DOA 估计，然而因为该方法依然属于聚焦类算法，聚焦过程需用很多的快拍数，因此计算量依然很大，怎样更加有效地降低运算量，便于工程上的实现值得进一步探讨。

4.8　基于阵列基线旋转的 MUSIC 测向算法

空间谱估计超分辨测向算法可以分辨同时到达的多个信号，具有较高的估计精度和分辨率，然而其优良的测向性能是建立在很多理想条件下才能获得的，如较多的阵元数、适当的阵元间距、较大的阵列孔径等。MUSIC 算法最初就是基于最简单的均匀线阵推导的。均匀线阵结构简单、应用方便，因此得到了很多学者的重视，提出了很多基于均匀线阵的测向算法。然而，为了解测向模糊问题，均匀线阵间距设置一般都不大于信源的半波长宽度，这样，当阵元个数一定时，阵列孔径和阵列分辨率就随之确定，难以实现宽频段测向。基于这个问题，许多学者就研究了基于非均匀线阵的测向算法，解决了测向模糊的问题，但是，与均匀线阵一样，阵列设置不灵活，应用范围有限。

为了提高阵列设置的灵活性，又有许多特殊阵列以及相应的测向算法被陆续提出，如比较常见的双平行阵、L阵、十字阵、均匀圆阵等。其中，最为广泛研究和应用的是均匀圆阵阵列（Uniform Cirular Array，UCA）。但是以上的算法仍有几大局限：①测向性能均与UCA的半径有关，半径越大，测向分辨率越高。②为了获得较高的分辨率和估计精度，一般要求阵元数目较多，这无疑会带来通道相位不一致性这一大难题。而且，在实际应用中，天线的半径常常受到限制，天线数目也不宜过多，因此，如何突破以上问题来提高测向分辨率是非常重要的。

综上所述，针对实际测向环境中天线尺寸和阵元数目有限，以及多通道间容易产生幅相不一致的问题，本书提出了一种基于阵列旋转来提高测向性能的DOA估计方法。该方法仅仅用两个天线阵元就可以实现对多目标的DOA估计，通过基线旋转，可以将一对天线变成多对天线对信源信息进行接收，有着和MUSIC算法相当的估计精度和分辨率，但是比MUSIC算法有较强的抗通道幅相不一致的能力。计算机仿真实验验证了新方法的可行性，具有较高的理论价值。

4.8.1 均匀圆阵下二维MUSIC算法

设空间有 $D(D < M)$ 个远场窄带信号入射到半径为 r 的 M 元均匀圆阵（图4.50）上。假设入射信号间相互独立，信号与噪声相互独立，噪声分布为高斯白噪声分布，(θ_i,φ_i) 为第 $i(i \leqslant D)$ 个信号源的方位角和仰角。以阵元1与圆心所在的直线为 x 轴建立直角坐标系，以圆心参考点，则第 k 个阵元的坐标为

$$x_k = r\cos\left(\frac{2\pi(k-1)}{M}\right)$$

$$y_k = r\sin\left(\frac{2\pi(k-1)}{M}\right)$$

$$z_k = 0 \tag{4.289}$$

第 i 个信号源辐射的信号在参考点与第 k 个阵元之间产生的波程差为

$$\begin{aligned}\tau_{ki} &= \frac{1}{c}[(x\cos\theta_i + y\sin\theta_i)\cos\varphi_i + z\sin\varphi_i] \\ &= \frac{1}{c}\left[\left(\frac{r\cos(2\pi(k-1)}{M}\cos\theta_i + r\sin\left(\frac{2\pi(k-1)}{M}\right)\sin\theta_i\right)\cos\varphi_i\right] \\ &= \frac{r}{c}\left(\cos\frac{2\pi(k-1)}{M-\theta_i}\right)\cos\varphi_i\end{aligned} \tag{4.290}$$

因此，阵列流型矩阵可表示为

$$\boldsymbol{A}(\theta,\varphi) = [\boldsymbol{a}(\theta_1,\varphi_1),\boldsymbol{a}(\theta_2,\varphi_2),\cdots,\boldsymbol{a}(\theta_D,\varphi_D)] \tag{4.291}$$

$$\boldsymbol{a}(\theta_i,\varphi_i) = [a_1(\theta_i,\varphi_i),a_2(\theta_i,\varphi_i),\cdots,a_M(\theta_i,\varphi_i)]^{\mathrm{T}} \tag{4.292}$$

式中：c 为光速；$\alpha_k(\theta_i,\varphi_i) = \exp(-\mathrm{j}\omega\tau_{ki}(\theta_i,\varphi_i))$；

$\tau_{ki} = \dfrac{r}{c}\cos\left(\dfrac{2\pi(k-1)}{M} - \theta_i\right)\cos\varphi_i$；$k = 1,2,\cdots,M$。

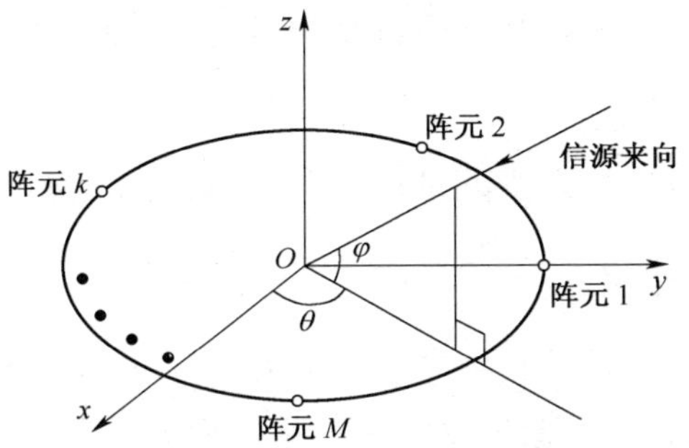

图 4.50　M 元均匀圆阵示意图

则第 k 个阵元在 t 时刻接收的信号为

$$x_k(t) = \sum_{i=1}^{D} a_k(\theta_i, \varphi_i) s_i(t) + n_k(t) \tag{4.293}$$

写成矩阵形式为

$$\boldsymbol{X}(t) = \boldsymbol{A}\boldsymbol{S}(t) + \boldsymbol{N}(t) \tag{4.294}$$

式中：$\boldsymbol{X}(t)$ 为 $M \times 1$ 维的阵列输出向量；$\boldsymbol{A}$ 为 $M \times D$ 维的阵列流型；$\boldsymbol{S}(t)$ 为 $D \times 1$ 维的入射信号向量；$\boldsymbol{N}(t)$ 为 $M \times 1$ 维的噪声向量。将 $\boldsymbol{X}(t)$、$\boldsymbol{S}(t)$ 和 $\boldsymbol{N}(t)$ 分别简写成 $\boldsymbol{X}$、$\boldsymbol{S}$ 和 $\boldsymbol{N}$，可得接收数据的协方差矩阵 $\boldsymbol{R}$ 为

$$\boldsymbol{R} = \mathrm{E}\{\boldsymbol{X}\boldsymbol{X}^{\mathrm{H}}\} = \boldsymbol{A}\boldsymbol{P}\boldsymbol{A}^{\mathrm{H}} + \boldsymbol{\sigma}^2\boldsymbol{I} \tag{4.295}$$

式中：$\boldsymbol{P} = E\{\boldsymbol{S}\boldsymbol{S}^{\mathrm{H}}\} = \mathrm{diag}\{P_1, P_2, \cdots, P_i, \cdots, P_D\}$ ；P_i 为第 i 个信号的功率；σ^2 为噪声功率；$\boldsymbol{I}$ 为 M 维的单位阵。考虑到实际接收数据矩阵是有限长的，则可以将数据协方差矩阵的最大似然估计 $\hat{R}$ 写为

$$\hat{\boldsymbol{R}} = \frac{1}{L}\sum_{n=1}^{L} \boldsymbol{X}(n)\, \boldsymbol{X}^{\mathrm{H}}(n) \tag{4.296}$$

式中：L 为快拍数。

对 $\boldsymbol{R}$ 进行特征值分解，将其特征值按降序排列为 $\lambda_1 \geqslant \lambda_2 \geqslant \cdots \geqslant \lambda_M$，它们所对应的特征向量为 $\boldsymbol{v}_1, \boldsymbol{v}_2, \cdots, \boldsymbol{v}_M$，且各特征向量是相互正交的，则 $\boldsymbol{R}$ 的噪声子空间 $\boldsymbol{U}_{\mathrm{N}}$ 为

$$\boldsymbol{U}_{\mathrm{N}} = [\boldsymbol{v}_{D+1}, \boldsymbol{v}_{D+2}, \cdots, \boldsymbol{v}_M] \tag{4.297}$$

在理想条件下，信号子空间与噪声子空间是相互正交的，信号子空间中的导向向量也与噪声子空间正交，则有

$$\boldsymbol{U}_{\mathrm{N}}^{\mathrm{H}}\boldsymbol{a}(\theta_i, \varphi_i) = 0 \tag{4.298}$$

在实际中，由于阵列接收数据是通过有限次采样得到的，再加上噪声等因素的影响，得到的协方差矩阵 $\boldsymbol{R}$ 也只是最大似然函数估计，所以在对 $\boldsymbol{R}$ 进行特征值分解时，估计的噪声子空间也是有误差的，即当 $\boldsymbol{U}_{\mathrm{N}}$ 存在偏差时，式(4.298)右边不是零向量。因此构造如下空间谱函数：

$$\boldsymbol{P}_{\mathrm{MUSIC}}(\theta, \varphi) = \frac{1}{\boldsymbol{a}^{\mathrm{H}}(\theta, \varphi)\, \boldsymbol{U}_{\mathrm{N}}\boldsymbol{U}_{\mathrm{N}}^{\mathrm{H}}\boldsymbol{a}(\theta, \varphi)} \tag{4.299}$$

对式(4.299)进行谱峰搜索,得到 D 个最大值所对应的 (θ,φ) 值就是 D 个信号源的角度。

4.8.2 基于阵列基线旋转的 MUSIC 测向算法原理

4.8.2.1 算法原理描述

空间水平位置上有阵元 1、阵元 2 两个阵元,D 个相互独立的信号源入射到半径为 r 的天线盘上,现假设基线 12 在 xOy 平面以 z 轴为旋转轴按逆时针方向进行匀速旋转,阵元旋转周期为 T,经过 $\Delta t(\Delta t < T)$ 时间,阵元 1、阵元 2 分别旋转到阵元 1′、阵元 2′ 的位置,如图 4.51 所示。

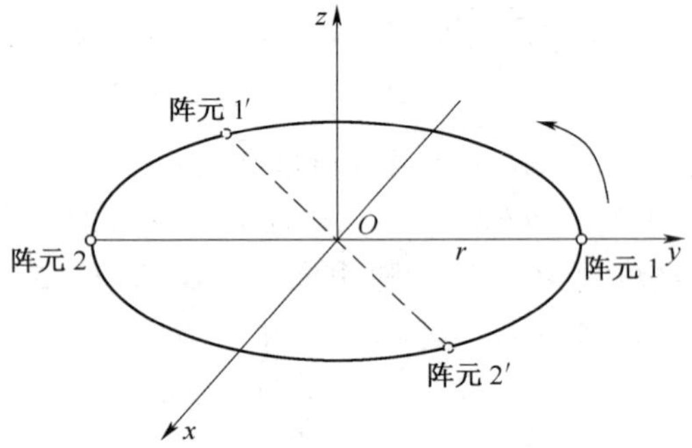

图 4.51 两天线阵列旋转示意图

需要对阵列旋转条件做出以下假设:

(1) 两阵元的起始位置处于如图 4.51 所示的水平位置。

(2) 转动过程中阵元基线与旋转轴完全垂直,转速绝对均匀且稳定。

(3) 旋转过程中等间隔选取 $2M$ 个偶数阵元并使之成为均匀圆阵(在这里只考虑一个 $T/2$ 个旋转周期内选取 $2M$ 个阵元的情况)。最简单的情况是按等间隔角度转动半周,即基线逆时针方向旋转 180°。

定义 t_m 为每个阵元对接收的数据进行采样的时刻(t 为 m 的函数),则有

$$\begin{cases} t_1 = 0 \\ t_m = t_1 + (m-1)\Delta\tau \end{cases} \tag{4.300}$$

式中:$\Delta\tau$ 为选取相邻两个阵元所需要的时延,且 $0 < \Delta\tau < T/2$,$m = 1,2,\cdots,M$。

由阵元接收数据模型,如式(4.283)可以得出,阵元 1 在 t_m 时刻接收数据向量可以写为

$$x_{1m}(t_m) = \sum_{i=1}^{D} \exp(-j\omega(\tau_{mi} + (m-1)\Delta\tau))s_i(t_m) + n_{1m}(t_m) =$$

$$\sum_{i=1}^{D} \exp(-j\omega\tau_{mi})\exp(-j\omega(m-1)\Delta\tau)s_i(t_m) + n_{1m}(t_m) =$$

$$\sum_{i=1}^{D} a_{1m}(\theta_i,\varphi_i)\exp(-\mathrm{j}\omega(m-1)\Delta\tau)s_i(t_m) + n_{1m}(t_m) \qquad (4.301)$$

令，$\phi_{t_m} = \exp(-\mathrm{j}\omega(m-1)\Delta\tau)$，则阵元 1 在 $T/2$ 旋转周期内接收的 M 组数据输出的信号向量形式为

$$\begin{cases} x_{11}(t_1) = \sum_{i=1}^{D} a_{11}(\theta_i,\varphi_i)\phi_{t_1}s_i(t_1) + n_{11}(t_1) \\ x_{12}(t_2) = \sum_{i=1}^{D} a_{12}(\theta_i,\varphi_i)\phi_{t_2}s_i(t_2) + n_{12}(t_2) \\ \quad \vdots \\ x_{1M}(t_M) = \sum_{i=1}^{D} a_{1M}(\theta_i,\varphi_i)\phi_{t_M}s_i(t_M) + n_{1M}(t_M) \end{cases} \qquad (4.302)$$

式中：ϕ_{t_m} 为 t_m 时刻阵元 1 相对起始位置的相位差；$a_{1m}(\theta_i,\varphi_i)$ 为阵元 1 在 t_m 时刻对第 i 个信号源的响应。整理式(4.302)，得

$$\boldsymbol{X_1} = \begin{bmatrix} \phi_{t_1} & & & \\ & \phi_{t_2} & & \\ & & \ddots & \\ & & & \phi_{t_M} \end{bmatrix} \boldsymbol{A}_1\boldsymbol{S} + \boldsymbol{N_1} \qquad (4.303)$$

式中：$\boldsymbol{X}_1 = [x_{11},x_{12},\cdots,x_{1M}]^{\mathrm{T}}$ 为 $M\times1$ 维的接收数据向量；$\boldsymbol{N_1} = [n_1(t_1),n_1(t_2),\cdots,n_1(t_M)]^{\mathrm{T}}a$ 为 $M\times1$ 维的噪声向量矩阵。阵元 1 的阵列流型矩阵可表示为

$$\boldsymbol{A}_1 = [\boldsymbol{a}_1(\theta_1,\varphi_1),\boldsymbol{a}_1(\theta_2,\varphi_2),\cdots,\boldsymbol{a_1}(\theta_D,\varphi_D)] \qquad (4.304)$$

$$a_1(\theta_j,\varphi_j) = [a_{11}(\theta_1,\varphi_1),a_{12}(\theta_2,\varphi_2),\cdots,a_{1M}(\theta_D,\varphi_D)]^{\mathrm{T}} \qquad (4.305)$$

式中：$a_{1m}(\theta_i,\phi_i) = \exp(-\mathrm{j}\omega\tau_{mi})$；$\tau_{mi} = \frac{r}{c}\cos\left(\frac{2\pi(m-1)}{M} - \theta_i\right)\cos\varphi_i$（$m=1,2,\cdots,M$，$i=1,2,\cdots,D$）。令 $\boldsymbol{\Phi}_1 = \mathrm{diag}[\phi_{t_1},\phi_{t_2},\cdots,\phi_{t_M}]$，式(4.303)可以写为

$$\boldsymbol{X}_1 = \boldsymbol{\Phi}_1\boldsymbol{A}_1\boldsymbol{S} + \boldsymbol{N}_1 \qquad (4.306)$$

同理，阵元 2 在 $T/2$ 旋转周期内接收 M 组数据输出向量矩阵为

$$\begin{aligned} x_{21}(t_1) &= \sum_{i=1}^{D} a_{21}(\theta_i,\varphi_i)\phi_{t_1}s_i(t_1) + n_{21}(t_1) \\ x_{22}(t_2) &= \sum_{i=1}^{D} a_{22}(\theta_i,\varphi_i)\phi_{t_2}s_i(t_2) + n_{22}(t_2) \\ &\vdots \\ x_{2M}(t_M) &= \sum_{i=1}^{D} a_{2M}(\theta_i,\varphi_i)\phi_{t_M}s_i(t_M) + n_{2M}(t_M) \end{aligned} \qquad (4.307)$$

同理,令 $\boldsymbol{\Phi}_2 = \mathrm{diag}[\phi_{t_1}\ \phi_{t_2}\ \cdots\ \phi_{t_M}]$,其中 ϕ_{t_m} 为 t_m 时刻阵元 2 相对起始位置的相位差,则阵元 2 接收的数据输出矩阵可以写成

$$\boldsymbol{X}_2 = \boldsymbol{\Phi}_2\boldsymbol{A}_2\boldsymbol{S} + \boldsymbol{N}_2 \tag{4.308}$$

在天线完成一个周期的旋转后,将天线 1 和天线 2 接收的数据整合到一起,得式

$$\boldsymbol{X} = \begin{bmatrix}\boldsymbol{X}_1\\ \boldsymbol{X}_2\end{bmatrix} = \begin{bmatrix}\boldsymbol{\Phi}_1 & \\ & \boldsymbol{\Phi}_2\end{bmatrix}\begin{bmatrix}\boldsymbol{A}_1\\ \boldsymbol{A}_2\end{bmatrix}S + \begin{bmatrix}\boldsymbol{N}_1\\ \boldsymbol{N}_2\end{bmatrix} = \boldsymbol{\Phi A S} + \boldsymbol{N} \tag{4.309}$$

式中: $\boldsymbol{\Phi} = \begin{bmatrix}\boldsymbol{\Phi}_1 & \\ & \boldsymbol{\Phi}_2\end{bmatrix}$;

$\boldsymbol{A} = \begin{bmatrix}\boldsymbol{A}_1\\ \boldsymbol{A}_2\end{bmatrix}$;

$\boldsymbol{N} = \begin{bmatrix}\boldsymbol{N}_1\\ \boldsymbol{N}_2\end{bmatrix}$ 。

根据式(4.296)、式(4.297)、式(4.299)即可得到基于阵列旋转的 MUSIC 空间谱表达式。

从以上分析可以看出,随着阵列天线的旋转,在半个旋转周期 $T/2$ 内,可以在半径为 r 的天线盘上得到任意多个阵元,且每相邻两组阵元和参考点之间相差 $\Delta\tau$ 的时间间隔。也就是说,在天线盘旋转的过程中,通过在不同时刻对阵列天线进行采样,使得空间上原本只有的一对天线变成多对天线,可积累更多的数据量,增加了阵元的利用率,弥补了当天线数目受限时测向精度低和分辨率不高的缺点。另外,由于阵列天线数目大大减少,由原来的 M 个减少到两个,大大减弱了天线间各通道不一致性对测向的影响,这在后续的仿真实验中可以看出,同时也降低了工程实践中进行通道校正的难度。

4.8.2.2 阵列转速对算法的影响以及选取原则

由前面对旋转 MUSIC 算法的介绍可知,该算法之所以仅仅使用两个天线阵元就能够实现对空间多个目标的测向,其关键原因是利用阵列的旋转,从而实现了对信源进行多个位置观测,积累了信息量并提高了阵元利用率。所以,阵列转速是旋转 MUSIC 算法测向性能的一个重要的指标。

下面将天线转速定义为天线阵列每秒旋转的转数,记为 R(单位:r/s),且 $R = 1/T$ 。在理论上,当 R 为零时,即阵列无转动,算法失效;当 R 较小时,阵列旋转过慢,不利于信息的积累,算法的实时性会变差;当 R 较大时,由于阵元在对信源信息进行接收并采样时依然是旋转的,所以在数字接收机进行采样时,如果转动速度过快,会导致在该阵元位置处对信源信息采样数据不足。

假设数字接收机的采样频率为 f_s ,在天线旋转 $T/2$ 的时间内选取 $2M$ 个阵元。

这里只分析阵元 1(阵元 2 的情况与阵元 1 相同),为了保证采样数据的稳定性,并且保证阵元在每次接受数据时能够有足够的采样点数,则要求有下式成立

$$\Delta\tau \gg \frac{1}{f_s} \tag{4.310}$$

即每两个阵元之间的时延 $\Delta\tau$ 远远大于接收机数据采样间隔。假设系统快拍数为 L,则时延 $\Delta\tau$ 应该远远大于接收机接收 L 个数据的时间。因为 $\Delta\tau = \frac{T}{2M} = \frac{1}{2MR}$,则式(4.310)可写为

$$\frac{1}{2MR} \gg \frac{L}{f_s} \tag{4.311}$$

推导出转速 R 有如下关系式:

$$R \ll \frac{f_s}{2ML} \tag{4.312}$$

所以,当转速 R 满足式(4.312)时,可以保证阵元每次对信源信息采样时都能有足够的数据长度,并且由式(4.311)可知,因为时延 $\Delta\tau$ 远远大于采样数据采样时间,所以在采样过程中因为阵元的微小位移产生的微小相位差就可以忽略不计。假设数字接收机的采样频率为 50 MHz,选取阵元个数为 8 个,快拍数为 100,则 $R \ll 31250$。由文献可知,一般旋转弹的转速为 10 ~ 20r/s,在本书后续的仿真中均取 $R = 15\text{r/s}$。

4.8.2.3 算法实现步骤

根据上述对基于阵列基线旋转的 MUSIC 测向算法原理的介绍及推导过程可知,本书所提出的方法需要系统增加一个可以产生固定时延的组件,然后根据两个阵元在不同时刻接收的数据进行整合从而进行目标 DOA 估计。假设系统中有可以产生固定时延的组件,阵元 1、阵元 2 初始位置为水平并以逆时针方向匀速转动,将阵列旋转 MUSIC 方法的步骤归纳总结如下。

步骤 1　记录两个阵元在初始位置,t_1 时刻得到的第一组观测数据;然后基线匀速旋转到一定角度,于 t_2 时刻得到第二组观测数据;依此类推,在 t_m 时刻得到第 m 组观测数据;按照式(4.306)和式(4.308),可得到两个阵元在 1/2 周期内接收到的整个观测数据向量,如式(4.309)。

步骤 2　根据式(4.296)计算得到阵列接收的协方差矩阵 $\hat{\boldsymbol{R}}$。

步骤 3　对协方差矩阵 $\hat{\boldsymbol{R}}$ 进行特征值分解,并按照一定准则求得信源数目 $\boldsymbol{D}$。

步骤 4　根据式(4.297)求得噪声子空间 $\boldsymbol{U}_{\text{N}}$。

步骤 5　根据式(4.299)求得 MUSIC 空间谱函数 $\boldsymbol{P}_{\text{MUSIC}}(\theta,\varphi)$。

步骤 6　对 $\boldsymbol{P}_{\text{MUSIC}}(\theta,\varphi)$ 进行谱峰搜索,由此得到的 D 个极大值所对应的角

度就是目标的DOA估计。

4.8.3 仿真实验分析

4.8.3.1 单个信源入射情况下的仿真结果分析

为了验证新算法的有效性,设置如下仿真实验。空间水平位置有2个阵元,阵元模型如图4.51所示,阵元间距 $r = 0.124\mathrm{m}$,背景噪声为高斯白噪声。在阵元旋转过程中,转速均匀且转速 $R = 15\mathrm{r/s}$,选取 $M=8$ 个阵元进行DOA估计。为了便于分析,本书将旋转算法与MUSIC算法进行比较,MUSIC算法的阵列形式采取 $M=8$,半径 $r=0.124$ m的均匀八元圆阵,阵元位置与新算法在旋转过程中选取的8个阵元位置相同。

实验4.32 估计单目标的空间谱图。假设空间有单个信号源入射,入射方向为(90°,60°),频率为6GHz,快拍为100,SNR为20dB,图4.52和图4.53分别为旋转MUSIC算法和MUSIC算法在单信号入射情况下的空间谱图。由两图中可以看出,旋转MUSIC算法能够对单个目标实现DOA估计,且估计精度较高,但是与MUSIC算法相比,其谱峰没有MUSIC算法尖锐,其谱峰值没有MUSIC算法的谱峰值高。

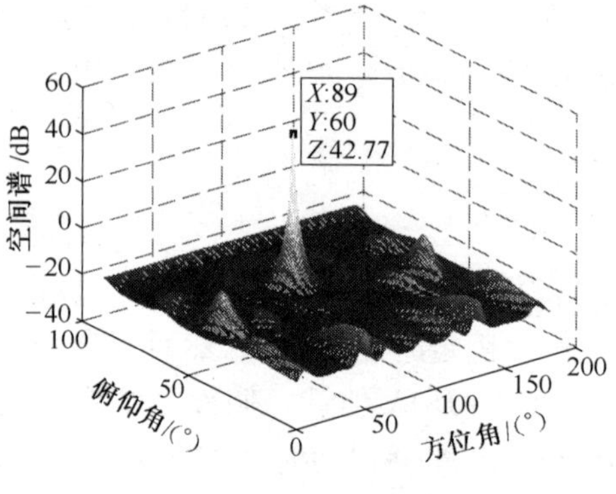

图4.52 旋转MUSIC算法在单信号入射下的空间谱图

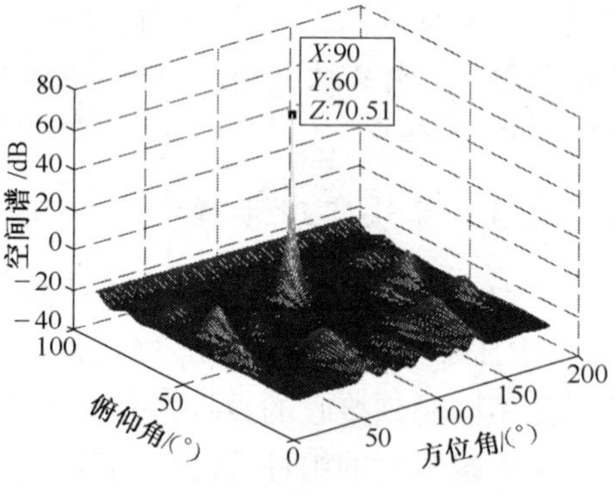

图4.53 MUSIC算法在单信号入射下的空间谱图

实验4.33 信噪比和快拍数对均方根误差影响。假设有单个辐射源入射,入射方向为(90°,60°),入射信号频率为6 GHz,仿真步长为0.1°。图4.54为在快拍数为100的条件下,旋转MUSIC算法和MUSIC方法的均方根误差随SNR变化的比较图。图4.55为SNR为2dB的条件下,旋转MUSIC算法和MUSIC方法的均方根误差随快拍数变化的比较图,以下仿真数据都是独立实验200次得到的。由图4.54和图4.55可以看出,随着SNR的增大和快拍数目的增加,旋转MUSIC算法和MUSIC算法的均方根误差都随之变小。也就是说,两种方法的估计精度会随着SNR的增大和快拍数的增加而变高。但是从两图中还可以得知,旋转MUSIC算

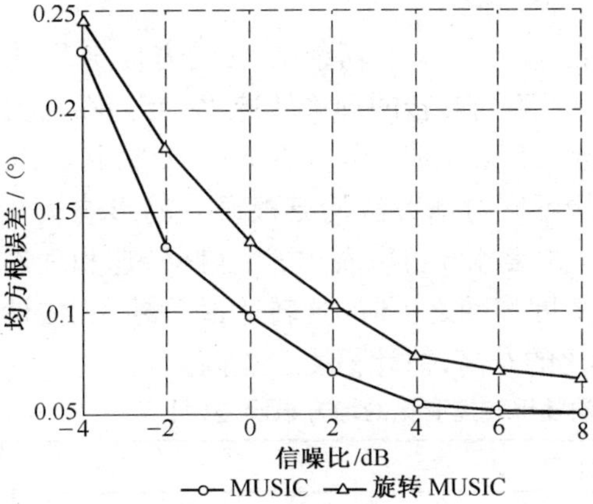

图 4.54 单个信号入射时均方根误差随信噪比变化的比较图

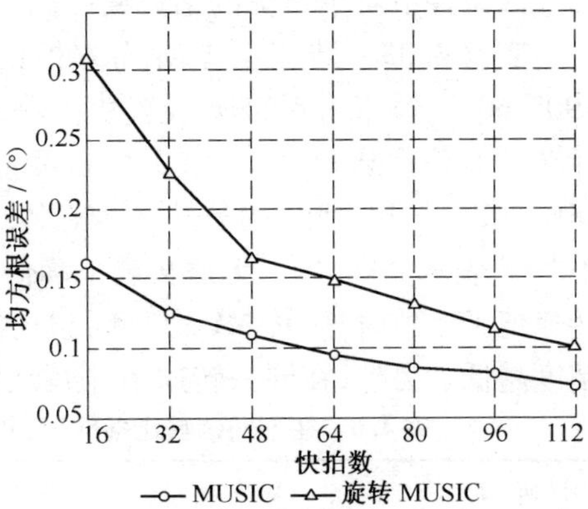

图 4.55 单个信号入射时均方根误差随快拍数变化的比较图

法的均方根误差都比 MUSIC 算法大,即新方法的估计精度略低于 MUSIC 算法。

实验 4.34 通道不一致误差对均方根误差的影响。假设空间有单个辐射源入射,入射方向为(90°,60°),频率为 6 GHz,改变通道不一致性。设置 SNR 为 2dB,快拍数为 100,仿真步长为 0.1°。图 4.56 为通道不一致性对两种算法的均方根误差的影响比较图。

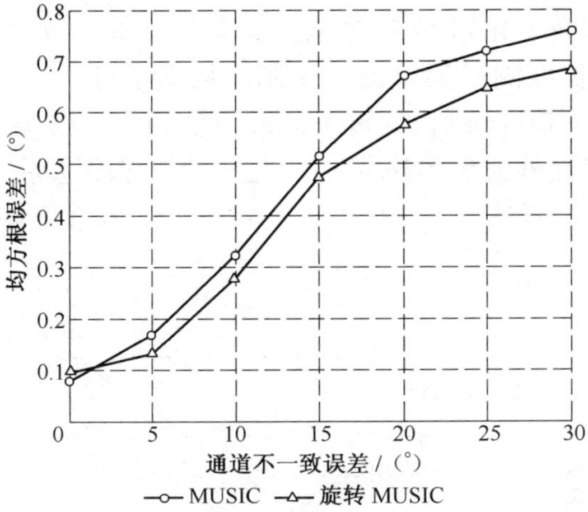

图 4.56 通道不一致性对两种算法的均方根误差的影响

由图 4.56 可以看出,在没有通道不一致误差,即通道不一致误差为 0°时,MUSIC 算法的均方根误差要略高于旋转 MUSIC 算法。但是当通道不一致误差大于 5°时,MUSIC 算法的均方根误差要大于旋转 MUSIC 算法。这是因为 MUSIC 算法实际使用的阵元数为 8 个,其数目远远多于新算法所使用阵元数目,多通道间的相位不一致性影响大于两通道间的相位不一致性,所以旋转 MUSIC 算法在有通道不一致条件下对单目标的估计精度高于 MUSIC 算法。

实验 4.35 转速误差对均方根误差的影响。单个辐射源入射方向分别为(90°,60°),频率为 6 GHz,设置快拍数为 100,阵列旋转的理论转速 $R=15$(r/s),实际转速 R 依次从 14.8r/s 以 0.1r 的间隔取到 15.1r。表 4.6 为在 SNR 依次取 2dB、4dB、8dB、10dB、20dB 的条件下,阵列转速的不同对新方法均方根误差的影响。文中"—"表示分辨失败,无法实现正确估计。由表 4.6 可以看出,当实际转速和理论转速值不一致时,旋转 MUSIC 算法的估计精度都随之下降,且转速误差越大,估计精度越低。另外,在同一转速下,随着信噪比的升高,估计精度也提高。

表 4.6 在不同信噪比条件下,新算法随着转速变化的均方根误差(°)

转速 /(r/s)	信噪比				
	2dB	4dB	8dB	10dB	20dB
14.8	0.2098	0.1844	0.1975	0.1378	0.1342
14.9	0.1643	0.1581	0.1095	0.1000	0.0837
15	0.1049	0.1095	0.0775	0.0632	0.0316
15.1	—	0.1581	0.1495	0.1381	0.1342
15.2	—	—	—	0.2510	0.2034

实验 4.36 基线误差对均方根误差的影响。假设空间有单个辐射源入射,入射方向为(90°,60°),频率为 6 GHz,快拍数 100,SNR 为 2dB,设置基线长度测量误差从原基线长度的 0%变化到 14%,搜索步长 0.1°。图 4.57 为旋转 MUSIC 算法的均方根误差随基线长度测量误差的变化图。从图中可以看出,当测量误差大于 6%,即测量误差为 0.0074 m 时,旋转 MUSIC 算法的均方根误差大于 2°;当测量误差大于 10%,即测量误差为 0.0124 m 时,算法的均方根误差将大于 3°。可见,随着基线测量误差的增大,算法的均方根误差也增大,测向精度下降。

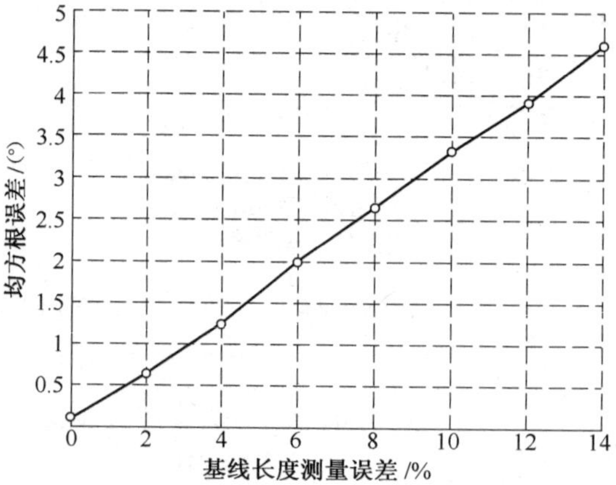

图 4.57 基线长度测量误差对均方根误差的影响

4.8.3.2 两个信源入射情况下的仿真结果分析

为了验证旋转 MUSIC 算法的有效性,设置如下仿真实验。空间水平位置有 2 个阵元,阵元模型如图 4.51 所示,阵元间距 $r = 0.124\text{m}$,背景噪声为高斯白噪声。在阵元旋转过程中,转速均匀且转速 $R = 15\text{r/s}$,选取 $M=8$ 个阵元进行 DOA 估计。为了便于分析,本书将旋转 MUSIC 算法与 MUSIC 算法进行比较,MUSIC 算法的阵列形式采取 $M=8$,半径 $r = 0.124\text{m}$ 的均匀八元圆阵,阵元位置与旋转 MUSIC 算法在旋转过程中选取的 8 个阵元位置相同。

实验 4.37 旋转 MUSIC 算法分辨多个信源的空间谱图。假设空间有多个相互独立的辐射源,频率均为 6 GHz,SNR 为 20dB,快拍数为 100。图 4.58 是分辨两个信源的空间谱图,信源入射角分别为(90°,70°) 和(90°,80°);图 4.59 是分辨三个信源的空间谱图,信源入射角分别为(60°,40°)、(90°,85°)和(120°,60°);图 4.60是分辨四个信源的空间谱图,信源入射角分别为(60°,40°) 、(90°,85°)、(120°,60°)和 (160°,20°)。

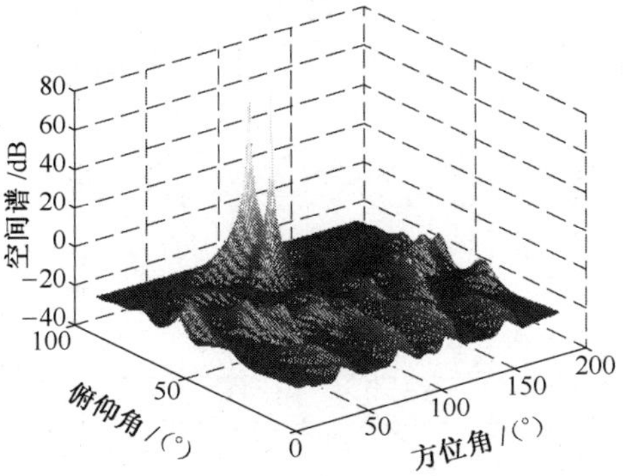

图 4.58 两个信源入射时的空间谱图

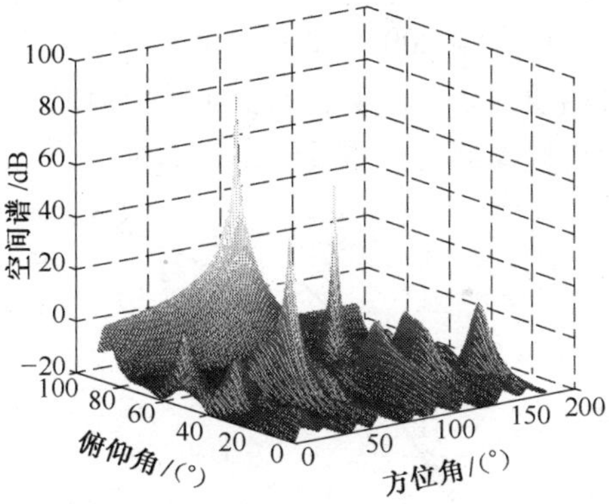

图 4.59 三个信源入射时的空间谱图

从图 4.58~图 4.60 中可以看出,旋转 MUSIC 算法能够成功分辨出多个信号,且分辨效果较好。在图 4.58 中,新算法能对两个信源进行正确分辨,谱峰比较尖锐,两个信源的估计值分别为(90°,70°) 和(90°,80°),估计精度非常高;在图 4.59 中,旋转 MUSIC 算法也能对三个信源进行正确分辨,但是相对于图 4.52,伪峰略有增加,对三个信源的估计值分别为(58.8°,40°)(90°,85°)和(119°,60°);在图 4.60 中,旋转 MUSIC 算法可以对四个信源进行分辨,但是从图中也可以看出谱峰图受噪声影响比较严重,伪峰较多,这是信源之间互为干扰的结果,四个信源的估计值分别为(58.8°,40°) (89°,85°) (119.6°,58.6°)和 (160°,20.2°),估计精度较高。这初步证明了采用旋转 MUSIC 算法进行 DOA 估计的可行性。

实验 4.38 SNR 和快拍数对旋转 MUSIC 算法分辨概率的影响。假设空间有两个独立辐射源,频率均为 6GHz,DOA 分别为(90°,81°) 和(90°,85°)。图 4.61

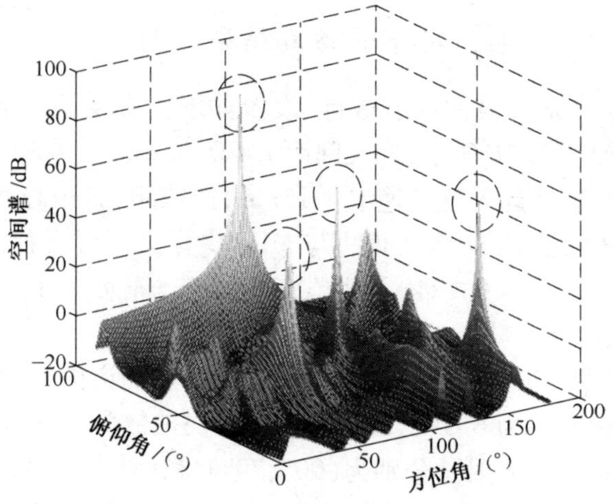

图 4.60　四个信源入射时的空间谱图

为在快拍数为 100 条件下,两种算法分辨概率随 SNR 变化的比较图。图 4.62 为在 SNR 为 2dB 条件下,两种算法分辨概率随快拍数变化的比较图(以下仿真数据都是独立实验 200 次得到的)。由图 4.61 和图 4.62 可以看出,随着信噪比的升高和快拍数的增多,两种算法对两个辐射源的成功分辨概率都升高,但本书算法的成功分辨概率略低于 MUSIC 算法。

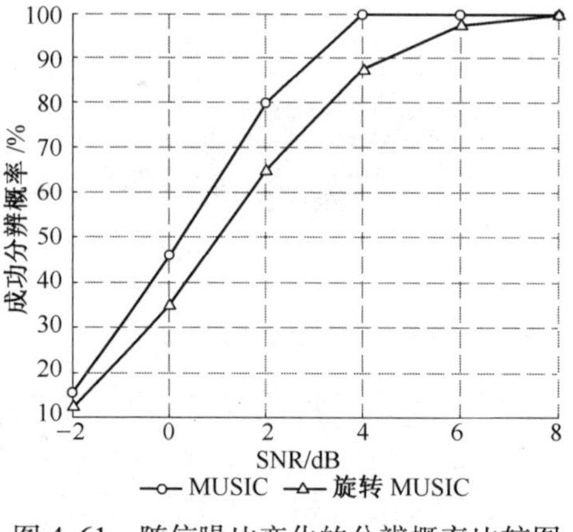

图 4.61　随信噪比变化的分辨概率比较图

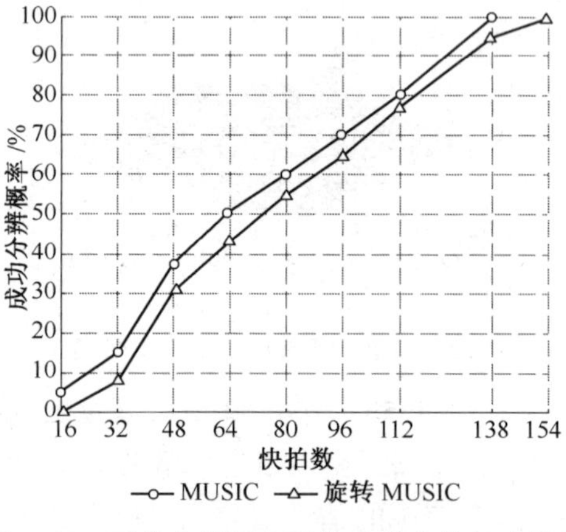

图 4.62　两种分辨概率随快拍数变化的比较图

实验 4.39　SNR 和快拍数对旋转 MUSIC 算法均方根误差的影响。两个辐射源入射方向分别为(90°,81°)和(90°,85°),频率均为 6GHz。图 4.63 为快拍数为 100 的条件下,两种方法均方根误差随 SNR 变化的比较图。图 4.64 为 SNR 为 10dB 条件下,两种算法均方根误差随快拍数变化的比较图。因为两个信源的统计规律一致,这里只给出仰角为 85°信源的统计图。由图 4.63 和图 4.64 可以看出,两种算法的均方根误差都随着 SNR 和快拍数的增大而减小,但是旋转 MUSIC 算法的均方根误差大于 MUSIC 算法,即旋转 MUSIC 算法的估计精度低于 MUSIC 算法。

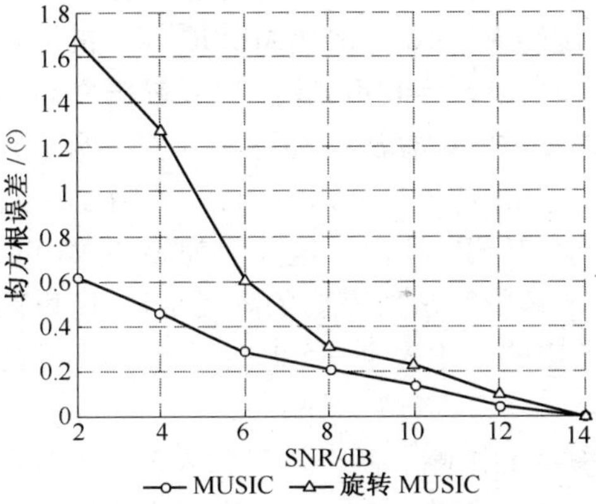

图 4.63　均方根误差随 SNR 变化的比较图

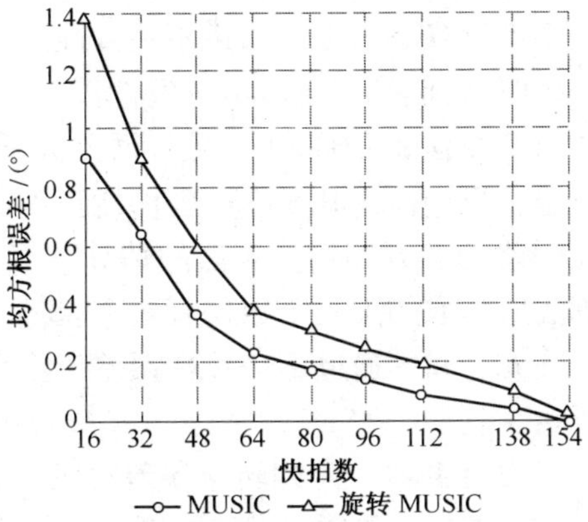

图 4.64　均方根误差随快拍数变化的比较图

实验 4.40　通道不一致性对分辨概率和均方根误差的影响。两个辐射源入射方向分别为(90°,81°)和(90°,85°),频率均为 6 GHz,改变通道不一致性。设置 SNR 为 6dB,快拍数为 100。图 4.65 为通道不一致性误差对两种算法的成功分辨概率的影响比较图。表 4.7 则记录了在通道不一致条件下,两种算法对辐射源 DOA 估计的均方误差。图 4.65 和表 4.7 均只给出仰角为 85°信源的统计结果。

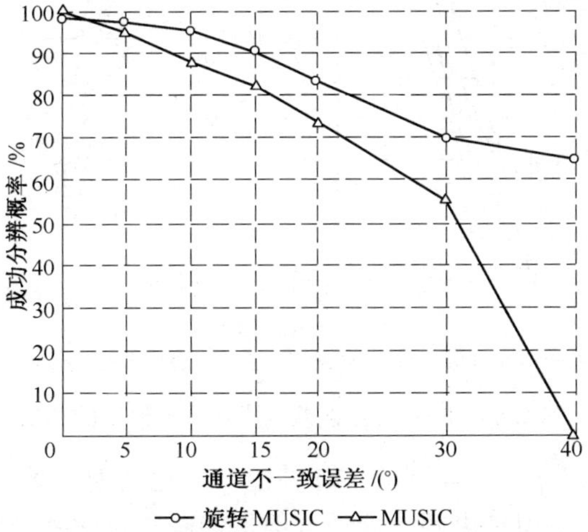

图 4.65　通道不一致性误差对分辨概率的影响

表 4.7　通道不一致条件下两种算法的 RMSE

通道不一致误差/(°)	MUSIC 算法	旋转 MUSIC 算法
0	0. 1414	0. 2739
5	0. 2191	0. 2162
10	0. 4817	0. 4000
15	0. 5441	0. 4427
20	0. 6132	0. 4336

由图 4.65 可以看出，随着通道间不一致性误差的增大，两种算法的分辨成功概率都下降。当没有通道不一致性误差时，旋转 MUSIC 算法比 MUSIC 算法的分辨概率略低，但是当通道不一致性误差大于 5°时，旋转 MUSIC 算法的分辨概率高于 MUSIC 算法；当通道不一致性误差大于 30°时，MUSIC 算法已经不能分辨出两个辐射源，但是旋转 MUSIC 算法仍能正确分辨。且由表 4.7 可以看出，在通道不一致性误差大于 10°时，新算法的估计精度也优于 MUSIC 算法。这是因为旋转 MUSIC 算法所采取的阵元个数仅有两个，要远远小于传统算法所需要的阵元个数，所以两个阵元之间的通道不一致性误差带给算法的影响小于多个阵元间不一致性误差的影响。

实验 4.41 阵列转速误差对成功分辨概率的影响。两个辐射源入射方向分别为(90°,81°) 和(90°,85°)，频率均为 6 GHz，设置快拍数为 100，阵列旋转的理论转速 $R=15\text{r/s}$，实际转速 R 依次从 14.3r/s 以 0.1r/s 的间隔取到 15.5r/s。图 4.66 为在信噪比依次取 4dB、8dB、10dB、20dB 的条件下，阵列转速误差对成功分辨概率的影响图。

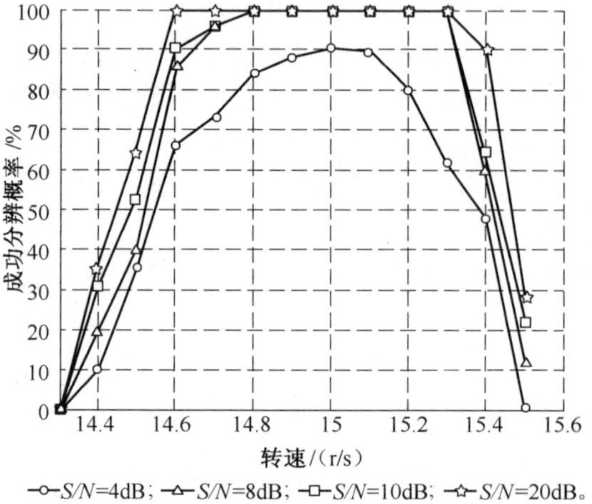

图 4.66 阵列转速误差对成功分辨概率的影响

从图 4.66 可以看出，当阵列的实际转速与理论转速一致时，旋转 MUSIC 算法能够以 100%的正确率识别出两个信号。但是随着转速的减小或者增大，成功分辨概率都会下降，即实际转速与理论转速的绝对差值越大，分辨概率越低。当 $S/N=$ 4dB 时，可正确分辨的转速范围(成功分辨概率大于 60%)为 $15_{-0.4}\sim15^{+0.3}$，即转速误差 ΔR 为 $-2.7\%\sim2\%$；当 $S/N=8\text{dB}$ 和 $S/N=10\text{dB}$ 时，可正确分辨的转速范围均为 $15_{-0.4}\sim15^{+0.4}$，转速误差 ΔR 为 $-2.7\%\sim2.7\%$；当 $S/N=20\text{dB}$ 时，可正确分辨的转速范围为 $15_{-0.5}\sim15^{+0.4}$，转速误差 ΔR 为 $3.3\%\sim2.7\%$。也就是说，随着信噪比的增高，可正确分辨的转速范围会增大，但是当转速误差大到一定程度时，即使提高信噪比也不会提高分辨概率。具体原因是，因为相邻两个阵元的时延 $\Delta\tau$ 固定不变,所以当转速减少或增多时,转速会相应地变慢或变快,这就会使我们在阵元旋转过程中对阵元位置估计不准,引起阵元位置误差,从而影响算法的性能。

实验 4.42 基线测量误差与测角均方根误差的关系。两个辐射源入射方向分别为(90°,81°) 和(90°,85°),频率均为 6GHz,设置快拍数为 100,信噪比为 10dB,谱峰搜索步长为 0.2°。在实际环境中,基线长度测量一般都存在误差,现假设基线的测量误差依次从实际基线长度的 0%以 1%的间隔变化到 12%,用旋转 MUSIC 算法估计的方位角和仰角的均方根误差随基线测量误差的变化曲线如图 4.67 所示。图中每个数据均是独立仿真 200 次实验得到的。

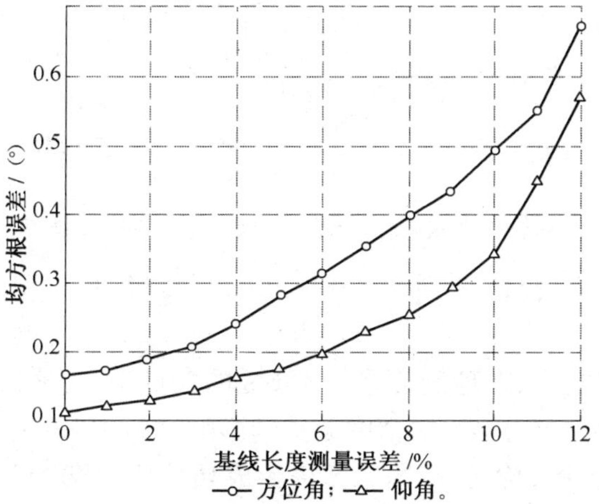

图 4.67 基线长度测量精度对均方根误差的影响

由图 4.67 可以看出,方位角和仰角的估计精度都随着基线即测量误差的减小而减小,且仰角的估计精度高于方位角的估计精度,即方位角的估计精度受基线测量误差的影响比仰角的大。当基线测量误差为实际基线长度的 10%时,方位角和仰角的估计精度小于 0.5°;当基线测量误差优于 5%时,方位角估计精度小于 0.3°,仰角的估计精度小于 0.2°。

实验 4.43 基线测量误差与成功分辨概率的关系。两个辐射源入射方向分别为(90°,81°) 和(90°,85°),频率为 6 GHz,设置快拍数为 100,信噪比分别为 2dB、4dB、6dB,谱峰搜索步长为 0.2°。假设基线的测量误差依次从实际基线长度 0%变化到 20%,旋转 MUSIC 算法成功分辨两个辐射源的概率随基线测量误差的变化曲线如图 4.68 所示。图中每个数据均是独立仿真 200 次实验得到的。

由图 4.68 可以看出,随着测量误差的增大,旋转 MUSIC 算法对两个辐射源的成功分辨概率也下降,且高信噪比下的分辨概率高于低信噪比下的分辨概率。

实验 4.44 大角度间隔信源在不同转速条件下的空间谱图。两个辐射源入射方向分别为(90°,70°) 和(90°,85°),频率为 6 GHz,设置快拍数为 100,信噪比分别为 10dB,谱峰搜索步长为 0.5°。假设理论转速为 15r/s,图 4.69 (a)~(d)为旋

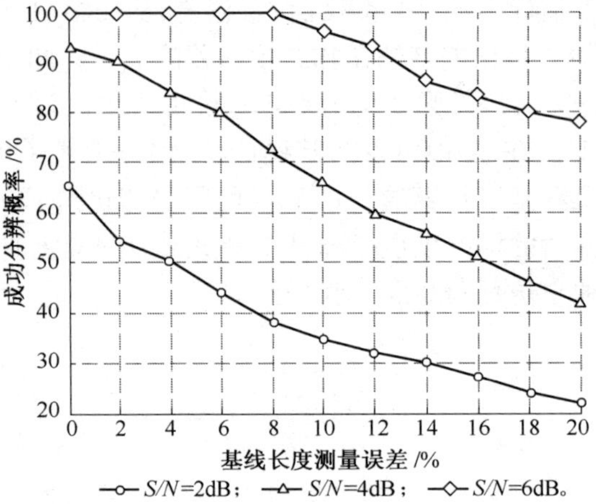

图 4.68　基线长度测量精度对均方根误差成功分辨概率的影响

转 MUSIC 算法在实际转速分别为 15r/s、15.2r/s、14.8r/s 和 15.4r/s 下的空间谱图。

由图 4.69 可以看出,在理论转速为 15r/s 的条件下,当实际转速出现误差时,旋转 MUSIC 算法的分辨力和测向精度会受到影响。图 4.69(a)为实际转速和理论转速一致时的空间谱图,旋转 MUSIC 算法能成功分辨出两个辐射源,谱峰比较尖锐,且两个辐射源的估计值为(90°,70°)和(90°,85°),与实际值一致,估计精度较高。图 4.69(b)、(c)为实际转速和理论转速不一致,有 0.2r/s 转速误差时的空间谱图,可以看出算法仍能分辨出两个信号,但是两图的谱峰尖锐程度均有所下降,图 4.69(b)中两个辐射源的估计值为(89.5°,70°)和(89.5°,85°),图 4.69(c)中两个辐射源的估计值为(90.5°,70°)和(90.5°,85°),方位角的估计精度均有所下降。图 4.69(d)为实际转速和理论转速有 0.4r/s 误差时的空间谱图,谱峰尖锐程度下降,信号谱值大大减小,伪峰谱值变高,分辨力下降,两个辐射源的估计值为(87.5°,70.5°)和(86°,85°),估计精度有所降低。可见,转速的估计精度对测向性能有很大的影响。

实验 4.45　小角度间隔信源在不同转速条件下的空间谱图。两个辐射源入射方向分别为(90°,82°)和(90°,85°),频率为 6 GHz,设置快拍数为 100,信噪比分别为 10dB,谱峰搜索步长为 0.5°。假设理论转速为 15r/s,图 4.70(a)~(b)为旋转 MUSIC 算法在实际转速分别为 15r/s、15.2r/s、14.8r/s 和 15.4r/s 下的空间谱图。

由图 4.70 可以看出,在小角度间隔信号入射的情况下,当实际转速出现误差时,旋转 MUSIC 算法的分辨能力和测向精度会随着转速误差和的增大而下降。图 4.70(a)为实际转速和理论转速一致时的空间谱图,可以看出在辐射源位置的

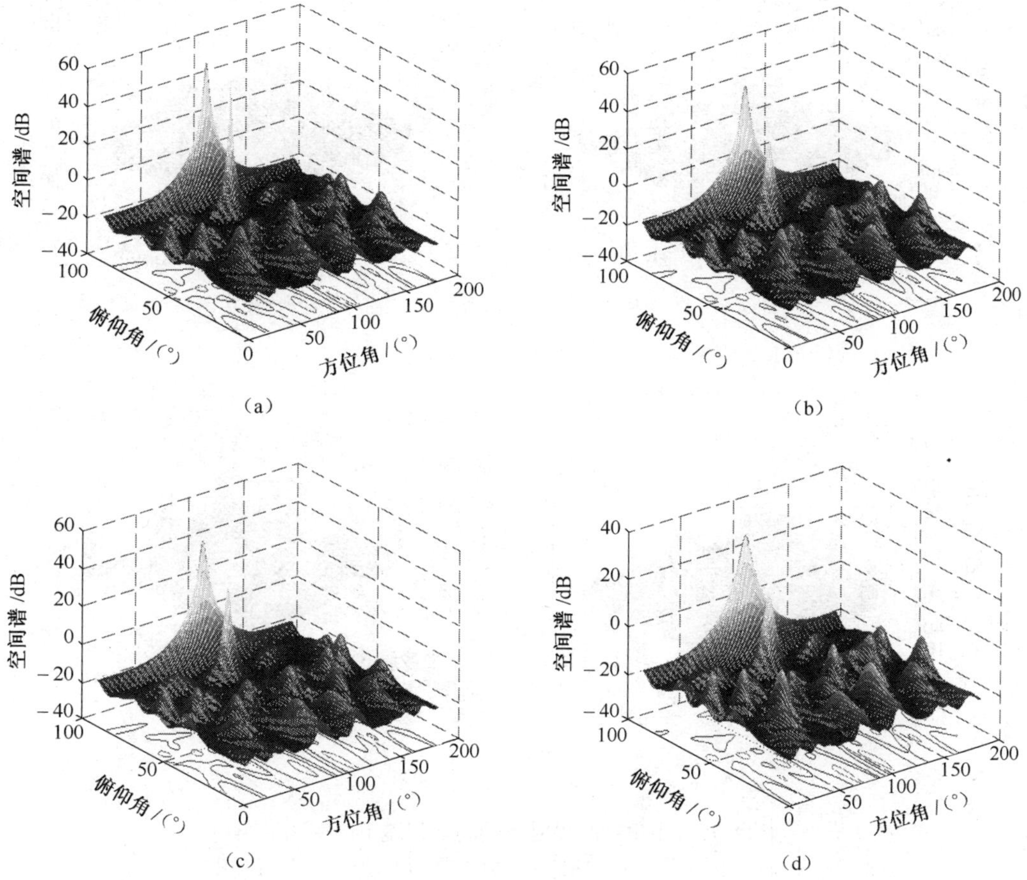

图 4.69　大角度间隔时不同转速误差下的空间谱图

(a) 转速为 15r/s 下的空间谱图;(b) 转速为 15.2r/s 下的空间谱图;
(c) 转速为 14.8r/s 下的空间谱图;(d) 转速为 15.4r/s 下的空间谱图。

谱峰比较尖锐,且两个辐射源的估计值为(90°,82°)和(90°,85°),与实际值一致,估计精度较高。图 4.70(b)和图 4.70(c)为实际转速和理论转速不一致,有 0.2r/s 转速误差时的空间谱图,可以看出两图的谱峰尖锐程度均有所下降,图 4.70(b)中两个辐射源的估计值为(89°,82.5°)和(89°,85.5°),图 4.70(c)中两个辐射源的估计值为(91°,82°)和(92°,85.5°),估计精度均有所下降。图 4.70(d)为实际转速和理论转速有 0.4r/s 误差时的空间谱图,图中只有一个谱峰,谱峰值为(88°,85.5°)。可以看出算法受转速误差的影响已经失效,无法对两个信号进行正确分辨。

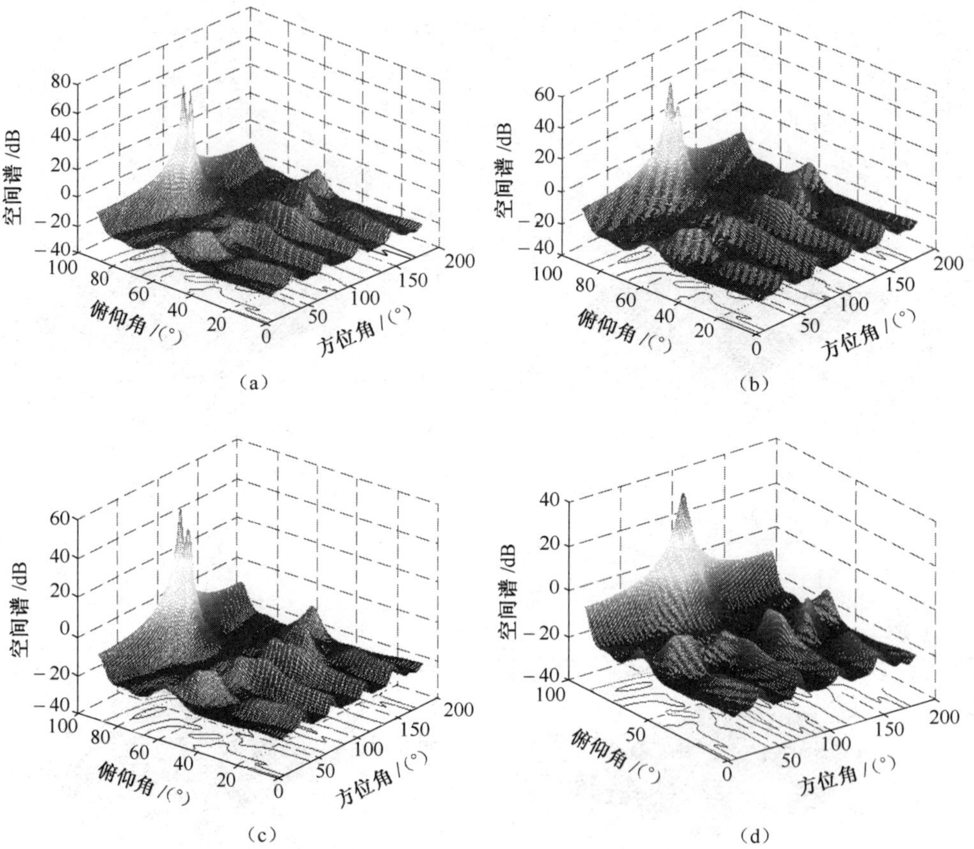

图 4.70　小角度间隔时不同转速误差下的空间谱图

（a）转速为 15r/s 下的空间谱图;（b）转速为 15.2r/s 下的空间谱图;
（c）转速为 14.8r/s 下的空间谱图;（d）转速为 15.4r/s 下的空间谱图。

参 考 文 献

[1] 张德齐．微波天线[M]．北京:国防工业出版社,1987.

[2] 杨恩耀,杜加聪．天线[M]．北京:电子工业出版社,1984.

[3] 司锡才,赵建民．宽频带反辐射导弹导引头技术基础[M]．哈尔滨:哈尔滨工程大学出版社,1996.

[4] 张德文．新颖的锥形四臂对数螺旋天线[J]．电子对抗技术,1991,1:17-24.

[5] 张德文．低成本的锥形越宽带天线[J]．电子对抗技术文选,1995,6(48).

[6] 李明．用于有源诱饵的小型化天线[J]．航天电子对抗,1998,2:1-9.

[7] 滕秀文．电子战用平面螺旋天线[J]．电子对抗,1990,3:44-47.

[8] 李明．一种新型的宽频带双极化天线[J]．电子对抗,1991,3:40-43.

[9] 张德文．双极化曲折臂天线(上)//Dual Polarized Sinuous Antennas. Vnlted States patent Number 4,658,262. [J]．电子战技术文选,1994,3(39):12-23.

[10] 张德文．双极化曲折臂天线(下)//DUAL POLARIZED SINUOUS ANTENNAS, Vnlted States patent Number 4,658,262. [J]．电子战技术文选,1994,4(40):42-43.

[11] 丁晓磊,王建,林昌禄．对数周期偶极天线的一种新的分析方法[J]．系统工程与电子技术,2002,24(5):16-19.

[12] 李明．一种新型的宽频带双极化天线[J]．电子对抗,1991,3:40-43.

[13] 李明．宽频带双极化天线综述[J]．航天电子对抗,1991,3:11-16.

[14] 李明．宽带对数周期振子天线的实验与研究[J]．航天电子对抗,1997,3:5-12.

[15] 党祖宝．槽线天线及其陈列[J]．电子侦察干扰,1988,3:75-85.

[16] 司伟建．一种新的解模糊方法研究[J]．制导与引信,2007,28(1):44-47.

[17] 司伟建,初萍,孙圣和．超宽频带测向解模糊方法研究[J]．弹箭与制导学报,2009,29(2):45-48.

[18] Schmidt R O. A signal subspace approach to multiple emitter location and spectrum estimation [D]. Stanford University. ,Stanford,CA,1981.

[19] Kaveh M, Bassias A. Threshold extension based on anew paradigm for MUSIC - type estimation [J]. International Conferenceon Acoustics Speechand Signal Processing, 1990, 5, 2535 - 2538.

[20] Liu, Congfeng; Liao, Guisheng. Fast algorithm for Root - MUSIC with Real - Valued eigendecomposition[J]. International Conferenceon Radar 2006. CIE'06, 2000, 10:1 - 4.

[21] Pesavento M, Gershman AB, Haardt M. Unitary root - MUSIC with a real - valued eigendecomposition: a theoretical and experimental performance study. [J]. Transaction on Signal Processing, 2000, 5(48):1306-1314.

[22] Salameh A, Tayem N, Kwon H M. Improved 2 - Droot-MUSIC for non - circular signals[J]. IEEE Workshop Sensor Array and Multichannel Signal Processing, 2006:151 - 156.

[23] Withers L Jr. Piece wise Root – MUSIC[J]. InternationalConference on ASSP,1991,5:3305 – 3308.

[24] Ren Q S,WillisA J. Fast root – MUSIC algorithm[J]. IEEE lectronics Letters,1997,33(6): 450 – 451.

[25] Charge P,Wang Yide. A Root – MUSIC – like direction finding method for cyclostationary signals [J]. IEEE International Conference on ASSP,2004,2:225 – 228.

[26] Bienvenu G,Kopp L. Decreasing high re solution technique sensitivity by conventional beamformer preprocessing[J]. Proc IEEE ICASSP,1984,33(2):1 – 4.

[27] Zoltowski M D,Kautz G M,Silverstein S D. Beamspace root – MUSIC[J]. IEEE Trans. on Signal Processing,1993,41(1):344 – 364.

[28] LeeH,Wengrovitz M. Resolution threshold of beamspace MUSIC for two closely spaced emitter [J]. IEEE Trans. on Acoustics Speech and Signal Processing,1990,38(9):1545 – 1559.

[29] Li F,Liu H. Statistical Analysis of beam – space estimation for direction – of – arrivals[J]. IEEE Trans. On Signal Processing,1994,42(3):604 – 610.

[30] Xu X L,Buckley K M. Ansnalysis of beam – space source localization[J]. IEEE Trans. on Signal Processing,1993,41(1):501 – 504.

[31] Xu X L,Buckley K M. Reduced – dimension beam space broad – band source localization:preprocessor design and evaluation [J]. In Proc. IEEE ASSP 4th Workshop Spectrum Estimation Modeling,Aug,1988,8:22 – 27.

[32] Xu X L,Buckley K M. Statistical performance comparison of MUSIC in elemlent-space and beam – space[C]. In Proceeding of ICASSP,1989:2124 – 2127.

[33] Xu X L,Buckley K M. A comparison of element and beam space spatial – spectrum estimation for multiple source clusters[C]. Proceeding of ICASSP,1990,5:2643 – 2646.

[34] Godara LC. Beamforming in the presence of correlated arrivals using structured correlation matrix [J]. IEEE Trans. on Acoustics Speech and Signal Processing,1990,38(1):1 – 15.

[35] Lian X H,Zhou J J. 2 – D DOA estimation for uniform circular arrays with PM[J]. 7th International Symposium on Antennas,Propagation & EM Theory,Oct,2006:1 – 4.

[36] 刁鸣,王艳温. 基于任意平面阵列的二维测向技术研究[J]. 哈尔滨工程大学学报,2006,27(4):593 – 596.

[37] 苏力,施家添. 圆口径天线的近场分析[J]. 云南大学学报(自然科学版),2005,27(5A):140 – 142.

[38] 文光华,张祖荫,郭伟,等. 微波辐射特性测试场的设计[J]. 华中理工大学学报,1995,23(8):117 – 120.

[39] 王永良,陈辉,彭应宁,等. 空间谱估计理论与算法[M]. 北京:清华大学出版社,2004.

[40] Zhao L C,Krishnaiah P R,Bai Z D. On detection of numbers of signals in IEEE Trans. on Acoust Speech and Signal Processing,1985,33(2):387 – 392.

[41] Wu H T,Yang J F,Chen F K. Source number estimator using Gerschgor in Disks [J]. Proc.ICASSP,Adelaide,Australia,1994:261 – 264.

[42] Wu H T,Yang J F. Chen F K. Sourcen umber estimation using transformed Gerschgor in Radii [J]. IEEE Trans. on Signal Processing,1995,43(6):1325 – 1333.

[43] Di A. Multiple sources location - amatrix decomposition approach[J]. IEEE Trans. on Acoustics Speech and Signal Processing, 1985, 35(4): 1086 - 1091.
[44] 唐建江. 被动雷达导引头高精度超分辨测向技术研究[D]. 哈尔滨:哈尔滨工程大学,2009.
[45] ChenW, Reilly J P. Detection of the number of signals in noise with banded - covariance matrices [J]. IEEE Trans. on SP, 1992, 42(5): 377 - 380.
[46] Wong K M, Wu Q, Stoica P. Generalized correlation decomposition applied to array processing in unknown noise environments [J]. In Advances in spectrum analysis and array processing. S. Haykin, Ed. PrenticeHall, 1995.
[47] Akaike H. Anew look at statistical model identification[J]. IEEE Trans. on Automatic Control, 1974(AC - 19): 716 - 722.
[48] Rissanen J. Modeling by shortest data description[J]. Automatica, 1978, 14: 465 - 471.
[49] Schwartz G. Estimation the demension o famodel[J]. Ann. Stat, 1978, 6: 461 - 464.
[50] Zhao L C, Krishnaiah P R, Bai Z D. On detection of numbers of signals when the noise covariance matrix is arbitrary[J]. Multi variate Anal, 1986, 20: 26 - 49.
[51] Wax M, Kailath T. Detection of signals by information the oretic criteria[J]. IEEE Trans. on Acoust Speech and Signal Processing, 1985, 33(2): 387 - 392.
[52] Anderson T W. Asymptotic theory for principle component analysis[J]. Ann. Math. Statist. 1963, 34(4): 122 - 148.
[53] Wax M, Kailath T. Determining the number of signals by information theoretic criteria[J]. ICASSP, San. Diego, 1984: 631 - 634.
[54] Zhang Q, Wong K M. Statistical analysis of the performance of information the oretic criteriain the detection of thenumber of signals in array processing[J]. IEEE Trans. on Acoustics Speech and Signal Processing, 1989, 20(10): 1557 - 1567.
[55] Wax M, ZiskindI. Detection of the number of coherent signals by the MDL principle[J]. IEEE Trans. on A coustics Speech and Signal Processing, 1989, 37(8): 1190 - 1196.
[56] Wu Y, Tam K W. Ondetermination of the number of signals in spatially correlated noise [J]. IEEE Trans. on Signal Processing, 1998, 46(11): 3023 - 3029.
[57] Wu Y, Tam K W, Li F. Determination of number of sources with multiple arrays in correlated noise fields[J]. IEEE Trans. on Signal Processing, 2002, 50(6): 1257-1260.
[58] 张杰,廖桂生,王珏. 对角加载对信号源数目估计性能的改善[J]. 电子学报,2004,12(33):2094 -2097.
[59] 刘君. 色噪声背景中信源数检测方法研究[D]. 西安:西安电子科技大学,2004.
[60] Calson B D. Covariance matrix estimation errors and diagonal loading in adaptive arrays[J]. IEEE Trans. on Aero space and Electronics Systems, 1988, 24(7): 397 - 401.
[61] Ning Ma, Joo Thiam Goh. Efficient method to determine diagonal loading value[J]. Proc. ICASSP, 2003, 15(4): 341 - 344.
[62] 高勇,刘皓,肖先赐,等. MUSIC 算法在高速 DSP 上的并行实现[J]. 通信学报,2000,21(4):84 - 88.
[63] 吴仁彪. 一种通用的高分辨率波达方向估计预处理新方法[J]. 电子科学学刊,1993,15

(3):305 - 309.
[64] 黄磊．快速子空间估计方法研究及其在阵列信号处理中的应用[D]．西安:西安电子科技大学,2005.
[65] Godara L C,Cantoni A. Uniqueness and linear independence of steering vectors in array space [J]. J. Acoust. Soc. Amer. ,1970(2):467 - 475.
[66] HLo J T,Marple S L. Observability conditions for multiple signal direction finding and array sensor localization[J]. IEEE Trans. Signal Prosessing,1992,40(11):2641 - 2650.
[67] Tan K C. Goh S S,Tan E C. A study of the rank - ambiguity issues in direction - of - arrival estimation[J]. IEEE Trans. Signal Prosessing,1996,44(4):880 - 887.
[68] Tan K,C,Oh. G. L. A study of the uniqueness of steering vectors in array processing[J]. IEEE Trans,SP,1993,34(3):245 - 256.
[69] Tan K,C,Goh Z. A detailed derivation of arrays free of higher rank ambiguities[J]. IEEE Trans. SP,1996,44(2):351 - 359.
[70] Manikas A,Proukakis Z C. Modeling and estimation of ambiguities in linea rarrays[J]. IEEE Trans. SP,1998,46(8):2166 - 2179.
[71] Manikas A,Proukakis C. Lefkaditis. V. Investigative study of planar array ambiguities based on "hyperhelical" parameterization[J]. IEEE Trans. SP,1999,47(6):1532 - 1541.
[72] 司伟建,孙圣和,唐建红．基于阵列扩展解模糊方法研究[J]．弹箭与制导学报,2008,28(4):62 - 64.
[73] 司伟建．MUSIC 算法多值模糊问题研究[J]．系统工程与电子技术,2004,26(7):960 - 962.
[74] Stoica P. , Nehorai A. MUSIC, maximum likelihood, and Cramer - Rao bound [J]. IEEE Trans. Signal Prosessing,1989,37(5):720 - 741.
[75] Manikas A,Karimi H,R,Dacos I. Study of the direction and resolution capabilities of a one - dimensional array of sensors by using differential geometry [J]. IEE Proc. Radar, sonar Navig. 1994,141(2):83 - 92.
[76] Karimi H R,Manikas A. Manifold of a planar array and its effects on the accuracy of direction - finding systems[J]. IEE Proc. Radar,sonar Navig. 1996,143(6):349 - 357.
[77] Manikas A,Alexiou A,Karimi HR. Comparison of the ultimate direction - finding capabilities of a number of planar array geometries[J]. IEE Proc. Radar,sonar Navig. 1997,144(6):321 - 329.
[78] Lang S W,Duekworth G L,MeClellan J H. Array design for MEM and MLM array Proeessing [J]. IEEE ICASSPProe. ,Mar. 1981,1:145 - 148.
[79] Lo Y T,Le S W. Aperiodic Arrays,in Antenna Hanbdook,Theory Applications and Design [M]. NewYork:Vna Nostrnad,1988.
[80] Hunag X,Reilly J P,Wong M. Optimal design of linear array of sensors[J]. IEEE ICASSP Proc, May1991,1:1405 - 1408.
[81] Godara L C,Cantoni A. Uniqueness and linear independence of steering vectors in array space [J]. J. Acoust. Soc. Amer. ,1970(2):467 - 475.
[82] HLo J T,Marple S L. Observability conditions for multiple signal direction finding and array sensor localization[J]. IEEE Trans. Signal Prosessing,1992,40(11):2641 - 2650.

[83] Tan K C, Goh S S, Tan E C. A study of the rank - ambiguity issues in direction - of - arriva lestimation[J]. IEEE Trans. Signal Prosessing, 1996, 44(4): 880 - 887.

[84] Gavish M, Weiss A J. Array geometry for ambiguity resolution in direction finding[J]. IEEE TransonAP, 1996, 44(6): 889 - 895.

[85] Miljko E, Aleksa Z, MiloradO. Ambiguity characterization of arbitrary antenna array type I ambiguity[J]. IEEE, 1998: 399 - 404.

[86] Miljko E, AleksaZ, MiloradO. Ambiguity characterization of arbitrary antenna array typeII ambiguity[J]. IEEE, 1998: 955 - 959.

[87] Dowlut N. An extended ambiguity criterion for array design[J]. IEEE, 2002, 3: 189 - 193.

[88] 彭巧乐. 陈列信号二维到达角估计算法理论及其应用研究[D]. 哈尔滨:哈尔滨工程大学,2009.

[89] Dacos I, Mnaikas A. Estimating the manifold parameters of one dimensional arrays of sensors [J]. Journal of the Franklin Institute, Engineering and Applied Mathematies, 1995, 332B(3): 307 - 332.

[90] Dowlut N, Manika A. Apolynomial rooting approach to super - resolution array design[J]. IEEE Trans. Signal Prosessing, 2000, 48(6): 1559 - 1569.

[91] Stoica P, Nehorai A. Performance study of conditional and unconditional direction - of - arrival estimation[J]. IEEE Trans. Signal Prosessing, 1990, 38(10): 1783 - 1795.

[92] 谢纪岭. 二维超分辨测向算法理论及应用研究[D]. 哈尔滨:哈尔滨工程大学,2008.

[93] 苏为民,顾红,倪晋麟,等. 通道幅相误差条件下 MUSIC 空域谱的统计性能[J]. 电子学报,2000,28(6):105 - 107.

[94] 于斌,宋铮,丁刚. 通道失配对测向性能的影响与分析[J]. 舰船电子工程,2005,25(1):108 - 111.

[94] 苏为民,顾红,倪晋麟,等. 多通道幅相误差对空域谱及分辨性能影响的分析[J]. 自然科学进展,2001,11(5):557 - 560.

[96] 司锡才,谢纪岭. 陈列天线通道不一致性校正的辅加阵元法[J]. 系统工程与电子技术,2007,29(7):1045 - 1048.

[97] 谢纪岭,司锡才,唐建红. 基于多级维纳滤波器的二维测向算法及 DSP 实现[J]. 宇航学报,2008,29(1):315 - 319.

[98] 谢纪岭,司锡才. 基于协方差矩阵对角加载的信源数估计方法[J]. 系统工程与电子技术,2008,30(1):46 - 49.

[99] 谢纪岭,司锡才,唐建红. 任意阵列二维测向的快速子空间算法[J]. 弹箭与制导学报,2007,27(5):305 - 308.

[100] Zhang Ming, Zhu Zhaoda. A method for direction finding under sensor gain and phase uncertainties[J]. IEEE Trans. on Antennas and Propagation, 1995, 43(8): 880 - 883.

[101] Pierae J, Kaveh M. Experimental Performance of calibration and Direction - Finding Algorithms [A]. Proc, IEEE ICASSP[C], Toronto, Canada, 1991, 1365 - 1368.

[102] Jaffer A G. Sparse mutual coupling matrix and sensor gain/phase estimation for array auto - calibration[J]. Proceedings of IEEE Rader Conference, 2002: 294 - 297.

[103] 俄广西,蒋谷峰. 阵列天线通道误差的盲校正[J]. 系统工程与电子技术,2005,27(3):

410 - 412.
[104] 于斌,宋铮．阵元位置误差对测向性能的影响与分析[J]．航天电子对抗,2005,21(1):19 - 22.
[105] 李相平,唐志凯,刘隆和,等．阵元位置误差有源估计方法研究[J]．海军航空工程学院学报,2005,20(2):251 - 253.
[106] 于斌,黄赪东．一种新的阵元位置误差校正方法[J]．探测与控制学报,2006,28(5):46 - 50.
[107] 王小平,曹立明．遗传算法—理论、应用与软件实现[M]．西安:西安交通大学出版社,2002.
[108] 张文修,梁怡．遗传算法的数学基础[M]．西安:西安交通大学出版社,2001.
[109] 金鸿章,王科俊,何琳．遗传算法理论及其在船舶横摇运动控制中的应用[M]．哈尔滨:哈尔滨工程大学出版社,2006.
[110] Gershman, Pesavento A B M, Amin M G. Estimating parameters of multiple wideband polynomial - phase sources in sensor arrays[1]. IEEE Trans. SP2001,49(12):2924 - 2934.
[111] Cadalli N,Arikan O. Wideband maximum likelihood direction finding and signal parameter estimation by using the tree - structured EM algorithm [1]. IEEE Trans. SP1999, 47 (1): 201 - 206.
[112] Cadalli N,Arikan O. Wideband maximum likelihood direction finding by using tree - structured EMalgorithm[C]. in Statistical Signaland Array Processing,1996. Processings, 8th IEEE Signal Processing Workshop on Cat. No. 96TB10004. 1996, :554 - 557.
[113] Doron M A, weiss A J. Messer H. Maximum - Likelihood Direction Finding of Wide - band-Sources [J]. IEEETransactions on Signal Processing,1993,41(1):411.
[114] Steigitz K,McBrid L. A technique for the identification of linear system[J]. Automatic Control, IEEE T ransactions on,1965,10(4):461 - 464.
[115] Bresler Y,Macovski A. Exact maximum likelihood parameter estimation of super imposed exponential signals in noise[J]. Acoustics, Speech, and Signal Processing, IEEE Transactionson, 1986,34(5):1081 - 1089.
[116] Stoica P, Sharman K C. Novel eigenanalysis method for direction estimation[J]. Radar and Signal Processing,IEEE Processings F,1990,137(1):19 - 26.
[117] Agrawal M,Prasad S. DOA estimation of wideband sources using a harmonic source model and uniform linear array[J]. IEEE Trans. SP,1999,47(3):619 - 629.
[118] Wax M,Tie - Jun S. Kailath T. Spatio - temporal spectral analysis by eigenstructure method[J]. Acoustics,Processing on Speech,and Signal,1984,32(4):817 - 827.
[119] Wang H,Kaveh M. Coherent signal - subspace processing for the detection and estimation of angles of arrival of multiple wide - band sources[J]. IEEE Transactions on Acoustics, Speech, and Signal Processing,1985,33(4):823 - 831.
[120] Hung H,Kaveh M. Focussing matrices for coherent signal - subspace processing[J]. Acoustics, Speech,and Signal Processing, IEEE Transactions on,1988,36(8): 1272 - 1281.
[121] 赵春晖,黄亚光,李刚．基于 FFT 变换的空间重采样宽带 Roof - Music 算法[J]．应用技术,2007,34(3):40 - 43.

[122] Sivanand S, Yang J F,M Kaveh. Time - domain coherent signal - subspace wideband direction - of arrival estimation[J]. ICASSP - 89,4:2772 - 2775.
[123] Bienvenu G,et al. Coherent wide band high resolution processing for linear array[J]. 1989,4:2779 - 2802.
[124] Chen Y H,Chen R H. Directions - of - arrival estimation of multiple coherent broadband signals [J]. Aerospace and Electronic System,IEEE Transactions on,1993,29(3):1035 - 1043.
[125] Krolik J, Swingler D. Focused wide - band array processing by spatial resampling [J]. Acoustics,Speech, and Signal Processing, IEEE Transactions on,1990,38(2):356 - 360.
[126] Krolik J,Swingler D. The detection performance of coherent wideband focusing for a spatially resampled array[J]. 1990,5:2827 - 2830.
[127] 甄佳奇. 相干信号的超分辨测向技术研究[D]. 哈尔滨:哈尔滨工程大学,2011.
[128] 司锡才,甄佳奇,那振宇. 二维相干信号测向估计方法[J]. 系统工程与电子技术,2009,31(8):1982 -1984.
[129] 甄佳奇,司锡才,王桐,等. 基于正交直线阵列的二维相干信源测向方法[J]. 吉林大学学报(工学版),2009,39(6):1659 - 1663.
[130] 甄佳奇,司锡才,王桐,等. 任意平面阵列的相干信号二维波达方向估计方法[J]. 系统工程与电子技术,2009,31(12):2841 - 2843.
[131] Zhen Jiaqi,Si Xicai,Liu Lutao. Method for determining number of coherent signals in the presence of colored noise[J]. Journal of Systems Engineering and Electronics,February 2010,21(1):27 - 30.
[132] 甄佳奇,司锡才,王桐. 任意平面阵列的宽带相干信号测向方法[J]. 哈尔滨工程大学学报,2010,31(3):382 - 385.
[133] 甄佳奇,司锡才,王桐,等. 基于虚拟阵列的相干信号快速测向算法[J]. 吉林大学学报(工学版),2010,40(3):848 - 851.
[134] Zhen Jiaqi,Si Xicai. A method for determining number of coherent signals with arbitrary array [J]. Proceedings of the ICIA 2010 IEEE,2010:240 - 244.
[135] Valaee S,Champagne B,Kabal P. Localization of wide band signals using least - squares and total least - squares approaches[J]. IEEE Trans. SP,1999,47(5):1213 - 1222.
[136] Valaee S,Kabal P. Wide band array processing using a two - sided correlation transformation [J]. Signal Processing,IEEE Transactionson,1995,43(1):160 - 172.
[137] 雷中定,黄秀坤,张树京. 宽带波达方向估计新方法及性能分析[J]. 电子学报,1998,26(3):58 - 61.
[138] 郑春弟,周炜,冯大政. 虚拟阵列实 ESPRIT[J]. 信号处理,2007,23(2):217 - 221.
[139] 刁鸣,吴小强,张鹏. 基于修正 ESPRIT 算法的二维 DOA 估计[J]. 哈尔滨工程大学学报,2008,29(4):407 - 410.
[140] 刁鸣,缪善林. 一种二维 ESPRIT 算法参数配对新方法[J]. 系统工程与电子技术,2007,29(8):1226 -1229.
[141] 刁鸣,缪善林. 二维 ESPRIT 算法参数的快速配对[J]. 哈尔滨工程大学学报,2008,29(3):290 - 293.

[142] 肖国有,屠庆平. 声信号处理及应用[M]. 西安:西北工业大学出版社,1994.
[143] Zatman M. How narrow is narrowband? [J]. IEE Proceeding - Radar, sonar and navigation, 1998, 145(2):85-91.
[144] 薄保林. 宽带阵列信号 DOA 估计算法研究[D]. 西安:西安电子科技大学,2007.

内容简介

本书系统深入地介绍了超宽频带被动雷达寻的器测向技术的基本原理、系统的组成、关键技术等,总结了作者研究雷达寻的器测向技术的经历,以及在实际中所遇到的技术问题和解决的途径与技术措施。全书由四章组成。第 1 章概述,介绍了测向的目的、测向技术的分类和对测向系统的基本要求。第 2 章介绍了超宽频带天线技术。第 3 章介绍了立体基线的超宽频带被动雷达寻的器测向技术,包括立体基线的测向原理、测向误差,最后进行了计算机仿真。第 4 章是阵列测向——空间谱估计高分辨、高精度测向,介绍了空间谱估计技术的新技术、新方法并进行了计算机仿真。

本书是国内被动雷达寻的器测向技术比较全面且比较新颖的一本专著,可供从事雷达、通信与电子对抗等领域的广大技术人员学习与参考,也可以作为高等院校和科研院所通信与信息系统、信号处理等专业的研究生的教材或参考书。

The objective of this book is to introduce the fundamental, system constitutes, key technique etc. of ultra - wideband passive radar seeker direction finding technology. This book summarized the authors' research experiences of radar seeker direction finding technology, including technical question and technical measures in actual system. The book is organized in four chapters. Chapter 1 is summarize, introduced purpose, classification and basic requirements for direction finding. Chapter 2 is ultra wide band (UWB) antenna technology. Chapter 3 is spatial baseline direction finding technology of UWB passive radar seeker, including the principle, direction finding error and computer simulation of spatial baseline direction finding technology. Chapter 4 is array direction finding ——high resolution, high accuracy direction finding by spatial spectrum estimation, introduced new technique and new methods of spatial spectrum estimation technique.

This book is a comprehensive and novel monograph in passive radar seeker direction finding technology. Besides offering researchers who work in radar, communication and ECM(electric counter measures) to learn and reference, this book can also be used as a textbook or a reference book for graduate student of university and scientific research institutions, whose major is communication and information system or signal processing.